Patat-Kirchner
Praktikum der Technischen Chemie

Praktikum der Technischen Chemie

von

Franz Patat · Kurt Kirchner

3., neubearbeitete und erweiterte Auflage

Walter de Gruyter · Berlin · New York
1975

Prof. Dr. Dr. h. c. Franz Patat

Direktor des Institutes für Technische Chemie
Technische Universität München

Prof. Dr. Kurt Kirchner

Technische Universität München
Leiter der Abteilung Technische Chemie des Dechema Institutes
Frankfurt/Main

Mit 40 Aufgaben, 7 Tabellen und 82 Abbildungen

ISBN 3 11 004616 4

Printed in Germany.

Satz und Druck: Walter de Gruyter & Co., 1 Berlin 30
Buchbinder: Wübben & Co., 1 Berlin 42

Vorwort zur 3. Auflage

Die vorliegende Auflage beinhaltet eine gründliche Bearbeitung der theoretischen und experimentellen Abschnitte, wobei viele Anregungen und Vorschläge von Fachkollegen aus Industrie und Hochschule berücksichtigt wurden.
Der verfahrenstechnische Teil erfuhr Ergänzungen durch die Aufgaben „Untersuchung von Kolonnenböden" S. 96ff und „Arbeitsaufwand beim Suspendieren von Feststoffen" S. 123ff. Das Kapitel Reaktionstechnik wurde um zwei Aufgaben aus dem Gebiet der heterogenen Katalyse (S. 202ff) erweitert. Schließlich wurde das Literaturverzeichnis erweitert und auf den neuesten Stand gebracht.
Der Abschnitt Optimierung kann nur als kurzer Hinweis auf dieses wichtige Gebiet gelten. Darüberhinaus sei auf die Monographie von Hoffmann/Hofmann „Einführung in die Optimierung" verwiesen.
Wir möchten mit dem Dank für alle Stellungnahmen wieder die Bitte um weitere Kritik verbinden. Herrn Klühs sei für die Durchsicht des Textes gedankt.

Januar 1975

F. Patat — K. Kirchner

Vorwort zur 1. Auflage

Die Lehre der technischen Chemie hat in den letzten Jahrzehnten insofern einen Strukturwandel erfahren, als das Gemeinsame der zahlreichen, kaum mehr überblickbaren chemischen Techniken als allgemeine Grundlage des Gebietes herausgeschält wurde und in der Verfahrenstechnik und chemischen Reaktionstechnik präzise Formulierungen fand. Diesbezügliche Lehr- und Handbücher existieren im deutschen und vor allem im angelsächsischen Schrifttum in hinreichender Auswahl. Auch wenn ihr Inhalt auf Chemiker, Ingenieure und Physiker zugeschnitten ist, wird der Chemiestudent das für ihn Maßgebende ohne Mühe finden können. Anders steht es mit Anleitungen zu Übungsaufgaben, die auf dem Gebiet der Verfahrenstechnik durch die Berücksichtigung von apparativen Einzelheiten häufig weit über die speziellen Interessen eines Chemikers hinausgehen und für die chemische Reaktionstechnik praktisch fehlen.

Um nun auch für die erwähnten Grundzüge der technischen Chemie ein Praktikum als bewährtes Fundament der Chemieausbildung in der Hand zu haben, wurden die vorliegenden Aufgaben zusammengestellt. Oberster Leitsatz war dabei die Beschränkung des Stoffes auf das für eine qualifizierte Gesamtausbildung in Chemie unbedingt Notwendige, das das im organischen, anorganischen und physikalisch-chemischen Praktikum Erarbeitete ergänzt und damit zum derzeitigen Rüstzeug jeden Chemikers, gleich welcher Interessenrichtung, gehört.

Die Ausführungen sind in drei Abschnitte gegliedert. Der verfahrenstechnische Teil ist vergleichsweise umfangreich ausgefallen, da hier bereits Grundlagen, wie die Gesetze des Wärme- und Stofftransports gebracht und an Hand von einfachen Aufgaben erläutert werden, deren Kenntnis für die chemische Reaktionstechnik wichtig ist. Die Kapitel über Regelungstechnik umfassen nur wenige typische Aufgaben und sollen dem Chemiker lediglich einen kurzen Eindruck dieses Gebietes vermitteln.

Da die Aufgaben danach ausgewählt wurden, quantitativ formulierbare Gesetzmäßigkeiten der Verfahrenstechnik und der chemischen Reaktionstechnik zu belegen, tritt darin das Stoffliche notwendigerweise in den Hintergrund. Dieser Mangel in technologischer Sicht mag speziell bei den Aufgaben über Mikrokinetik heterogener Katalysen stören, wo für die zu erläuternden Gesetzmäßigkeiten technisch unwichtige Umsetzungen herangezogen wurden, da keine hinreichend geklärten, technisch wichtigen Umsetzungen zur Verfügung stehen. Die Aufgaben zur Homogenkinetik wurden im Hinblick auf den Umfang, den solche Aufgaben in physikalisch-chemischen Praktikumsbüchern einnehmen, beschränkt.

Auf Grund der Einführungen können aber ohne Schwierigkeit die Aufgaben mit anderen Stoffsystemen ergänzt und variiert werden. Entsprechende Hinweise sind unterlassen, um den Unterschied zu den vorliegenden Aufgaben, die in allen Einzelheiten durchprobiert wurden, nicht zu verwischen.

Ebenso haben wir das schematische Fließbild mit Stoff- und Energieschema nicht erläutert, obwohl sich eine solche Übungsaufgabe als Abschlußarbeit des Praktikums sehr empfiehlt. Entsprechende Unterlagen können leicht aus einschlägigen Monographien (WINNACKER-KÜCHLER, Chemische Technologie; ULLMANNS Encyklopädie der Technischen Chemie, 3. Auflage; KÖLBEL-SCHULZE, Projektierung und Vorkalkulation in der Chemischen Industrie) ausgewählt, die Darstellungsform dem DIN-Blatt 7091 (Das schematische Fließbild) entnommen werden.

Die Durchführung der Übungsaufgaben ist ausführlich beschrieben. Die theoretischen Voraussetzungen und Zusammenhänge konnten in dem gesteckten Rahmen nicht in gleicher Ausführlichkeit gebracht werden. Sie gehen nur in den Fällen, wie beispielsweise in der Regelungstechnik, über eine Skizzierung hinaus, in denen der Chemiestudent auf Grund seiner Ausbildung nicht ohne weiteres in der Lage ist, sich die theoretischen Voraussetzungen selbst zu erarbeiten.

Abschließend möchten wir, verbunden mit der Bitte um weitere Anregung zur Ausgestaltung der Aufgabensammlung, noch den engeren Fachkollegen unseren Dank sagen, die uns bei der Auswahl der Aufgaben und durch kritische Durchsicht des Textes geholfen haben. In erster Linie haben wir Herrn Professor KÖLBEL, der uns zur Abfassung dieses Praktikums ermutigte, für den Austausch von Aufgaben, Herrn Professor KNEULE für die Texte zweier verfahrenstechnischer Aufgaben und Herrn Professor MERZ für die Durchsicht der „Meß- und Regelungstechnik„ zu danken. Herrn Dr. NITSCH danken wir für die Durchsicht von Text und Korrekturen.

August 1963

F. PATAT — K. KIRCHNER

Vorwort zur 2. Auflage

Die 1. Auflage des Buches „Praktikum der Technischen Chemie“ erschien 1963 und fand eine gute Aufnahme. Sie kam offensichtlich einem Bedürfnis nach, so daß sie bereits nach zwei Jahren vergriffen war. Bei der gründlichen Neubearbeitung des Buches haben wir versucht, die in den vergangenen vier Jahren im Unterricht gewonnenen Erfahrungen einzuarbeiten und uns zugegangene Kritiken, vor allem zwei Anregungen, zu berücksichtigen.

Einmal wurde das von der IUPAC empfohlene MKSA-System eingeführt. Zum anderen erfuhr der reaktionstechnische Teil wesentliche Ergänzungen. Zwei Beispiele zur Mikrokinetik (S 145ff.) und ein Kapitel über die Optimierung chemischer Reaktoren (S. 213) wurden neu aufgenommen. Ergänzt wurde auch ein Beispiel über das Fördern von Flüssigkeiten (S. 16). Schließlich soll das im Anhang beigefügte Normblatt dem Studenten die Anfertigung des schematischen Fließbildes eines chemischen Verfahrens erleichtern.

Wir hoffen, das Buch mit den eben erwähnten Änderungen und Ergänzungen weiter vervollständigt zu haben und möchten mit dem Dank für alle Stellungnahmen die Bitte um Kritik zur weiteren Ausgestaltung der Aufgabensammlung wiederholen.

Unser Dank gilt ferner den Herren Dr. Klein, Dr. Reichert und Dr. Talsky für die Unterstützung beim Lesen der Korrekturen. Dem Verlag danken wir dafür, daß er auf alle unsere Wünsche mit großem Verständnis eingegangen ist.

Juli 1967

F. Patat—K. Kirchner

Inhaltsübersicht

Zeichenerklärung

Symbol	Bedeutung	Seite	Kohärente Einheit[1]) des SI-Systems
Große Buchstaben			
A	Arbeit	118	$J \equiv kg\,m^2/s^2$
	Komponente im Reaktionsgemisch	126	—
	Häufigkeitsfaktor, Stoßzahl	129	
Az	Abkürzung für Essigsäureäthylester	174	—
B	Komponente im Reaktionsgemisch	126	—
C	Komponente im Reaktionsgemisch	127	—
	Größe allgemein		
C_a	rel. Kettenübertragungskonstante	136	—
C_{gr}	Strahlungszahl des grauen Körpers	13	$W/m^2\,K^4$
C_s	Strahlungszahl des schwarzen Körpers	12	$W/m^2\,K^4$
C_W	Widerstandsbeiwert	20	—
D	Siebdurchgang	37	—
	Diffusionskoeffizient	67	m^2/s
	Geschwindigkeitsgefälle senkrecht zur Strömungsrichtung	16	1/s
$\dot{D}$	Dampfstrom	90	kmol/s
E	Extraktmenge	101	kg
	Aktivierungsenergie	129	J/kmol
	Enzym	146	—
	Elektrolyt	222	—
$\dot{E}$	Destillatstrom	85	kmol/s

[1]) Einige nach Forschern benannte Einheiten des SI-Systems

J	Joule	Energieeinheit	$\equiv kgm^2/s^2$
N	Newton	Krafteinheit	$\equiv kgm/s^2$
W	Watt	Leistungseinheit	$\equiv kgm^2/s^3$
Pa	Pascal	Druckeinheit	$\equiv kg/ms^2$

Symbol	Bedeutung	Seite	Kohärente Einheit des SI-Systems
E_s	Emissionsvermögen des schwarzen Strahlers	12	W/m^2
F	Fläche	5	m^2
	Größe allgemein		
G	Stoffmenge (Masse)	33	kg
$\dot{G}$	Stoffstrom	10	kg/s
H	Hagenbach Korrektur	143	s
ΔH_R	Reaktionsenthalpie	190	J/kmol
I	Initiator, Starter	131	—
K	Kosten	223	—
	Größe allgemein		
K_m	Michaelis-Konstante	147	$kmol/m^3$
K_p	Gleichgewichtskonstante	219	
K	Kraft, Gewicht	43	$N \equiv kg\ m/s^2$
L	Leistung(-saufnahme)	115	$W \equiv kg\ m^2/s^3$
L_v	Verdampfungswärme	69	J/kg
M	Monomeres	131	—
	molare Masse	64	kg/kmol
	Größe allgemein		
$\mathfrak{M}$	Drehmoment	118	$kg\ m^2/s^2$
N	Drehzahl	18	1/s
	Größe allgemein		
O	spez. Oberfläche eines Gutes	38	m^2/kg
O'_k	Idealisierte spez. Oberfläche eines Gutes	38	m^2/kg
P	Gesamtdruck	18	N/m^2
$\bar{P}_n$	mittlerer Polymerisationsgrad: Zahlenmittel	135	—
$\bar{P}_w$	mittlerer Polymerisationsgrad: Gewichtsmittel	136	—
$\bar{P}_\eta$	mittlerer Polymerisationsgrad: Viskositätsmittel	136	—
Q	Wärmemenge (1 kcal = $4{,}187 \cdot 10^3$ J)	11	$kg\ m^2/s^2$
	Elektrizitätsmenge	223	A s
$\dot{Q}$	Wärmestrom	5	$W \equiv kgm^2/s^3$
R	Siebrückstand	37	—
	Gaskonstante 1,987 kcal/kmol K = 8314	64	J/kmol K
	Raffinatmenge	101	kg

Symbol	Bedeutung	Seite	Kohärente Einheit des SI-Systems
	Widerstand	224	Wm^2/A^2
$\dot{R}$	Rücklaufstrom	85	kmol/s
	Raffinatstrom	102	kg/s
$R^{\cdot}$	Initiatorradikal	131	—
$RM^{\cdot}$	Monomerradikal	131	—
S	Lösungsmittelmenge	101	kg
	Lösungsmittel	135	—
	Substrat	146	—
$\dot{S}$	Lösungsmittelstrom	102	kg/s
T	absolute Temperatur	12	K
U	Umfang	11	m
	Umsatz	139	—
	Spannung	223	W/A
	Größe allgemein		
V	Volumen	2	m^3
V_R	Rücklaufverhältnis	85	—
	Verstärkungsfaktor	232	m/°C, m
W	Strömungswiderstand	20	$N \equiv kg\ m/s^2$
X_p	Proportionalbereich	232	°C/m, 1/m

Kleine Buchstaben

Symbol	Bedeutung	Seite	Kohärente Einheit des SI-Systems
a	Absorptionsverhältnis	12	—
	Größe allgemein		
b	Adsorptionskoeffizient	108	m^2/N
	Strompreis	223	—
	Größe allgemein		
c	Konzentration	10	kg/m^3
	Größe allgemein		
c_p	spez. Wärme bei konst. Druck	7	J/kg °C
d	Durchmesser, charakteristische Abmessung	7	m

Symbol	Bedeutung	Seite	Kohärente Einheit des SI-Systems
f	Füllungsgrad	18	—
	Heywood'sche Zahl	39	—
	Bruchteil der kettenstartenden Radikale	134	—
g	Erdbeschleunigung	9	m/s^2
h	Höhe	20	m
	Größe allgemein		
i	Stromdichte	223	A/m^2
k	Geschwindigkeitskonstante	33	
	Größe allgemein		
k	Wärmedurchgangszahl	6	W/m^2 °C
l	Länge	7	m
m	Exponent, Größe		
n	Molzahl	198	kmol
	Zahl der Reaktionsgefäße einer Kaskade	185	
	Exponent, Größe		
p	Dampf (partial)druck, Druck	59	N/m^2
	Exponent, Größe		
r	Radius	59	m
	Größe allgemein		
s	Exponent, Größe		
s_m	mittleres Verstärkungsverhältnis	85	—
t	Zeit	33	s
u	Größe allgemein		
v	Reaktionsgeschwindigkeit	133	
v_z	Zerkleinerungsgeschwindigkeit	33	kg/s
	Zerfallsgeschwindigkeit	133	$kmol/m^3s$
v	Volumenstrom	11	m^3/s
w	Lineargeschwindigkeit	7	m/s
x	Molenbruch	78	kmol/kmol
	Beladung	101	kg/kg
	Größe allgemein		
y	Molenbruch	78	kmol/kmol
	Beladung	101	kg/kg
	Größe allgemein		
z	Größe allgemein		

Symbol	Bedeutung	Seite	Kohärente Einheit des SI-Systems

Griechische Buchstaben

Symbol	Bedeutung	Seite	Kohärente Einheit des SI-Systems
α	Wärmeübergangszahl	6	W/m² °C
	Größe, Exponent		
β	Stoffübergangszahl	10	m/s
	Größe allgemein		
Δ	Differenz zweier Größen		
δ	Dicke einer (hypothetischen) Schicht, Wand	5	m
ε	Emissionsverhältnis	12	—
	relatives Zwischenkornvolumen	22	—
η	dynamische Zähigkeit	7	kg/ms
	Größe allgemein		
$[\eta]$	Staudingerindex	141	m³/kg
ϑ	Temperatur	5	°C
θ	Inversionstemperatur	167	K
$\varkappa$	Größe allgemein		
λ	Wärmeleitzahl	5	W/m °C
	Wellenlänge	12	m
	Adsorptionswärme	109	J/kmol
	Größe allgemein		
μ	Diffusionswiderstandszahl	72	—
ν	kinematische Zähigkeit	8	m²/s
	stöchiometrische Umsatzzahl	126	—
	Größe allgemein		
ϱ	Dichte	2	kg/m³
σ	Bruchteil der Oberfläche d. d. Sorbenden besetzt ist	108	—
	Oberflächenspannung	64	kg/s²
	Größe allgemein		
τ	mittlere Verweilzeit	176	s
	Schubspannung	16	kg/ms²
φ	Verhältnis von Größen		—
φ (m)	Formfaktor	21	—
χ	mittlere Gutfeuchtigkeit	63	kg/kg
Σ	Zeichen für Summe		—

Symbol	Bedeutung	Seite	Kohärente Einheit des SI-Systems
Π	Zeichen für Produkt		—
[ ]	Dimension einer Größe		—
[ ]	Konzentration einer Größe		$kmol/m^3$
$\approx$	annähernd gleich		—
$\sim$	proportional		—

Bemerkungen zur Zeichenerklärung

In den folgenden Ausführungen sind neben einigen Zahlenwertgleichungen Größengleichungen angegeben. Größengleichungen liefern nur, aber dann immer ein richtiges Ergebnis, wenn alle Größen in Einheiten desselben Maßsystems (Kohärente Einheiten) gemessen und eingesetzt werden (vgl. hierzu *30*). Es ist also prinzipiell gleichgültig, welches Maßsystem gewählt wird. Die Grundeinheiten des SI-Systems sind Meter, Kilogramm, Sekunde und Ampere (m, kg, s, A). Für den Bereich der Thermodynamik ist das °C bzw. K eingeführt. Die kohärenten Einheiten des SI-Systems sind in Spalte 4 der Zeichenerklärung aufgeführt. Es wurde deshalb darauf verzichtet, die Einheiten im Text nochmals hinter den Größen in Klammern anzugeben.

Die angegebenen Zahlenwertgleichungen liefern, wenn nicht ausdrücklich im Text anders vermerkt ist, dann ein richtiges Ergebnis, wenn der Zahlenwert der in kohärenten Einheiten des SI-Systems gemessenen Größe in die Gleichung eingesetzt wird. Die Zahlenwerte in den Tabellen sind mit den entsprechenden Einheiten des SI-Systems zu multiplizieren, um die am Kopf der Tabelle stehende Größe zu erhalten.

Bei den Angaben im experimentellen Teil wurden zum Teil nicht die kohärenten Einheiten des SI-Systems verwendet, was jedoch jeweils im Text sorgfältig vermerkt wurde. Die Wahl anderer Einheiten, vor allem in den Versuchsvorschriften, geschah aus folgendem Grunde:

Es ist unpraktisch, in einer Laboratoriumsvorschrift beispielsweise eine Zeit von 3 Stunden in Sekunden anzugeben, da Umrechnungen ausgeführt werden müssen, um das entsprechende Meßinstrument, die Uhr, verwenden zu können, und um sich eine Vorstellung von der Größe zu machen. Notwendige Umrechnungen werden jedoch zweckmäßig nach der Versuchsdurchführung, also nicht am Versuchsplatz, vorgenommen.

Zur Auswertung der Meßergebnisse wird empfohlen, erst alle Größen in die kohärenten Einheiten eines Maßsystems umzurechnen, um dann mit den umgerechneten Größen weiterzuarbeiten. Derartige Umrechnungen werden bei chemisch-technischen Problemen fast immer notwendig sein, wenn man auf Literaturwerte (Tabellen oder Diagramme) zurückgreifen muß. Einige wichtige Umrechnungsfaktoren finden sich im „Taschenbuch für Chemiker und Physiker“ von D'Ans und Lax.

A. Grundoperationen (Verfahrenstechnik)

I. Wärme- und Stofftransport

Grundlagen der Ähnlichkeitslehre

Die Ähnlichkeitslehre oder Theorie der dimensionslosen Kenngrößen baut sich auf dem Begriff der Ähnlichkeit der elementaren Geometrie auf. Zwei Rechtecke sind einander ähnlich, wenn das Verhältnis von Länge zu Breite bei beiden gleich ist. Das Verhältnis zweier Längen ist, wenn sie in der gleichen Einheit gemessen sind, unabhängig von der Art des benutzten Maßsystems und der Einheit. Ferner ist es dimensionslos, und man bezeichnet es deshalb auch als dimensionslose Kenngröße oder dimensionsloses Produkt.

Die notwendige und hinreichende Bedingung für die geometrische Ähnlichkeit zweier Rechtecke ist also, daß zwei dimensionslose Zahlen gleich sind.

Bei physikalischen und chemischen Prozessen sind neben der Länge noch weitere *Grundgrößen*, z. B. die Zeit, von Einfluß und damit *Einflußgrößen*. Neben den *Grundgrößen* können aber auch *abgeleitete Größen* für einen betrachteten Vorgang maßgebend sein. Solche *Einflußgrößen* sind beispielsweise Kraft bzw. Masse, Geschwindigkeit, Druck, Zähigkeit. Sie lassen sich immer auf Grundgrößen, präziser gesagt auf Potenzprodukte von Grundgrößen, zurückführen.

Die Dimensionen der genannten abgeleiteten Einflußgrößen sind, je nachdem, ob man sie im SI-System oder technischen Maßsystem ausdrückt:

Einflußgröße	Dimension	
	SI-System	technisches Maßsystem
Kraft	MLT^{-2}	K
Masse	M	$KL^{-1}T^2$
Geschwindigkeit	LT^{-1}	LT^{-1}
Druck	$ML^{-1}T^{-2}$	KL^{-2}
Zähigkeit	$ML^{-1}T^{-1}$	$KL^{-2}T$.

Grundgröße ist im SI-System die Masse, im techn. Maßsystem die Kraft.

Um nun das Ähnlichkeitsprinzip auf Einflußgrößen physikalisch-chemischer Vorgänge anzuwenden, geht man im allgemeinen folgendermaßen vor:
Man überlegt zuerst alle Einflußgrößen, die für einen betrachteten Vorgang maßgebend sein könnten. Dann schreibt man diese Einflußgrößen und ihre Dimensionen auf und versucht, aus ihnen durch geeignete Multiplikationen und Divisionen Produkte und Quotienten zu bilden, die dimensionslos sind. Sind *alle* Einflußgrößen zu dimensionslosen *Kenngrößen* zusammengefaßt, so sollen zwei physikalische Vorgänge einander „ähnlich" sein, wenn alle entsprechenden Kenngrößen bei beiden Vorgängen dieselben Werte haben.
Die Ähnlichkeitsbedingung sei an einem einfachen Beispiel erläutert: Ein runder Stab, dessen Volumen V_s und dessen Dichte ϱ_s betragen möge, schwimme auf einer Flüssigkeit, deren Dichte ϱ_l sei. Nach dem ARCHIMEDESschen Prinzip wird der in die Flüssigkeit eintauchende Teil des Stabes V_e lediglich von den aufgeführten Größen, nämlich V_s, ϱ_s und ϱ_l, abhängen, d. h. es ist

$$V_e = F(V_s, \varrho_s, \varrho_l). \tag{1}$$

Die Dimensionen der Einflußgrößen sind L^3 und M/L^3; sie lassen sich also auf die Grunddimensionen Länge L und Masse M zurückführen. Wir bilden durch Division der Einflußgrößen die beiden Kenngrößen

$$\frac{V_e}{V_s} \text{ und } \frac{\varrho_l}{\varrho_s}.$$

Die Ähnlichkeitslehre fordert, daß alle Fälle dieses physikalischen Prozesses bzw. Modell- und Hauptausführung ähnlich sind, wenn neben den geometrischen Kenngrößen die abgeleiteten Kenngrößen gleich sind, damit

$$\frac{V_{e,M}}{V_{s,M}} = \frac{V_{e,H}}{V_{s,H}} \text{ und } \frac{\varrho_{l,M}}{\varrho_{s,M}} = \frac{\varrho_{l,H}}{\varrho_{s,H}}$$

sind, wenn durch die Indizes M und H die Modell- und Hauptausführung gekennzeichnet werden. Es ist ersichtlich, daß Ähnlichkeit auch dann besteht, wenn bei beiden Ausführungen verschiedene Flüssigkeits- und Feststoffdichten gewählt werden, da lediglich gefordert ist, daß das Verhältnis der Dichten in beiden Fällen gleich ist.
Dem Beispiel ist weiter zu entnehmen, daß zur Ermittlung der Kenngrößen die Kenntnis des ARCHIMEDESschen Prinzips Gl. (2a) nicht notwendig ist, sondern lediglich die der allgemeinen Funktion Gl. (1), d. h. aller Einflußgrößen, die den Vorgang bestimmen. Es genügt also, die Einflußgrößen, die einen gegebenen physikalischen Vorgang bestimmen, auf Grund von Erfahrungen oder theoretischen Überlegungen anzunehmen und sie in Kenngrößen zusammenzufassen, um die Ähnlichkeit zwischen zwei Fällen dieses Vorgangs zu entscheiden. Voraussetzung

ist allerdings, daß die physikalischen Größen, von denen man vermutet, daß sie den Vorgang beeinflussen, richtig gewählt werden, m. a. W. die richtige Aufstellung der der Beziehung (1) entsprechenden allgemeinen Funktion.

Die Wahl der Einflußgrößen erfordert für verwickelte Vorgänge erhebliche physikalische und chemische Kenntnisse und entsprechendes Verständnis.

Einen ersten Hinweis für die falsche Auswahl der Einflußgrößen gibt die Ähnlichkeitslehre selbst. Wird beim Aufstellen der allgemeinen Funktion eine maßgebende Größe nicht berücksichtigt, ist es nicht mehr möglich, alle Größen zu Kenngrößen zusammenzufassen. Wäre in unserem Beispiel die Dichte des Feststoffes (ϱ_s) nicht in Gl. (1) enthalten, wäre es nicht möglich gewesen, die drei übrigen Einflußgrößen in dimensionslose Kenngrößen umzuformen, da die Dichte (ϱ_l) sich nicht einfügen ließe. Entweder spielte in einem solchen Falle die betreffende Größe (ϱ_l) keine Rolle, oder aber es gäbe noch eine Größe (ϱ_s), die nicht berücksichtigt wurde. Ihre Dimension könnte dann durch Anwendung der Ähnlichkeitstheorie angegeben werden, vorausgesetzt, die vergessene Einflußgröße enthält Grundgrößen, die nur noch in einer einzigen anderen Einflußgröße vorkommen.

Die Ähnlichkeitslehre führt weiter zu der wichtigen Aussage, daß jede Kenngröße, die im Sinne der Ähnlichkeitsbedingung maßgebend ist, eine Funktion der übrigen Kenngrößen ist. Allerdings kann die Ähnlichkeitslehre im allgemeinen keine Aussage über die die Kenngrößen verbindende Funktion machen. Diese kann nur durch Vergleich mit dem Naturgesetz oder durch Versuche erhalten werden.

Für unser Beispiel erhalten wir somit

$$\varphi\left(\frac{V_e}{V_s}, \frac{\varrho_l}{\varrho_s}\right) = 0\,. \tag{2}$$

Diese Gleichung steht mit dem ARCHIMEDESschen Prinzip

$$V_e\,\varrho_l = V_s\,\varrho_s$$

bzw. (2a)

$$\frac{V_e}{V_s}\cdot\frac{\varrho_l}{\varrho_s} - 1 = 0$$

in Einklang.

Ein Vergleich von Gl. (1) und (2) zeigt, daß die Zahl der Kenngrößen kleiner ist als die Zahl der ursprünglichen Einflußgrößen. Bestände die Aufgabe, falls das ARCHIMEDESsche Prinzip nicht bekannt wäre, die Abhängigkeit des V_e von den Einflußgrößen experimentell zu ermitteln, wären in einem Fall drei Größen, im anderen Fall jedoch nur eine Größe zu variieren, wobei es noch gleichgültig wäre, ob ϱ_s oder ϱ_l oder beide gleichzeitig geändert würden. Die Aussage der Ähnlichkeitslehre, daß jede Kenngröße eine Funktion der übrigen ist, bedeutet also eine beträchtliche Einsparung von Versuchsarbeit. Im allgemeinen ist die Zahl der Kenngrößen gleich der Zahl der Einflußgrößen, vermindert um die Zahl der Grunddimensionen, die in den Dimensionen der Einflußgrößen enthalten sind. (In unserem Beispiel ist die Anzahl der Einflußgrößen $n = 4$, die Zahl der Grunddimensionen $m = 2$ und die Zahl der Kenngrößen $= 2$.) Die vorstehenden Ausführungen zeigen, daß es in manchen Fällen vorteilhaft ist, eine Funktion zwischen mehreren Einflußgrößen als Funktion der aus ihnen gebildeten dimensionslosen Produkte darzustellen. Die Ableitung dieser Produkte kann auf verschiedene Weise erfolgen, beispielsweise

durch Vergleich der auftretenden Kräfte,
durch Vergleich der auftretenden Energien,
durch Vergleich der Stoffwertquotienten,
auf Grund der Identität der Differentialgleichungen oder sonstigen Problemgleichungen,
auf Grund der Dimensionsanalyse.

Im Anhang wird eine dieser Methoden, die Ableitung der dimensionslosen Produkte mit Hilfe der Dimensionsanalyse, zunächst allgemein, dann am Beispiel des Wärmeübergangs gezeigt werden. Die wichtigsten Kennzahlen sind in (*30*) zusammengestellt.

Weitere Literatur: (*14*), (*30*), (*71*), (*81*), (*107*), (*120*).

1. Wärmetransport durch Wärmeleitung und Konvektion in einem Doppelrohrwärmeaustauscher

Allgemeines. Wir unterscheiden drei Arten des Wärmetransportes:

1. Wärmetransport durch Leitung in festen oder in *unbewegten* flüssigen und *unbewegten* gasförmigen Stoffen, d. h. lediglich durch thermische Molekularbewegung.
2. Wärmetransport durch freie oder erzwungene Konvektion (Mitführung) durch bewegte flüssige oder gasförmige Stoffe.
3. Wärmetransport durch Strahlung, der sich ohne Mitwirkung von Materie vollzieht.

In der Heiz- und Kühltechnik sind prinzipiell alle drei Arten des Wärmetransportes zu berücksichtigen. Bei „direkter“ Beheizung, also unmittelbarer Energiezufuhr, ist die Strahlung mit einem großen Anteil an der Wärmeübertragung beteiligt. Bei der „indirekten“ Beheizung und Kühlung durch stoffliche Wärmeträger, die im Bereich von tieferen Temperaturen bis etwa 300° C maßgebend ist, wird die Wärme überwiegend durch Leitung und Konvektion übertragen. Bei Isolationsproblemen kann aber der Strahlungsverlust auch bei tiefen Temperaturen entscheidend ins Gewicht fallen.

Beim Doppelrohrwärmeaustauscher kann man die Wärmeübertragung durch Strahlung unter den gewählten Versuchsbedingungen vernachlässigen. Die Wärme wird damit vor allem durch Leitung und Konvektion übertragen.

Grundlagen. Strömen zwei Flüssigkeiten verschiedener Temperatur entlang einer Wand (**Abb. 1, 1**), so wird Wärme von der heißeren Flüssigkeit auf die kältere durch die Wand übertragen. Einen derartigen Vorgang bezeichnet man als Wärmedurchgang. Der Wärmedurchgang zerfällt in drei Abschnitte:

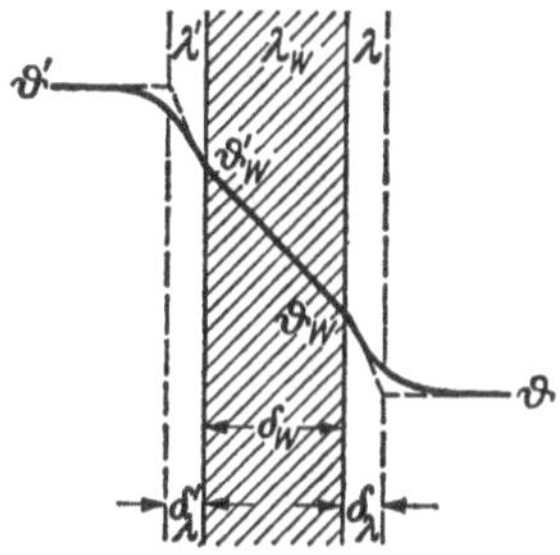

Abb. 1, 1. Wärmedurchgang durch eine ebene Wand. Turbulente Flüssigkeitsströmungen

——— Wahrer Temperaturverlauf
– – – Der Rechnung zugrunde gelegter Temperaturverlauf

1. Wärmeübergang von der heißeren Flüssigkeit auf die Wand.
2. Wärmeleitung durch die Wand.
3. Wärmeübergang von der Wand auf die kältere Flüssigkeit.

Wärmeleitung. Werden die beiden Oberflächen F einer ebenen Wand (**Abb. 1, 1**), deren Dicke δ_W betragen möge, auf verschiedener Temperatur ϑ_W bzw. ϑ'_W gehalten, so ist die Wärmemenge $\dot{Q}_W$, die in der Zeiteinheit durch die Fläche F strömt, nach dem FOURIERschen Gesetz

$$\dot{Q}_W = F \frac{\lambda_W}{\delta_W} (\vartheta'_W - \vartheta_W). \qquad (1)$$

Die Konstante λ_W wird als Wärmeleitzahl bezeichnet und ist — im Gegensatz zu der im folgenden Abschnitt definierten Wärmeübergangszahl — eine Stoffkonstante. Die Größe $\dot{Q}_W$ nennt man Wärmestrom.

Wärmeübergang. Der Wärmeübergang zwischen einer Wand und einer Flüssigkeit ist ein komplizierter Vorgang, der von den verschiedensten Einflußgrößen, vor allem aber von dem Strömungszustand der Flüssigkeit, abhängt.

Um eine formal einfache Beziehung zu erhalten, rechnet man so, als ob zwischen der Temperatur der Wandoberfläche ϑ'_W und der mittleren Temperatur der Flüssigkeit ϑ' ein Temperatursprung bestünde, was bei turbulenter Strömung in etwa zutrifft. Der Wärmestrom $\dot{Q}'$ pro Flächeneinheit wird dieser Temperaturdifferenz proportional gesetzt, wobei man für den Wärmeübergang von der Flüssigkeit auf die Wand

$$\dot{Q}' = F\,\alpha'\,(\vartheta' - \vartheta'_W) \tag{2}$$

erhält. Der Proportionalitätsfaktor wird Wärmeübergangszahl genannt. Entsprechend gilt für den Wärmeübergang von der Wand auf die zweite Flüssigkeit

$$\dot{Q} = F\,\alpha\,(\vartheta_W - \vartheta)\,. \tag{3}$$

Wärmedurchgang. Werden aus Gl. (1), (2) und (3) ϑ_W und ϑ'_W eliminiert, so erhalten wir für den stationären Zustand ($\dot{Q} = \dot{Q}' = \dot{Q}_W$) die Beziehung[1])

$$\dot{Q} = F\,\frac{1}{\frac{1}{\alpha} + \frac{\delta_W}{\lambda_W} + \frac{1}{\alpha'}}\,(\vartheta' - \vartheta) = F\,k\,(\vartheta' - \vartheta), \tag{4}$$

d. h. den Wärmestrom, der durch die Fläche F von einer Flüssigkeit mit der Temperatur ϑ' auf eine zweite Flüssigkeit der Temperatur ϑ übergeht.

Die Konstante der Gleichung (4)

$$k = \frac{1}{\frac{1}{\alpha} + \frac{\delta_W}{\lambda_W} + \frac{1}{\alpha'}} \tag{5}$$

bezeichnet man als Wärmedurchgangszahl. Ihre Dimension ist gleich der der Wärmeübergangszahl.

Anwendung der Ähnlichkeitstheorie auf den Wärmeübergang. Etwas vereinfacht kann man sich den Wärmeübergang von einer Wand auf eine strömende Flüssigkeit etwa folgendermaßen vorstellen: Die Wärmeübertragung kommt durch Leitung und vor allem durch Konvektion zustande. Der Anteil der Konvektion hängt vom Strömungszustand der Flüssigkeit ab, der laminar oder turbulent sein kann.

Bei laminarer Strömung kann man sich die Strömung aus Schichten bzw. Stromröhren aufgebaut denken. Die Wärme wird lediglich durch Leitung quer zur Strömungsrichtung von der Wand auf die Flüssigkeit übertragen. Von einer Konvektion kann man nur insofern sprechen, als die durch

---

1) Diese Beziehung bzw. (5) gilt nur für ebene Wände. Bei einem Doppelrohrwärmeaustauscher wäre strenggenommen noch die Krümmung der Wände zu berücksichtigen, wodurch $F' \neq F$ wird (*41*).

Leitung von der Wand an die Flüssigkeit übertragene Wärme durch die strömende Flüssigkeit so weit abgeführt werden muß, daß das gewählte Temperaturgefälle aufrechterhalten wird.
Bei turbulenter Strömung bildet sich an der Wand ein laminar strömender (hydrodynamischer) Grenzfilm aus, während weiter außen in der Flüssigkeit starke Mischbewegungen auftreten. Der Wärmetransport durch die Grenzschicht erfolgt durch Wärmeleitung. Der weitere Transport in das Innere der Flüssigkeit erfolgt durch die infolge der Turbulenz auftretenden Mischbewegungen. Da die Mischbewegungen sehr intensiv sind, wird innerhalb des turbulenten Kerns annähernd konstante Temperatur herrschen, während in der Grenzschicht ein Temperaturabfall auftritt. Folglich wird der Wärmeübergang von der Wand auf die Flüssigkeit vor allem von der Dicke und Wärmeleitfähigkeit des laminaren Grenzfilms abhängen.
Gehen wir einen Schritt weiter und rechnen so, als ob der gesamte Widerstand gegen den Wärmeübergang in der laminaren Grenzschicht liegt, so erhalten wir

$$\dot{Q} = F \frac{\lambda}{\delta_\lambda} (\vartheta_W - \vartheta) \tag{6}$$

und durch Vergleich von Gl. (6) und (3)

$$\alpha = \frac{\lambda}{\delta_\lambda}. \tag{6a}$$

Die Dicke der mittels Gl. (6a) berechneten Grenzschicht δ_λ ist im Prinzip nicht — also keinesfalls zwangsläufig — gleich der Dicke der hydrodynamischen Grenzschicht oder der sog. Diffusionsgrenzschicht δ_d (vgl. Aufg. 12), da Gl. (6a) unter der Voraussetzung abgeleitet wurde, daß der gesamte Widerstand gegen die Wärmeübertragung allein in der Grenzschicht liegen soll und damit die unbekannten Akkommodationskoeffizienten Wand — Grenzschicht, Grenzschicht — Flüssigkeit der den Impuls übertragenden Molekel durch die „Dicke der Grenzschicht" mit erfaßt werden. Vgl. hierzu (*30*).

Um die Ähnlichkeitslehre auf den Wärmeübergang anwenden zu können, stellen wir zunächst eine allgemeine Funktion sämtlicher physikalischer Größen auf, von denen wir glauben, daß sie den Vorgang beeinflussen:
Nach den obigen Ausführungen wird die Wärmeübergangszahl α bei turbulenter Strömung vor allem von der Wärmeleitfähigkeit λ des Mediums und von seiner Zähigkeit η, die die Dicke der Grenzschicht beeinflußt, bestimmt. Da ferner erzwungene Konvektion eine Rolle spielt, wird α auch von der Dichte ϱ, der spez. Wärme c_p und von der mittleren Geschwindigkeit w der Flüssigkeit abhängen. α wird ferner, wenn es sich um einen Doppelrohrwärmeaustauscher handelt, eine Funktion vom Rohrdurchmesser oder einer entsprechenden Abmessung d und in geringem Maße auch eine Funktion der Länge l des Austauschers sein.

Wir erhalten somit die allgemeine Funktion

$$\alpha = F(d, \varrho, \eta, \lambda, w, c_p, l)\,.$$

Auf Grund der Ähnlichkeitstheorie läßt sich diese Funktion in Form von dimensionslosen Produkten darstellen (vgl. Aufg. 40):

$$F\left(\frac{\alpha d}{\lambda}, \frac{\varrho w d}{\eta}, \frac{c_p \eta}{\lambda}, \frac{l}{d}\right) = 0\,.$$

Die ersten drei Kenngrößen sind unter dem Namen

NUSSELTsche Kenngröße	$Nu = \dfrac{\alpha d}{\lambda}$,	
REYNOLDSsche Kenngröße	$Re = \dfrac{\varrho w d}{\eta}$ bzw. $\dfrac{w d}{\nu}$ und	da $\eta = \nu \cdot \varrho$
PRANDTLsche Kenngröße	$Pr = \dfrac{c_p \eta}{\lambda}$ bzw. $\dfrac{c_p \varrho \nu}{\lambda}$	ν = kinemat. Zähigkeit

bekannt.

Über die die Kenngrößen verbindenden Funktionen kann die Ähnlichkeitstheorie keine Aussage machen.
Experimentelle Untersuchungen an Doppelrohrwärmeaustauschern zeigten, daß sich die Meßwerte durch die Beziehung[1])

$$Nu = 0{,}116\left[1 + \left(\frac{d}{l}\right)^{2/3}\right](Re^{2/3} - 125)\, Pr^{1/3} \qquad (7)$$

im Bereich $2300 < Re < 10^4$ wiedergeben lassen (*41*).
Für $Re > 10^4$ und $Re < 2300$ gelten die Beziehungen

$$Nu = C\, Re^m\, Pr^n \left(\frac{l}{d}\right)^p. \qquad (7a)$$

C, m, n und p sind Konstanten (*61*).
Die Gültigkeit dieser Beziehung (7a) ist nicht auf Doppelrohrwärmeaustauscher beschränkt, sondern kann auch auf andere Wärmeübergangsprobleme angewendet werden. Die Exponenten und die Konstanten sind jeweils experimentell zu bestimmen oder einer Tabelle (vgl. (*61*)) zu entnehmen[2]).

Bei laminarer Strömung von Flüssigkeiten in Rohren gilt beispielsweise:

	C	m	n	p
Heizung	15	0,23	0,23	– 0,5
bzw. Kühlung	11,5	0,23	0,23	– 0,5

für $Re < 2300$, $Pr = 2{,}5$ bis 4000 und $\dfrac{l}{d} = 100$ bis 400.

Um den Wärmeübergang bei freier Strömung in Gasen oder Flüssigkeiten zu beschreiben, wird häufig die Beziehung

$$Nu = C\, Pr^n\, Gr^n \qquad (7b)$$

[1]) Strenggenommen enthält die Gleichung noch ein Glied, das unter den gegebenen Versuchsbedingungen vernachlässigt werden kann (*92*).
[2]) Neuere Untersuchungen vor allem zum Ringraum vgl. (*21*), (*147*).

verwendet. Gr ist die GRASHOFsche Kenngröße

$$Gr = \frac{d^3 g \beta \Delta \vartheta}{\nu^2},$$

β = thermischer Ausdehnungskoeffizient

die die freie Konvektion berücksichtigt.

Die mittlere Temperaturdifferenz im Wärmeaustauscher. Die Wärmedurchgangszahlen sind für die Berechnung von Wärmeaustauschern wesentlich, da bei Kenntnis von k mittels Gl. (4) die Austauschfläche F für einen gegebenen Wärmestrom berechnet werden kann.
Bei Anwendung der Gl. (4) auf Doppelrohrwärmeaustauscher ist jedoch zu beachten, daß sich die Temperaturen der durchströmenden Flüssigkeiten in der Längsrichtung des Wärmeaustauschers ändern; infolgedessen wird die in Gl. (4) eingehende Temperaturdifferenz ebenfalls für jeden Querschnitt des Austauschers verschieden sein. Behält man die Form von Gl. (4) bei, sind entsprechende Mittelwerte für ϑ und ϑ' bzw. für deren Differenz einzusetzen. Sei $\Delta\vartheta_m$ der entsprechende Mittelwert der Temperaturdifferenz, so erhalten wir für die übertragene Wärmemenge

$$\dot{Q} = F k \Delta \vartheta_m. \tag{8}$$

$\Delta\vartheta_m$, die sog. mittlere logarithmische Temperaturdifferenz, ergibt sich (Ableitung vgl. (*41*)) zu

$$\Delta\vartheta_m = \frac{\Delta\vartheta_a - \Delta\vartheta_b}{\ln \frac{\Delta\vartheta_a}{\Delta\vartheta_b}}. \tag{9}$$

Es bedeuten $\Delta\vartheta_a$ die Temperaturdifferenz zwischen den Flüssigkeiten an einem Ende des Kühlers und $\Delta\vartheta_b$ die entsprechende Differenz am anderen Ende. Für Berechnungen ist für $\Delta\vartheta_a$ die größere und $\Delta\vartheta_b$ die kleinere Temperaturdifferenz in Gl. (9) einzusetzen. Bei der Ermittlung der logarithmischen Temperaturdifferenz $\Delta\vartheta_m$ ist es gleichgültig, ob der Kühler im Gleichstrom oder im Gegenstrom gefahren wird.
Stofftransport. Neben dem Wärmetransport sei auf den Stofftransport kurz eingegangen, da beide Prozesse in vielfacher Hinsicht ähnlich sind, was ihre theoretische wie experimentelle Behandlung wesentlich erleichtert.

Wir unterscheiden:

1. Stofftransport in festen oder *unbewegten* flüssigen und *unbewegten* gasförmigen Stoffen, der durch molekulare Diffusion zustande kommt und das Analogon zur Wärmeleitung darstellt. Der Vorgang kann entweder durch das 1. bzw. 2. FICKsche Gesetz oder aber, wenn die Rückdiffusion zu berücksichtigen ist, durch das STEFANsche Diffusionsgesetz beschrieben werden.

2. Stofftransport durch freie oder erzwungene Konvektion durch bewegte flüssige oder gasförmige Stoffe, der das Analogon zum konvektiven Wärmetransport ist.

Ein dem Wärmetransport durch Strahlung analoger Vorgang existiert nicht.

Der Stoffaustausch zwischen zwei Phasen wird Stoffübergang genannt. Wir definieren analog der Wärmeübergangszahl die Stoffübergangszahl β mittels der Beziehung

$$\dot{G} = F\beta\,(c_1 - c_2)\,, \tag{10}$$

worin $\dot{G}$ die Stoffmenge (Masse) bedeutet, die in der Zeiteinheit infolge des Konzentrationsunterschiedes zwischen der Phase 1 (c_1) und der Phase 2 (c_2) die Phasengrenzfläche F passiert.

Stofftransport und Stoffübergang spielen vor allem bei chemischen Prozessen, ferner bei den Grundoperationen Rektifikation, Extraktion, Adsorption, Rühren und Trocknen eine bedeutende Rolle. Sie werden in den Aufgaben „Trocknung" und „Rühren" näher diskutiert werden.

Aufgabe.

1. Vergleich des Wärmeaustausches in einem Doppelrohrwärmeaustauscher bei Gleich- und Gegenstrom.
2. Berechnung und experimentelle Bestimmung der Wärmedurchgangszahlen bei verschiedenen Strömungsgeschwindigkeiten.

Zubehör. 2 Thermostaten mit Umlaufpumpe, Doppelrohrwärmeaustauscher mit vier in $^1/_5$°C geteilten Thermometern, Meßzylinder (2 l), zwei Strömungsmesser.

Apparaturbeschreibung. Als Wärmeaustauscher dient ein Doppelrohrwärmeaustauscher aus Messing mit folgenden Abmessungen:

Länge: 2000 mm,
Innendurchmesser des äußeren Rohres: 10 mm,
Außendurchmesser des inneren Rohres: 8 mm,
Innendurchmesser des inneren Rohres: 6 mm.

Warmes Wasser konstanter Temperatur wird aus einem Thermostaten mittels seiner Umlaufpumpe durch das Innenrohr des Wärmeaustauschers und anschließend zurück in den Thermostaten gepumpt. Durch den Ringraum wird in gleicher Weise kaltes Wasser von einem zweiten Thermostaten gepumpt. Heiß- und Kaltwasserdurchsatz können mit Hilfe von Strömungsmessern gemessen und konstant gehalten werden. In die 4 Zu- bzw. Abflußleitungen des Kühlers sind Thermometer eingebaut.

Ausführung der Messungen. Wasser von 40° C wird aus dem Thermostaten durch das Innenrohr des Austauschers gepumpt, während durch den Mantelraum zunächst im Gleichstrom Kaltwasser (23° C) geschickt wird. Der Durchsatz des Kühlwassers wird auf etwa 1,2 l/min eingestellt und während aller Messungen konstant gehalten. Der Durchsatz des Heißwassers wird nacheinander auf etwa 1,4; 1,0; 0,6 l/min eingeregelt. Die jeweiligen Ein- und Austrittstemperaturen des Warm- und Kaltwassers werden an den Thermometern nach Einstellung des Beharrungszustandes abgelesen. Die genauen Durchsätze werden durch Ausflußmessungen bestimmt, sofern die Strömungsmesser nicht geeicht sind (Meßzylinder). Die gleichen Messungen werden im Gegenstrom wiederholt.

Auswertung der Messungen. Aus Temperaturabfall und Durchsatz der Heizflüssigkeit werden für alle Versuche die jeweils ausgetauschten Wärmemengen $\dot{Q}$ berechnet. Man vergleiche die entsprechenden Gleich- und Gegenstromversuche. Aus den abgelesenen Temperaturen wird nach Gl. (9) für jeden Versuch die mittlere logarithmische Temperaturdifferenz berechnet. Nach Gl. (8) werden die k-Werte aus den ausgetauschten Wärmemengen und den zugehörigen mittleren logarithmischen Temperaturdifferenzen berechnet. Man vergleiche die k-Werte für verschiedene Strömungsgeschwindigkeiten.

Mittels Gl. (7) wird für den ersten angegebenen Versuch die Wärmeübergangszahl von der Wand auf die Kühlflüssigkeit berechnet. Die Stoffwerte, wie z. B. die Wärmeleitfähigkeit und die spez. Wärme des Wassers, werden Tabellen entnommen und für die mittlere Kühlwassertemperatur — arithmetisches Mittel zwischen Eingangs- und Ausgangstemperatur des Kühlwassers — gewählt.

Als äquivalenter Durchmesser des Ringraumes, der in der *Nu*- und *Re*-Zahl enthalten ist, wird

$$d_{\text{äqu}} = \frac{4\,F_q}{U} \qquad \begin{aligned} F_q &= \text{Fläche des Ringraumes} \\ U &= \text{gesamter Umfang des Ringraumes} \end{aligned}$$

benutzt.[1]) Die mittlere Strömungsgeschwindigkeit w, die in der *Re*-Zahl enthalten ist, ergibt sich aus der Beziehung

$$w = \frac{v}{F_q}\,. \qquad v = \text{Wasserdurchsatz}$$

Sinngemäß wird auch die Wärmeübergangszahl von der Heizflüssigkeit auf die Wand berechnet. Aus den beiden berechneten Wärmeübergangszahlen, der Dicke und Wärmeleitzahl des Rohrmaterials wird nach Gl. (5) die Wärmedurchgangszahl ermittelt. Die Rechnungen werden durch Verwendung des VDI-Wärmeatlas wesentlich erleichtert.

Schließlich werden berechnete und gemessene Wärmedurchgangszahlen verglichen und die Anwendbarkeit der Gl. (7) auf Doppelrohrwärmeaustauscher geprüft.

Weitere Literatur: (*12*), (*16*), (*23*), (*30*), (*32*), (*50*), (*52*), (*85*), (*90*).

---

[1]) Siehe Fußnote 2 S. 8.

2. *Wärmetransport durch Strahlung*
Berechnung der Wärmeabstrahlung verschiedener Oberflächen

Grundlagen. *Grundgesetze der schwarzen Strahlung.* Während sich die vorstehende Aufgabe mit den Gesetzen des Wärmetransports durch Leitung und Konvektion, also mit dem an stoffliche Überträger gebundenen Wärmetransport, befaßt, soll im folgenden der Wärmetransport durch Strahlung am Beispiel strahlender Oberflächen besprochen werden.

Wir bezeichnen als Emissionsvermögen die Wärmemenge, die in der Zeiteinheit von der Flächeneinheit eines festen Körpers ausgestrahlt wird. Das Emissionsvermögen eines schwarzen Körpers beträgt nach dem STEFAN-BOLTZMANNschen Gesetz

$$E_s = C_s \left(\frac{T}{100}\right)^4, \tag{1}$$

worin T die absolute Temperatur der strahlenden schwarzen Fläche und C_s eine Konstante, die sog. Strahlungszahl des schwarzen Körpers, die den Wert $C_s = 5{,}775\ \mathrm{W/m^2\,K^4}$ ($= 4{,}965\ \mathrm{kcal/m^2\,h\,K^4}$) hat, bedeutet. Nach dem PLANCKschen Strahlungsgesetz ist der Anteil des Emissionsvermögens $d\,E_s$, der auf den Wellenlängenbereich zwischen λ und $\lambda + d\lambda$ entfällt,

$$dE_s = E_{s,\lambda}\, d\lambda = c_1 \frac{\lambda^{-5}}{e^{c_2/\lambda T} - 1}\, d\lambda. \tag{2}$$

c_1 und c_2 sind Konstante.

Abbildung 2, 1 zeigt die Energieverteilung der schwarzen Strahlung bei verschiedenen Temperaturen. Das Maximum der Strahlung verschiebt sich mit steigender Temperatur zu kürzeren Wellenlängen (WIENsches Verschiebungsgesetz).

Ein schwarzer Körper vermag bei einer gegebenen Temperatur den Höchstbetrag an Energie auszusenden; alle anderen Körper emittieren weniger Energie. Das Verhältnis der Emission eines nicht schwarzen Körpers zu der des schwarzen Körpers wird Emissionsverhältnis ε genannt.

Ein schwarzer Körper vermag umgekehrt alle auffallende Energie zu absorbieren. Jeder andere nicht schwarze Körper wird nur einen Bruchteil der auffallenden Strahlen absorbieren, die restlichen Strahlen werden reflektiert oder durchgelassen. Das Verhältnis von absorbierter zu gesamtauftreffender Strahlung bezeichnet man als Absorptionsverhältnis a. Das Absorptionsverhältnis hängt von der Art des Körpers und seiner Oberflächenbeschaffenheit ab. Nach dem KIRCHHOFFschen

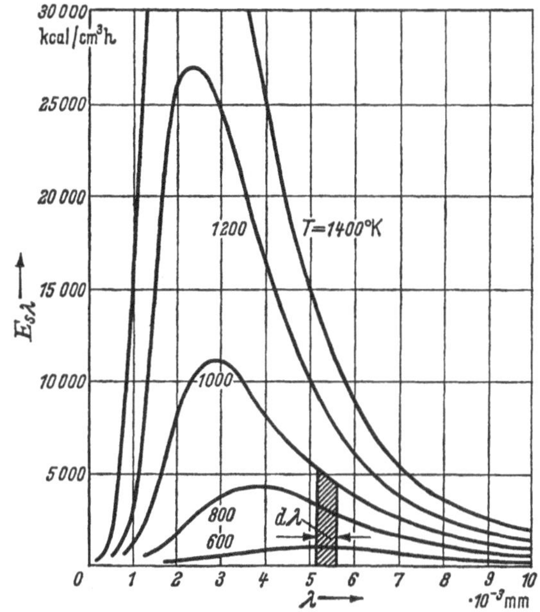

Abb. 2, 1. Energieverteilung der schwarzen Strahlung bei verschiedenen Temperaturen

Gesetz ist das Emissionsvermögen eines beliebigen Körpers bei gegebener Temperatur um so kleiner, je kleiner sein Absorptionsvermögen ist. Damit ist auch das Emissionsverhältnis eines nicht schwarzen Körpers gleich seinem Absorptionsverhältnis

$$\varepsilon = a. \tag{3}$$

Das KIRCHHOFFsche Gesetz gilt nicht nur für die Gesamtstrahlung bzw. Gesamtabsorption, sondern auch für jede einzelne Wellenlänge. Wir bezeichnen als grauen Strahler einen nicht schwarzen Körper, der von allen Wellenlängen den gleichen Bruchteil absorbiert bzw. emittiert wie ein schwarzer Körper. Für einen grauen Strahler sind dann ε und a unabhängig von der Wellenlänge.

Daraus ergibt sich die von einem grauen Strahler emittierte Energie E_{gr} nach Gl. (1) zu

$$E_{gr} = E_s\, \varepsilon = C_s\, \varepsilon \left(\frac{T}{100}\right)^4 = C_{gr} \left(\frac{T}{100}\right)^4. \tag{4}$$

Das Produkt $C_{gr} = C_s \varepsilon$ bezeichnet man als Strahlungszahl des grauen Körpers. Im allgemeinen werden wirkliche Körper keine grauen Strahler sein, sondern das Emissionsverhältnis wird von der Wellenlänge abhängen. In diesem Fall wird die Temperaturabhängigkeit nicht mehr genau durch Gl. (4) wiedergegeben. Dennoch genügt es in der Regel für technische Berechnungen, die strahlenden Körper als grau aufzufassen. Extrem selektive Strahler sind Gase. Sie emittieren Linienspektren, d. h. sie strahlen ihre Energie nur in bestimmten Wellenlängen ab, was u. U. zu beträchtlichen Verlusten führen kann. Beim Einspritzen von Teerölen, Naphthalin und anderen C-reichen Verbindungen in Gasflammen bildet sich infolge unvollständiger Verbrennung Ruß, der als schwarzer Körper die Flammenenergie kontinuierlich abstrahlt. Man spricht von Karburieren der Flamme.

Wärmeaustausch durch Strahlung zwischen zwei Körpern. Während im vorigen Abschnitt die Strahlung eines Körpers betrachtet wurde, ist z. B. bei direkter Beheizung der Strahlungsaustausch zwischen zwei Körpern von Interesse. Nehmen wir beispielsweise zwei parallel gegenüber angeordnete, gleich große Platten 1 und 2 mit den Temperaturen T_1 und T_2, den Strahlungszahlen $C_{gr,1}$ und $C_{gr,2}$ an, so wird jede Platte die andere bestrahlen, und zwar nach Gl. (4) in der Zeiteinheit mit der Energie

$$\text{Platte 1: } F E_{gr,1} = F\, C_{gr,1} \left(\frac{T_1}{100}\right)^4; \quad \text{Platte 2: } F E_{gr,2} = F\, C_{gr,2} \left(\frac{T_2}{100}\right)^4.$$

Jede der beiden Platten wird von der auffallenden Strahlung einen Teil absorbieren und einen Teil reflektieren: Die Strahlung der Platte 1 fällt auf die Platte 2, wird hier teilweise absorbiert und teilweise zur Platte 1 zurückgesandt; die reflektierten Strahlen werden an Platte 1 wiederum zum Teil absorbiert, zum Teil reflektiert usf.

Entsprechend werden die von der Platte 2 ausgesandten Strahlen zwischen den Platten hin und her geworfen, wobei die Beträge immer kleiner werden.

Addiert man für die Platte mit der höheren Temperatur sämtliche von der eigenen Strahlung absorbierten Beträge und sämtliche von der Strahlung der anderen Platte absorbierten Beträge und zieht diese von der emittierten Strahlung $F\, E_{gr,1}$ ab, so erhält man die Wärmemenge, die in der Zeiteinheit von der heißeren zur kälteren Platte übergegangen ist, nämlich

$$\dot{Q} = F\, E_{eff} = F\, \frac{\left(\frac{T_1}{100}\right)^4 - \left(\frac{T_2}{100}\right)^4}{\frac{1}{C_{gr,1}} + \frac{1}{C_{gr,2}} - \frac{1}{C_s}}. \tag{5}$$

Durch ähnliche Überlegungen ergibt sich auch die Gleichung für den Strahlungsaustausch zwischen einem Körper und der ihn umhüllenden Fläche:

Sei die Fläche des Körpers F_1 und die ihn umgebende Fläche F_2 und damit $F_1 < F_2$, die zugehörigen Temperaturen T_1 und T_2, die Strahlungszahlen $C_{gr,1}$ und $C_{gr,2}$, so ergibt sich für die in der Zeiteinheit übergehende Wärmemenge

$$\dot{Q} = F_1\, E_{eff} = F_1 \frac{\left(\frac{T_1}{100}\right)^4 - \left(\frac{T_2}{100}\right)^4}{\frac{1}{C_{gr,1}} + \frac{F_1}{F_2}\left(\frac{1}{C_{gr,2}} - \frac{1}{C_s}\right)} \,. \tag{6}$$

Dabei ist für F_1 immer die kleinere Fläche einzusetzen, gleichgültig ob T_1 größer oder kleiner als T_2 ist.

Die Gleichung ist ein Sonderfall der Gl. (5); für $F_2 = F_1$ geht Gl. (6) in Gl. (5) über.

Gl. (6) bildet die Grundlage zur Berechnung von Wärmeverlusten, die durch Strahlung von Dampfleitungen, Reaktionsgefäßen usw. mit und ohne Isolation entstehen. Voraussetzung ist die Kenntnis der Strahlungszahlen, die für viele Oberflächen tabelliert sind (*90*), (*92*). Gl. (5) und (6) zeigen, daß die Wärmeverluste beispielsweise eines Reaktionsgefäßes durch Strahlung vor allem von der Beschaffenheit seiner Oberfläche abhängen. Eine große Strahlungszahl ($C_{gr} \to 5{,}77$) bedeutet hohe Wärmeverluste, während mit kleinen Strahlungszahlen $C_{gr} \to 0$ (z. B. polierte Edelstähle, $C_{gr} \approx 0{,}2$) eine wesentlich geringere Wärmeabgabe verbunden ist. Für die Isolationstechnik ist noch zu bemerken, daß Anstriche Strahlungszahlen in der Größenordnung von 90 % des schwarzen Körpers haben. Entgegen gefühlsmäßiger Beurteilung ist schneeweißer Emaillelack bei Temperaturen bis 300° C für die ultrarote Wärmestrahlung nahezu schwarz.

Aufgabe 1. Ein nicht isolierter Kupferkessel, dessen Oberfläche 10 m² und dessen Wandtemperatur 150 °C beträgt, befindet sich in einem Raum mit einer Gesamtfläche (F_2) von 2000 m² und einer Wandtemperatur von 20 °C. Wie groß ist die abgestrahlte Wärme, wenn der Kessel blank poliert ($C_{gr} = 0{,}2$) und stark oxydiert ($C_{gr} = 4{,}4$) ist? Die Strahlungszahl von weiß getünchtem Mörtel des Mauerwerkes kann $C_{gr} = 5{,}3$ gesetzt werden.

Aufgabe 2. Wie groß ist die Strahlung aus einer Feuerungsöffnung, deren Querschnitt 1 m² beträgt, wenn die mittlere Temperatur des Ofens 1400 °C ist? Die Fläche des umgebenden Raumes ist sehr groß, damit $F_1/F_2 \approx 0$. Die Wandtemperatur beträgt 30 °C und die Strahlungszahl $C_{gr} = 5{,}3$. Zur Lösung kann man die Öffnung, durch die die Strahlung geht, als Oberfläche eines fast schwarzen Körpers auffassen ($C_{gr} = 5{,}1$).

Aufgabe 3. Wie groß ist die von der Oberfläche (1 m²) flüssigen Eisens durch Konvektion und Strahlung abgegebene Wärme, wenn die Temperatur 1350 °C und die Strahlungszahl 5,1 beträgt? Strahlungszahl und

Temperatur der Raumwand $C_{gr} = 5{,}3$ und $\vartheta = 25\,°C$. Zur Berechnung der Konvektion kann Gl. (1. 7b) herangezogen werden. Man setzt für

$$C = 1{,}18 \text{ und } n = 0{,}125, \text{ wenn } \quad \text{Gr. Pr} < 5.10^2$$

$$C = 0{,}54 \text{ und } n = 0{,}25, \text{ wenn } 5.10^2 < \text{Gr. Pr} < 2.10^7$$

$$C = 0{,}13 \text{ und } n = 0{,}33, \text{ wenn } \quad \text{Gr. Pr} > 2.10^7.$$

Wie groß ist unter sonst gleichen Bedingungen das Verhältnis von Strahlung zu Konvektion bei einer Flüssigkeit, deren Oberflächentemperatur 100° C beträgt?
Weitere Literatur: *(96)*.

3. Fördern strukturviskoser Flüssigkeiten
Betriebsverhalten einer Zahnradpumpe

Grundlagen. Strukturviskosität. Das NEWTONsche Reibungsgesetz

$$\tau = \eta \cdot D$$

definiert für laminare Strömung die dynamische Viskosität η als Proportionalitätskonstante zwischen der angreifenden Schubspannung (Scherspannung) τ und dem Geschwindigkeitsgefälle D senkrecht dazu. Indessen ist diese Proportionalität zwischen τ und D bei vielen Stoffsystemen nicht gegeben; η ändert sich z. B. bei hochmolekularen Substanzen und ihren Lösungen in komplizierter Weise mit τ bzw. D. Dies wird als strukturviskoses Verhalten bezeichnet.

Bei strukturviskosen Systemen läßt sich für alle Strömungsbedingungen eine scheinbare Viskosität $\eta_a = \tau/D$ angeben, die besagt, welche Viskosität eine NEWTONsche Flüssigkeit gleichen Fließverhaltens hat. Nimmt η_a mit steigendem τ bzw. D ab, so liegt ein pseudoplastisches Verhalten vor (Strukturviskosität im engeren Sinne). Bei einer Zunahme mit τ bzw. D wird von einem dilatanten System gesprochen. In **Abbildung 3, 1a** werden die möglichen strukturviskosen Zustände als sogenannte Fließkurven, $D = f(\tau)$, wiedergegeben. **Abbildung 3, 1b** zeigt in äquivalenter

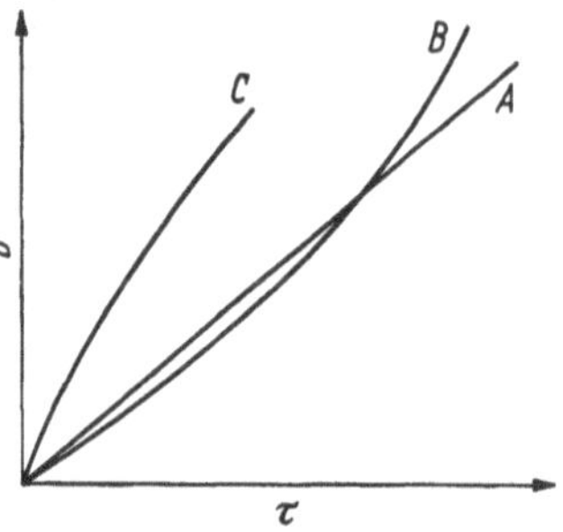

Abb. 3, 1a. Fließkurven für NEWTONsches (A), pseudoplastisches (B) und dilatantes Fließverhalten (C)

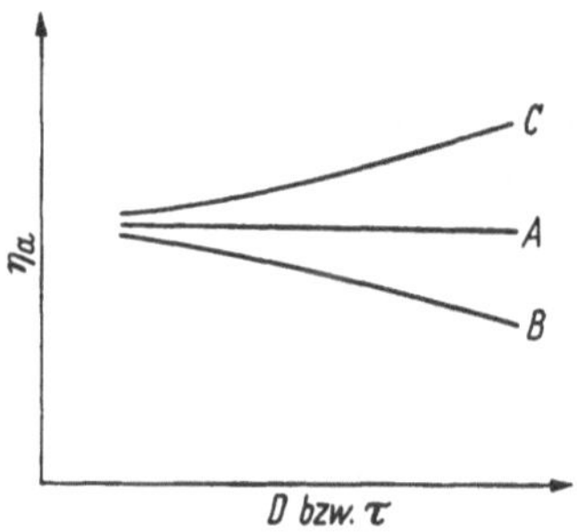

Abb. 3, 1b. Verlauf der scheinbaren Viskosität bei NEWTONschen(A), pseudoplastischen(B) und dilatanten Flüssigkeiten(C)

Darstellung η_a in Abhängigkeit von D bzw. τ. Bei dilatanten und pseudoplastischen Flüssigkeiten erfolgt die Einstellung des Fließverhaltens augenblicklich, präziser gesagt, schnell gegenüber der Meßgenauigkeit. Der Einstellprozeß kann sich aber auch über einen längeren Zeitraum erstrecken. Nimmt bei gleichbleibender Scherbeanspruchung die Viskosität während des Einstellprozesses ab und steigt sie nach Aufhebung der Scherung wieder an, so liegt ein thixotropes System vor. Entgegengesetzt verhalten sich rheopexe Systeme.

Eine Reihe vor allem auch technisch wichtiger Substanzen (Pigmentfarbstoffe, Bentonite u. a. m.) beginnt erst nach Überschreitung einer kritischen Schubspannung τ_{kr} zu fließen. Besteht oberhalb dieser Fließgrenze Proportionalität zwischen $(\tau - \tau_{kr})$ und D entsprechend dem NEWTONschen Gesetz, so spricht man von einer BINGHAM-Substanz. Jedoch auch strukturviskose, d. h. pseudoplastische und dilatante sowie thixotrope und rheopexe Stoffe können eine Fließgrenze besitzen.

Die physikalischen Ursachen der Strukturviskosität sind vielfältig und in Einzelheiten für kein System vollständig bekannt. Für Lösungen von Hochpolymeren wurde einerseits das Deformations- und Orientierungsverhalten der einzelnen Makromoleküle und andererseits die mögliche Verhakung bzw. Verfilzung von Polymer-Molekülen zur Deutung herangezogen.

Strukturviskoses Verhalten muß in der chemischen Verfahrenstechnik u. a. bei der Berechnung des Fließens von Flüssigkeiten durch Leitungen und Formstücke, der Konstruktion von Förderpumpen, der Auswahl von Filtrationsanlagen und der Herstellung von Folien und Filmen aus Lösungen genau berücksichtigt werden.

Zahnradpumpe. Bei den Umlaufkolbenpumpen, zu denen die Zahnradpumpe gehört, wird durch rotierende Kolben der Arbeitsraum auf der Saugseite stetig vergrößert und auf der Druckseite stetig verkleinert. Dadurch wird das Fördermedium angesaugt und mit einer Druckerhöhung in die Druckleitung abgegeben.

In der Zahnradpumpe, siehe **Abbildung 3, 2**, bildet sich durch den Eingriff der Verzahnungen ein abgeschlossener Raum (der Quetschraum),

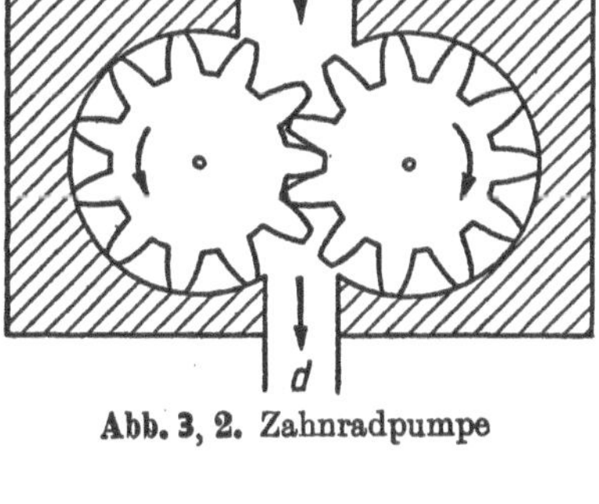

Abb. 3, 2. Zahnradpumpe

dessen Inhalt sich während der Drehung der Räder bis zu einem Minimum verkleinert, wobei die darin enthaltene Flüssigkeit in den Druckraum *d* fließt. Im weiteren Verlauf der Drehbewegung vergrößert sich der Quetschraum wieder und öffnet sich, wodurch auf der Saugseite *s* der Pumpe ein Unterdruck entsteht. Die angesaugte Flüssigkeit wird in den Zahnlücken entlang der umschließenden Gehäusewandungen zur Druckseite *d* mitgenommen.

Die Messung des Fördervolumenstromes ergibt bei Zahnradpumpen oft erhebliche Abweichungen vom theoretischen Wert v_{th}. So kann der Füllungsgrad f des Zahnlückenvolumens $< 1{,}0$ sein. Auch wird infolge der Druckdifferenz zwischen Druck- und Saugseite eine Rückströmung des Fördermediums von der Druck- auf die Saugseite beobachtet; es tritt also ein der Förderrichtung entgegengesetzter Volumenstrom $v_{Rü}$ auf. Für den tatsächlichen Fördervolumenstrom v (Förderleistung) gilt

$$v = v_{th} \cdot f - v_{Rü} \,.$$

Der Volumenstrom in den Rückströmspalten läßt sich in erster Annäherung beschreiben mit

$$v_{Rü} = \gamma \frac{\Delta P}{\eta} \,.$$

In die Konstante γ gehen die Abmessungen der Rückströmspalte ein; ΔP ist die Druckdifferenz zwischen Druck- und Saugseite. Für η ist bei strukturviskosen Stoffen das dem jeweiligen Druck entsprechende η_a zu setzen.

Aufgabe. (a) Förderkennlinien einer Zahnradpumpe sind für Flüssigkeiten unterschiedlichen Fließverhaltens aufzunehmen. Ihr Verlauf ist zu diskutieren. Vergleichend ist die Anfangsviskosität der Versuchssubstanzen mit einem Kapillarviskosimeter nach der in Aufgabe 21 (S. 140) beschriebenen Methode zu bestimmen, indem die Viskosität bei verschiedenen treibenden Drucken gemessen wird, worauf auf eine verschwindende Druckdifferenz extrapoliert wird. (b) Man messe Förderkennlinien einer Zahnradpumpe für eine NEWTONsche und eine strukturviskose Flüssigkeit gleicher Anfangsviskosität.

Zubehör. Apparatur nach **Abbildung 3, 3,** Apparatur nach **Abbildung 21, 1**, Stoppuhr. Versuchssubstanzen: Glycerin, Lösungen von Zuckern in Glycerin, Gemische aus Glycerin und Wasser, Lösungen von Polyäthylenglykol in Wasser und von Polyisobutylen in Toluol.

Apparaturbeschreibung. Die Teile der Versuchsanordnung in **Abbildung 3,3** sind durch Polyäthylen-Druckschläuche verbunden. Das Fördermedium wird aus einem Vorratsgefäß *G* in die Zahnradpumpe *P* gesaugt, deren theoretisches Fördervolumen etwa 0,3 bis 1,0 ml/Umdrehung betragen soll. Die Pumpe ist mit einem Elektromotor verbunden. Ihre an einem Tachometer ablesbare Drehzahl *N* soll zwischen 50 und 500 1/min (für manche Pumpentypen bis 5000 l/min) zu variieren sein. Das Fördermedium wird aus der Zahnradpumpe in ein mit einem Manometer *M* (Bereich 6 bar/cm²) versehenes geschlossenes Rohr *R* gedrückt, aus dem es über ein Nadelventil *N* in einen Meßzylinder *Z* (1000 ml) abfließt.

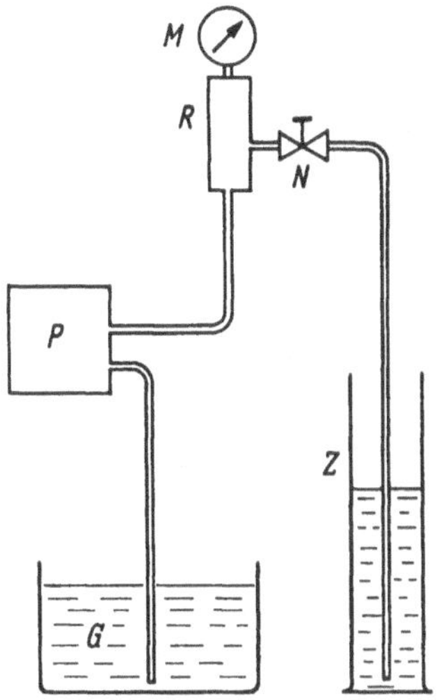

Abb. 3, 3. Schema der Versuchsanordnung

Ausführung der Messungen. Bei geöffnetem Nadelventil *N* wird zunächst längere Zeit die Versuchssubstanz durch die Apparatur gepumpt, wodurch diese gereinigt und später von Luftblasen befreit wird; im Rohr *R* verbleibt unterhalb des Manometers *M* ein Luftkissen. Dann werden die Drehzahl *N* und — durch teilweises Schließen des Nadelventils *N* — die Druckdifferenz ΔP eingestellt, worauf die Einstellung eines gleichmäßigen Förderstromes abgewartet wird; ΔP muß dabei mehrfach nachreguliert werden. Darauf wird mit der Stoppuhr die Zeit gemessen, bis ein bestimmtes Volumen (z. B. 100 ml) in den Meßzylinder *Z* geflossen ist. Aus diesem Volumen und der Zeit wird der tatsächliche Fördervolumenstrom *v* ermittelt.

Für jedes Fördermedium sind bei konstantem ΔP Messungen für 5—10 Werte von *N* und bei konstantem *N* Messungen für 5—10 Werte von ΔP, jeweils über einen größeren Bereich auszuführen. In graphischen Darstellungen wird *v* über *N* bzw. ΔP aufgetragen.

Weitere Literatur: (*26*), (*75*), (*85*), (*109*).

II. Eigenschaften von Schüttgut- und Wirbelschichten

4. Durchströmung und Aufwirbelung von Schüttgutschichten durch Wasser

Grundlagen. Durchströmt ein Gas oder eine Flüssigkeit eine in einem Rohr befindliche Körnerschicht von unten nach oben, so werden die Körner bei hinreichender Geschwindigkeit des fluiden Mediums aufgewirbelt. Die entstehende aufgewirbelte Schicht bezeichnet man als Wirbelschicht.

Strömungswiderstand von ruhenden Schüttgutschichten. Wir betrachten eine Schüttgutschicht, die sich auf einem Sieb hinreichend kleiner Maschenweite — einem sog. Anströmboden — in einem senkrecht stehenden Rohre befinde (vgl. **Abb. 4, 3**). Läßt man ein fluides Medium, z. B. Wasser, die Partikelschicht von unten nach oben durchströmen, so steigt der Druckverlust ΔP durch die Schüttgutschicht mit steigender Strömungsgeschwindigkeit an. Die Abhängigkeit des Druckabfalls ΔP durch die Schicht von der Strömungsgeschwindigkeit kann in guter Näherung durch die folgende Beziehung wiedergegeben werden:

$$\Delta P = C_{W,h} \frac{\varrho_l}{2d_k} h w^2. \tag{1}$$

w = Lineargeschwindigkeit des strömenden Mediums, bezogen auf den freien Rohrquerschnitt
d_k = Durchmesser der dem Korn volumengleichen Kugel
h = Höhe der Schüttgutschicht
ϱ_l = Dichte des strömenden Mediums
$C_{W,h}$ = Widerstandsbeiwert der Schüttung

Diese Beziehung ergibt sich durch folgende Überlegung:

Wird ein Körper relativ zu einer reibungsfreien Flüssigkeit mit hinreichender und konstanter Geschwindigkeit bewegt, so ist sein Strömungswiderstand nach dem NEWTONschen quadratischen Widerstandsgesetz durch die Beziehung

$$W = C_W \frac{\varrho_l}{2} F w^2 \tag{2}$$

gegeben, worin F die Stau- oder Spantfläche, d. h. den größten Querschnitt des Körpers senkrecht zur Strömungsrichtung, w seine relative Geschwindigkeit gegenüber dem ihn umströmenden Medium mit der Dichte ϱ_l bedeutet. Der Proportionalitätsfaktor der Beziehung wird Widerstandsbeiwert genannt.

Bei einfachen Körpern, wie Kugeln (Scheiben und Zylindern), ist die Spantfläche aus dem Durchmesser zu berechnen, und man erhält beispielsweise für eine Kugel

$$W_k = C_{W,k} \frac{\varrho_l}{2} \frac{\pi d_k^2}{4} w^2, \tag{3a}$$

wenn der Index k angibt, daß die Größe auf die Kugel bezogen ist. Für einen beliebig gestalteten Körper, wie Sand oder Katalysatorkörner, kann die Staufläche nicht oder nur schwierig berechnet werden. An Stelle der Spantfläche F führt man in Gl. (2) den größten Querschnitt der dem betrachteten Körper volumengleichen Kugel ein und erhält dann

$$W = \varphi(\mathrm{m})\, C_{W,k} \frac{\varrho_l}{2} \frac{\pi d_k^2}{4} w^2, \tag{3b}$$

wobei der Formfaktor φ (m) angibt, wievielmal größer der Strömungswiderstand eines beliebig gestalteten Körpers ist als der der ihm volumengleichen Kugel. Setzt man für d_k die Maschenweite d_K, die das Korn gerade noch passiert, so hat φ (m) einen etwas anderen Wert; in der Praxis kann dieser Unterschied allerdings vernachlässigt werden.

Der Widerstandsbeiwert kann (bis auf den Sonderfall der Kugel) nur durch experimentelle Bestimmungen erhalten werden. Für Kugeln ergab sich so

$$C_{W,k} = 0{,}39 - 0{,}48 \text{ für } Re > 300\,. \tag{4}$$

Treten neben Trägheitskräften vergleichbare Reibungskräfte auf, so gilt das NEWTONsche Gesetz nicht mehr, sondern der Widerstandsbeiwert C_W wird eine Funktion vom Verhältnis der auftretenden Trägheitskräfte zu den Reibungskräften, damit wird

$$C_W \sim f(Re) \text{ bzw. } C_{W,k} = f(Re)\,.$$

Bei kleinen REYNOLDSschen Zahlen ($Re < 2$) überwiegen die Reibungskräfte gegenüber den auftretenden Trägheitskräften. Der Widerstand einer Kugel folgt annähernd dem STOKESschen Gesetz,

$$W_k = 6\pi\eta w \frac{d_k}{2}, \tag{5}$$

wenn der Kugeldurchmesser sehr viel kleiner als der Rohrdurchmesser ist[1]).

[1]) Das STOKESsche Gesetz gilt streng nur für den Fall einer Kugel in einer unendlich ausgedehnten Flüssigkeit.

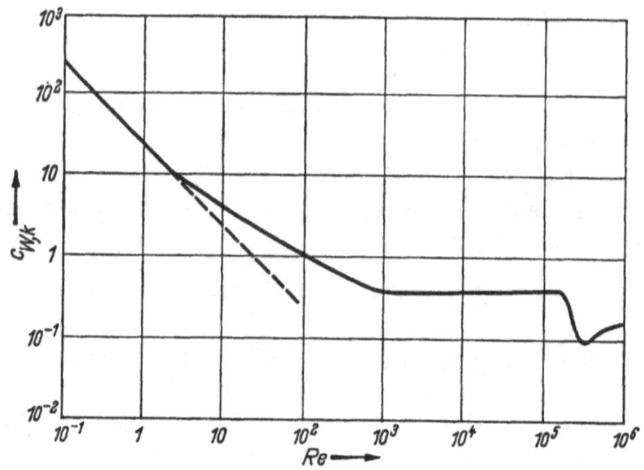

Abb. 4, 1. Widerstandsbeiwert einer Kugel in Abhängigkeit von der *Re*-Zahl

Aus Gl. (3a) und (5) ergibt sich mit

$$\eta = \nu \varrho_l \text{ und } Re = \frac{w\, d_k}{\nu}$$

(ν = kinematische Zähigkeit η = dynamische Zähigkeit)

für den Widerstandsbeiwert (vgl. **Abb. 4, 1**)

$$C_{W,k} = 24/Re\,. \tag{6}$$

Faßt man den Widerstand der Schüttung W_h in erster Näherung als Summe der Einzelwiderstände W aller in der Schüttung enthaltenen Körner z auf und trägt ferner dem relativen Zwischenkornvolumen,

$$\varepsilon = \frac{\text{Volumen zwischen den Körnern}}{\text{Gesamtvolumen}}, \tag{7}$$

das den verfügbaren Stromquerschnitt bemißt und damit sicherlich einen Einfluß hat, durch Einführung einer Funktion $\psi(\varepsilon)$ Rechnung, so erhält man

$$W_h = W\, z\, \psi\,(\varepsilon)\,. \tag{8}$$

Die Zahl der Körner in einer Schüttgutschicht ergibt sich zu

$$z = \frac{(1-\varepsilon)}{\frac{\pi\, d_k^3}{6}}\, h\, F_h\,, \tag{9}$$

wenn F_h den Querschnitt der Schicht bedeutet. Einsetzen von Gl. (3b) und (9) in Gl. (8) ergibt

$$W_h = \varphi(\mathrm{m})\; C_{W,k}\, \psi\; (\varepsilon)\; \frac{(1-\varepsilon)\; 6\, h\; F_h\; \varrho_l\, w^2}{4\, d_k\, 2}. \tag{10}$$

Setzen wir für $6/4\ \varphi(\mathrm{m}) = \varphi'(\mathrm{m})$ und für $(1-\varepsilon)\psi(\varepsilon) = \psi'(\varepsilon)$, so erhalten wir die Beziehung

$$\Delta P = \frac{W_h}{F_h} = \varphi'(\mathrm{m})\ C_{W,k}\ \psi'(\varepsilon)\ \frac{\varrho_l}{2\,d_k}\ h\,w^2 \qquad (11)$$

und damit Gl. (1), wenn

$$C_{W,h} = \varphi'(\mathrm{m})\, C_{W,k}\, \psi'(\varepsilon) \qquad (12)$$

ist.

Aus experimentellen Untersuchungen an Schüttgutschichten ergab sich

$$\psi'(\varepsilon) = \frac{1}{\varepsilon^4}\,. \qquad (13)$$

Für das Gebiet laminarer Strömung erhalten wir somit für den Widerstandsbeiwert der Schüttung aus Gl. (6), (13) und (12)

$$C_{W,h} = \frac{24\ \varphi'(\mathrm{m})}{\varepsilon^4\ Re} \qquad \text{für } Re < 2 \qquad (14\text{a})$$

und mit Gl. (1)

$$\Delta P \sim w\,.$$

Für das Gebiet turbulenter Strömung ergibt sich aus Gl. (4), (13) und (12)

$$C_{W,h} = \frac{0{,}44\ \varphi'(\mathrm{m})}{\varepsilon^4} \qquad \text{für } Re > 300 \qquad (14\text{b})$$

und mit Gl. (1)

$$\Delta P \sim w^2\,.$$

Im Übergangsgebiet $2 < Re < 300$ wird

$$C_{W,h} = \frac{a\ \varphi'(\mathrm{m})}{\varepsilon^4\ Re^m}\,. \qquad (14\text{c})$$

Wirbelpunkt, Lockerungsgeschwindigkeit, Wirbelschicht. Nach den Ausführungen des vorigen Abschnittes steigt der Druckverlust mit steigender Geschwindigkeit an. Da der Druckverlust ΔP als Kraft auf die aufgeschütteten Partikeln wirkt, wird bei einer bestimmten Geschwindigkeit w_L der Druckverlust gleich dem Gewicht der Körner vermindert um ihren Auftrieb auf die Flächeneinheit sein. Für diese Geschwindigkeit, die als Lockerungsgeschwindigkeit bezeichnet wird („Lockerungs- oder Wirbelpunkt"), gilt

$$\Delta P_L = (\varrho_s - \varrho_l)\, h\, (1-\varepsilon)\, g\,. \qquad (15)$$

ϱ_s = Dichte des Feststoffes

Die Lockerungsgeschwindigkeit läßt sich berechnen:

Der Druckverlust einer Schüttgutschicht am „Wirbelpunkt" ist im Falle laminarer Strömung ($Re < 2$)

$$\Delta P_L = 24\,\varphi'(\mathrm{m})\,\frac{\varrho_l\, w_L\, h\, \nu}{\varepsilon^4\, 2\, d_k^2}. \tag{16}$$

Gleichsetzen von Gleichung (15) und (16) ergibt nach einiger Umformung die Lockerungsgeschwindigkeit w_L

$$w_L = \frac{\varepsilon^4}{12\,\varphi'(\mathrm{m})}\;\frac{(1-\varepsilon)\,g\,(\varrho_s-\varrho_l)}{\varrho_l\,\nu}\;d_k^2. \tag{17}$$

Wird die Strömungsgeschwindigkeit nur wenig über die Lockerungsgeschwindigkeit hinaus gesteigert, beginnen die Partikeln sich zu bewegen und heben sich zunächst am oberen Rande der Schicht ab. Schließlich lockert sich die gesamte Schicht und fängt an sich auszudehnen. Den Bereich geringer Schichtausdehnung bezeichnet man als Lockerungsbereich.

Mit weiterem Ansteigen der Strömungsgeschwindigkeit wird sich eine Schicht glatter gleichgroßer Körner zunächst gleichmäßig oder, wie man sagt, homogen ausdehnen; das Zwischenkornvolumen vergrößert sich. Die Oberfläche bleibt dabei eben. Für den homogenen Wirbelbereich gilt die Beziehung

$$\begin{aligned}\Delta P_{ws} &= h_{ws}\,(1-\varepsilon_{ws})\,(\varrho_s-\varrho_l)\,g \\ &= h\,(1-\varepsilon)\,(\varrho_s-\varrho_l)\,g = \text{const.}\end{aligned} \tag{18}$$

ΔP_{ws} = Druckabfall durch die Wirbelschicht

ε_{ws} = relatives Zwischenkornvolumen in der Wirbelschicht

Ein geringer Druckanstieg, besonders bei höheren Durchsätzen, ist auf den Energieverlust zurückzuführen, der durch den unelastischen Zusammenstoß von Körpern und durch die Reibung des Mediums an den Rohrwänden entsteht. Er ist in Gl. (18) nicht berücksichtigt.

Nach Gl. (18) ist im Wirbelbereich die Änderung des Zwischenkornvolumens mit der Schichthöhe durch die Gleichung

$$\varepsilon_{ws} = 1 - \frac{h}{h_{ws}}\,(1-\varepsilon) \tag{19}$$

gegeben.

Die Strömungsgeschwindigkeit kann im Prinzip bis zu der Strömungsgeschwindigkeit gesteigert werden, die gleich der Fallgeschwindigkeit der Feststoffteilchen ist. Bei höheren Geschwindigkeiten werden die Teilchen ausgetragen. Wirbelschichten in Flüssigkeiten bleiben bis zu dieser Grenzgeschwindigkeit weitgehend homogen und die Phasengrenzfläche zwischen Wirbelschicht und Flüssigkeit hinreichend scharf, wenn die Feststoffteilchen gleichen Strömungswiderstand aufweisen.

Besteht dagegen ein Feststoff aus ungleichen Teilchen, z. B. Körnern verschiedener Oberfläche, Größe oder Dichte, so tritt auf Grund ihres verschiedenen Strömungswiderstandes Sichtwirkung auf (vgl. Aufg. 9). Teilchen mit zerklüfteter Oberfläche oder geringerem Gewicht werden sich im oberen Teil der Wirbelschicht ansammeln.
Homogene Wirbelschichten in Gasen lassen sich im Gegensatz zu Flüssigkeitswirbelschichten nur bis zu einem $h_{ws}/h \approx 1{,}2$ erreichen, d. h. in der Nähe des Lockerungszustandes. Am besten eignen sich Teilchen im Größenbereich um 50 μm. Bei feineren Körnungen tritt infolge von Oberflächenkräften, die ein Zusammenballen der Körner verursachen, Kanalbildung auf **(Abb. 4, 2a)**, ohne daß dabei eine Aufwirbelung erfolgt.
Gröbere Körnungen und höhere Gasgeschwindigkeiten führen zur Bildung von Blasen innerhalb der Schicht, die sich beim Aufsteigen vergrößern und schließlich die Oberfläche schlagartig aufreißen **(Abb. 4, 2b)**. Man spricht in diesem Falle von einer brodelnden Wirbelschicht. In Schichten, deren Höhe im Verhältnis zur Breite groß ist, oder bei hohen Strömungsgeschwindigkeiten entstehen Blasen, die den gesamten Rohrquerschnitt einnehmen **(Abb. 4, 2c)** und die Schicht periodisch und zonenweise abheben. Derartige Wirbelschichten „stoßen".

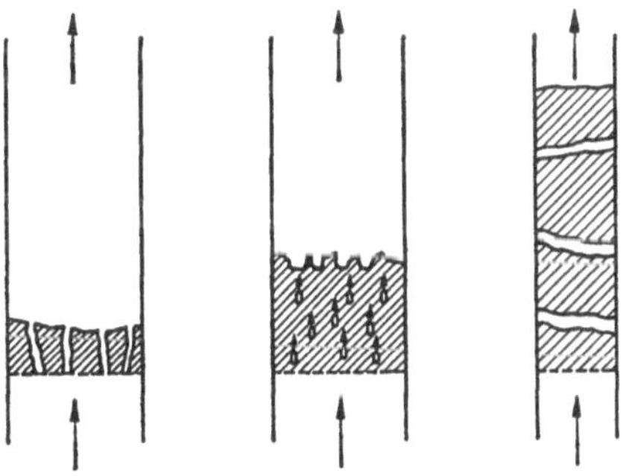

Abb. 4, 2. Zustände von Schüttgutschichten beim Anströmen mit Gasen (*152*)
a) Kanalbildung, b) brodelnde Wirbelschicht, c) stoßende Wirbelschicht

Aufgabe. Der Druckabfall über eine mit Wasser durchströmte ruhende bzw. aufgewirbelte Glaskugelschicht und ihr relatives Zwischenkornvolumen sind in Abhängigkeit von der Wassergeschwindigkeit zu bestimmen.

Zubehör. Apparatur nach **Abbildung 4, 3,** Glaskugeln ∅ = 0,11 cm oder Quarzsand gleicher Korngröße, Meßzylinder (500 ml).

Apparaturbeschreibung. Die Apparatur wird durch **Abbildung 4, 3** wiedergegeben und besteht aus einem senkrecht angeordneten Glasrohr R (i∅ = 2,9 cm), das unten mit einer Metallfassung F verbunden ist. Auf das Glasrohr ist ein Metallring C aufgekittet, der eine Befestigung von Glasrohr und Metallfassung erlaubt. Der in der Metallfassung sitzende Anströmboden B besteht aus einer Kunststoffplatte, die mit 1-mm-Löchern in 2 mm Abstand versehen ist, auf die ein Siebgewebe (Maschenweite 0,5 mm) G aufgepreßt ist. Als Dichtungen werden Gummiringe verwendet. Auf dem Sieb ruht eine 10 cm hohe Schicht von Glaskugeln von

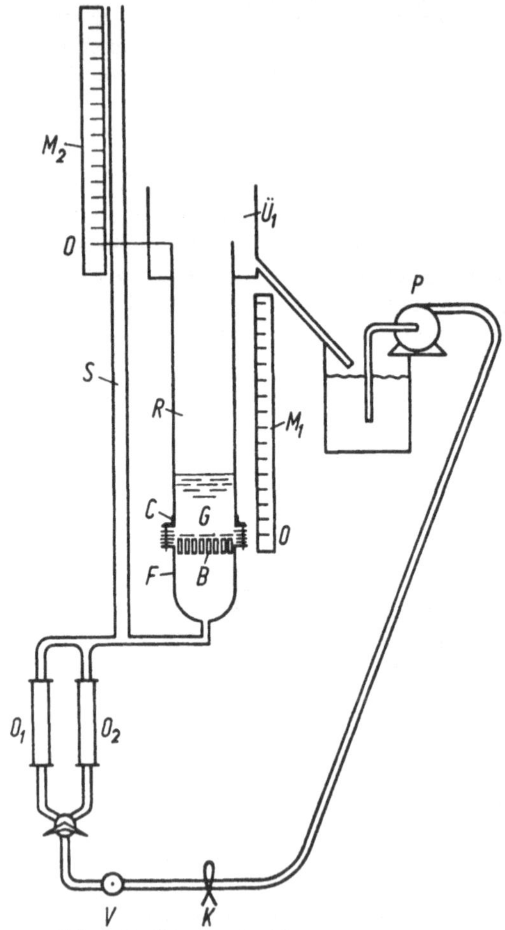

Abb. 4, 3. Schema der Versuchsanordnung

0,11 cm Durchmesser. Am oberen Teil des Rohres ist ein Überlaufgefäß $Ü_1$ angeordnet, das eine konstante Höhe der auf der Gutschicht ruhenden Flüssigkeitssäule gewährleistet. Mit einer Umlaufpumpe P (z. B. Typ KP von Fa. Gebr. Haake, Berlin) wird Leitfähigkeitswasser über 2 geeichte Rotameter O_1 und O_2 unten in das Glasrohr eingeleitet. Die Zuleitung zu den Rotametern enthält den Quetschhahn K und das Reduzierventil V. Der Meßbereich des Rotameters O_1 beträgt 0,25—9,5 l/h und des Rotameters O_2 9,5—100,5 l/h.
Das Leitfähigkeitswasser durchläuft die Apparatur in einem geschlossenen Kreislauf, da es vom Überlauf $Ü_1$ zurück zur Pumpe geführt wird. Ein senkrecht stehendes Steigrohr S, das von der Zuleitung abzweigt, erlaubt über eine Skala M_2 den Druckverlust über die Schicht bzw. Wirbelschicht zu ermitteln. Die Ausdehnung der Schüttgutschicht kann an dem Maßstab M_1, dessen 0-Punkt auf den unteren Rand der ruhenden Schicht eingestellt ist, abgelesen werden.

Ausführung der Messungen: Die Umlaufpumpe P wird angestellt, das Ventil V und der Quetschhahn K soweit geöffnet, daß sich ein bestimmter Mengenstrom entweder am Rotameter O_1 (niedrige Lineargeschwindigkeiten) oder am Rotameter O_2 (höhere Lineargeschwindigkeiten) ablesen läßt. Der Druckverlust über die Schicht wird direkt an der Skala M_2 des Steigrohres S abgelesen. Die Höhe der Schicht h bzw. h_{ws} wird am Maßstab M_1 abgelesen.
Der Versuch ist für 20 verschiedene Lineargeschwindigkeiten bei ruhender und aufgewirbelter Schicht zu wiederholen. Man beginne mit der kleinsten Geschwindigkeit und steigere den Durchsatz so lange, als keine Austragsgefahr besteht. Um den Druckverlust über den Anströmboden als Funktion der Lineargeschwindigkeit zu erhalten, werden die gleichen Versuche mit leerem Rohr wiederholt.
ε wird mit einer Gutprobe, die sich in einem Meßzylinder befindet, durch Zugabe von Wasser und Wägen bestimmt.

Auswertung der Messungen. In einem Diagramm wird der Druckverlust ΔP über die Schicht gegen die Lineargeschwindigkeit w doppelt logarithmisch abgetragen. Der Druckverlust über den Anströmboden wird jeweils abgezogen. Dem Diagramm wird der Exponent von w entnommen (Kurvenast $w < w_L$).
In einem zweiten Diagramm wird der Widerstandsbeiwert $C_{W,h}$ der Schüttung als Funktion der Reynolds-Zahl ebenfalls doppelt logarithmisch dargestellt (nur für den Bereich der ruhenden Schicht). Mittels der beiden Diagramme wird die Richtigkeit der die ruhende Schüttgutschicht betreffenden Überlegungen überprüft.
Bei Gültigkeit der Gleichungen (14a) oder (14b) kann der Formfaktor φ' (m) für die Glaskugeln berechnet werden.
Man prüfe ferner an Hand der Meßergebnisse die Gültigkeit der Gleichungen (15) und (18) und stelle die Funktion $\varepsilon_{ws}(w)$ dar.

Weitere Literatur: (*14*), (*30*), (*68*), (*80*), (*86*), (*114*).

5. Wärmeübergang in Gaswirbelschichten

Grundlagen. Die Wärmeübertragung von einer Wand auf eine Gaswirbelschicht bzw. ein in entgegengesetzter Richtung ablaufender Wärmetransport ist nach den Ausführungen von Aufg. 1 durch die allgemeine Gleichung

$$\dot{Q} = \alpha F (\vartheta_W - \vartheta) \tag{1}$$

gegeben, wenn in diesem Falle ϑ_W die Wandtemperatur, ϑ die Temperatur der Wirbelschicht, F die austauschende Wandfläche, α die Wärmeübergangszahl und $\dot{Q}$ den Wärmestrom bedeuten.

Die Wärmeübergangszahl α ist bei gleichen Gasgeschwindigkeiten in homogenen Wirbelschichten bedeutend größer als in nicht aufgewirbelten Schüttungen und in diesen größer als in festgutfreien Gasströmen.

Sie hängt u. a. von der Strömungsgeschwindigkeit des Gases, seinen Eigenschaften und der Größe und Beschaffenheit der Feststoffkörner ab. Unter vergleichbaren Bedingungen nimmt sie mit fallender Körnung zu. Die Wärmeleitfähigkeit der Partikeln hat dagegen keinen oder nur geringen Einfluß.

Der bessere Wärmeübergang von der Wand auf die Wirbelschicht kann qualitativ etwa wie folgt verstanden werden. Die herumwirbelnden Feststoffpartikeln werden die Grenzschicht an der Wand, deren Dicke und Leitfähigkeit den Wärmestrom im wesentlichen bestimmen, verringern. Ferner werden die Feststoffteilchen, die auf die Wand auftreffen, Wärme aufnehmen und sie in der Wirbelschicht wieder abgeben und damit zusätzlich Wärme übertragen. Schließlich ist der Temperaturausgleich innerhalb der Wirbelschicht bedeutend besser als in einem vergleichbaren feststofffreien Gasstrom oder einer Schüttgutschicht, da die konvektiven Mischbewegungen infolge der Feststoffteilchen wesentlich intensiver sind.

Über analoge Probleme des Wärmeübergangs in Blasensäulen s. (*131*).

Aufgabe. Die Wärmeabgabe einer Wand ist in einer mit Luft aufgewirbelten Glaskugel- bzw. Sandschicht und in einer ruhenden Schüttgutschicht jeweils in Abhängigkeit von der Luftgeschwindigkeit zu messen. Die Wärmeübergangszahlen Wand-Wirbelschicht und Wand-Schüttgutschicht sind zu vergleichen.

Zubehör. Apparatur nach **Abbildung 5, 1,** Glaskugeln (∅ 0,9 mm) oder Quarzsandfraktion, Spiegelgalvanometer oder Millivoltmeter entsprechender Empfindlichkeit, Voltmeter, Amperemeter, Schiebewiderstand, Trafo, Preßluft.

Apparaturbeschreibung. Die Apparatur wird schematisch durch **Abbildung 5, 1** wiedergegeben. Sie besteht aus einem senkrecht angeordneten Plexiglasrohr R_1 (∅ 10 cm), das in ein zweites Rohr R_2 gesteckt und darin befestigt ist. In dem Rohr R_2 befindet sich der Anströmboden B, bestehend aus einer Plexiglasplatte, die mit 1-mm-Löchern in 2 mm Abstand versehen und mit Baumwollstoff überzogen ist. Auf dem Anströmboden befindet sich eine etwa 10 cm hohe Schicht Glaskugeln oder Quarzsand vom Kugel- bzw. Korndurchmesser 0,9 mm. Eine Aufwirbelung der Schüttgutschicht oberhalb der Lockerungsgeschwindigkeit kann durch das Sieb S verhindert werden. Das Rohr R_1 besitzt zwei Führungen H_1 und H_2 für die Neusilberkapillare N, an deren unterem Ende der Heizkörper J hängt. Der Heizkörper, dessen Maße der **Abbildung 5, 1** zu entnehmen sind, ist ein Kupferzylinder mit 1 mm Wandstärke, in dem eine auf Speckstein gewickelte Heizung K enthalten ist (Widerstand 140 Ω). In die Oberfläche von J ist ein Thermoelement Th_1 — Kupfer-Konstantan — eingelötet. Die Zuführungen (0,1-mm-Drähte) des Thermoelementes und der Heizung werden durch

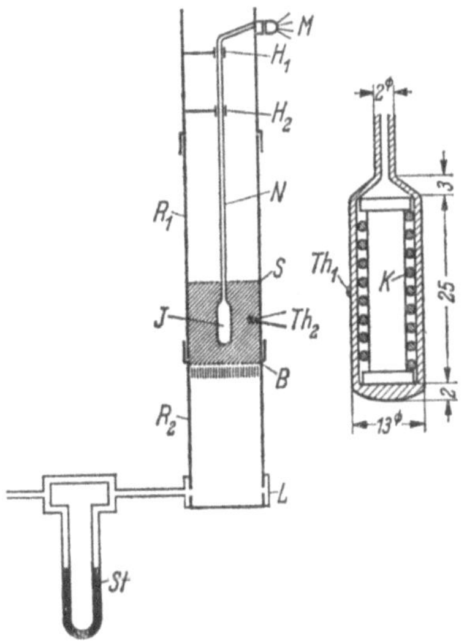

Abb. 5, 1. Schema der Versuchsanordnung. Im Bild rechts Heizkörper (*152*)

die Kapillare geführt. Die „kalte" Lötstelle Th_2 des Thermoelementes hängt in der Wirbelschicht etwa in der Mitte zwischen Heizkörper und Rohrwand. Die Thermospannung, und damit die Temperaturdifferenz zwischen Heizkörper und Wirbelschicht, wird mittels eines geeichten Spiegelgalvanometers M gemessen. Der Heizkörper wird mit max. 30 V (Trafo) gespeist. Für die Regelung wird ein Schiebewiderstand (300 Ω) in die Leitung geschaltet. Die Heizspannung wird mit einem Voltmeter, die Stromstärke mit einem Amperemeter gemessen. Luft wird einer Preßluftleitung oder Flasche entnommen und in den doppelwandigen Ring L eingeleitet. L ist so gearbeitet, daß die Luft an mehreren

Stellen in R_2 eintritt. Ihre Geschwindigkeit kann mittels eines geeichten Strömungsmessers *St* gemessen werden.

Ausführung der Messungen. Die Preßluftleitung wird vorsichtig geöffnet und die Strömungsgeschwindigkeit auf etwa 10 cm/s (bezogen auf das leere Rohr) konstant einreguliert. Das Sieb *S* befindet sich etwa 20 cm oberhalb der Schüttgutschicht.

Nun wird die Heizung eingeschaltet, der Heizkörper mit etwa 3 Watt schnell auf etwa 10° C Übertemperatur gebracht, dann die Heizung wieder so weit reduziert, daß der Temperaturanstieg aufhört oder nachläßt. Auf diese Weise wird erreicht, daß sich eine Temperaturdifferenz von etwa 10° C zwischen den Lötstellen einstellt. Der Temperaturverlauf kann am Spiegelgalvanometer abgelesen werden. Ist die Temperaturdifferenz etwa 5 min konstant geblieben, werden Stromstärke und Spannung, damit die Leistungsaufnahme des Heizkörpers, abgelesen.

Dieser Versuch wird sinngemäß mit 10 verschiedenen Strömungsgeschwindigkeiten wiederholt, die zwischen 10 und 100 cm/s liegen sollten.

Nun wird das Sieb *S* auf die Schüttgutschicht gedrückt und vergleichsweise der Wärmeübergang vom Heizkörper auf die durchströmte Schüttgutschicht bestimmt.

Auswertung der Messungen. Für jede Strömungsgeschwindigkeit wird die Wärmeübergangszahl mittels Gleichung (1) ermittelt. Die am Spiegelgalvanometer abgelesene Temperaturdifferenz ist gleich $\vartheta_W - \vartheta$. Die Wärmestromdichte $\dot{Q}/F$ ergibt sich aus der Leistungsaufnahme des Heizkörpers und der Fläche des Heizkörpers.

In einem Diagramm werden für beide Versuchsreihen die Wärmeübergangszahlen gegen die zugehörigen Strömungsgeschwindigkeiten abgetragen.

Weitere Literatur: (*14*), (*30*), (*68*), (*80*), (*86*), (*114*).

III. Stofftrennung

a) Zerkleinerung[1])

Allgemeines. Die Einsatzgebiete, die der Grundoperation Zerkleinern zukommen, sind vielfältig. Zur Mahlung von Erzen, Mineralien, Sinter- und Baustoffen, Pigmenten, Düngemitteln, Chemikalien, Faserstoffen, Nahrungsmitteln und Drogen werden jährlich in der Welt Energiemengen von einigen hundert Milliarden (= 10^{11}) kWh aufgewendet, die, wie z.B. bei der Vermahlung von Zementklinkern und Kohlen, oft einen erheblichen Teil der Produktionskosten ausmachen können. Diese Energiemengen beanspruchen deswegen besonderes Interesse, weil sie nur zum verschwindenden Teil für den tatsächlichen Zerkleinerungsvorgang ausgenützt werden.

Je nach Härte des Gutes unterscheidet man zwischen Hart- und Weichzerkleinerung. Die Zerkleinerung grobkörniger Güter bezeichnet man als Grobzerkleinerung. Entsprechend kennt man Mittel-, Fein- und Feinstzerkleinerung. Die Zerkleinerung erfolgt je nach Art des verwendeten Mahlaggregats durch Druck, Schlagen, Reiben, Scheren, Spalten und Schneiden. Die Anzahl der in der Technik gebräuchlichen Mühlen ist entsprechend groß; sie sind meistens für eine bestimmte Zerkleinerungsaufgabe entwickelt.

6. Hartzerkleinerung in der Kugelmühle

Grundlagen. Die wichtigste Maschine für die Feinzerkleinerung harter Materialien ist die Kugelmühle. Diese besteht im einfachsten Fall aus einem sich um eine horizontal liegende Achse drehenden zylindrischen Hohlkörper, der mit Mahlkugeln und dem zu zerkleinernden Material gefüllt ist.

Mit der Zerkleinerung eines Stoffes ist eine Vergrößerung seiner Oberfläche verbunden. Die zur Erzeugung dieser Oberfläche notwendige Energie, die aus der Zahl und Art der gelösten Bindungen abgeschätzt werden kann, beträgt bei feinkörnigen, spröden Stoffen nur etwa $^1/_{1000}$ der

---

[1]) Die Mahlung von Feststoffen ist vielen Trennoperationen fest-fest vorgeschaltet; deshalb leitet die Grundoperation Zerkleinern den Abschnitt Trennung fester Stoffe ein.

Energie, die vom Zerkleinerungsaggregat aufgenommen wird. Bei plastischen oder gummielastischen Gütern ist der Bruchteil der zur Oberflächenvergrößerung ausgenutzten Energie noch kleiner.

Ein noch ungünstigerer Wirkungsgrad wäre, wie ein Vergleich der nach Born und Haber berechneten Oberflächenenergie mit der Wurfenergie der Kugeln zeigt, zu erwarten, wenn die zu zerkleinernden Festkörper „Idealkristalle" wären. Die Bruchtheorie der festen Körper führt den „besseren Wirkungsgrad" darauf zurück, daß die Kristalle neben mehr oder weniger großen, ungestört gewachsenen Gitterbereichen zahlreiche kleine von der Symmetrie des Idealkristalls abweichende Baufehler besitzen. Baufehler können u. a. eingebaute Fremdatome oder Ionen, Fehlstellen, Verwachsungen oder Versetzungen der Gitterbausteine sein. Die Gitterbaufehler oder Lockerstellen stellen Kerb- und Spannungsstellen dar, an denen ein Bruch bevorzugt einsetzt. Mit anderen Worten: Die Energie (Verformungsarbeit), die dem Kristall zuzuführen ist, bevor ein Bruch eintritt, ist geringer, weil der Kristall Fehl- oder Lockerstellen besitzt.

Die Möglichkeit, die durch die Mahlung geschaffene Oberfläche genau bestimmen zu können, hat zunächst zu einer Reihe von formalen Gesetzmäßigkeiten für die Größe der Zerkleinerungsarbeit geführt, die aus dem Ausdruck:

$$\frac{\mathrm{d}A}{\mathrm{d}\,d} = -\,C d^{n}$$

abgeleitet werden können. A bedeutet hierin die aufzuwendende Zerkleinerungsarbeit, d die Korngröße, während C und n Konstanten darstellen. Durch Integration für bestimmte Werte von n erhält man die „Zerkleinerungsgesetze"

von Rittinger:

$$n = -2 \qquad A = C\left(\frac{1}{d_1} - \frac{1}{d_0}\right)$$

von Kick:

$$n = -1 \qquad A = C\,(\ln d_0 - \ln d_1)$$

und von Bond:

$$n = -\frac{3}{2} \qquad A = C \cdot 2\left(\frac{1}{d_1^{1/2}} - \frac{1}{d_0^{1/2}}\right)$$

d_0 ist die Korngröße des Ausgangsmaterials und d_1 die Korngröße des entstandenen Feingutes.

Diese Gesetzmäßigkeiten lassen einen physikalischen, auf den Stoff bezogenen Inhalt vermissen und waren der Anlaß zu dem Versuch, durch kinetische Messung der Zerkleinerungsgeschwindigkeit entsprechende Stoffwerte für das Mahlgut zu gewinnen. Dazu wird eine gegebene Menge G einer Mahlgutfraktion einheitlicher Korngröße unter definierten Bedingungen eine kurze Zeit Δt zerkleinert.

Das gebildete Feingut wird durch Sieben abgetrennt und sein Gewicht ΔG bestimmt. Als Zerkleinerungsgeschwindigkeit wird gesetzt

$$v_z = -\Delta G/\Delta t$$

Faßt man die Zerkleinerung als Analogon einer chemischen Reaktion auf, so kann man die Zerkleinerungsgeschwindigkeit einer Potenz der in der Mühle befindlichen Gutmenge proportional setzen und erhält

$$v_z = -\frac{\Delta G}{\Delta t} = k_z \; G^n$$

eine dem Zeitgesetz der chemischen Reaktion (S. 126) analoge Beziehung, worin k_z die Zerkleinerungsgeschwindigkeitskonstante und n die Ordnung des Prozesses[1]) bedeuten.

Man erhält bei steigenden Mahlgutmengen vier Bereiche für die Ordnung n. Bei sehr niedrigen Mahlgutkonzentrationen liegt eine 1. Ordnung vor. Der Bereich 1. Ordnung ist dadurch charakterisiert, daß von einer Kugel im Mittel nicht mehr als ein Mahlgutteilchen getroffen wird. Dieser Bereich ist deshalb experimentell nur bei verhältnismäßig grobem Mahlgut zu erreichen.

Bei hohen Mahlgutkonzentrationen liegt ein weiter Bereich nullter Ordnung mit der höchstmöglichen Zerkleinerungsgeschwindigkeit vor. Hier sind die Mahlkugeln immer voll mit Mahlgut belegt.

Zwischen dem Bereich 1. Ordnung und dem Bereich nullter Ordnung ändert sich die Ordnung n stetig. Wird die Mahlgutkonzentration bis zur Verstopfung der Mühle erhöht, sinkt die Zerkleinerungsgeschwindigkeit, und wir erhalten eine negative Ordnung.

Wie die Konstante der Reaktionsgeschwindigkeit von der Temperatur abhängt, so hängt k_z von der Mühlenkinematik ab. Die wichtigsten kinematischen Einflußgrößen in einer Kugelmühle sind: Die Drehzahl N der Mühle und ihr Füllungsgrad mit Mahlkugeln f_v.

Einfluß der Drehzahl: Die Zerkleinerung des Gutes in der Kugelmühle erfolgt durch die Stöße der herabfallenden Kugeln auf das Mahlgut.

---

[1]) Über die Bedeutung der Konstanten muß auf die Originalliteratur verwiesen werden (*141*), (*142*). Zur Kinematik s. (*138*).

Feines Gut wird zwischen den Kugeln zerschlagen. Die Kugeln werden durch die Reibung und die Zentrifugalkraft in der sich drehenden Mühle angehoben. Je größer die Drehzahl gewählt wird, desto größer wird der Steigungswinkel der Kugeln und damit ihre potentielle Energie sein. Wird jedoch die Drehzahl zu hoch gewählt, werden die Kugeln nicht mehr herabfallen, sondern an der Trommelwand „kleben" und sich mit der Mühle drehen, ohne Gut zu zerkleinern. Die Grenzdrehzahl, d. i. die Drehzahl, bei der die Kugeln sich gerade noch von der Wand lösen, bezeichnet man als kritische Drehzahl, N_c die Drehzahl, bei der die Zerkleinerungsgeschwindigkeit in der Mühle am größten ist, als optimale Drehzahl.

Einfluß des Kugelfüllungsgrades. Als Kugelfüllungsgrad bezeichnen wir das Verhältnis von Kugelschüttvolumen zum Volumen der leeren Mühle. Eine Mühle besitzt unter sonst gleichen Bedingungen einen optimalen Kugelfüllungsgrad, bei dem die Zerkleinerungsgeschwindigkeit bzw. der Durchsatz am größten ist. Das Auftreten eines Maximums kann etwa folgendermaßen erklärt werden: Fallhöhe und Zahl der in der Mühle befindlichen Kugeln bestimmen die Zerkleinerungsgeschwindigkeit, und zwar wird, da die Fallhöhe proportional der kinetischen Energie und die Zahl der Kugeln proportional der Zahl der „Stöße" ist, die Zerkleinerungsgeschwindigkeit um so größer sein, je größer die beiden Größen sind. Da mit steigenden Füllungsgraden eine Vergrößerung der Kugelzahl, aber eine Verkleinerung der Fallhöhe verbunden ist, wird es einen Füllungsgrad geben, bei dem die Zerkleinerungsgeschwindigkeit am größten ist.

Aufgabe.

a) Bestimmung der optimalen Drehzahl in einer Laborkugelmühle.

b) Bestimmung des optimalen Kugelfüllungsgrades in einer Laborkugelmühle.

c) Bestimmung der Ordnung n bei verschiedenen Mahlgutmengen in einer Laborkugelmühle.

Zubehör. Kugelmühle nach **Abbildung 6, 1,** Mahlkörper-Trennvorrichtung, Siebmaschine, Sieb mit Maschenweite 1,19 mm, mit Boden und Deckel, Pinsel, Petrischalen, Quarzsand, Stoppuhr, Mahlkugeln aus Stahl mit 18 mm Durchmesser,

Apparaturbeschreibung. Kugelmühle: Die Kugelmühle wird durch **Abbildung 6,1** wiedergegeben. Sie besteht im wesentlichen aus einem Eisengestell G, in dem ein regelbarer Motor M mit Getriebe eingebaut ist. Die Leistung beträgt etwa 500 Watt. Eine der zwei parallel und horizontal angeordneten Gummiwalzen W wird über eine Kettentransmission K

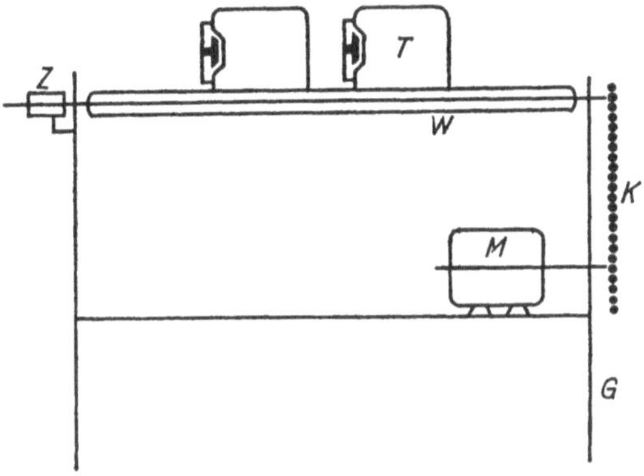

Abb. 6, 1. Kugelmühle

von dem Motor angetrieben. Die Walzen dienen als Auflage und Antrieb für zwei Mahltrommeln *T*. Ihre Umdrehungen werden von einem Zähler *Z* gezählt[1]). Die Mahltrommeln bestehen aus Porzellan, besitzen einen Durchmesser von etwa 110 mm und einen Inhalt von etwa 1 l. Sie sind mit einem eingeschliffenen Deckel versehen. Als Mahlkörper dienen Stahlkugeln (Kugellagerkugeln), deren Durchmesser 18 mm beträgt.
Mahlkörpertrennvorrichtung: Zur Trennung von Gut und Kugeln wird ein in der Höhe verstellbarer Blechtrichter (oberer Durchmesser etwa 300 mm, unterer Durchmesser etwa 100 mm), mit einem Siebeinsatz versehen, verwendet. Siebmaschenweite etwa 5 mm.
Siebmaschine: Zur Abtrennung des zerkleinerten Gutes (Siebdurchgang) dient eine Prüfsiebmaschine (Aufg. 7).

Ausführung der Messungen. Das Mahlgut wird getrocknet und sorgfältig zu der verlangten Fraktion abgesiebt. Die Kugelmengen und Mahlgutmengen werden abgewogen und in die Mahltrommel gefüllt. Nunmehr wird das Mahlgefäß auf die Gummiwalzen gelegt und die Mühle eine bestimmte Zeit laufen gelassen. Die Zeit wird mit der Stoppuhr gemessen, während die Anzahl der Umdrehungen der Walze auf dem Zähler abgelesen werden kann. Bei Kenntnis der Durchmesser von Mahlgefäß und Walze läßt sich daraus die Umdrehungszahl *N* der Trommeln berechnen. Nach beendetem Mahlversuch wird das Mahlgefäß auf dem Sieb des Abtrenntrichters entleert, dessen Höhe so eingestellt ist, daß seine untere Öffnung auf dem Prüfsiebgewebe der mit einem Siebboden kombinierten Siebtrommel aufsitzt. Auf dem grobmaschigen Sieb des Einsatzes bleiben die Mahlkugeln zurück, während das Mahlgut auf das Prüfsieb fällt. Mahltopf und Kugeln werden auf dem Trichter mit einem Pinsel gerei-

---

1) Ein entsprechender Rollenbock ist im Handel erhältlich.

nigt, um Gutreste ebenfalls auf das Sieb zu bekommen. Das Prüfsieb wird mit einem Deckel verschlossen und auf die Siebmaschine gespannt. Man siebt etwa 10 Minuten (bei sehr geringen Aufgabemengen weniger) und wiegt anschließend Durchgang und Rückstand in Petrischalen auf 0,02 g genau aus. Der Gutverlust darf 1—2% nicht übersteigen.

a) Bestimmung der optimalen Drehzahl in einer Laborkugelmühle.

Der Versuch wird mit folgenden Daten durchgeführt:

Mahlkugeln: Stahl 18 mm, Mahlgut: Quarzsand mit Korngröße 1,19 bis 1,60 mm, Gutmenge $G = 100$ g, Kugelfüllungsgrad $f_v = 50\%$, Mahldauer $t = 4$ min, Absiebung auf einem Sieb mit Maschenweite 1,19 mm.

Die Zerkleinerungsgeschwindigkeit wird in der beschriebenen Weise bei 6—8 Umdrehungsgeschwindigkeiten gemessen. Man wähle Drehzahlen zwischen $N = 20$ und $200\ \text{min}^{-1}$. Die Zerkleinerungsgeschwindigkeit wird gegen die Drehzahl aufgetragen. Aus der Kurve läßt sich die optimale Drehzahl ermitteln.

b) Bestimmung des optimalen Kugelfüllungsgrades.

Der Versuch wird mit folgenden Daten durchgeführt:

Mahlkugeln: Stahl 18 mm, Mahlgut: Quarzsand mit Korngröße 1,19 bis 1,60 mm, Gutmenge $G = 100$ g, Drehzahl $N = 100\ \text{min}^{-1}$, Mahldauer $t = 4$ min, Absiebung auf einem Sieb mit Maschenweite 1,19 mm.

Die Zerkleinerungsgeschwindigkeit wird bei 6—8 Kugelfüllungsgraden, die zwischen $f_v = 16$ und 85% liegen, bestimmt. Die Zerkleinerungsgeschwindigkeit wird gegen den Kugelfüllungsgrad aufgetragen. Aus der Kurve läßt sich der optimale Füllungsgrad entnehmen.

c) Bestimmung der Ordnung

Der Versuch wird mit folgenden Daten durchgeführt:

Mahlkugeln: Stahl 18 mm, Mahlgut: Quarzsand mit Korngröße 1,19 bis 1,60 mm, Kugelfüllungsgrad $f_v = 50\%$, Drehzahl $N = 100\ \text{min}^{-1}$, Absiebung auf einem Sieb mit Maschenweite 1,19 mm.

Die Mahlgutmenge wird in etwa 12 Abstufungen von 1 g bis 600 g geändert. Die Mahldauer ist nach vorherigen Testversuchen so zu wählen, daß ein Umsatz von 20—25% auftritt. Die Zerkleinerungsgeschwindigkeit ist doppelt-logarithmisch gegen die jeweilige mittlere Menge der Ausgangsfraktion (87,5—90% der eingefüllten Quarzmenge) aufzutragen. Die Ausdehnungen der Bereiche 1. und nullter Ordnung sind festzustellen.

Weitere Literatur: (*87*), (*88*), (*104*).

b) Trennung fester Stoffe

7. *Sieben. Bestimmung der Kornverteilung und der Oberfläche eines Gutes (Dispersoids)*

Grundlagen. Zerkleinerte Feststoffe sind im allgemeinen ein Haufwerk von Teilchen, die sich durch Gewicht, Größe und Form unterscheiden. Durch Siebung erreicht man eine Zerlegung des Gutes allein nach der „Korngröße" oder, wie man sagt, in Siebdurchgang D und Siebrückstand R. Körner, die das Sieb passieren können, bezeichnet man auch als Unterkorn, solche, die auf dem Sieb zurückbleiben, als Überkorn. Schwierig ist die Angabe der wahren Korngröße, da die Teilchen meistens keine einfachen geometrischen Körper, wie Kugeln oder Würfel, sind, sondern beliebige Formen besitzen. Man drückt deshalb definitionsgemäß die Korngröße eines Teilchens durch die lichten Maschenweiten der Sieböffnungen aus, die das Teilchen gerade noch passieren kann. Bei quadratischen Sieböffnungen setzt man die Kantenlänge oder Diagonale, bei runden Sieböffnungen den Durchmesser der Öffnung als Korngröße fest[1]).

Zur Charakterisierung eines Gutes dient häufig die sog. integrale Massenverteilungsfunktion

$$D = h(d_K) . \tag{1}$$

In dieser Gleichung bedeuten d_K die Siebmaschenweite und D den Siebdurchgang,

$$D = \frac{\text{Gewicht der Körner, die ein Sieb der Maschenweite } d_K \text{ passieren}}{\text{Gesamtgewicht der Siebaufgabe}} \cdot 100\% .$$

Die integrale Massenverteilung gibt also den Siebdurchgang D als Funktion der Siebmaschenweite bzw. Korngröße d_K wieder. Die zugehörige Kurve wird auch Durchgangscharakteristik genannt.

Die erste Ableitung der Funktion D,

$$\frac{dD}{d\,d_K} = h'(d_K) \tag{2}$$

bzw. für hinreichend kleines $\Delta\, d_K$

$$\frac{\Delta D}{\Delta\, d_K} = h'(\bar{d}_K) , \tag{2a}$$

nennt man differentielle Massenverteilung oder Körnungslinie, wobei $\bar{d}_K$ die mittlere Korngröße der jeweiligen Fraktion bedeutet **(Abb. 7, 1)**. Entsprechend kann der Siebrückstand R gegen die Siebmaschenweite

---

[1]) Eine weitere Möglichkeit ist, mittels des Zählwägeverfahrens den Durchmesser der volumengleichen Kugel zu ermitteln und anstelle der Maschenweite als Korngröße zu definieren (*67*).

abgetragen werden. Man erhält dann die Rückstandssummenkurve oder Rückstandskennlinie.

Da $D + R = 100$ ist, gilt

$$h'(\bar{d}_K) = \frac{\Delta D}{\Delta d_K} = -\frac{\Delta R}{\Delta d_K}.$$

Aus der integralen Massenverteilung kann die spezifische Oberfläche O des Gutes ermittelt werden. Als spez. Oberfläche bezeichnet man die Oberfläche von 1 kg Gut. Man berechnet dazu zunächst die idealisierte spezifische Oberfläche O'_k. Nimmt man an, daß das Gut ein stetig verteiltes Haufwerk von Kugeln ist, so sind bei der Dichte 1 kg/m³

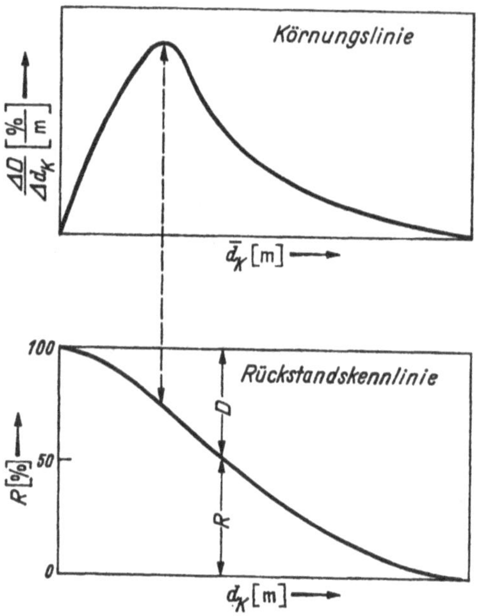

Abb. 7, 1. Körnungslinie und Rückstandskennlinie eines Dispersoids

sowohl die Masse einer engen Kornklasse $\Delta R/100$ als auch das Volumen $\Delta R/100$ und damit die Anzahl z der darin enthaltenen Kugeln mit dem mittleren Durchmesser $\bar{d}_K$

$$z = \frac{\Delta R}{100 \frac{1}{6} \bar{d}_K^3 \pi}.$$

Die Oberfläche der Kornklasse ist dann

$$\Delta O'_k = 6 \frac{\Delta R}{d_K\, 100}.$$

Die Oberfläche des gesamten Gutes beträgt, wenn $d_{K,\min}$ der kleinste und $d_{K,\max}$ der größte Korndurchmesser ist,

$$O'_k = \frac{6}{100} \int_{d_{K,\max}}^{d_{K,\min}} \frac{dR}{d_K}.$$

Einsetzen der differentiellen Massenverteilung ergibt

$$O'_k = \frac{6}{100} \int_{d_{K,\max}}^{d_{K,\min}} \frac{-h'(d_K)\, d\, d_K}{d_K}. \tag{3}$$

Aus O'_k berechnet sich die spez. Oberfläche nach der Gleichung

$$O = \frac{f}{\varrho'} O'_k. \tag{4}$$

Darin bedeutet ϱ' die Maßzahl der Dichte des Stoffes und f die sogenannte Heywoodsche Zahl. f gibt das Verhältnis der wirklichen Kornoberfläche zur Kugeloberfläche an. Die Heywoodsche Zahl ist für verschiedene Güter durch Vergleich mit direkten Oberflächenbestimmungsmethoden, wie z. B. die BET-Methode, ermittelt worden. Werte für verschiedene Stoffe sind in **Tabelle 7, 1** enthalten[1]).

Tab. 7, 1

	f	$\varrho' \cdot 10^{-3}$		f	$\varrho' \cdot 10^{-3}$
Kork	1,98	0,3	Kohlenstaub	1,75	1,3
Fusit	4,42	0,9	Kohlenstaub (natürlich)	2,12	1,3
Sand (rund)	1,43	2,64	Glas (eckig)	1,90	2,57
Glimmer	9,27	2,8	Flugstaub	2,28	2,28
Wolframpulver	1,18	17,3	Flugstaub (kugelig)	1,22	2,28

Bis jetzt ist es nicht gelungen, auf Grund physikalischer Überlegungen eine integrale bzw. differentielle Massenverteilungsfunktion abzuleiten, die die experimentellen Ergebnisse verstehen läßt.

Um für weitere Berechnungen, wie z. B. für die Ermittlung der Oberfläche, eine mathematische Funktion geschlossener Form an der Hand zu haben, ging man wie üblich so vor, daß man durch Probieren die Funktion zu finden versuchte, die die Meßergebnisse am besten beschreibt. Auf diesem Wege haben Rosin, Rammler und Bennet eine nach ihnen

[1]) Strenggenommen handelt es sich dabei nur um Orientierungsversuche, da die Heywoodsche Zahl sicher keine Stoffkonstante ist. Sie variiert bei gegebenem Stoff mit dem Grad (Korngröße) und der Art (Mahlbedingungen) der Zerkleinerung.

benannte Funktion ermittelt, die die Verteilung vieler zerkleinerter, homogener Stoffe gut wiedergibt:

$$R = 100\, e^{-(d_K/d'_K)^n}. \tag{5}$$

Hierin bedeuten R den Siebrückstand, d_K die Siebmaschenweite bzw. den Korndurchmesser; d'_K und n sind Körnungsparameter (Konstante).

Die differentiellen Massenverteilungen vieler zerkleinerter Güter sind der Abb. 7, 1 entsprechende Kurven. Es lag deshalb der Versuch nahe, sie durch die GAUSS-Verteilung wiederzugeben. Da aber die GAUSS-Verteilung

$$h'(d_K) = \sqrt{\frac{1}{2\pi}}\; e^{-d_K^2/2} \tag{6}$$

symmetrisch ist, hat es sich als zweckmäßig erwiesen, eine Merkmalstransformation vorzunehmen und die Funktion

$$h'(d_K) = \frac{1}{\sqrt{2\pi}} \cdot e^{-\left[\frac{1}{c \cdot s} \ln (c \cdot d_K)\right]^2 /2} \tag{6a}$$

(c = Abszisse des Maximums, s = Konstante) zu verwenden (log. Normalverteilung).

Wichtig ist für alle diese möglichen Darstellungen der Meßergebnisse die Angabe der Grenzen. Vermag z. B. die RAMMLER-BENNET-Funktion die Meßpunkte wiederzugeben, so ist auf jeden Fall die größte und kleinste Korngröße des Gutes anzugeben, da Extrapolationen besonders im Feinkornbereich zu Fehlern Anlaß geben *(138)*.

Die Siebung eines Gutes ist wie die meisten Trennungen nicht quantitativ, sondern es finden sich größere als der Siebmaschenweite entsprechende Teilchen (Fehlunterkorn) im Siebdurchgang, während kleinere (Fehlüberkorn) im Rückstand verbleiben. Der Sieberfolg kann durch die Siebgütegrade

$$\eta = \frac{\text{Feinkorn im Durchgang}}{\text{Feinkorn in der Aufgabe}}\ 100\,\% \quad \text{und} \tag{7}$$

$$\eta' = \frac{\text{Grobkorn im Rückstand}}{\text{Grobkorn in der Aufgabe}}\ 100\,\% \tag{7a}$$

beschrieben werden.

In der Technik spielt neben der Siebgüte vor allem der Durchsatz eines Siebaggregates eine Rolle. Siebgüte und Durchsatz hängen unmittelbar voneinander ab: Erhöhung des Durchsatzes bedeutet für gegebene Bedingungen eine schlechtere Siebgüte.

Daneben ist die Siebgüte von der Regelmäßigkeit der Sieböffnungen abhängig. Zu große Öffnungen erlauben, daß Überkorn das Sieb passiert.

Der Durchsatz ist bei gegebener Siebgüte einerseits von dem Siebgut, andererseits vom Siebaggregat abhängig. Der Durchsatz ist zunächst proportional der „offenen" Siebfläche; daneben wird er durch die Siebbewegungen bestimmt. Bei Trockensiebungen ist er noch vom Feuchtigkeitsgehalt des Gutes abhängig; sehr feuchtes Gut ist häufig nicht zu trennen. Härtegrad, Dichte und stoffliche Beschaffenheit nehmen weiter Einfluß auf den Durchsatz. Er wird auch durch sog. siebschwieriges bzw. sieberschwerendes Korn stark herabgesetzt. Siebschwierige Körner sind Körner, deren Durchmesser sich nur wenig von der Maschenweite des Siebes unterscheiden. Nur wenig kleinere Körner werden beim ersten Auftreffen die Siebfläche (z. B. bei einem Wurfsieb) nicht passieren; nur wenig größere Körner klemmen in den Maschen und verkleinern die offene Siebfläche.

Ein nicht zu unterschätzender Fehler bei genauen Siebanalysen ist schließlich der Abrieb (= Zerkleinerung der Körner), der durch die Siebung selbst bewirkt wird.

Aufgabe. Es ist die integrale und differentielle Massenverteilung eines Gutes durch Siebung zu bestimmen.

Zubehör. Prüfsiebmaschine. Siebsatz nach DIN 51704 mit Siebgewebe nach DIN 4188, Siebentleervorrichtung, Petrischalen, Pinsel, Quarzsand.

Apparaturbeschreibung. *Siebmaschine:* Wesentlicher Teil der Siebmaschine ist ein Motor, der die Siebe in horizontal exzentrische Schwingungen versetzt.

Siebsatz: Der Siebsatz besteht neben Bodentrommel und Deckel aus 16 zylindrischen Siebtrommeln (Durchmesser etwa 20 cm), die mit Prüfsiebgeweben bespannt sind. Die Maschenweite der Siebe liegt zwischen 0,06 und 1,5 mm.

Siebentleervorrichtung: Die Siebe werden mit Hilfe eines Pulvertrichters, dessen oberer Durchmesser etwas größer als der Siebdurchmesser ist, in die Wägegefäße (Petrischalen) entleert. Der Trichter hängt in einem Ring, der an einem Stativ befestigt ist. Die untere Öffnung des Trichters sollte auf dem Boden des Wägegefäßes fast aufsitzen, um Gutverluste zu vermeiden.

Ausführung der Messungen. Quarzsand (Korndurchmesser $> 0{,}06$ und $< 1{,}5$ mm) wird in dünner Schicht auf einem Blech ausgebreitet und etwa zwei Stunden bei 120°C getrocknet. Nun werden die dem Korngrößenbereich des Gutes entsprechenden Siebe derart übereinander angeordnet, daß die Maschenweite von oben nach unten abnimmt. Entspricht der Korngrößenbereich mehr als acht Sieben, müssen zwei Siebungen vorgenommen werden. Der Siebsatz wird auf den Siebboden gesetzt. Etwa 60 g Gut[1]) werden auf 0,001 g genau gewogen und auf das oberste Sieb gebracht. Im Wägegefäß zurückgebliebene Gutreste werden mittels eines

[1]) Eine exakte Trennung ist nur dann gewährleistet, wenn das Gut das Sieb höchstens in einfacher Schicht bedeckt. Deshalb ist die Aufgabemenge um so kleiner zu wählen, je kleiner die Korngröße des Gutes ist.

Pinsels übergeführt. Dann wird der Siebsatz mit dem Deckel verschlossen, in die Siebmaschine eingespannt und die Maschine 10 min laufen gelassen. Anschließend wird eine Petrischale unter den Pulvertrichter gesetzt, ein Sieb aus dem Siebsatz herausgenommen und mit der Öffnung nach unten in den Pulvertrichter gelegt. Das in den Pulvertrichter eingelegte Sieb wird mit einem Pinsel sorgfältig gereinigt. Für feine Siebe verwende man feine Pinsel, um das Sieb nicht zu beschädigen. Schließlich werden im Pulvertrichter haftende Gutreste in die Petrischale übergeführt.

Die Bestimmungen können in beschriebener Weise auch mit anderen Gütern durchgeführt werden. Trocknungsbedingungen und Siebzeiten müssen entsprechend gewählt bzw. durch Vorversuche ermittelt werden (Gutaufgabe vgl. Fußnote S. 41).

Auswertung der Messungen. Man vergleicht zunächst die Summe aller Auswaagen G_0 mit der Siebeinwaage G. Die Differenz ist der Siebverlust. Ist die Gutmenge (Kornfraktion), die sich zwischen zwei Sieben mit den Maschenweiten $d_{K,i}$ und $d_{K,i-1}$ befindet, G_i, so ist

$$\Delta R_i = \frac{G_i}{G_0} 100\% \cdot \qquad \begin{array}{l} i = 1, 2, 3 \ldots n \\ n = \text{Anzahl der Siebe} \end{array}$$

Die mittlere Korngröße dieser Fraktion ist

$$\bar{d}_{K,i} = \frac{d_{K,i} + d_{K,i-1}}{2}.$$

Hat das Sieb mit der größten Maschenweite die Maschenweite $d_{K,1}$, so wäre der Siebrückstand auf dem Sieb $d_{K,i}$, wenn das Gut mit diesem allein zerlegt würde,

$$R_i = \sum_1^i \Delta R_i \ \%.$$

Man stellt die integrale und differentielle Massenverteilung des Gutes graphisch dar, indem man R gegen d_K und $\frac{\Delta R}{\Delta d_K}$ gegen $\bar{d}_K$ abträgt.

Zur Prüfung, ob die integrale Massenverteilung durch eine mathematische Funktion geschlossener Form beschrieben werden kann, versucht man die Funktion, mit der man die Meßergebnisse wiedergeben will, umzuformen. Zum Beispiel ergibt die Rammler-Bennet-Funktion durch zweifaches Logarithmieren

$$\lg\left(\lg\frac{100}{R}\right) = n \lg d_K - n \lg d'_K + \lg \lg e.$$

In einem Koordinatensystem, dessen Ordinate nach $\lg\left(\lg\frac{100}{R}\right)$ und dessen Abszisse nach $\lg d_K$ geteilt ist, ergibt sich beim Abtragen von R gegen d_K eine Gerade, wenn die Meßwerte der Gleichung genügen[1]).

---

[1]) Ein derartiges Koordinatennetz ist im Handel erhältlich: Körnungsnetz Nr. 421 ½ A4, Schleicher u. Schüll.

Der Anstieg der Geraden gibt n. Der Körnungsparameter d'_K kann auf der Abszisse senkrecht unter dem Schnittpunkt der Geraden mit der $R = 36{,}8\,\%$-Linie abgelesen werden.

Erfüllen die Meßwerte die RAMMLER-BENNET-Funktion, könnte zunächst die idealisierte spez. Oberfläche nach Gl. (3) berechnet werden. Einfacher ist jedoch wiederum die Bestimmung auf graphischem Wege. Dazu besitzt das RAMMLER-BENNET-Netz einen zweiten Randmaßstab. Man verschiebt die Gerade der Meßpunkte parallel durch den eingezeichneten Pol P und liest auf dem Randmaßstab $O'_k\, d'_K$ ab. Mittels Gl. (4) und Tabelle 1 läßt sich O berechnen.

Bei dieser Bestimmung wird der Korngrößenbereich zwischen $R = 0{,}1$ und 99,9% erfaßt, so daß 0,1% des Gutes im gröbsten und feinsten Bereich unberücksichtigt bleiben (*138*).

Zur Prüfung, ob die differentielle Massenverteilung der log. Normalverteilung, d. h. Gl. (6a), entspricht, trägt man die Werte in entsprechendes Koordinatenpapier ein.

Weitere Literatur: (7), (*44*), (*54*), (*67*), (*110*).

8. Sedimentation. Bestimmung der Kornverteilung eines Dispersoids nach der Pipettenmethode von Andreasen

Grundlagen. Die Klassierung von Feststoffen durch Siebung ist in Technik und Labor nur bei Korngrößen oberhalb 40 μm üblich. Zur Untersuchung und Trennung feinerer Dispersoide wendet man meist die „Sedimentationsanalyse“ an.

Läßt man eine Suspension von Körnern, deren Durchmesser $\leq 60\,\mu$m ist, bei konstanter Temperatur in einem Meßzylinder stehen, so werden die Teilchen mit konstanter, je nach Teilchengröße verschiedener Geschwindigkeit absinken. Die hemmende Kraft, die auf ein Teilchen einwirkt, das mit der Geschwindigkeit w absinkt, ist gleich seinem Strömungswiderstand, der nach Gl. (4. 3b)

$$W = \varphi\,(\mathrm{m})\, C_{W,k}\, \frac{\varrho_l}{2}\, \frac{\pi\, d_k^2}{4}\, \overline{w}^2 \tag{1}$$

beträgt, wenn ϱ_l die Dichte der Flüssigkeit und d_k den äquivalenten Korndurchmesser bedeuten.

Die das Teilchen treibende Kraft K ist gleich dem Gewicht des Teilchens K_s, vermindert um seinen Auftrieb K_a,

$$\mathrm{K} = \mathrm{K}_s - \mathrm{K}_a = (\varrho_s - \varrho_l)\, V_k\, g\,. \tag{2}$$

V_k = Teilchenvolumen

ϱ_s = Dichte des Feststoffes

Wenn das Teilchen mit gleichförmiger Geschwindigkeit sinkt, muß die treibende Kraft K gleich der hemmenden Kraft W sein. Damit ergibt sich für die mittlere Sinkgeschwindigkeit eines Teilchens

$$\bar{w}^2 = \frac{4\,(\varrho_s - \varrho_l)\, d_k\, g}{3\, \varrho_l\, \varphi\,(\mathrm{m})\, C_{W,k}}\,. \tag{3}$$

Im Bereich kleiner *Re*-Zahlen ($Re < 2$) gilt in guter Näherung $C_{W,k} = 24/Re$, mit anderen Worten das STOKESsche Gesetz, wenn der Gefäßdurchmesser sehr viel größer als der Korndurchmesser ist[1]) und die Teilchen Kugeln sind, womit $\varphi(\mathrm{m}) = 1$ ist[2]). Wir erhalten dann aus Gl. (3)

$$\bar{w} = \frac{1}{18}\,\frac{(\varrho_s - \varrho_l)\, d_k^2\, g}{\eta}\,. \tag{3a}$$

η = Zähigkeit der Flüssigkeit

Die mittlere Sinkgeschwindigkeit ist also unter den erwähnten Voraussetzungen proportional dem Quadrat des Durchmessers.

Ersetzt man die mittlere Sinkgeschwindigkeit durch den Quotienten von Fallstrecke und Fallzeit, so erhält man hieraus für den Teilchendurchmesser die Beziehung

$$d_k = \sqrt{\frac{18}{g}\,\frac{\eta}{\varrho_s - \varrho_l}\,\frac{h}{t}}\,. \tag{4}$$

Betrachtet man ein hinreichend kleines Volumen ΔV der Sedimentationsflüssigkeit, die sich im Abstand h von der Flüssigkeitsoberfläche befindet, so werden nach Gl. (4) darin nach Ablauf der Zeit t nur Teilchen enthalten sein, deren Durchmesser $\leq d_k$ ist (vgl. **Abb. 8, 1**).

Sei ΔG_0 der in dem Volumen enthaltene Feststoffgehalt zur Zeit $t = 0$ (homogene Suspension) und ΔG der Gehalt nach der Zeit t, so ist der prozentuale Anteil der Feststoffteilchen in dem betrachteten Volumen, deren Durchmesser $\leq d_k$ ist,

$$D = \frac{\Delta G}{\Delta G_0}\, 100\,\%\,. \tag{5}$$

---

[1]) Fehler werden durch die Gefäßwände verursacht: Ein in der Nähe der Wand absinkendes Gutteilchen wird stärker gehemmt als z. B. ein in der Mitte absinkendes Teilchen.

[2]) Die Voraussetzung, daß die Teilchen Kugeln sind, ist sicherlich bei technischen Gütern nicht gegeben, sondern sie besitzen eine Gestalt, die mehr oder weniger von der Kugelform abweicht. So zeigen z. B. Scheibchen einen größeren Strömungswiderstand als Kugeln gleichen Gewichts. Somit entspricht ihre Sinkgeschwindigkeit kugelförmigen Teilchen geringeren Gewichts.

Trägt man die D-Werte für verschiedene Zeiten t gegen die nach Gl. (4) zugehörigen d_k-Werte ab, so erhält man die integrale Massenverteilung oder Durchgangscharakteristik des Gutes.

Die Gesetzmäßigkeiten der Sedimentation bilden auch die Grundlage der technischen Dekantierverfahren und der mechanischen Aufbereitung. Erstere werden bei geringen Feststoffgehalten angewandt oder der Filtration und Zentrifugierung vorgeschaltet, da die Dekantierkosten eine Größenordnung geringer anzusetzen sind als die Filtrierkosten. Bei den mechanischen Aufbereitungsverfahren, die vorzugsweise der Trennung von Bodenschätzen (Erze, Salze, Kohlen) in Gemengen dienen, wird nach der Korngröße klassiert oder nach der Dichte sortiert. Da aber auch hinreichend aufbereitete Stoffe selten stofflich völlig einheitlich sind, wird bei der Aufbereitung vielfach an Stelle der Sinkgeschwindigkeit der Begriff der Gleichfälligkeit verwendet, der sowohl stofflich als auch der Größe und Form nach verschiedene Körner gleicher Fallgeschwindigkeit zusammenfaßt (*34*), (*99*), (*104*).

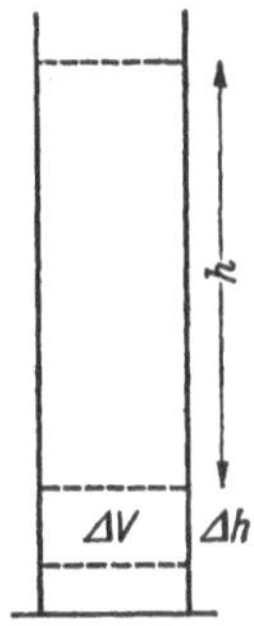

Abb. 8, 1

Aufgabe. Bestimmung der integralen und differentiellen Massenverteilung eines Dispersoids im Bereich von 5—60 μm nach der Pipettenmethode von ANDREASEN.

Zubehör. Sedimentationsapparatur nach ANDREASEN, Thermostat, Prüfsieb (Maschenweite 0,06 mm), Trichter, Petrischalen, Quarzsand.

Apparaturbeschreibung. Der Sedimentationsapparat von ANDREASEN (**Abb. 8, 2**) besteht aus einem Glaszylinder, der mit einer eingeschliffenen Pipette versehen ist. Die Zentimetereinteilung des Zylinders beginnt in der Ebene der Pipettenspitze. Der innere Durchmesser des Zylinders ist etwa 5,6 cm, der Inhalt bis zur oberen Marke etwa 550 ml und der Inhalt der Pipette genau 10 ml. Auf die Pipette ist ein Gummischlauch zum Absaugen aufgeschoben. Der Sedimentationsapparat steht bis in Schliffhöhe in einem Thermostaten, um die Messung bei konstanter Temperatur ausführen zu können.

Ausführung der Messung. 5 g Quarzsand (Korndurchmesser 5 — 60 μm), bei etwa 15° C getrocknet, werden auf der Analysenwaage genau eingewogen, in 250 ml Wasser gegeben und mittels eines Vibromischers gut suspendiert. Nach der Dispergierung wird die Suspension durch ein Sieb, Maschenweite 60 μm, das in einem Trichter liegt, filtriert. Vor der Filtration muß das Sieb gut angefeuchtet werden. Der auf dem Sieb zurückbleibende Rückstand wird mittels wenig Wasser in eine Petrischale gespült und nach Trocknung gewogen. Mit einer weiteren Probe[1]) wird die Dichte mittels eines Pyknometers bestimmt. Man

[1]) Nur auszuführen, wenn die Dichte des Feststoffes unbekannt ist. Die Dichte des Quarzsandes beträgt $\varrho_s \approx 2{,}64 \cdot 10^3$.

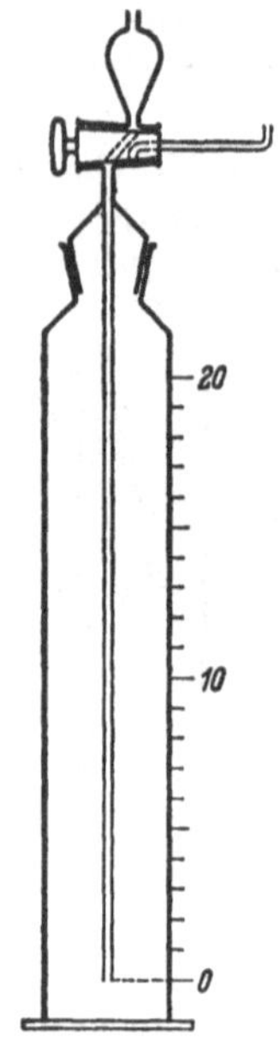

Abb. 8, 2. Sedimentationsapparatur nach ANDREASEN

füllt ein gewogenes Pyknometer mit dem Volumen V und der Masse G_0 einschließlich Thermometer und Kappe zu etwa zwei Drittel mit dem zu untersuchenden Feststoff und ermittelt die Masse G von Feststoff und Pyknometer durch eine zweite Wägung. Dann wird eine Benetzungsflüssigkeit (CCl_4) mit der für die Temperatur ϑ bekannten Dichte ϱ_l bis zu etwa zwei Drittel des Pyknometervolumens zugegeben und durch Schütteln für eine vollständige Aufschlämmung des Feststoffes und eine teilweise Entfernung der dem Feststoff anhaftenden Luft gesorgt. Zur Entfernung des verbleibenden Luftrestes wird das Pyknometer kurz in einem Vakuum-Exsikkator dem Vakuum einer Wasserstrahlpumpe ausgesetzt. Anschließend wird das Pyknometer in einen Thermostaten mit der Temperatur ϑ eingebracht und nach Temperaturausgleich mit der inzwischen ebenfalls temperierten Benetzungsflüssigkeit aufgefüllt, mit der Kappe verschlossen, getrocknet und gewogen.

Beträgt die Gesamtmasse von Pyknometer, Feststoff und Benetzungsflüssigkeit G_{ges}, so ergibt sich die Dichte ϱ_s des Feststoffes aus der Beziehung

$$\varrho_s = \frac{G - G_0}{V - (G_{ges} - G)/\varrho_l}. \tag{6}$$

Ferner wird das Volumen des Sedimentationszylinders zwischen unterer und oberer Marke durch Auswiegen mit Wasser bestimmt (eingesteckte Pipette). Anschließend füllt man die Suspension in den Zylinder und setzt ihn in den auf 20° C eingestellten Thermostaten. Nach etwa 5 min füllt man den Zylinder mit 20° C warmem Wasser bis zur Marke auf und setzt die Pipette ein.

Wenn Temperaturausgleich eingetreten ist, wird das Gefäß geschüttelt, bis die Suspension homogenisiert ist (Luftloch der Pipette mit dem Daumen verschließen); dann werden mit der Pipette sofort 10 ml (eine Pipettenfüllung) innerhalb von 10 bis 15 s entnommen (Nullprobe). Die entnommene Teilmenge wird in eine gewogene Petrischale gefüllt und der obere Pipettenteil unter Betätigung des Wechselhahnes einmal kurz mit der reinen Sedimentationsflüssigkeit nachgespült. Die Probe wird eingedampft, bei 105°C getrocknet und genau gewogen.

Nach Entnahme der Nullprobe wird das Sedimentationsgefäß nochmals gut geschüttelt und sofort in den Thermostaten gesetzt. Der Zeitpunkt des Einbringens dient als Nullpunkt für die Berechnung der Fallzeit. Nun werden der Suspension Proben nach verschiedenen Zeiten (t_1, t_2, t_3 ... t_n) entnommen, in Petrischalen abgefüllt, wie beschrieben eingedampft, getrocknet und gewogen. Als Entnahmezeit gilt der mittlere Zeitpunkt zwischen Beginn und Ende der Entnahme.

Tab. 8, 1

Sedimentationsflüssigkeiten und Stabilisatoren		
Feststoff	Sedimentationsflüssigkeit	Stabilisatoren
Silikate	dest. Wasser	keine
Schlämmkreide gewöhnliche Bodenarten kalkhaltiger Ton Mineralfarben: Bariumsulfat Zinkweiß Lithopone Bleiweiß Eisenoxide Ocker Chromoxidgrün Ultramarin	dest. Wasser	Natriumpyrophosphat 0,005 mol/l
Titanweiß Eisenoxidgelb	dest. Wasser	Natriumpyrophosphat 0,2 mol/l
Eisenoxid	dest. Wasser	Natriumarsenit
Graphit Kohlenstaub Ruß	dest. Wasser wirksame mechanische Aufteilung!	Natriumlinolat ½ Gew.-%
Magnesiumoxid Zement Al-Zement	Äthylenglykol	keine Kobaltchlorid
Stuckgips	Glykol + Alkohol	Kaliumcitrat
Stärkearten Getreidesorten Zucker Kakao Braunkohle	Phthalsäurediäthylester oder Isobutylalkohol	keine
Bronzepulver Kalomel wasserlösliche Salze	Cyclohexanol	keine
Schwefel Kalkhydrat	Sedimentationsanalyse versagt!	

Um einen Überblick über die zweckmäßigsten Entnahmezeiten zu erhalten, stellt man einen Absaugplan auf. Sedimentiert man z. B. in Wasser bei 20° C, so folgt aus Gl. (4) mit $\eta = 10^{-3}$ kg/ms und $\varrho_l = 10^3$ kg/m³

$$t = 1{,}835 \cdot 10^{-3} \frac{h}{(\varrho_s - 10^3)\, d_k^2} \text{ s.} \tag{7}$$

Als Fallhöhe wird der Abstand der Flüssigkeitsoberfläche von der Pipettenspitze in m und als Korngröße werden Korngrößen zwischen 60 μm und 10 μm eingesetzt (in m).

Die Ermittlung der Verteilungsfunktionen kann in beschriebener Weise auch mit anderen Gütern vorgenommen werden. Die Versuchsbedingungen (Trocknung usw.) müssen entsprechend gewählt werden. Vor allem bei der Herstellung der Suspension ist zu beachten, daß eine restlose Aufteilung des Feststoffes erreicht wird, denn eine Zusammenballung oder Flockung der Teilchen verfälscht das Analysenergebnis stark. Suspensionen einer größeren Anzahl von Feststoffen, wie z. B. der Silikate, besitzen schon in reinem Wasser eine für die Analyse ausreichende Stabilität. Die Stabilität anderer Suspensionen kann aber durch Zugabe geeigneter Mengen von Peptisationsmitteln oder Stabilisatoren noch gesteigert werden. Zu hohe Elektrolytkonzentrationen führen jedoch leicht zur Koagulation. Die Wahl des geeignetsten Peptisationsmittels und seiner Konzentration kann nur durch Vorversuche ermittelt werden (vgl. **Tab. 8, 1**).

Auswertung der Messungen. Ist das Feststoffgewicht der Nullprobe ΔG_0 und das nach der Zeit t_i entnommene Feststoffgewicht ΔG_i, so ergibt sich nach Gl. (5)

$$D_i = \frac{\Delta G_i}{\Delta G_0}\, 100\,\% .$$

Falls ein Siebrückstand auftritt, ist D_i nach der Gleichung

$$D_i = \frac{\Delta G_i}{\Delta G_0 + \varphi G_R}\, 100\,\%$$

zu berechnen, worin φ das Verhältnis vom Pipetten- zum Zylindervolumen und G_R den Siebrückstand bedeuten.

Die zugehörige Grenzkorngröße ist nach Gl. (4)

$$d_{k,i} = 1{,}355 \sqrt{\frac{\eta\,[h - (i-1)\,\Delta h]}{(\varrho_s - \varrho_l)\, t_i}}\,, \qquad (8)$$

wenn man berücksichtigt, daß durch jede Entnahme die Fallhöhe um Δh verkürzt wird.

Der prozentuale Anteil Körner, die sich zwischen zwei Entnahmen abgesetzt haben, ist

$$\Delta D_i = D_i - D_{i-1} \qquad \%$$

und ihre mittlere Korngröße

$$\bar{d}_k = \frac{d_{k,i} + d_{k,i-1}}{2}\,. \qquad (9)$$

Man stellt die integrale bzw. differentielle Massenverteilung graphisch dar, indem man D gegen d_k und $\frac{\Delta D}{\Delta d_k}$ gegen $\bar{d}_k$ abträgt.

Man prüfe auf graphischem Wege, ob die integrale Massenverteilung die Rammler-Bennet-Funktion erfüllt, und bestimme gegebenenfalls die Oberfläche des Gutes (Ausführung vgl. Aufg. 7).

Weitere Literatur: (*7*), (*30*), (*33*), (*44*), (*67*), (*116*).

9. Windsichten. Trennwirkung einer Windsichtstrecke

Allgemeines. Die Grundoperation Windsichten dient in der Technik vor allem der Klassierung, seltener der Sortierung fester Stoffe. Ursprünglich wurde windgesichtet, um, wie bei Getreide, Spreu und Staub zu entfernen. Heute wendet man die Windsichtung auch zur Abtrennung von Feinkorn aus Korngemischen an, da es seines Haftvermögens wegen schwierig durch Sieben zu entfernen ist. Ferner verstopfen feine Körner die Siebe, namentlich wenn das Gut nicht ganz trocken ist oder eine geringe Härte besitzt.

Feinzerkleinerungsmaschinen sind häufig mit Windsichtern gekoppelt, um das zerkleinerte Gut kontinuierlich aus der Mühle zu entfernen, da es einerseits die Zerkleinerungsgeschwindigkeit herabsetzt, andererseits zu fein aufgemahlen wird, wenn es zu lange in der Mühle verbleibt.

Grundlagen. Das Windsichten beruht im wesentlichen auf den gleichen physikalischen Gesetzen wie die Sedimentation. Die Trennung erfolgt auf Grund der unterschiedlichen Sinkgeschwindigkeit von Teilchen verschiedener Masse in einem reibenden Medium. Im Gegensatz zur Sedimentation verwendet man zum Windsichten, wie bereits der Name sagt, strömendes Gas, normalerweise Luft. Der einfachste Windsichter besteht aus einem senkrecht stehenden Rohr, durch das von unten nach oben Luft geblasen wird. Etwa in der Mitte des Rohres wird das zu sichtende Gut aufgegeben.

Die Fallgeschwindigkeit eines Teilchens in einem ruhenden Medium beträgt nach Gl. (8.3)

$$\bar{w} = \sqrt{\frac{4\,(\varrho_s - \varrho_l)\,d_k\,g}{3\,\varrho_l\,\varphi(\mathrm{m})\,C_{W,k}}}\,. \tag{1}$$

Strömt das Medium dem Teilchen mit der Geschwindigkeit $\bar{w}'$ entgegen, so vermindert sich die Fallgeschwindigkeit um diesen Betrag und beträgt nur noch

$$\bar{w}_{eff} = \bar{w} - \bar{w}'\,. \tag{2}$$

Für $\bar{w}_{eff} > 0$ sinkt, für $\bar{w}_{eff} < 0$ steigt das Teilchen im Rohr. Wenn man ein Gemenge von Teilchen verschiedener Korngröße dem strömenden Medium aussetzt, werden sich alle Teilchen, deren effektive

Sinkgeschwindigkeit $\bar{w}_{eff}$ größer als Null ist, am unteren Ende des Rohres abfangen lassen, während sich Körner, deren Geschwindigkeit kleiner als Null ist, am oberen Ende der Strecke ansammeln. Teilchen, deren effektive Fallgeschwindigkeit gleich Null ist, nennt man Grenzkorn.

In der Praxis treten aber wieder Störungen dadurch auf, daß die Teilchen verschiedene Gestalt, mit anderen Worten verschiedenes φ(m) besitzen. Damit werden Körner, die eine größere Masse als das Grenzkorn haben, ins Obergut gelangen, während andererseits Teilchen geringerer Masse als Untergut erscheinen.

Ferner besitzt z. B. eine laminare Strömung im Rohr niemals in allen Entfernungen von der Wand die gleiche Geschwindigkeit, vielmehr nimmt sie von der Wand zur Mitte hin zu. Die in Gl. (1) bzw. (2) eingesetzte Gasgeschwindigkeit wird in Wandnähe unter-, in der Mitte des Rohres überschritten. Damit werden Teilchen mit gleichem Reibungswiderstand, wenn sie sich in der Rohrmitte befinden, nach oben getragen, in Wandnähe dagegen absinken.

Einen weiteren Störeffekt bringen die beiden Abnahmestellen (oberes und unteres Ende der Sichtstrecke) und die Materialaufgabe in der halben Höhe des Rohres mit sich. Diesen kann man jedoch umgehen, indem man das Rohr so lang macht, daß sich eine gleichmäßige Strömung in den ungestörten Zwischengebieten ausbilden kann.

Einen weiteren Fehler bringt das Absetzen von Gut an der Wand mit sich. Hierdurch wird die Strömung der Luft verändert, und Teilchen können mechanisch zurückgehalten werden.

Man wird aus allen diesen Gründen am oberen Ende der Sichtstrecke nicht nur Teilchen finden, deren Durchmesser kleiner als die Grenzkorngröße ist, sondern auch Teilchen mit größerem Durchmesser. Ebenso gelangen kleinere Teilchen in das Untergut.

Falls eine gute Trennung erwünscht ist, wird man sich in der Technik darauf beschränken, eine einfache Windsichtstrecke nur dann einzusetzen, wenn feines und grobes Gut zu trennen sind, wie z. B. Kohlenstaub und Kohle.

Die Trennwirkung einer Windsichtstrecke kann durch die sogenannten Wirkungsgrade, die wie folgt definiert sind, beschrieben werden: Der Anteil des Grobgutes im Untergut G_u wird auf den gesamten Grobgutgehalt des Sichtgutes G bezogen, oder der Anteil des Feingutes im Obergut F_0 auf den gesamten Feingutanteil des Sichtgutes F; damit wird

$$\eta_u = \frac{G_u}{G}\, 100\,\% \text{ oder } \eta_0 = \frac{F_0}{F}\, 100\,\% \,. \tag{3}$$

Der Anteil des Grobgutes am Untergut G_u wird auf das gesamte Untergut $G_u + F_u$ bezogen, oder der Anteil des Feingutes im Obergut F_o auf das gesamte Obergut $G_o + F_o$; damit wird

$$\eta'_u = \frac{G_u}{G_u + F_u}\, 100\,\% \text{ oder } \eta'_0 = \frac{F_0}{G_0 + F_0}\, 100\,\%\,. \quad (3)$$

Eine Trennung von stetig zusammengesetzten Korngemischen kann durch den sog. Wirbelsichter erreicht werden. Hier ist die Schwerkraft als treibende Kraft durch die Zentrifugalkraft ersetzt. Das im Gasstrom suspendierte Sichtgut wird tangential in einen flachen Zylinder mit senkrechter Achse eingeblasen. Der Gasaustritt befindet sich in der Mitte des Zylinders. Hierdurch entsteht ein rotierender Gasstrom, der sich von außen nach innen bewegt und das Feingut mitreißt. Das Grobgut wird durch die Zentrifugalkraft nach außen getragen und außen am Boden des Zylinders entnommen.

Aufgabe. Ermittlung der Trennwirkung einer Windsichtstrecke in Abhängigkeit von der Windgeschwindigkeit.

Zubehör. Windsichtapparatur nach **Abbildung 9, 1,** 2 Quarzsandfraktionen, Prüfsieb, Preßluft.

Apparaturbeschreibung. Die Apparatur besteht aus einem senkrecht stehenden 200 cm langen Plexiglasrohr *R* mit 25 mm Durchmesser, an dessen unterem Ende bei *L* Luft eingeblasen wird, deren Menge mit einem Strömungsmesser *St* bestimmt wird **(Abb. 9, 1).** Unterhalb der Luftdüsen *L* ist das Rohr mit dem unteren Auffanggefäß *U* abgeschlossen. Das obere Ende des Rohres mündet in einem Zyklon *Z*, an dem das obere Auffanggefäß *0* angebracht ist, und aus dem die Luft bei *A* austritt. In halber Höhe des Rohres wird das zu sichtende Gut, das in den Trichter *T* eingefüllt wird, durch die Aufgabeschnecke *S* gleichmäßig aufgegeben. Die Schnecke wird durch den Motor *M* über ein verstellbares Getriebe *G* angetrieben.

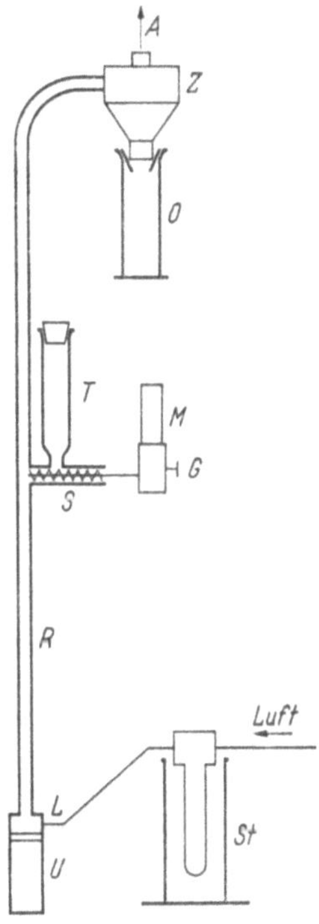

Abb. 9, 1. Einfache Windsichtstrecke

Ausführung der Messungen. Zwei Quarzsandfraktionen (Korngröße 0,3—0,4 und 0,09—0,12 mm) werden im Verhältnis 1 : 1 (höchstens 1:3) gut vermischt und etwa 1000 g der Mischung in den Trichter *T* gefüllt. Die gewünschte Aufgabemenge kann durch Variation des Getriebes am Schneckenantrieb *S* eingestellt werden. Sie sollte zwischen 60 g/min und 100 g/min liegen. Zur genauen Bestimmung der Aufgabemenge wird das untere Auffanggefäß U abgenommen und durch eine große gewogene Petrischale ersetzt. Die Schnecke wird in Bewegung gesetzt, das herabgefallene Gut gewogen und aus Gutmenge und Zeit die Aufgabegeschwindigkeit berechnet. Die endgültig eingestellte Aufgabemenge wird 3—5mal bestimmt und bleibt während des ganzen Versuchs erhalten. Das zur Bestimmung benutzte Gut wird in den Trichter zurückgegeben.

Nun wird das Gefäß U fest angeschraubt, und das obere Auffanggefäß 0 mit einer Gummimanschette an den unteren Auslauf des Zyklons gesetzt. Der Luftstrom wird mit dem Strömungsmesser St[1]) eingestellt. Die mittlere Strömungsgeschwindigkeit $\overline{w}$ im Rohr ergibt sich aus dem gemessenen Volumendurchsatz und dem Rohrquerschnitt. Nach Einstellen des Luftstroms wird die Aufgabeschnecke eingeschaltet. Man läßt etwa 100—150 g des Gutes durchlaufen (kann an der Füllhöhe des Trichters T abgeschätzt werden) und stellt dann zuerst die Aufgabeschnecke und dann nach etwa 1 min den Luftstrom ab. Ober- und Untergut werden getrennt auf der Siebmaschine je 5min laufen gelassen und in Grob- und Feingut aufgeteilt sowie die Gewichte der 4 Proben bestimmt (Feingut im Obergut F_o, Feingut im Untergut F_u, Grobgut im Obergut G_o und Grobgut im Untergut G_u). Nun wird eine andere Strömungsgeschwindigkeit eingestellt (gleiche Aufgabemenge) und der Versuch sinngemäß wiederholt. Der Variationsbereich der Strömungsgeschwindigkeit ergibt sich daraus, daß bei zu kleinen Werten alles Aufgabegut nach U und bei zu großen Werten alles nach 0 gelangt.

Auswertung der Messungen. Die Gewichte G_o, G_u, F_o und F_u sind bekannt, ebenso daraus die Gesamtmenge des aufgegebenen Gutes $M = G_o + G_u + F_o + F_u$. Man berechne die vier Wirkungsgrade η_o, η_u, η_o' und η_u' nach Gl. (3) für jede Strömungsgeschwindigkeit. Schließlich werden in einem Diagramm η_u und η_o, in einem zweiten η_u' und η_o' gegen die Strömungsgeschwindigkeit abgetragen.

Weitere Literatur: (*12*), (*51*), (*66*), (*93*).

10. Flotation. Trennung von Feststoffen durch Flotation

Grundlagen. *Flotationsverfahren.* Als Flotation bezeichnet man die Trennung (Sortierung) von Feststoffgemengen auf mechanischem Wege auf Grund der verschiedenen Benetzbarkeit ihrer Bestandteile. Die Benetzbarkeit eines Bestandteils hängt von den Eigenschaften seiner Oberfläche ab und kann durch Zusätze bestimmter Chemikalien verändert werden.

Das eigentliche Verfahren beruht darauf, daß man durch die wäßrige Suspension eines Gemenges feine Gasblasen drückt. Hydrophobe Partikel

[1]) Die Eichung des Strömungsmessers kann mittels eines Rotameters vorgenommen werden. Bereich 0—60 l/min.

heften sich an die Gasblasen und steigen mit ihnen an die Oberfläche der Trübe, wo sie mit dem Schaum als Konzentrat abgestrichen werden können. Hydrophile Teilchen dagegen, die von einem fest adsorbierten Wasserfilm umgeben sind, verbleiben in der Trübe.

Die Flotation in wäßrigen Suspensionen wird durch Zusätze von Chemikalien (Flotationshilfsstoffe) ermöglicht, die folgende Aufgaben erfüllen:

Sammler hydrophobieren die abzutrennenden Partikel.

Schäumer zerteilen die in die Suspension eingeblasene Luft in möglichst viele kleine Bläschen und stabilisieren den gebildeten Schaum.

Aktivatoren begünstigen die Sorption der Sammlerionen oder Molekeln an den abzutrennenden Partikeln.

Drücker oder Passivatoren verhindern die Bildung von Sammlerfilmen auf gewissen Mineralien und finden vor allem bei der selektiven Trennung von mehreren Erzmineralien Verwendung.

Vorbereitende Reagenzien beseitigen die flotationsstörenden Ionen in der Trübe, verhindern durch Bildung von Schutzkolloiden die Flokkung und stellen den für die optimale Wirkung der Sammler und Schäumer günstigen pH-Wert ein.

Flotationshilfsstoffe. Sammler: Praktisch alle Stoffe und damit auch alle Erze sind hydrophil, wenn sie — wie zur Vorbereitung der Flotation üblich — naßvermahlen sind. Um sie zu hydrophobieren, müssen ihnen heteropolare Verbindungen zugeführt werden, deren polare Gruppen sorptionsfähige Atome oder Atomgruppen enthalten und deren unpolare Anteile aus hydrophoben Kohlenwasserstoffresten bestehen. Diese Ionen werden an der Oberfläche der Mineralpartikel sorbiert. Bei genügender Beladung ist das Mineralteilchen von einem Film von Ionen umgeben, deren Kohlenwasserstoffteil steil nach außen zeigt und dadurch die Partikeloberfläche hydrophob und damit schwer benetzbar macht, so daß sie sich leicht an eine ihr begegnende Luftblase heftet.

Man teilt die Sammler nach ihrer aktiven (polaren) Gruppe ein und unterscheidet zwischen anion- und kationaktiven Sammlern.

Wichtige anionaktive Sammler sind Xanthate, Ester der Dithiophosphorsäure, Ester der Schwefelsäure, Sulfonsäuren und deren Salze, Salze der Fettsäuren. Hauptsächlich werden sie zur Aufbereitung sulfidischer und oxydischer Erze verwendet.

Die Aktivität der anionaktiven Sammler gegenüber einem Mineral kann auf physikalischem Wege durch Messung des Randwinkels zwischen einer Luftblase und der geschliffenen Oberfläche des Minerals bestimmt werden, das sich in einer Lösung des entsprechenden Sammlers befindet (vgl. (*55*)).

Die zweite wichtige Sammlergruppe sind die kationaktiven Sammler, wie z. B. primäre, sekundäre und tertiäre Alkylamine, quartäre Ammoniumsalze und Alkyl-Pyridiniumsalze. Diese Sammler sind im allgemeinen gleichzeitig Schäumer. Sie dienen hauptsächlich zur Aufbereitung von Kalisalzen.

Schäumer: Die Schäumer sollen die Bildung eines kleinblasigen Schaumes mit großer Oberfläche bewirken und den gebildeten Schaum stabilisieren. Es sind ebenfalls heteropolare Verbindungen — ihr heteropolarer Charakter ist aber weniger ausgeprägt als der der Sammler —, deren polare Gruppe hydrophil, wasserlöslich und deren apolare hydrophob und aerophil ist. Sie reichern sich an der Grenzfläche Wasser-Luft an und stellen sich so ein, daß ihre hydrophile Gruppe im Wasser schwimmt, während ihr hydrophober Teil in die Luft ragt. Dadurch wird die Oberflächenspannung der Flüssigkeit erniedrigt und die Bildung vieler kleiner Bläschen ermöglicht. In Berührung mit den abzuflotierenden Teilchen bauen sich die stärker polaren Sammler unter Verdrängung der weniger polaren Schäumermolekeln in die Luftblase ein. Erreichen solche Blasen die Oberfläche, so entsteht aus ihnen eine Schaumschicht, deren Lamellen beiderseitig von dem Schäumerfilm umgeben sind. Die mechanische Festigkeit dieser Lamellen hängt von der Löslichkeit der polaren Gruppen und der Länge der Kohlenwasserstoffketten der Schäumermoleküle ab.

In diesen Lamellen findet beim Abfließen des Wassers eine selbständige Nachreinigung der Konzentrate statt, da mitgerissene im Wasser schwebende Gangartteilchen mit dem Wasser ablaufen, während die hydrophoben Erzpartikelchen in der Grenzfläche Luft-Wasser haftenbleiben.

Die wichtigsten Schäumer sind Terpenalkohole, höhere aliphatische Alkohole, Kationen-Seifen, Sulfonate des Phenols und Kresols sowie Holzteeröle. Bei besonders schwimmfähigen (hydrophoben) Mineralien können Schäumer auch als Sammler dienen.

Aktivatoren und Drücker: Die Oberflächenkräfte mancher Mineralien reichen nicht aus, die Sammlerionen zu sorbieren. Läßt man an der Oberfläche solcher Partikel mehrwertige Metallionen sorbieren (Aktivatoren), so ziehen diese Ionen mit ihren Restvalenzen die negativen Sammlerionen stark an und machen die vorher passiven Mineralien schwimmfähig. Sogar Quarz wird flotierbar, wenn man vorher Fe^{++}-Ionen an seiner Oberfläche sorbieren läßt.

Andererseits kann man die Schwimmbarkeit (Flotierbarkeit) von Mineralien dadurch unterdrücken, daß man ihre positiven Restvalenzen durch negative Ionen (Drücker) besetzt und auf diese Weise die Sorption der ebenfalls negativ geladenen Sammlerionen verhindert.

Da die einzelnen Mineralien verschieden starke Affinität zu den Drückern und Aktivatoren besitzen, hat man durch Kombination der beiden Verfahren die Möglichkeit, Erze, die verschiedene Mineralien enthalten, durch Flotation zu trennen (selektive Flotation).

Vorbereitende Reagenzien: Lösliche Schwermetallsalze in der Trübe stören oft den Flotationsprozeß empfindlich, da die Metallionen die negativen Sammlerionen binden. Man setzt in solchen Fällen Reagenzien zu, die diesen Effekt — z. B. durch Komplexbildung mit den störenden Ionen — verhindern.
Eine wichtige Rolle spielt bei der Flotation die Einstellung des richtigen pH-Wertes. Man arbeitet meistens in neutraler Lösung oder schwach alkalischer Trübe. Die Trüben sulfidischer Erze reagieren meistens sauer und werden vor der Flotation durch Zugabe von $Ca(OH)_2$ oder Na_2CO_3 auf den optimalen pH-Wert eingestellt.
Der störende Einfluß kolloidaler Schlämme, die oft durch mitgeschleppte Tone gebildet werden und einen unnötig hohen Verbrauch an Flotationschemikalien verursachen, wird durch Zugabe von Alkalisilikaten oder organischen Schutzkolloiden (z. B. Pflanzenschleimen) ausgeschaltet.

Flotationsgas: Im allgemeinen nimmt man Luft als Flotationsgas. Versuche mit anderen Gasen ergaben keine wesentliche Verbesserung. Durch Verwendung von Sauerstoff oder SO_2-haltiger Luft erzielte Erfolge dürften auf chemische Einwirkung auf die Erzbestandteile zurückzuführen sein.

α) Flotation von Flußspat

Eine häufig auftretende Verunreinigung des Flußspats ist Kieselsäure. Durch Flotation des Erzes kann eine Anreicherung des Flußspats erreicht werden. Als Schäumer dient Olein (techn. Ölsäure). Die Reinheit der anfallenden Fraktionen wird durch Abrauchen der Proben mit Flußsäure abgeschätzt.

β) Selektive Flotation eines sulfidischen Blei-Zink-Erzes

Durch die selektive Flotation eines Blei-Zink-Erzes soll erreicht werden, daß im ersten Teil des Prozesses nur das leichter flotierbare Material, der Bleiglanz, übergeht. Um die Zinkblende zu passivieren, wird als Drücker Zinksulfat zugesetzt. Als Sammler dienen Xanthate, als Schäumer Pineöl. Die Aktivierung der Zinkblende nach Beendigung der Bleiglanzflotation wird durch Zusatz von Kupfersulfat erreicht. Die Flotation sulfidischer Erze erfolgt meist in schwach alkalischem Medium, hergestellt durch Sodazusatz. Die Zusammensetzung der anfallenden Fraktionen kann durch Dichtebestimmungen abgeschätzt werden.

Aufgabe. α) Aufbereitung von Flußspat durch Flotation. β) Aufbereitung eines sulfidischen Blei-Zink-Erzes durch selektive Flotation.

Zubehör. Flotationsapparatur mit 3 l fassender Zelle nach **Abbildung 10, 1,** Flasche (10 l), Pyknometer, Eimer (2 l), Bechergläser, 5-ml-

Meßzylinder, Exsikkator, Schutzbrille, Pt-Tiegel, Blei-Zink-Erz, Flußspat, Natriumcarbonat, Wasserglas, Kaliumäthylxanthat, Pineöl (Pine Oil = amerik. Holzterpentinöl), Zinksulfat, Kupfersulfat, Tetrachlorkohlenstoff, Olein, Flußsäure.

Apparaturbeschreibung. Die Apparatur wird schematisch durch **Abbildung 10, 1** wiedergegeben. Der wesentliche Teil ist eine absatzweise arbeitende WEDAG-Rührzelle mit selbsttätiger Luftansaugung durch den Rührer. Die Trübe befindet sich im Gefäß *A* und reicht bis zur Marke *M*. Als Rührer dient eine Metallscheibe *S*, die oben mit radial angeordneten Rippen versehen ist. Die Metallscheibe wird über die Welle *R* von einem Motor in Drehung versetzt. Die Drehzahl kann mittels eines stufenlosen Getriebes geregelt werden. Die rotierende Metallscheibe saugt mit ihren Rippen einerseits Luft durch den Stutzen *B*, andererseits Trübe durch die Öffnungen *Ö* an und preßt beide in die in dem Behälter befindliche Trübe. Auf diese Weise wird eine gute Durchmischung von Luft und Trübe erreicht.

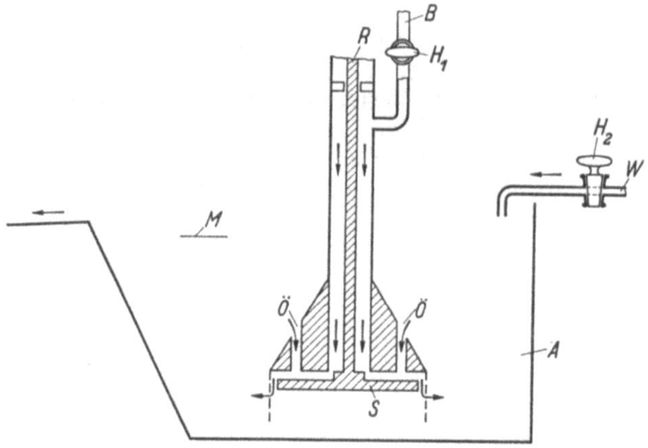

Abb. 10, 1. Flotationszelle mit selbständiger Luftansaugung durch den Rührer

Die Luftzufuhr wird mittels Hahn H_1 geregelt bzw. abgestellt. Der sich an der Trübeoberfläche ansammelnde Schaum kann mit einem Schaber über den Schnabel der Zelle in ein entsprechend angeordnetes Auffanggefäß abgestrichen werden. Der infolge des abgenommenen Schaumes auftretende Flüssigkeitsverlust in der Zelle wird durch Wasser, das aus einem Vorratsgefäß (10 l) über die Leitung *W* und den Hahn H_2 zufließt, von Zeit zu Zeit ersetzt.

Ausführung der Messungen

α) Flotation von Flußspat

300 g Flußspat (Korngröße ≈ 0,06 mm) werden in die Flotationszelle gefüllt. In einem Vorratsbehälter werden etwa 10 l Wasser mit 2 Tropfen Wasserglas versetzt und gut verrührt. Mit dieser Lösung wird die Flotationszelle bis zur Marke aufgefüllt. Flüssigkeit und Sand werden etwa 10 min ohne Luftzufuhr mit 1100 l/min gerührt, dann gibt man 4 ml Olein zu. Durch kurzzeitiges Rühren (1100 l/min) ohne Luftzufuhr wird für gleichmäßige Verteilung des Oleins gesorgt. Anschließend öffnet man die Luftzufuhr, stellt die Rührerdrehzahl auf 1500 l/min ein und streicht den gebildeten Schaum laufend ab. Wenn kein Schaum mehr gebildet wird, vermindert man die Rührgeschwindigkeit wieder, schließt die Luftzufuhr und gibt nochmals 2 ml Olein zu der Trübe. Nachdem sich das Olein verteilt hat, wird, wie beschrieben, nochmals flotiert und eine zweite Fraktion getrennt aufgefangen. Die Fraktionen werden in Bechergläser überführt, dekantiert, getrocknet und schließlich gewogen. Die Ausbeute wird in Gew. % der eingesetzten Materialmenge angegeben.

Der prozentuale Gehalt der Fraktionen an Kieselsäure wird durch Abrauchen von Proben mit Flußsäure im Platintiegel bestimmt. Man vergleiche den Kieselsäuregehalt und die Menge der Fraktionen.

β) Selektive Flotation eines sulfidischen Blei-Zink-Erzes

600 g Blei-Zink-Erz (Korngröße 0,06—0,15 mm) werden mit 600 ml Wasser in der Flotationszelle aufgeschlämmt und etwa 10 min stehen gelassen. Danach füllt man die Zelle mit Wasser bis zur Marke *M* auf (etwa 3 l) und läßt die Aufschlämmung noch einmal unter gelegentlichem Rühren 5 min stehen.

Zur Flotation des Bleiglanzes wird die Aufschlämmung mit 600 mg Zinksulfat und 600 mg Natriumcarbonat versetzt und 2 min ohne Luftzufuhr gerührt. Danach gibt man 18 mg Kaliumäthylxanthat und 3 Tropfen Pineöl zu und rührt nochmals 1 min. Nun wird die Luftzufuhr ganz geöffnet und der gebildete Schaum laufend abgestrichen. Als Auffanggefäß wird eine Plastikschüssel verwendet. Es wird solange flotiert (etwa 5—8 min), bis die grau-blaue Färbung des Schaums, verursacht durch den Bleiglanz, verschwunden ist. Die Fraktion wird in ein Becherglas übergeführt.

Zur Flotation der Zinkblende werden nun 600 mg Kupfersulfat in die Zelle gegeben. Zur vollständigen Lösung des Kupfersulfats wird 2 min ohne Luftzufuhr gerührt. Nun gibt man 30 mg Kaliumäthylxanthat und 3 Tropfen Pineöl zu, rührt die Suspension 1 min und öffnet die Luftzufuhr. Für die 1. Fraktion der Zinkblende wird 10 min flotiert. Zur Gewinnung der 2. Fraktion werden abermals 3 Tropfen Pineöl zuzugeben und wieder 10 min flotiert. Die beiden Fraktionen werden in je ein Becherglas übergeführt.

Die Fraktionen werden bei 120°C getrocknet und anschließend gewogen. Die Ausbeute wird in Gewichtsprozenten der eingesetzten Materialmenge angegeben.

Vom Ausgangsmaterial, dem Rückstand (getrocknet) und den Fraktionen wird die Dichte bestimmt und aus den gemessenen Werten die Güte der Fraktionen abgeschätzt (Dichtebestimmung vgl. Aufg. 8).

Weitere Literatur: (*27*), (*57*).

c) Trennung von Feststoff und Flüssigkeit

11. Filtration. Abhängigkeit des Filterdurchsatzes vom Filtermittel, Konzentration der Trübe und Filterdruck

Grundlagen. Ein in einer Flüssigkeit suspendierter Feststoff kann durch Filtrieren weitgehend von der Flüssigkeit abgetrennt werden. Als Filtermittel dienen Stoffe, die die Flüssigkeit durchlassen und den Feststoff zurückhalten, beispielsweise Tücher, poröse Porzellane, Sandbetten. Die Flüssigkeit wird durch Über- oder Unterdruck oder durch die Schwerkraft durch das Filter gedrückt.

Führt man die Filtration analog der Siebung fester Stoffe durch, so muß ein Filter so kleiner Porenweite gewählt werden, daß es noch die kleinsten Teilchen zurückhält (*Oberflächenfiltration*). Normalerweise wählt man jedoch die Porenweite des Filtermittels im Gegensatz zur Siebung größer als die kleinsten Partikeln der Suspension. Kleine Teilchen werden infolgedessen das Filter passieren; man wird zu Beginn ein trübes Filtrat erhalten (Trüblauf). Während der Filtration baut sich aus den zurückgehaltenen Feststoffteilchen über dem Filtermittel der sog. Filterkuchen auf und bildet mit fortschreitender Filtration ein Filter, das auch die feinsten Teilchen zurückhält. Man spricht in diesem Falle von *Tiefenfiltration.*

Ermöglicht die Ausbildung des Tiefenfilters während der Filtration einerseits eine gute Trennung von Flüssigkeit und Feststoff, so bewirkt sie andererseits eine Herabsetzung der Filterleistung. Es ist also wichtig, je nach den gegebenen Bedingungen den Filterkuchen früher oder später vom Filter zu entfernen, um den maximalen Durchsatz zu erzielen.

Wir bezeichnen als Filtrationsgeschwindigkeit v oder Durchsatz dasjenige Filtratvolumen, das in der Zeiteinheit durch ein gegebenes Filter fließt:

$$v = \frac{dV}{dt}$$

Faßt man die Poren des Filters und des Filterkuchens als enge Kapillaren auf, so kann die Strömung der zu filtrierenden Flüssigkeit durch die Hagen-Poiseuillesche Beziehung beschrieben werden. Die Geschwindigkeit, mit der das Filtrat durch den Filterkuchen fließt, wird proportional dem Druckabfall durch den Kuchen Δp, der Anzahl der Kapillaren z in der Einheitsfläche (= 1 m²), der Filterfläche F und umgekehrt proportional der Höhe h des Filterkuchens und der Viskosität η des Mediums sein. Damit erhält man

$$\frac{dV}{dt} = \frac{\pi r^4 F z \Delta p}{8 \alpha h \eta}. \tag{1a}$$

r ist der Radius der Kapillaren und α ein Faktor, der die Krümmung der Kapillaren berücksichtigt ($\alpha > 1$). Entsprechend erhält man für das Filter

$$\frac{dV}{dt} = \frac{\pi r'^4 F z' \Delta p'}{8 \alpha' h' \eta}. \tag{1b}$$

Mit

$$K = \frac{8 \alpha \eta}{\pi z r^4} \qquad \text{und} \qquad K' = \frac{8 \alpha' \eta}{\pi z' r'^4} \tag{2a, b}$$

erhalten wir nach einer kleinen Zwischenrechnung für die Filtrationsgeschwindigkeit aus (1) und (2) die Beziehung

$$\frac{dV}{dt} = \frac{F \Delta P}{Kh + K'h'}, \tag{3}$$

worin $\Delta P = \Delta p + \Delta p'$ den Druckabfall durch Filter und Filterkuchen bedeutet. Da die Höhe des Filterkuchens um so größer wird, je mehr Filtrat V durch das Filter läuft, je kleiner die Filterfläche F und je größer der relative Feststoffgehalt der Suspension V_{rel} ist, gilt ferner

$$h = V_{rel} \cdot V/F \qquad V_{rel} = \frac{\text{Volumen Feststoff}}{\text{Volumen Filtrat}}. \tag{4}$$

Aus (3) und (4) ergibt sich dann

$$\frac{dV}{dt} = \frac{F \Delta P}{\frac{K V_{rel} V}{F} + K' h'}. \tag{5}$$

In erster Näherung kann aus den eingangs gegebenen Gründen der Druckabfall durch das Filtermittel vernachlässigt werden, und man erhält dann

$$\frac{dV}{dt} = \frac{F^2 \Delta P}{K V_{rel} V}. \tag{5a}$$

Um die Gesamtmenge Filtrat, die in der Zeit t bei konstantem treibendem Druck ΔP durch das Filter läuft, zu erhalten, ist Gl. (5a) zu integrieren. Für ΔP = const. ergibt sich

$$\int_0^V V dV = \int_0^t \frac{F^2 \Delta P}{K V_{rel}} dt$$

$$V^2 = \frac{2 F^2 \Delta P t}{K V_{rel}}. \tag{6}$$

Gl. (6) ist die für sog. nicht komprimierbare Filterkuchen gültige Beziehung.

Grob gesehen muß zwischen zwei Arten von Filterkuchen unterschieden werden: Einmal kennt man Filterkuchen, deren Volumen durch Erhöhung des treibenden Drucks nicht verringert werden kann, und zum andern solche, deren Volumen vom Druck abhängig ist. Wurde bei der Ableitung von Gl. (5a) vorausgesetzt, daß der Kapillarradius und damit K vom treibenden Druck ΔP unabhängig ist, so trifft diese Annahme für komprimierbare Filterkuchen nicht mehr zu. Bei einem komprimierbaren Kuchen geht, wie leicht einzusehen ist, die Volumverkleinerung des Kuchens mit steigendem Druck vor allem auf Kosten der Kapillardurchmesser bzw. der Porenweite. Aus experimentellen Untersuchungen ergab sich für die Druckabhängigkeit der Konstante K

$$K = K_0 + K_1 \Delta P^s. \tag{7}$$

Setzt man Gl. (7) in Gl. (5a) ein, so erhält man nach Integration eine für komprimierbare Filterkuchen gültige Beziehung. Für $\Delta P =$ const. ergibt sich

$$\int_0^V V dV = \int_0^t \frac{F^2 \Delta P}{V_{rel}(K_0 + K_1 \Delta P^s)} dt$$

$$V^2 = \frac{2 F^2 \Delta P t}{V_{rel}(K_0 + K_1 \Delta P^s)}. \tag{8}$$

Diese auf Grund vereinfachter Annahmen gewonnenen Gleichungen lassen sich durch Einführung allgemeiner Exponenten und Konstanten verallgemeinern. Wenn noch K_0 gegen $K_1 \Delta P^s$ vernachlässigt werden darf, ergibt sich

$$\frac{V^m}{F^2} = \frac{\Delta P^n t}{C}. \tag{9}$$

In der Praxis wird letztere Formel häufig verwendet, da sich die Exponenten experimentell einfach bestimmen lassen. Man mißt bei konstantem treibendem Druck die nach verschiedenen Zeiten $t_1, t_2 \ldots t_i$ durchgelaufenen Flüssigkeitsvolumina und trägt lg V gegen lg t ab. Man erhält eine Gerade, deren Anstieg den Exponenten von V ergibt. Nimmt man die Volumzeitkurven bei verschiedenen Drucken auf, so erhält man, wenn man lg V gegen lg ΔP (für $t =$ const.) abträgt, eine Gerade, aus deren Anstieg sich der Exponent von ΔP ergibt. Bei Gültigkeit der vorausgegangenen Überlegungen ist $m = 2$ und $n = 1$ bei nicht komprimierbaren Filterkuchen und $n \neq 1$ bei komprimierbaren Filterkuchen zu erwarten.

Die Filtergleichung (8) bzw. (9) kann sicherlich den Vorgang nur roh beschreiben, denn der Druckabfall durch das Filtermittel wurde nicht berücksichtigt.

Des weiteren wurde in Gl. (9) durch Vernachlässigung von K_0 gegenüber $K_1 \Delta P^s$ eine Funktion erhalten, die im Gegensatz zu Gl. (8) im $V, \Delta P$-Diagramm kein Maximum aufweist, während man experimentell meist einen Druck ΔP findet, für den V einen optimalen Wert besitzt. Schließlich ist bei genaueren Berechnungen die unterschiedliche Pressung der einzelnen „Schichten" des Filterkuchens zu berücksichtigen (vgl. (*79*)).

Werden diese Punkte beachtet, kann sicherlich eine genauere Beschreibung des Vorgangs erreicht werden. Die Bestimmung der einzelnen Parameter ist aber im allgemeinen so schwierig, daß man in der Praxis zur Festlegung der wirtschaftlichsten Bedingungen Gl. (9) zugrunde legt und sich n, m und C durch Modellversuche bestimmt.

Aufgabe. Es soll die Abhängigkeit der Filtrationsgeschwindigkeit von der Filtrationszeit, dem Filtrationsdruck und der Konzentration der Trübe ermittelt werden. Filtermittel: Baumwolltuch und Glasfiltertiegel.

Zubehör. Filtrationsapparatur mit Vibromischer nach **Abbildung 11, 1**, Wasserstrahlpumpe, Glaszylinder mit Filtertuch, Glasfiltertiegel (2 G 4), gut regulierbares Nadelventil, Stoppuhr. Versuchssubstanzen: Calciumcarbonat, Bariumcarbonat, Salzsäure.

Apparaturbeschreibung. Der Absaugtopf T ist mittels eines Normalschliffes in den graduierten Filtrierstutzen C eingesetzt. Die darauf befindliche Tulpe erlaubt mit Hilfe eines Gummiringes R einen Glaszylinder Z aufzunehmen, über dessen eine Öffnung ein Baumwolltuch gespannt ist. Andererseits kann ein Glasfiltertiegel (2 G 4) eingesetzt werden. Der Trübebehälter B läuft in ein Glasrohr mit Hahn aus und kann mit Hilfe eines Gummistopfens auf den Glaszylinder Z aufgesetzt werden. In den Trübebehälter ragt der Vibromischer V, dessen Platte so tief wie möglich eintauchen, aber keinesfalls den Trübebehälter berühren soll. Der Absaugtopf besitzt zwei Glasrohre, von denen eines nur einige Zentimeter in den Filtrierstutzen hineinragt, während das andere bis auf den Boden geht. Beide sind mit einer WOULFFschen Flasche E, die ihrerseits an der Wasserstrahlpumpe W angeschlossen ist, verbunden. Mit Hilfe des einen Glasrohres kann die Luft, mit dem anderen die Flüssigkeit aus dem Filtrierstutzen gesaugt werden. Den Druck kann man am Manometer M ablesen. Mit dem dritten Hals der WOULFFschen Flasche ist ein Nadelventil H_5 verbunden, das eine dynamische Druckregelung erlaubt.

Ausführung der Messungen. Die Apparatur wird zusammengesetzt und mittels der voll aufgedrehten Wasserstrahlpumpe evakuiert. Hähne H_1, H_2, H_4 sind geschlossen und H_3 geöffnet. Zeigt das Manometer annähernd eine Druckdifferenz von 900 mbar, reguliert man mit dem Nadelventil H_5 das gewünschte Vakuum ein. Ist der Druck etwa 3 min konstant geblieben, so wird zunächst Wasser in den Trübebehälter gegeben und der Vibromischer eingeschaltet. Anschließend fügt man das Calciumcarbonat zu. Jetzt wird der Hahn H_1 geöffnet, womit auch der Versuchsbeginn gegeben ist. Abgebrochen wird nach Durchlauf von 450 ml Trübe oder spätestens 45 min. Die Zeit wird mit der Stoppuhr gemessen. Der Filtrier-

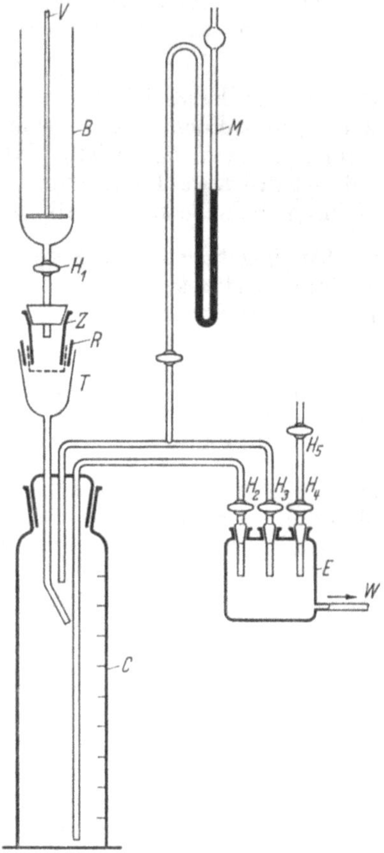

Abb. 11, 1. Schema der Versuchsanordnung

stutzen kann nach Versuchsende durch Schließen von Hahn H_3 und Öffnen von H_2 und H_1 entleert werden. Das Baumwolltuch oder der Glasfiltertiegel wird nach jedem Versuch ausgewaschen. Auf die beschriebene Weise werden die folgenden Versuche mit beiden Filtern durchgeführt:

1. Eine Suspension, bestehend aus 5 g Feststoff pro 500 ml Wasser wird bei 5 verschiedenen Druckdifferenzen (etwa 150, 250, 400, 500 mbar) filtriert. Aufzunehmen ist die Zeit, die zum Durchlauf von 20, 40, 60 usw. ml Filtrat erforderlich ist.

2. Eine Suspension, bestehend aus 15 g des gleichen Feststoffes pro 500 ml Wasser, wird wie unter 1 filtriert.

Auswertung der Messungen. Für jede Versuchsreihe wird V gegen t in doppelt-logarithmischem Koordinatenpapier aufgetragen und der Exponent m aus dem Anstieg ermittelt. In einem zweiten Diagramm wird V gegen ΔP ebenfalls in doppelt-logarithmischem Papier abgetragen. Der wirksame Druck am Filter errechnet sich aus der Summe des Manometerdruckes und des mittleren hydrostatischen Druckes. Man zeichne für jede der beiden Suspensionen die Kurven für 3 verschiedene Zeiten und ermittle den Exponenten n von ΔP und die C-Werte.
Man überprüfe auf Grund der ermittelten Exponenten und C-Werte die Gültigkeit der eingangs aufgestellten Beziehungen.

Weitere Literatur: (*2*), (*12*), (*52*), (*54*), (*82*), (*104*).

12. Trocknung. Trocknung eines nichthygroskopischen wasserhaltigen Gutes

Grundlagen. Filterkuchen und Suspensionsrückstände fallen häufig mit einem Feuchtigkeitsgehalt an, der für die Weiterverarbeitung oder den Verkauf zu hoch ist. Bei Feinstkorn können beispielsweise die Preßkuchen (abgepreßte Filterkuchen) bis zu 90% Feuchtigkeit enthalten. Der Feuchtigkeitsgehalt muß deshalb durch Trocknung mehr oder weniger herabgesetzt werden. Die Austreibung erfolgt durch Wärme, die dem Gut zugeführt wird, also auf thermischem Wege. Die entsprechenden Verdampfungsprodukte werden gleichzeitig abgeführt.
Je nach Art der Energiezufuhr unterscheidet man zwischen Konvektionstrocknung (Wärmeübergang vom Trockenmittel, z. B. Luft, auf das Gut), Kontakttrocknung (Wärmeleitung durch das Gut), Strahlungstrocknung (die Wärme wird durch Strahlung auf das Gut übertragen) und Hochfrequenztrocknung.
Nach Art der Dampfabführung unterscheidet man zwischen Lufttrocknung, Vakuumtrocknung und Heißdampftrocknung.
Die Wirtschaftlichkeit hängt vom Energieverbrauch, dieser von der Trocknungszeit ab. Die wichtigsten Einflußgrößen, die die Trocknungskosten bestimmen, werden am Beispiel der Umlufttrocknung eines wasserhaltigen nicht-hygroskopischen Gutes bei konstanter Feuchte, Temperatur und Geschwindigkeit des Trockenmittels aufgezeigt. Die Wärmezufuhr soll lediglich durch das Trockenmittel erfolgen.

Gutfeuchtigkeit. Der mittlere Feuchtigkeitsgehalt χ eines Gutes ist

$$\chi = \frac{G_f - G_{tr}}{G_{tr}}, \quad \begin{aligned} G_f &= \text{Gewicht des feuchten Gutes} \\ G_{tr} &= \text{Gewicht des trockenen Gutes} \end{aligned}$$

d. h. die Wassermenge je kg Trockensubstanz. Die Feuchtigkeit kann je nach Art des Gutes in verschiedener Weise gebunden sein. Man unterscheidet zwischen Abtropfwasser, Haftwasser, Grobkapillarwasser, Feinkapillarwasser, physikalisch sorbiertem und chemisch gebundenem Wasser, in erster Linie Kristallwasser.

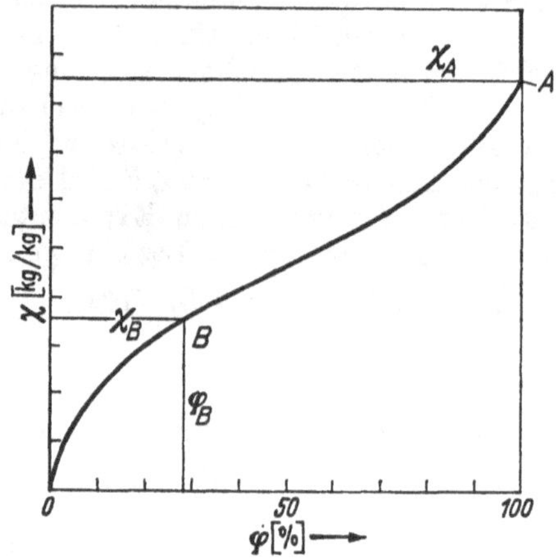

Abb. 12, 1. Sorptionsisotherme eines Gutes

Abtropfwasser sollte aus Kostengründen vor Trocknungsbeginn durch mechanische Trennverfahren, wie z. B. Abpressen oder Zentrifugieren, entfernt werden.

Haftwasser bedeckt die freien Oberflächen des Gutes. Der Dampfdruck des Abtropf- und Haftwassers kann in erster Näherung gleich dem Dampfdruck einer freien Wasseroberfläche gleicher Temperatur gesetzt werden.

Das gleiche gilt für das in groben Kapillaren und Hohlräumen des Gutes enthaltene Wasser (Grobkapillarwasser). Die Kräfte, die es zurückhalten, sind so gering, daß sie keine Dampfdruckerniedrigung der Flüssigkeit hervorrufen. Stoffe, die nur die erwähnten drei Feuchtigkeitsarten enthalten, lassen sich damit bei hinreichend langer Trocknungszeit mit feuchter, jedoch nicht gesättigter Luft völlig trocknen. Sie werden als „nichthygroskopische“ Stoffe bezeichnet.

Das von feinen Kapillaren zurückgehaltene Wasser besitzt einen merklich niedrigeren Dampfdruck als Wasser gleicher Temperatur. Nach THOMSON gilt die Beziehung

$$\ln \frac{p_S}{p} = \frac{2\,\sigma\,M}{\varrho_l\,r\,RT}.$$

p_S = Sättigungsdruck einer freien Oberfläche
p = Dampfdruck über der Kapillare
σ = Oberflächenspannung
M = Molekulargewicht
ϱ_l = Dichte der Flüssigkeit
r = Kapillarradius

Physikalisch sorbiertes und chemisch gebundenes Wasser zeigen ebenfalls einen merklich geringeren Dampfdruck. Güter, die Wasser in feinen Kapillaren oder durch Sorption (Adsorption, Absorption, Chemisorption) gebunden enthalten, bezeichnet man als hygroskopisch.

Hygroskopische Stoffe verhalten sich im allgemeinen bei großen Gutfeuchtigkeiten wie normale, d. h. nichthygroskopische Stoffe. Von einem bestimmten Feuchtigkeitsgehalt ab (Punkt A in der **Abb. 12, 1**) fällt dann der Druck des Dampfes, der mit ihm im Gleichgewicht steht. **Abbildung 12, 1** gibt eine entsprechende Sorptionsisotherme wieder. In der Trocknungstechnik trägt man im allgemeinen die mittlere Gutfeuchtigkeit nicht gegen den Dampfdruck, sondern gegen die relative Luftfeuchtigkeit

$$\varphi_L = \frac{p_{D,L}\,100}{p_S}\,\%$$

$p_{D,L}$ = Wasserpartialdruck der Luft
p_S = Sättigungsdruck des Wasserdampfes in der Luft

auf. Ein Punkt dieser Sorptionsisotherme, z. B. Punkt B, gibt also für gegebene Temperatur die Gutfeuchtigkeit χ_B an, die ein Gut annimmt, wenn es hinreichend lange einer Luft der relativen Feuchtigkeit φ_B ausgesetzt wird. Die Kurve zeigt ferner, daß ein hygroskopisches Gut nur bis zum Feuchtigkeitsgehalt χ_B getrocknet werden kann, wenn Luft der Feuchtigkeit φ_B verwendet wird. Für die Trocknung hygroskopischer Güter bestimmt man deshalb zweckmäßigerweise die Sorptionsisotherme für die zu wählende Trocknungstemperatur, um die besten Versuchsbedingungen zu ermitteln.

Der zeitliche Ablauf der Trocknung. Läßt man einen Luftstrom konstanter relativer Feuchtigkeit, Temperatur und Geschwindigkeit über ein wasserhaltiges nichthygroskopisches Gut strömen, so zeigt sich, daß der zeitliche Ablauf der Trocknung — abgesehen vom kurzzeitigen nicht stationären Trocknungsbeginn — in zwei Abschnitte zerfällt, den Abschnitt konstanter Trocknungsgeschwindigkeit und den Abschnitt fallender Trocknungsgeschwindigkeit. Als Trocknungsgeschwindigkeit bezeichnet man

$$\dot{G} = \frac{dG}{dt} \approx \frac{\Delta G}{\Delta t}, \tag{1}$$

d. h. die Wassermenge, die in der Zeiteinheit aus dem Gut entfernt wird. **Abbildung 12, 2** zeigt eine solche Trocknungskurve eines Gutes. Meistens findet man die Trocknungsgeschwindigkeit nicht gegen die Zeit, sondern gegen die mittlere Gutfeuchtigkeit aufgetragen.

Abschnitt konstanter Trocknungsgeschwindigkeit. Im Abschnitt konstanter Trocknungsgeschwindigkeit findet die Verdunstung des Wassers wie an einer freien Wasseroberfläche nur an der Gutoberfläche statt. Wasserdampf diffundiert von der Oberfläche in das Trockenmittel, während die zur Verdunstung des Wassers benötigte Wärme durch Konvektion aus dem Trockenmittel auf das Gut übergeht. Der Trocknungsvorgang

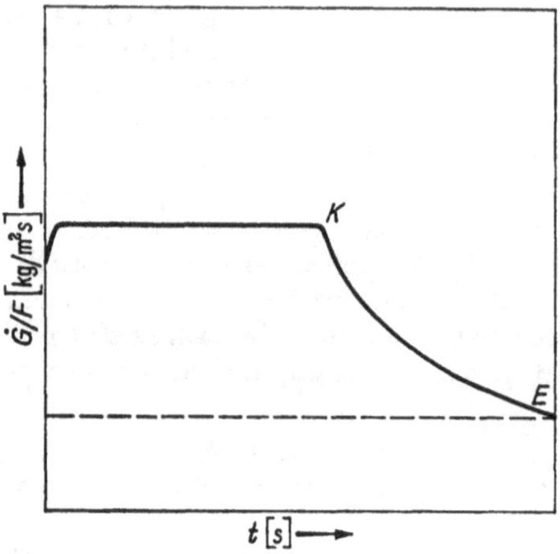

Abb. 12, 2. Trocknungskurve eines nichthygroskopischen Gutes bei gleichbleibenden Trocknungsbedingungen

ist also durch gleichzeitigen Stoff- und Wärmeübergang an der Gutoberfläche gekennzeichnet (**Abb. 12, 3**).

Wärmeübergang. Die treibende Kraft des Wärmeüberganges ist die Temperaturdifferenz zwischen dem Trockenmittel und der Gutoberfläche. Der Wärmestrom, der von einem strömenden Gas auf eine ruhende Flüssigkeit mit der Fläche F übergeht, beträgt nach Gl. (1.3)

$$\dot{Q} = F\alpha\,(\vartheta_L - \vartheta_O), \tag{2}$$

wenn ϑ_L die Temperatur des Gases, ϑ_O die der Oberfläche der Flüssigkeit ist.

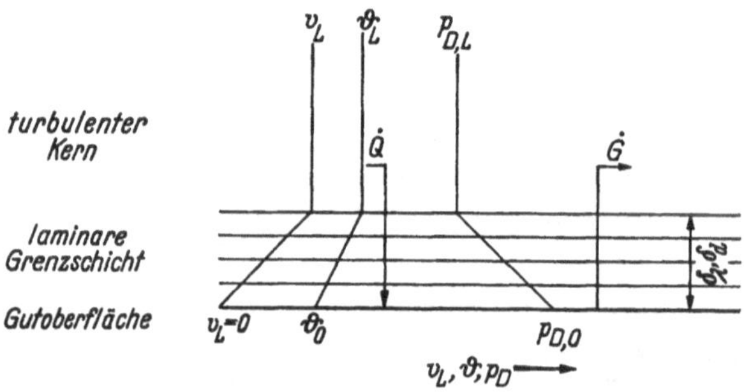

Abb. 12, 3. Geschwindigkeits-, Temperatur- und Druckverlauf in der laminaren Grenzschicht (schematisch)

Der Übersicht halber ist in **Abb. 12, 3** $\delta_\lambda = \delta_d$ gezeichnet.

Die Wärmeübergangszahl α kann bei erzwungener Strömung aus der Beziehung (1.7a)

$$Nu = C\, Re^m\, Pr^n \tag{3}$$

berechnet werden, wobei die empirisch zu bestimmenden Exponenten m und n sowie die Konstante C bekannt sein müssen.

Stoffübergang. Die treibende Kraft des Stoffübergangs ist die Differenz zwischen dem Wasserdampfpartialdruck an der Wasser- bzw. Gutoberfläche $p_{D,O}$ und dem in der Trockenluft $p_{D,L}$. Die Verdunstungs- bzw. Trocknungsgeschwindigkeit beträgt nach Gl. (1.10)

$$\dot{G} = F \frac{\beta M}{R T} (p_{D,O} - p_{D,L}), \tag{4}$$

wenn an Stelle der Konzentrationen die Partialdrucke eingeführt werden. M ist die molare Masse des Wassers, T die absolute Temperatur des Trockenmittels.

Der Stofftransport von der Flüssigkeitsoberfläche in das Trockenmittel kann durch molekulare Diffusion und Konvektion zustande kommen. Bei erzwungener Luftströmung wird sich an der Wasseroberfläche ein laminarer Grenzfilm ausbilden. Wir nehmen in Analogie zum Wärmeübergang an, daß der gesamte Widerstand gegen die Verdunstung in einem solchen Grenzfilm der Dicke δ_d liegt und der Stofftransport durch den Grenzfilm durch molekulare Diffusion erfolgt. Dann erhalten wir für die Trocknungsgeschwindigkeit nach dem STEFANschen Diffusionsgesetz

$$\dot{G} = F \frac{D}{\delta_d} \frac{M}{RT} \frac{P}{P - p_{Dm}} (p_{D,O} - p_{D,L}). \tag{5}$$

Die verdunstende Wassermenge wird nach Gl. (5) etwas größer berechnet, als sie sich nach dem FICKschen Gesetz ergeben würde. Grund dafür ist der konvektive Verdrängungsstrom oder STEFAN-Strom, der etwas Wasserdampf zusätzlich zum Diffusionsstrom mitträgt. Der STEFAN-Strom kompensiert den Diffusionsstrom der Luft als Trägergas auf die Grenzfläche hin, der sich aus der Konstanz des Gesamtdruckes $P = p_{\text{Wasserdampf}} + p_{\text{Luft}}$ ergeben müßte, und bewirkt, daß effektiv keine Bewegung des Trägergases auftritt. Vgl. hierzu (*16*), (*30*).

Ein Vergleich von Gl. (4) und (5) ergibt für die Stoffübergangszahl die Beziehung

$$\beta = \frac{D}{\delta_d} \frac{P}{P - p_{Dm}}, \tag{6}$$

worin P den Gesamtdruck (Barometerstand), D den Diffusionskoeffizienten von Wasserdampf in Luft und

$$p_{Dm} = \frac{p_{D,O} - p_{D,L}}{\ln \dfrac{p_{D,O}}{p_{D,L}}} \approx \frac{p_{D,O} + p_{D,L}}{2}$$

den mittleren logarithmischen Partialdruck des Wasserdampfes bedeuten.

Nach den vorstehenden Überlegungen sollte die Stoffübergangszahl β vom Diffusionskoeffizienten D, von der Dicke der laminaren Grenzschicht δ_d bzw. den Größen, die die Schichtdicke bestimmen, nämlich die kinematische Zähigkeit ν und Geschwindigkeit w des Trockenmittels abhängen. Ferner wird wie beim Wärmeübergang eine charakteristische Länge d zu berücksichtigen sein. Damit erhalten wir

$$\beta = f\left(D, \nu, w, d, \frac{P}{P - p_{Dm}}\right).$$

Die Funktion läßt sich als vollständige Funktion in Form ihrer dimensionslosen Kenngrößen wiedergeben als

$$F\left(Sh, Re, Sc, \frac{P}{P - p_{Dm}}\right) = 0. \tag{7}$$

Es bedeuten

$$Sh = \frac{\beta\, d}{D} \quad \text{SHERWOODsche Zahl},$$

$$Re = \frac{w\, d}{\nu} \quad \text{REYNOLDSsche Zahl}$$

und

$$Sc = \frac{\nu}{D} \quad \text{SCHMIDTsche Zahl}.$$

Über die die Kenngrößen verbindende Funktion kann die Ähnlichkeitslehre, wie mehrfach erwähnt, keine Aussage machen.

Viele Versuchsergebnisse lassen sich durch die Beziehung

$$Sh = C\, Re^m\, Sc^n \frac{P}{P - p_{Dm}} \tag{7a}$$

darstellen.

Betrachten wir den Wärme- und Stoffübergang für ein gegebenes Trocknungsproblem, so ergibt sich, wenn man Gl. (3) durch (7a) dividiert,

$$\frac{\alpha}{\beta} = \frac{\lambda}{D}\left(\frac{Pr}{Sc}\right)^n \left(1 - \frac{p_{Dm}}{P}\right). \tag{8}$$

Nach KRISCHER (*63*) kann man zwischen folgenden Grenzfällen unterscheiden:

1. Rein laminare Strömung $n = 0$
2. Turbulente Strömung im Gasraum und laminare Grenzschicht an Platten $n = 1/3$
3. Anlaufvorgang in reibungsfreier Strömung $n = 1/2$
4. Rein turbulente Strömung $n = 1$

Der vierte Grenzfall liefert die Beziehung $\alpha/\beta = \varrho\, c_p$[1]), die LEWISsches Gesetz genannt wird und zur überschlägigen Abschätzung in der Technik häufig benutzt wird (vgl. dazu Fußnote S. 73). Bei Berechnungen sind für die Stoffwerte die des Dampfluftgemisches einzusetzen. **Tabelle 12,1** (nach KRISCHER) enthält Werte für 3 Temperaturen und 1 bar

Tab. 12, 1

ϑ	$p_S \cdot 10^{-1}$	$\lambda \cdot 10^2$	$D \cdot 10^5$	$\varrho c_p \cdot 10^{-3}$	$\lambda/D \cdot 10^{-2}$	$L_v \cdot 10^{-6}$
20°	234	2,56	2,58	1,207	9,92	2,455
50°	1235	2,67	3,11	1,119	8,59	2,385
80°	4240	2,59	3,67	1,077	7,06	2,310

Eine freie Wasseroberfläche nimmt unter den gegebenen Versuchsbedingungen nach einer endlichen Aufheizzeit durch das Trockenmittel eine konstante Temperatur an. Ist die Oberfläche und damit die verdunstende Wassermenge klein gegenüber der Trockenluftmenge, so daß sich deren Zustand durch die Aufnahme des Dampfes nicht wesentlich ändert, so ist die Temperatur an allen Stellen der Oberfläche gleich. Sie ist durch den gleichzeitigen entgegengesetzten Übergang von Wärme und Stoff gegeben. Der stationäre Zustand, den man auch als Beharrungszustand bezeichnet, ist durch die Beziehung

$$\dot{G}\, L_v = \dot{Q} \qquad L_v = \text{Verdampfungswärme des Wassers}$$

gekennzeichnet.

Setzt man Gl. (2) und Gl. (4) in diese Gleichung ein, so erhält man

$$\dot{G}\, L_v = F\, \frac{\beta\, M}{R\, T}\, (p_{D,O} - p_{D,L})\; L_v = \dot{Q} = F\alpha\, (\vartheta_L - \vartheta_O) \tag{9}$$

bzw.

$$\dot{G}\, L_v = F\alpha\, (\vartheta_L - \vartheta_O) \tag{9a}$$

oder

$$(\vartheta_L - \vartheta_O) = \frac{L_v\, M}{R\, T}\, \frac{\beta}{\alpha}\, (p_{D,O} - p_{D,L})\,. \tag{9b}$$

Mittels der Beziehung (8) und (9b) läßt sich die Temperatur der Gutoberfläche berechnen, wenn Wasserdampfpartialdruck und Temperatur der Trockenluft bekannt sind. Die Trocknungsgeschwindigkeit ergibt sich aus Gl. (9a), wenn die Wärmeübergangszahl gegeben ist. Die Wärmeübergangszahl kann mit Gl. (3) berechnet werden, wenn die Windgeschwindigkeit bekannt ist.

Einfacher läßt sich die Trocknungsgeschwindigkeit für ein nichthygroskopisches wasserhaltiges Gut aus zwei von SHEPHERD (*146*) auf Grund

---

[1]) Mit $\left(1 - \frac{p_{Dm}}{P}\right) \approx 1$.

experimenteller Untersuchungen am System Wasser — Sand entworfenen Diagrammen (**Abb. 12, 4**) abschätzen, wenn Geschwindigkeit,

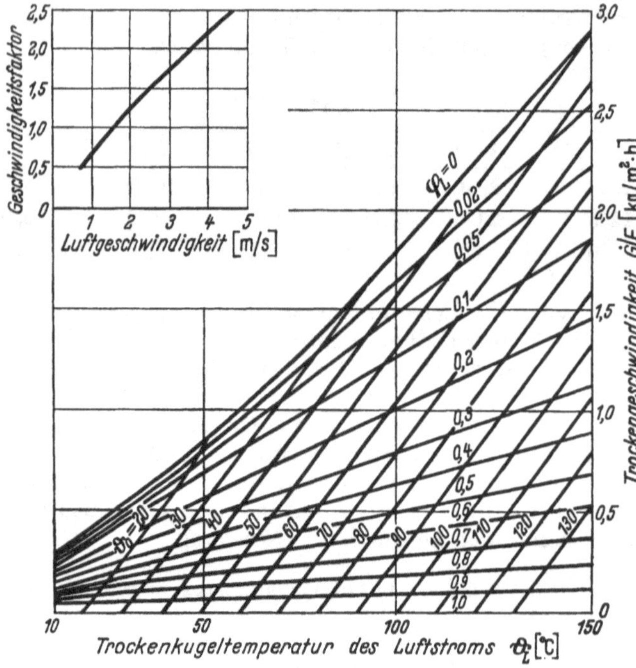

Abb. 12, 4. Diagramm zur Ermittlung der Trocknungsgeschwindigkeit im 1. Trockenabschnitt nach (*146*)

φ_L relative Luftfeuchtigkeit, ϑ_0 Feuchtkugeltemperatur bzw. Temperatur der Gutoberfläche

Feuchtigkeit und Temperatur der Trockenluft gegeben sind. Der Darstellung wurde zugrunde gelegt, daß sich β mit der 0,8. Potenz der Luftgeschwindigkeit ändert.

Während das Shepherd-Diagramm nur für das System Wasser—Feststoff gültig ist, läßt sich die Trocknungsgeschwindigkeit aus den abgeleiteten Gleichungen auch für beliebige Systeme Lösungsmittel—Feststoff berechnen.

Knickpunkt. Die Oberfläche des Gutes bleibt während des 1. Trockenabschnittes auf Grund der Saugwirkung der groben Kapillaren befeuchtet; Dampfdruck und Guttemperatur an der Oberfläche ändern sich praktisch nicht. Zwischen Gutinnerem und Gutoberfläche bildet sich jedoch ein immer stärker werdendes Feuchtigkeitsgefälle aus. Schließlich reicht die Saugwirkung der Kapillaren nicht mehr aus, so viel Feuchtigkeit nachzufördern, wie an der Oberfläche verdampft. Die Trocknungsgeschwindigkeit fällt ab. Diese Abnahme der Trocknungsgeschwindigkeit äußert sich durch einen Knick in die Trocknungskurve (**Abb. 12**, 2, Punkt K), den man als Knickpunkt bezeichnet und der das Ende des 1. Trockenabschnittes darstellt. Die mittlere Gutfeuchtigkeit am Knickpunkt bezeichnet man als Knickpunktfeuchtigkeit.

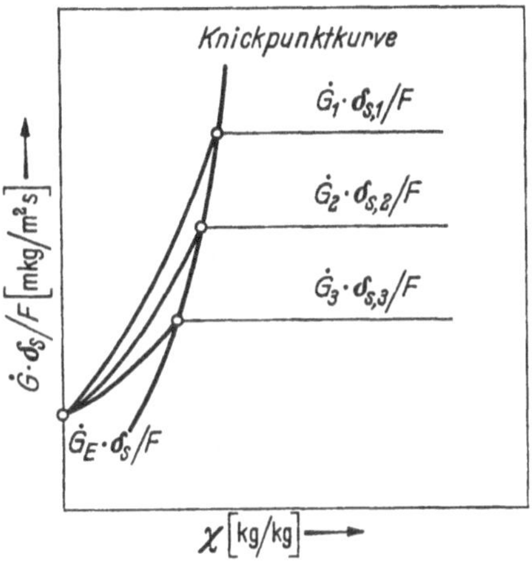

Abb. 12, 5. Trocknungs- und Knickpunktkurve eines nichthygroskopischen Gutes bei gleichbleibenden Trocknungsbedingungen

Wenn man das Produkt aus Trocknungsgeschwindigkeit und Schichtdicke δ_s eines Gutes für gegebene Temperatur und Anfangsfeuchte gegen die mittlere Gutfeuchtigkeit abträgt, so liegen alle Knickpunkte auf einer Kurve, der sog. Knickpunktkurve (**Abb. 12**, 5).

Zweiter Trockenabschnitt. Nach dem Knickpunkt wird die Verdunstung des Wassers im wesentlichen durch die Feuchtigkeitsverteilung im Gut bestimmt. Feuchtigkeitstransport und Wärmetransport innerhalb des Gutes werden im 2. Trockenabschnitt geschwindigkeitsbestimmend.

Der Dampf muß aus dem Gutinnern durch die Poren an die Gutoberfläche diffundieren, während die Wärme durch Leitung an die Verdunstungsstellen, deren Gesamtheit man auch als Trockenspiegel bezeichnet, übertragen wird. Mit abnehmender Feuchtigkeit, d. h. mit fortschreitender Trocknung, sinkt der Trockenspiegel immer mehr in das Gutinnere. Die Transportwege werden länger, und damit wird die Trocknungsgeschwindigkeit geringer.

Die Endtrocknungsgeschwindigkeit $\dot{G}_E$ kann man nach KRISCHER für *nichthygroskopische grobporige* Güter auf Grund folgender Überlegungen abschätzen:
Der Trockenspiegel der letzten Wassermenge befindet sich bei einseitiger Trocknung im Abstand δ_s von der Gutoberfläche (**Abb. 12, 6**), wenn δ_s die Dicke der Gutschicht bedeutet. Das verdampfende letzte Wasser muß die gesamte Gutschicht passieren, d. h. durch die bereits mit Luft gefüllten Kapillaren an die Gutoberfläche und von hier durch den laminaren Grenzfilm in das Trockenmittel diffundieren.

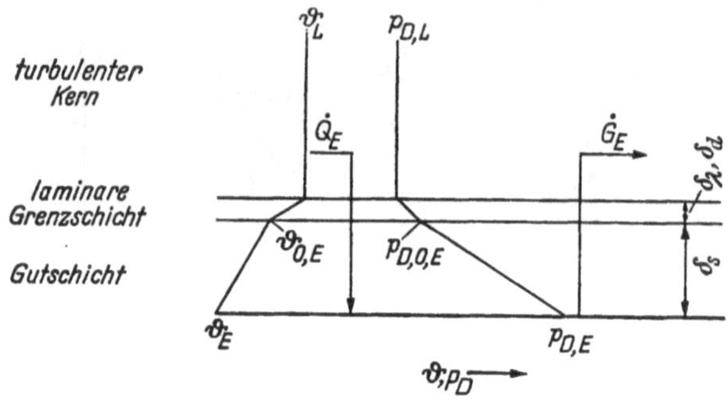

Abb. 12, 6. Temperatur- und Druckverlauf in der Grenz- und Gutschicht am Ende der Trocknung ($\delta_\lambda = \delta_d$ schematisch)

Ist der Kapillardurchmesser groß gegenüber der freien Weglänge der Moleküle, so kann die Diffusion des Wasserdampfes durch die Kapillaren wieder durch das STEFANsche Diffusionsgesetz beschrieben werden, und damit kann bei Kenntnis der Summe aller Porenquerschnitte (= wirksame Stoffübergangsfläche) und der Länge der Kapillaren auch die Diffusion durch die Gutschicht berechnet werden.

Da aber weder die wirksame Stoffübergangsfläche noch die Länge der Poren bekannt ist, führt man in das STEFANsche Diffusionsgesetz (5) einen empirisch zu bestimmenden Faktor μ, die sog. Diffusionswiderstandszahl, ein und erhält für die Verdunstungsgeschwindigkeit der letzten Wassermenge vom Trockenspiegel an die Gutoberfläche

$$\dot{G}_E = F \, \frac{D}{\mu \, \delta_s} \, \frac{M}{R \, T} \, \frac{P}{P - p_{Dm}} \, (p_{D,E} - p_{D,O,E}) \, . \qquad (10)$$

Hierin bedeuten $p_{D,E}$ und $p_{D,O,E}$ die Wasserdampfpartialdrucke am Trockenspiegel und an der Gutoberfläche. Die Diffusionswiderstandszahl gibt an, wievielmal langsamer die Diffusion durch eine gegebene Gutschicht als durch eine Luftschicht gleicher Dicke und gleichen Querschnitts bei gegebenem Druck und gegebener Temperatur erfolgt. Sie ist für viele Stoffe bereits bestimmt oder kann experimentell einfach ermittelt werden.

Für die Diffusionsgeschwindigkeit durch den laminaren Grenzfilm gilt nach Gl. (4)

$$\dot{G}_E = F \beta \, \frac{M}{R \, T} \, (p_{D,O,E} - p_{D,L}) \, . \qquad (11)$$

Eliminieren wir aus Gl. (10) und (11) $p_{D,O,E}$, so erhalten wir

$$\dot{G}_E = F\,\frac{M}{R\,T}\,\frac{1}{\dfrac{1}{\beta}+\dfrac{\mu\,\delta_s}{D}\left(1-\dfrac{p_{Dm}}{P}\right)}\,(p_{D,E}-p_{D,L})\,. \tag{12}$$

Bezeichnen wir die Temperatur des Trockenspiegels in der Tiefe δ_s mit ϑ_E, die der Gutoberfläche mit $\vartheta_{O,E}$, so gilt für die Wärmeübertragung vom Trockenmittel auf die letzte Wassermenge

$$\alpha\,(\vartheta_L-\vartheta_{O,E}) = \frac{\lambda_s}{\delta_s}\,(\vartheta_{O,E}-\vartheta_E) \tag{13}$$

bzw.

$$\vartheta_{O,E} = \frac{\vartheta_L+\dfrac{\lambda_s}{\alpha\,\delta_s}\,\vartheta_E}{1+\dfrac{\lambda_s}{\alpha\,\delta_s}}\,, \tag{13a}$$

wenn λ_s die Wärmeleitzahl des trockenen Gutes bedeutet.

Wird die gesamte Wärmemenge, die auf den Spiegel der letzten Wassermenge übertragen wird, zur Verdampfung derselben verbraucht, so kann eine Gl. (9a) analoge Beziehung geschrieben werden.

$$\frac{\dot{Q}_E}{L_v} = \dot{G}_E = \frac{F\,\lambda_s}{L_v\,\delta_s}\,(\vartheta_{O,E}-\vartheta_E)\,. \tag{14}$$

Aus Gl. (13) und (14) erhält man

$$\dot{G}_E = \frac{F\,\lambda_s}{L_v\,\delta_s}\,\frac{\vartheta_L-\vartheta_E}{1+\dfrac{\lambda_s}{\alpha\,\delta_s}}\,, \tag{15}$$

worin als einzige Unbekannte ϑ_E auftritt.

Gleichsetzen von Gl. (12) und (15) ergibt

$$\vartheta_L-\vartheta_E = \frac{L_v\,M}{R\,T}\,\frac{\beta}{\alpha}\,(p_{D,E}-p_{D,L})\,\frac{1+\dfrac{\alpha\,\delta_s}{\lambda_s}}{1+\dfrac{\mu\,\delta_s\,\beta}{D}\left(1-\dfrac{p_{Dm}}{P}\right)}\,. \tag{16}$$

Für den Grenzfall laminarer Strömung ($n = 0$) gilt[1]) nach Gl. (8)

$$\frac{\alpha}{\beta} = \frac{\lambda}{D}\left(1-\frac{p_{Dm}}{P}\right). \tag{8a}$$

Wir erhalten unter dieser Voraussetzung aus Gl. (16)

$$(\vartheta_L-\vartheta_E) = \frac{L_v\,M}{R\,T}\,\frac{\beta}{\alpha}\,(p_{D,E}-p_{D,L})\,\frac{1+\dfrac{\alpha\,\delta_s}{\lambda_s}}{1+\dfrac{\mu\,\delta_s\,\alpha}{\lambda}}\,. \tag{16a}$$

---

[1]) Nach KRISCHER (loc. cit.) ist das Verhältnis α/β nur wenig vom hydrodynamischen Zustand der Luft abhängig. Zur Abschätzung der Endtrocknungsgeschwindigkeit kann in erster Näherung $n = 0$ gesetzt werden.

Ein Vergleich von Gl. (9b) und (16a) zeigt, daß sich beide Beziehungen nur um einen Faktor unterscheiden, in dem u. a. die Diffusionswiderstandszahl und die Wärmeleitfähigkeit des trockenen Gutes vorkommen, die für viele Stoffe tabelliert sind. Die Endtrocknungsgeschwindigkeit von „nichthygroskopischen" Gütern kann somit berechnet werden.

Bei Kenntnis der Anfangstrocknungsgeschwindigkeit, der Knickpunktfeuchtigkeit und der Endtrocknungsgeschwindigkeit läßt sich die Trocknungskurve des 2. Trockenabschnittes in einem der **Abbildung 12, 2** entsprechenden Diagramm durch Verbinden von K mit E angenähert einzeichnen und damit die Gesamttrockenzeit abschätzen.

Aufgabe. Es ist die Trocknungskurve eines wasserhaltigen nichthygroskopischen Gutes bei gegebener Temperatur und Luftfeuchtigkeit für drei Windgeschwindigkeiten aufzunehmen.

Zubehör. Umluftkanal nach **Abbildung 12, 7**, mit oberschaliger Präzisions-Schnellwaage (z. B. Sauter-Toppan, Typenreihe M) und Millivoltmeter (Meßbereich 1,5 mV). Gutproben: Calciumcarbonatpulver oder Quarzsand (Korngröße 0,2 mm), gegebenenfalls Preßluft und Trockenturm.

Apparaturbeschreibung. Der Kanal erlaubt mit Umluft konstanter Geschwindigkeit, relativer Feuchtigkeit und Temperatur, die Probe P zu trocknen. Die angegebenen 3 Größen sind in gewissen Bereichen veränderbar. Der Ventilator M sorgt für Umlauf der Luft im Kanal. Durch Änderung der Motordrehzahl mittels einer Triac-Schaltung E (Phasenanschnittsteuerung) läßt sich die Luftgeschwindigkeit variieren. Es kann auch ein stufenloses Getriebe zur Regelung verwendet werden. Die Messung der jeweiligen Luftgeschwindigkeit erfolgt mit einer geeichten Strömungssonde St oder mit einem Anemometer. Die Leitbleche L und ein Maschendrahtnetz R sorgen für eine ausgeglichene Strömung in dem oberen waagrecht liegenden Kanalabschnitt. Die Luftfeuchtigkeit kann mittels des Kontakthygrometers H[1]) eingestellt werden, das einen verstellbaren Minimum- und Maximumkontakt besitzt. Steigt durch Verdampfen von Wasser aus der Probe in dem Kanal die Luftfeuchtigkeit an, so wird der Maximumkontakt von der Hygrometernadel geschlossen und über ein Gasrelais ein Magnet eingeschaltet, der die Klappen B und B' öffnet. B' befindet sich auf der Rückseite der Apparatur und ist auf der Abbildung nicht sichtbar. Durch die eine Klappe strömt Frischluft in die Apparatur ein, während durch die andere die Feuchtluft abgeleitet wird[2]). Überschreitet dagegen die Nadel den Minimumkontakt, wird der Befeuchter F mittels eines anderen Magneten geöffnet, und feuchte Luft tritt ein. Der Befeuchter besteht aus einem Wasserbad, das mit einem

---

[1]) Bei genaueren Untersuchungen ist es zweckmäßig, noch ein Psychrometer zur Feuchtigkeitsmessung und Regelung zu verwenden.

[2]) Wenn bei geringen Luftfeuchtigkeiten gearbeitet werden soll, ist die Luft der Preßluftleitung zu entnehmen, durch einen Trockenturm zu führen und dann bei Fr über ein Magnetventil in den Kanal einzuführen.

über ein Kontaktthermometer gesteuerten Tauchsieder auf konstanter Temperatur gehalten wird. Die Temperatur des Wasserbades richtet sich nach den Versuchsbedingungen. Eine konstante Lufttemperatur wird durch die Heizung *C* in Verbindung mit einem Kontaktthermometer *Kt* in üblicher Thermostatschaltung erreicht. Das Thermometer *A* erlaubt die genaue Temperaturablesung. Die Gewichtsabnahme der Probe *P* während der Trocknung kann mit Hilfe der Waage *W* verfolgt

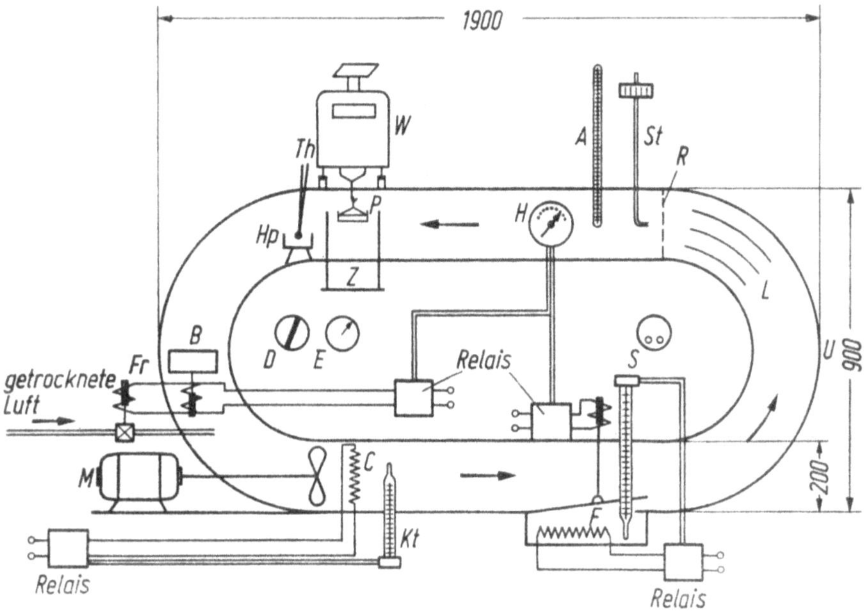

Abb. 12, 7. Schema der Versuchsapparatur

werden. Die Waagschale, auf der die Probe liegt, ist mit einer Kork- oder Styroporschicht, die ihrerseits mit einer Al-Folie überzogen ist, isoliert. Für die Dauer der Wägung kann der Schutzzylinder *Z* von unten heraufgeschoben und festgeklemmt werden, so daß die Probe ohne Abschalten des Ventilators gewogen werden kann. In einer zweiten Schale befindet sich die Hilfsprobe *Hp*, auf deren Oberfläche das Thermoelement *Th* aufgesetzt werden kann, um die Oberflächentemperatur zu messen. Die zweite Lötstelle — in **Abbildung 12, 7** nicht eingezeichnet — befindet sich im Luftstrom. Die Thermospannung wird mit einem empfindlichen Millivoltmeter bzw. Kompensationsschreiber (Meßbereich 2 mV) gemessen.

Ausführung der Messungen. Die gesamte Apparatur wird durch Betätigung des Hauptschalters *S*, der Ventilator *M* mittels *D* eingeschaltet. Eine Windgeschwindigkeit von 3 m/s wird mit Hilfe der Triac-Schaltung *E* und der Strömungssonde *St* einreguliert. Sodann wird am Kontakthygrometer *H* eine Feuchtigkeit von 40% am Kontaktthermometer *Kt* eine Lufttemperatur von 50° C eingestellt.

Wenn sich der Umluftkanal nach etwa 1 Stunde eingeregelt hat, wird in die Waag- und Hilfsprobenschale die gleiche Menge Trockengut eingewogen und beide Proben mit der gleichen Wassermenge befeuchtet (Wasser : Gut etwa 1 : 6). Die Schichtdicke soll mindestens 1 cm betragen. Die Gutprobe wird durch ein vorgesehenes Türchen in den Kanal gebracht und auf der Waage sofort austariert. Dieser Zeitpunkt gilt als Beginn der Trocknung.

Vor jeder Wägung wird der Schutzzylinder *Z* hochgeschoben, um die Wägung durch den Wind nicht zu beeinträchtigen.

Gleichzeitig mit der Hauptprobe wird die Hilfsprobe auf den vorgesehenen Sockel gebracht und das Thermoelement *Th* auf ihre Oberfläche gelegt, mit etwas Sand (Gut) bedeckt und fest angedrückt. Auf diese Weise läßt sich die Oberflächentemperatur während der Trocknung verfolgen. Die Schichtdicke δ_s des Gutes kann aus dem Schüttgewicht des „trockenen Gutes", der eingewogenen Gutmenge und dem Durchmesser der Waagschale errechnet werden. Als trocken soll das Gut gelten, wenn es bei 110° C bis zur Gewichtskonstanz getrocknet ist.

Um die Abhängigkeit der Stoff- und Wärmeübergangszahl von der Luftgeschwindigkeit während des 1. Trockenabschnittes zu bestimmen, werden Proben bei 2 weiteren Windgeschwindigkeiten, z. B. 1 und 5 m/s, unter den oben angegebenen Bedingungen bis zum Knickpunkt getrocknet und die Oberflächentemperatur und Gewichtsabnahme der Probe verfolgt.

Auswertung der Messungen. In einem Diagramm werden für jede Windgeschwindigkeit das Probengewicht und die Oberflächentemperatur über die Zeit abgetragen und die Knickpunktfeuchtigkeit ermittelt.

In einem weiteren Diagramm werden die Trocknungsgeschwindigkeit, die Stoff- und Wärmeübergangszahl — Berechnung nach Gl. (2) und (4) — gegen die mittlere Gutfeuchtigkeit abgetragen. Man vergleiche die nach dem SHEPHERD-Diagramm aus Luftfeuchtigkeit, Temperatur und Windgeschwindigkeit ermittelten Werte der Trocknungsgeschwindigkeit mit den gemessenen.

Im doppelt-logarithmischen Koordinatenpapier wird die Stoff- und Wärmeübergangszahl gegen die Windgeschwindigkeit abgetragen. Man berechne für den 1. Trockenabschnitt das Verhältnis von α/β nach Gl. (8) — Werte der **Tabelle 12, 1** verwenden — und vergleiche es mit den gemessenen Werten.

Theoretische Aufgabe. Man schätze für eine der gemessenen Windgeschwindigkeiten die Endtrocknungsgeschwindigkeit ab. Die Wärmeleitfähigkeit des trockenen Gutes nehme man zu $\lambda_s = 0{,}1$ kcal/mh °C

(= Sand bei 20°) und die Diffusionswiderstandszahl zu $\mu = 4{,}7$ (= Sand ∅ 0,2 mm) an. α muß in der vorstehenden Aufgabe ermittelt werden.

Man berechne zunächst nach Gl. (16a) die Endtemperatur ϑ_E. Da $p_{D,E}$ zwar ϑ_E zugeordnet (CLAUSIUS-CLAPEYRONsche Gleichung), aber beide Werte nicht bekannt sind, muß ϑ_E durch Probieren ermittelt werden:

Man nimmt für ϑ_E einen etwas kleineren Wert als ϑ_L an, setzt den zugehörigen Sättigungsdruck $p_{D,E}$ von Wasser und $p_{D,L}$ in Gl. (8a) ein und berechnet α/β (D und λ aus **Tabelle 12, 1**). Mit dem errechneten Verhältnis und $p_{D,E}$ geht man in Gl. (16a) und berechnet $\vartheta_L - \vartheta_E$ bzw. ϑ_E (L_v bei ϑ_E einsetzen). Stimmen zufällig ϑ_E (angenommen) und ϑ_E (berechnet) überein, läßt sich aus Gl. (15) die gesuchte Endtrocknungsgeschwindigkeit berechnen.

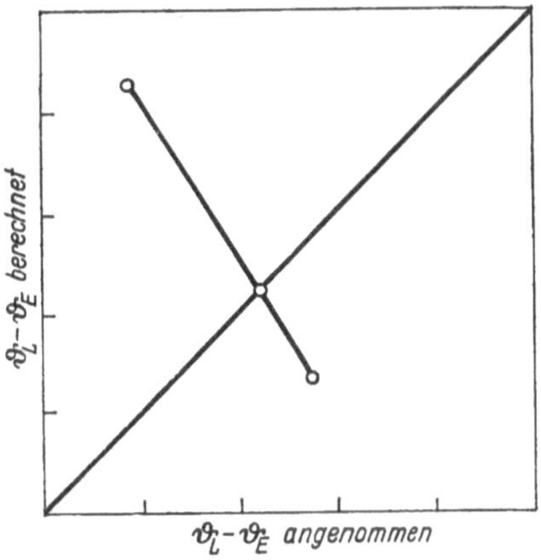

Abb. 12, 8. Diagramm zur Ermittlung des ϑ_E-Wertes

Meistens „trifft" man den gesuchten ϑ_E-Wert nicht und muß einen weiteren ϑ_E-Wert annehmen. Sind zwei Werte probiert, kann das richtige ϑ_E bzw. $\vartheta_L - \vartheta_E$ aus einem **Abbildung 12,** 8 entsprechenden Diagramm entnommen werden.

Weitere Literatur: (*58*), (*106*).

d) Trennung von Flüssigkeiten

Die Trennung von Flüssigkeiten kann beispielsweise durch Destillation, Rektifikation und Extraktion geschehen. Nach DIN 7052 wird das Verdampfen und Wiederkondensieren einer Flüssigkeit als Destillation bezeichnet. Die Trennung von Flüssigkeitsgemischen durch wiederholtes Verdampfen und Kondensieren wird Rektifikation genannt. Die Extraktion ist die selektive Aufnahme eines Feststoffes oder einer Flüssigkeit durch ein Lösungsmittel. Soweit zwischen flüssigen Phasen gearbeitet wird, spricht man — wenig glücklich — von Solvent-Extraktion.

α) Rektifikation

13. Gleichgewichtskurve und Siedediagramm binärer Mischungen

Grundlagen. Voraussetzung für die Beurteilung einer Flüssigkeitstrennung durch Rektifikation ist die Kenntnis des Siedediagramms bzw. der daraus abzuleitenden „Gleichgewichtskurve" des Gemisches, das getrennt werden soll.

Bringt man eine Mischung zweier in jedem Verhältnis mischbarer Flüssigkeiten zum Sieden, so ist in der Regel die Siedetemperatur von der der reinen Komponenten verschieden, und der Dampf besitzt eine andere Zusammensetzung als die siedende Mischung. Auf dieser Tatsache beruht die Möglichkeit, Flüssigkeitsmischungen durch Rektifikation mehr oder weniger weitgehend zu trennen.

Geht man von einer gegebenen Flüssigkeitsmischung aus, so ist die Siedetemperatur und die Zusammensetzung des Dampfes, der mit der Flüssigkeit im Gleichgewicht steht, zu bestimmen. Werden Dampfzusammensetzung und Siedetemperatur für verschiedene Flüssigkeitsmischungen bestimmt, so lassen sich das Siedediagramm und die Gleichgewichtskurve konstruieren.

Man gibt die Konzentration der leichtersiedenden Komponente im Dampf im allgemeinen als Molenbruch an.

Dann ist
$$y = \frac{\text{kmol Leichtersiedendes im Dampf}}{\text{Gesamtzahl kmol im Dampf}}\,.$$

Entsprechend gilt für die Konzentration des Leichtersiedenden in der Flüssigkeit
$$x = \frac{\text{kmol Leichtersiedendes in der Flüssigkeit}}{\text{Gesamtzahl kmol in der Flüssigkeit}}\,.$$

Die Mischungen zweier Flüssigkeiten haben die Zusammensetzung x_1, $x_2 \ldots x_i$, die Siedetemperaturen seien ϑ_1, $\vartheta_2 \ldots\ldots \vartheta_i$ und die Dampfzusammensetzungen nach Gleichgewichtseinstellung zwischen Dampf und Flüssigkeit seien $y_1, y_2 \ldots y_i$. Die drei zusammengehörigen Größen x_i, y_i und ϑ_i können in verschiedener Weise gegeneinander aufgetragen werden. Werden x_i und y_i gegen die Temperatur ϑ_i aufgetragen, so entsteht das Siedediagramm, das durch **Abbildung 13, 1a** wiedergegeben wird. Die Kurve x_i gegen ϑ_i ist die Siedekurve und y_i gegen ϑ_i ist die Taukurve. Wird x_i gegen y_i abgetragen — **Abbildung 13, 1b** —, so entsteht die sog. Gleichgewichtskurve[1]), die für Rektifikationsprobleme gewählt wird. Sie ist eine Isobare.

Man muß zunächst zwischen „vollkommen löslichen" Zweistoffgemischen — die Komponenten sind in jedem Verhältnis mischbar — und

---

[1]) Siede- und Taukurve sind thermodynamisch gesehen selbstverständlich auch Gleichgewichtskurven.

„unlöslichen bzw. teilweise löslichen" Gemischen — die Komponenten lösen sich überhaupt nicht bzw. nur teilweise ineinander — unterscheiden.

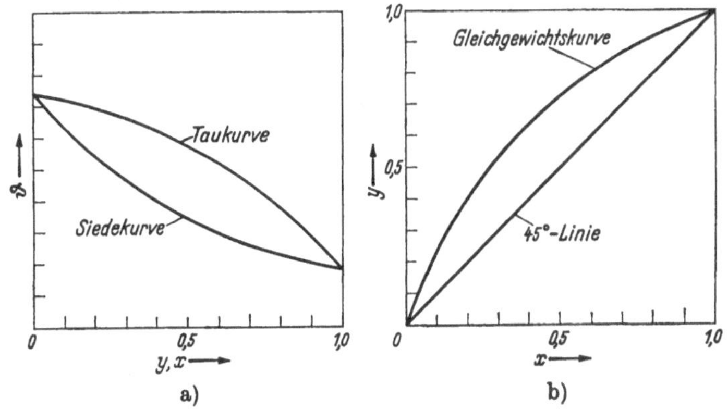

Abb. 13, 1. a) Siede- und Taukurve eines binären Flüssigkeitsgemisches ohne ausgezeichneten Punkt

b) Gleichgewichtskurve eines binären Flüssigkeitsgemisches ohne ausgezeichneten Punkt

Bei unlöslichen Gemischen verhält sich jeder Stoff so, als ob der andere nicht vorhanden wäre. Die Gleichgewichtskurve ist eine Parallele zur Abszisse.

Bei löslichen Zweistoffgemischen kann man erfahrungsgemäß drei Möglichkeiten erwarten:

1. Die Siede- und Taukurve besitzen weder Maximum noch Minimum. Es handelt sich im Grenzfall um eine ideale Lösung der Komponenten. Die Gleichgewichtskurve verläuft oberhalb der Diagonalen (45°-Linie).
2. Siede- und Taukurve besitzen ein Maximum. Die Gleichgewichtskurve schneidet die 45°-Linie in einem Punkt, den man auch als ausgezeichneten Punkt bezeichnet. Im ausgezeichneten Punkt besitzt der Dampf die gleiche Zusammensetzung wie die Flüssigkeit.
3. Siedekurve und Taukurve besitzen ein Minimum; die Gleichgewichtskurve zeigt einen analogen ausgezeichneten Punkt.

Gemische mit einem ausgezeichneten Punkt werden Azeotrope genannt. Für die Ursache des Auftretens von Azeotropen vgl. Lehrbücher der physikalischen Chemie.

Zur Testung von Kolonnen wird man in jedem Verhältnis mischbare Flüssigkeiten ohne ausgezeichneten Punkt heranziehen, deren Gleichgewichtskurve man in der Regel experimentell bestimmen muß.

Nur wenn es sich um ideale Gemische handelt, d. h. solche, die im ganzen Mischungsbereich dem RAOULTschen Gesetz folgen, kann man die Gleichgewichtskurve berechnen: Nach dem RAOULTschen Gesetz ist der Dampfpartialdruck p_I der leichtersiedenden Komponente I im Dampfraum bei gegebener Temperatur ϑ proportional dem Gehalt an Leichtersiedendem in der Flüssigkeitsmischung

$$p_I = P_I x, \tag{1}$$

wobei P_I der Sättigungsdruck der reinen, leichtersiedenden Komponente ist. Für die schwerersiedende Flüssigkeit II ergibt sich analog

$$p_{II} = P_{II}(1 - x). \tag{2}$$

Der Gesamtdruck der Mischung beträgt dann

$$P = p_I + p_{II} = P_I x + P_{II}(1 - x). \tag{3}$$

Der Anteil der leichterflüchtigen Komponente y im Dampf ist

$$y = \frac{p_I}{p_I + p_{II}} = \frac{P_I x}{P_I x + P_{II}(1 - x)} \quad \text{für } \vartheta = \text{const.} \tag{4}$$

Destillation und Rektifikation werden aber normalerweise bei konstantem Druck und nicht bei konstanter Temperatur vorgenommen. Damit ist der Gesamtdruck der jeweiligen Mischung

$$P = \text{const.}$$

Dem Zusammenhang zwischen Dampfkonzentration y und der Flüssigkeitskonzentration x für konst. Druck kommt damit besondere Bedeutung zu. Er kann punktweise ermittelt werden. Ist ϑ_1 die Siedetemperatur des Gemisches und sind $P_{I,1}$ und $P_{II,1}$ die Sättigungsdrucke der reinen Komponenten bei der Temperatur ϑ_1 — sie sind mittels der CLAUSIUS-CLAPEYRONschen Gleichung aus den Verdampfungswärmen zu berechnen —, so ergibt sich nach Gl. (3) die zur Temperatur ϑ_1 gehörende Flüssigkeitskonzentration x_1 zu

$$x_1 = \frac{P - P_{II,1}}{P_{I,1} - P_{II,1}}. \tag{5}$$

Nach Gl. (3) und (4) ergibt sich der im Dampf enthaltene Anteil des Leichtersiedenden für die Temperatur ϑ_1 zu

$$y_1 = \frac{P_{I,1}}{P} x_1. \tag{6}$$

Auf diese Weise lassen sich auch für die Siedetemperaturen ϑ_2, $\vartheta_3 \ldots \vartheta_i$ die zugehörigen Dampf- und Flüssigkeitskonzentrationen $x_2, x_3 \ldots x_i$ und $y_2, y_3 \ldots y_i$ ermitteln, die bei entsprechender Auftragung, wie geschildert, das Siedediagramm bzw. die Gleichgewichtskurve liefern.

Schließlich seien noch die Begriffe „Flüchtigkeit“ und „Trennfaktor“ erwähnt.

Als Flüchtigkeit der leichter- bzw. schwerersiedenden Komponente bezeichnet man das Verhältnis

$$F_I = \frac{p_I}{x} \text{ bzw. } F_{II} = \frac{p_{II}}{1-x} \quad \text{für } \vartheta = \text{const.} \tag{7}$$

Als relative Flüchtigkeit bezeichnet man den Ausdruck

$$\varphi = \frac{F_I}{F_{II}} = \frac{p_I(1-x)}{p_{II}\,x} \quad \text{für } \vartheta = \text{const.} \tag{8}$$

φ wird auch Trennfaktor genannt.

Bei idealen Gemischen ist für eine gegebene Temperatur die relative Flüchtigkeit unabhängig von der Zusammensetzung der Mischung

$$\varphi = \frac{F_I}{F_{II}} = \frac{P_I}{P_{II}} = \text{const.} \qquad \text{für } \vartheta = \text{const.},$$

wie sich durch Vergleich von Gl. (1), (2) und (7) ergibt.

In diesem Zusammenhang sei nochmals betont, daß die Berechnung der Gleichgewichtskurve nur für den seltenen Grenzfall einer idealen Flüssigkeitsmischung möglich ist. Das Fehlen eines ausgezeichneten Punktes der Gleichgewichtskurve bei völliger Löslichkeit der Komponenten ist kein ausreichendes Kriterium für ein ideales Gemisch. Man wird deshalb im allgemeinen die experimentelle Bestimmung der Gleichgewichtskurve der Berechnung vorziehen, wenn man nicht genau weiß, daß es sich tatsächlich um ein ideales Gemisch handelt.

Aufgabe. Bestimmung der Gleichgewichtskurve und des Siedediagramms eines binären Gemisches.

Zubehör. Gleichgewichtsapparatur nach **Abbildung 13, 2,** ABBEsches Refraktometer mit Umlaufthermostat, 2 Büretten, elektrische Pilzheizhaube mit Regeltrafo, Schliffthermometer, Versuchsflüssigkeiten (s. **Tab. 14, 1,** S. 88), Siedesteine.

Apparaturbeschreibung. An das eigentliche, auf **Abbildung 13, 2** wiedergegebene Siedegefäß *S* ist ein Kühler *K* angeschlossen, der mittels des Schliffes *G* nach unten gedreht werden kann. Die Temperatur wird mit einem Thermometer *T* gemessen. Zum Auffangen des kondensierten Dampfes werden Reagenzgläser mit Schliff verwendet (nach (*22*)).

Ausführung der Messungen. Die Aufnahme der Gleichgewichtskurven läuft auf die Bestimmung der drei zusammengehörigen Größen x_i, y_i und

ϑ_i hinaus. Besondere Aufmerksamkeit ist darauf zu verwenden, daß Flüssigkeit und Dampf im Gleichgewicht stehen[1]).

Die Untersuchung der Zusammensetzung der verschiedenen Gemische erfolgt refraktometrisch. Dazu wird zunächst eine Eichkurve Gew.-% Leichtersiedendes gegen Brechungsindex aufgenommen. Die Eichgemische werden durch Entnahme entsprechender Mengen der Komponenten aus 2 Büretten hergestellt. Der Brechungsindex ist von mindestens 8 verschiedenen Eichgemischen zu messen und jedes Eichgemisch mindestens dreimal frisch herzustellen. Mit Hilfe der so erhaltenen Eichkurve ist es möglich, aus wenigen Tropfen Substanz deren Zusammensetzung zu ermitteln.

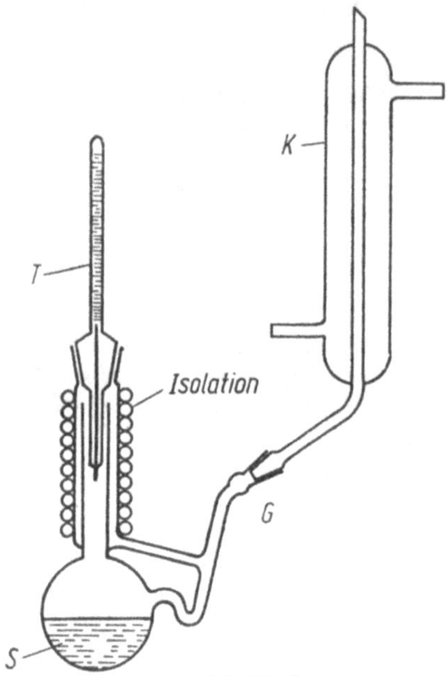

Abb. 13, 2.
Gleichgewichtsapparatur

Nun wird die Gleichgewichtsapparatur in Betrieb gesetzt. In den Siedekolben S werden etwa 20 ccm des zu untersuchenden Gemisches eingefüllt. Das Thermometer T wird eingesetzt und der Kühler K an den Siedekolben angeschlossen. Der Siedekolben wird von unten beheizt (Siedesteine nicht vergessen!). Die am Boden des Kolbens entstehenden Dampfblasen müssen durch die übrige Flüssigkeit hindurchsteigen und haben so Gelegenheit, sich mit der flüssigen Phase ins Gleichgewicht zu setzen. Im Rückflußkühler K wird der Dampf kondensiert und fließt in das untere, gebogene Rohr und, wenn dieses überläuft, zurück in den Siedekolben.

Wenn die Apparatur ordnungsgemäß arbeitet, d. h. wenn die Flüssigkeit siedet, ohne zu stoßen und der Dampf bis in den Kühler gelangt, läßt man sie noch einige Minuten laufen. Nunmehr bestimmt man am Thermometer T die Siedetemperatur, wodurch man unmittelbar deren Abhängigkeit von der Zusammensetzung der flüssigen Phase erhält. Um die Zusammensetzung des aus der Mischung entweichenden Dampfes zu ermitteln, dreht man

[1]) Um eine gute Gleichgewichtseinstellung zu erreichen, sind komplizierte Apparaturen entwickelt worden. Die beschriebene Apparatur stellt eine sehr übersichtliche, aber sehr vereinfachte Ausführungsform dar, die für genauere Versuche nicht ausreicht. Über Gleichgewichtsapparaturen vgl. z. B. (*56*), (*62*). Eine Gleichgewichtsapparatur, die sich vor allem in der Praxis bewährt hat, vgl. (*126*).

den Kühler nach unten und fängt eine kleine Menge des zu einer Flüssigkeit kondensierten Dampfes in einem Schliffreagenzglas auf. Dann wird der Brechungsindex dieser Flüssigkeitsprobe im Refraktometer gemessen, wobei man möglichst rasch arbeiten muß, da sonst leicht Fehler durch eine ungleichmäßige Verdunstung der Komponenten entstehen. In dieser Weise werden mindestens 8 verschiedene Mischungsverhältnisse untersucht, z. B. 5%, 10%, 20%, 30%, 40%, 50%, 70%, 90%.

Auswertung. Aus den erhaltenen Meßpunkten sollen das Siedediagramm sowie die Gleichgewichtskurve des binären Gemisches gezeichnet werden (zusammen auf das gleiche DIN A 4-Millimeterblatt). Außerdem sollen die Meßwerte sowie die Werte der Eichkurve tabellarisch zusammengestellt werden.

Weitere Literatur: (*35*), (*49*), (*72*), (*74*), (*155*).

14. Ermittlung der theoretischen Bodenzahl einer Kolonne bei unendlichem Rücklaufverhältnis

Grundlagen. Abbildung 14, 1 zeigt die Arbeitsweise einer „ideal" arbeitenden Bodenkolonne bei vollständigem Rücklauf. Das Dampfgemisch steigt von der Blase auf, passiert die drei Böden und wird am Kühler völlig kondensiert. Das gesamte Kondensat läuft im Gegenstrom zum Dampf über die Böden in die Blase zurück. Auf jedem Boden suchen sich der ankommende Dampf und die ankommende Flüssigkeit ins Gleichgewicht zu setzen. Die Gleichgewichtseinstellung wird durch Stoff- und Wärmeübergang zwischen den Phasen erreicht. Da die Konzentration der leichtersiedenden Komponente in der flüssigen Phase größer bzw. in der Dampfphase kleiner ist, als der Gleichgewichtskonzentration entspricht, wird Leichtersiedendes verdampfen und Schwerersiedendes kondensieren. Im Idealfall erfolgen die Übergänge so weitgehend, daß auf jedem Boden der aufsteigende Dampf mit der abfließenden Flüssigkeit im Gleichgewicht steht. Für diesen Grenzfall läßt sich nach McCabe und Thiele die Konzentration der leichtersiedenden Komponente im abtropfenden Kühlerkondensat berechnen, wenn die Gleichgewichtskurve des zu trennenden Gemisches, der Anteil der leichtersiedenden Komponente in der Blase und die Zahl der Böden bekannt sind:

Kurve l sei die Gleichgewichtskurve des Gemisches. Beträgt die Konzentration des leichtersiedenden Anteils im Blasengemisch x_B, so steigt von hier ein Dampfgemisch der Zusammensetzung y_B (= Molenbruch der leichtersiedenden Komponente im Dampf) zum ersten Boden der Kolonne auf. Die Flüssigkeitszusammensetzung auf dem ersten Boden der Kolonne ist[1])

$$y_B = x_1 .$$

[1]) Die Konzentration auf den einzelnen Böden ergibt sich aus der Stoffbilanz der Kolonne (vgl. Aufg. 15, S. 91).

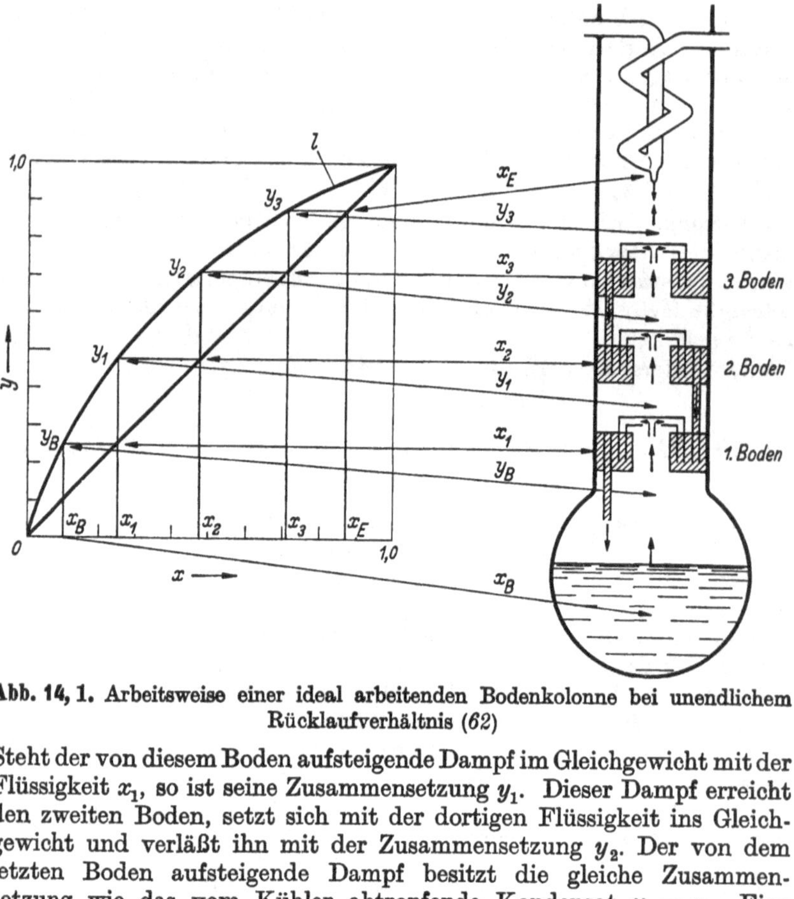

Abb. 14, 1. Arbeitsweise einer ideal arbeitenden Bodenkolonne bei unendlichem Rücklaufverhältnis (*62*)

Steht der von diesem Boden aufsteigende Dampf im Gleichgewicht mit der Flüssigkeit x_1, so ist seine Zusammensetzung y_1. Dieser Dampf erreicht den zweiten Boden, setzt sich mit der dortigen Flüssigkeit ins Gleichgewicht und verläßt ihn mit der Zusammensetzung y_2. Der von dem letzten Boden aufsteigende Dampf besitzt die gleiche Zusammensetzung wie das vom Kühler abtropfende Kondensat $y_3 = x_E$. Eine ideal arbeitende, drei Böden oder Trennstufen enthaltende Kolonne vermag also bei einer Blasenkonzentration x_B ein Destillat x_E zu erzeugen. Umgekehrt besitzt eine gegebene Kolonne drei theoretische Böden, wenn sie eine derartige Anreicherung der leichtersiedenden Komponente im Destillat zu erzeugen vermag.

Bei einer realen Kolonne wird die Gleichgewichtseinstellung auf den eingebauten Böden normalerweise unvollständig sein. Die Trennwirkung eines praktischen (wirklich eingebauten) Bodens ist also meist geringer als die des idealen oder theoretischen Bodens. Die mittels einer realen Kolonne mögliche Anreicherung kann folglich nicht mehr in beschriebener Weise berechnet werden.

Für die Beurteilung einer realen Kolonne interessiert die Zahl der theoretischen Böden, denen sie äquivalent ist. Diese äquivalente theoretische Boden- oder Stufenzahl kann nur experimentell ermittelt werden.

Für die praktische Durchführung ist zu beachten, daß die Differenz der Siedepunkte des gewählten Gemisches in richtigem Verhältnis zu dem voraussichtlichen Anreicherungsvermögen der Kolonne steht, d. h. die Anreicherung der leichtersiedenden Komponente im Destillat darf weder zu gut noch zu schlecht sein. Unterscheidet sich die Zusammensetzung von Blaseninhalt und Destillat zu wenig, besteht Gefahr, daß die Meßfehler der Konzentrationsbestimmung das Ergebnis beträchtlich verfälschen. Findet sich dagegen kein schwerersiedendes Produkt im Destillat, läßt sich die Bodenzahl überhaupt nicht ermitteln.

Zur Bestimmung der theoretischen Stufenzahl wird ein Rektifikationsversuch bei unendlichem Rücklaufverhältnis $V_R = \dot{R}/\dot{E} \rightarrow \infty$ ($\dot{R}$ = in die Kolonne zurücklaufender Kondensatstrom, Rücklaufstrom, $\dot{E}$ = abgenommener Kondensatstrom, Destillatstrom), d. h. ohne laufende Abnahme von Destillat, durchgeführt. Sodann wird die Zusammensetzung in der Blase x_B und am Kolonnenkopf x_E bestimmt. Nun geht man graphisch unter Zugrundelegung der Gleichgewichtskurve vor: Man trägt x_B und x_E in das Gleichgewichtsdiagramm des Testgemisches ein, zeichnet nach Art der **Abbildung 14, 1** den Treppenzug zwischen Gleichgewichtskurve und 45°-Linie von x_B nach x_E ein und ermittelt die theoretische Stufenzahl durch Auszählen der senkrechten Striche zwischen x_B und x_E.

Dividiert man die erhaltene äquivalente theoretische Bodenzahl n_{th} durch die Zahl der praktischen Böden n, so erhält man das sog. mittlere Austausch- oder Verstärkungsverhältnis eines Bodens, nämlich

$$s_m = \frac{n_{th}}{n}.$$

Die Werte s_m und n_{th} stellen keine Konstanten dar, sondern sind von einer Reihe variabler Einflußgrößen abhängig: Neben der Konstruktion und dem gegenseitigen Abstand der Böden sind vor allem die Betriebsbedingungen maßgebend. Sie werden — gute Isolierung vorausgesetzt — durch die Belastung[1]), den Betriebsdruck und das Rücklaufverhältnis sowie die Art und Zusammensetzung des Blasengemisches bestimmt. Zur Charakterisierung einer Kolonne genügt infolgedessen die Angabe der theoretischen Bodenzahl nicht, sondern es sind zusätzlich die aufgeführten Größen anzugeben.

Man rektifiziert Flüssigkeitsgemische nicht nur in Bodenkolonnen, sondern auch in Füllkörperkolonnen. Die Folge der Vorgänge, die die Anreicherung ermöglichen, ist von etwas anderer Art als die in einer Bodenkolonne. Auch diese Kolonnen können aber durch Angabe der äquivalenten theoretischen Bodenzahl charakterisiert werden. Dividiert

[1]) Die Dampfgeschwindigkeit, bezogen auf den freien Querschnitt der Kolonne, wird in der Technik als Belastung bezeichnet. Für Laborkolonnen definiert man als Belastung zweckmäßigerweise die Kondensatmenge (Rücklauf + Destillat) pro Zeit- und Querschnittseinheit (ml/cm² s).

man die Länge der Füllkörperschicht durch die gefundene theoretische Bodenzahl, so erhält man den sog. HETP-Wert der Kolonne (height equivalent of a theoretical plate).

Der HETP-Wert einer Füllkörperkolonne hängt wieder von den Betriebsbedingungen, der Zusammensetzung und Art des Testgemisches, vor allem aber der Art und Größe der Füllkörper ab. Zahlreiche Typen von Füllkörpern wurden sowohl für technische Kolonnen als auch für Laborkolonnen entwickelt, wie beispielsweise Berlsättel, Kugeln, Sternkörper usw. (vgl. dazu (*56*)). Häufig werden in Laborkolonnen Raschigringe benutzt. Kleine HETP-Werte können mit sog. Braunschweiger Wendeln erzielt werden. Die Abmessungen der Füllkörper richten sich nach dem inneren Kolonnendurchmesser. Das Verhältnis der Durchmesser sollte etwa 1:10 oder kleiner sein. Ferner ist bei Füllkörperkolonnen die Länge der Füllkörperschicht zu beachten (Trennlänge), da bei relativ langen Trennlängen im unteren Teil der Kolonne leicht Bachbildung auftritt, die den Stoffaustausch zwischen Dampf und Flüssigkeit herabsetzt.

Aufgabe. Es ist die theoretische Bodenzahl einer Siebbodenkolonne und dreier Füllkörperkolonnen unterschiedlicher Füllung bei vollständigem Rücklauf zu bestimmen.

Zubehör. Apparatur nach **Abbildung 14, 2.** Heizpilz mit Regeltrafo oder Schiebewiderstand, Füllkörperkolonnen, Siebbodenkolonne, Kolonnenkopf[1]), Dampfteiler mit Magnet[1]), elektronisches Gerät zur Steuerung des Rücklaufverhältnisses (z. B. Dest-Star II[1])), Testgemische, ABBEsches Refraktometer mit kleinem Umlaufthermostat.

Apparaturbeschreibung. Die Apparatur wird durch **Abbildung 14,** 2 wiedergegeben. Der Kolben A wird durch eine Pilzheizhaube geheizt. Die Heizung kann mittels eines Regeltrafos oder Schiebewiderstandes variiert werden. Über das Entnahmerohr E können der Blase Proben entnommen werden. Als Kolonnen dienen eine Siebbodenkolonne und drei Füllkörperkolonnen. Der innere Durchmesser der Füllkörperkolonnen beträgt 30 mm, die Schichtlänge 1000 mm. Die verschiedenen Füllungen sind: Glas-Raschigringe 8 × 8 mm, 3 × 3 mm und Braunschweiger Wendeln 4 × 4 mm. (Bei chemisch aggressiven Substanzen werden WILSONspiralen aus Glas empfohlen.) Zur Konzentrationsbestimmung des Leichtersiedenden in der Blase und im Destillat dient das in vorstehender Aufgabe beschriebene Refraktometer. Die Belastung der Kolonne kann durch Auszählen der Tropfen am Kolonnenkopf abgeschätzt[2]) werden. Das Manometer M erlaubt, den Druckverlust in der Kolonne abzuschätzen. Die Isolierung der Kolonne kann, wenn bei Temperaturen unter 100° C gearbeitet wird, ausreichend mit einer etwa

[1]) Lieferfirma „Normschliff Glasgeräte, Wertheim".
[2]) s. aber Fußnote S. 89.

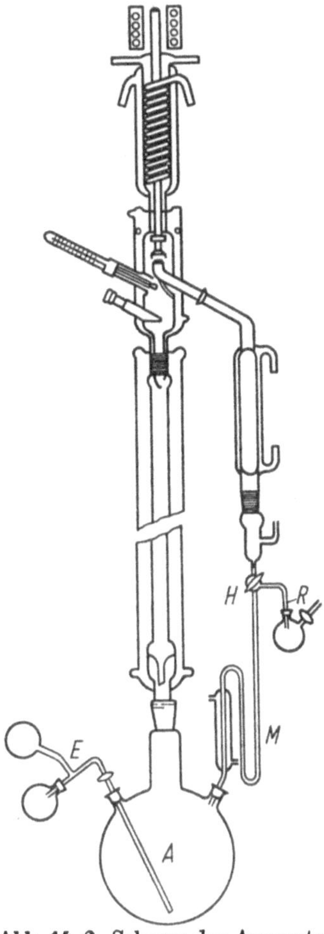

Abb. 14, 2. Schema der Apparatur

50 mm starken Glaswollschicht erfolgen, die durch Umwickeln mit Asbestschnur gehalten wird. Vorteilhafter ist es, eine Kolonne zu verwenden, die einen innen verspiegelten Vakuummantel besitzt. Beim Arbeiten mit endlichen Rücklaufverhältnissen (vgl. Aufg. 15) kann das Destillat in den Kolben zurückgeführt werden. Dies ist durch entsprechende Stellung des Dreiweghahnes *H* zu erreichen. Um Hahnfett zu vermeiden, das von der Flüssigkeit leicht herausgelöst wird, können die Schliffe mit Teflonmanschetten gedichtet und Hähne mit Teflonküken verwendet werden.

Ausführung der Messungen. Die Apparatur wird zusammengesetzt und durch Evakuieren mittels einer Wasserstrahlpumpe getrocknet. Die zu verwendenden Lösungsmittel werden getrocknet und durch Rektifikation

Tab. 14, 1

Siedetemperaturen und Brechungsindizes einiger Zweistoffgemische nach HALDENWANGER-KRELL (*62*)

ϑ_I, ϑ_{II} = Siedetemperaturen der Stoffe *I* und *II* unter Normaldruck in °C
$\Delta\vartheta = \vartheta_I - \vartheta_{II}$ = Differenz der Siedetemperaturen

$n_{th,\,max}$ für $V_R = \infty$ = Grenze des normalen Anwendungsbereiches bei unendlichem Rückfluß

Zweistoffgemisch	Siedetemperatur I ϑ °C	II ϑ °C	$\Delta\vartheta$ °C	$n_{th,\,max}$ für $V_R = \infty$	n_D^{20} I	n_D^{20} II	Δn_D^{20}
Benzol/Toluol	80,2	111	31,2	–	1,50122	1,49647	0,0048
Äthylalkohol/Wasser	78	100	22	–	1,36048	1,33299	0,0275
n-Hexan/Benzol	69	80,2	11,2	–	1,37458	1,50122	0,1266
Toluol/*n*-Octan	110,6	125,4	14,8	–	1,49647	1,39748	0,0990
n-Heptan/Toluol	98,4	110,6	12,2	–	1,4776	1,49647	0,0189
2,2,4-Trimethylpentan/*n*-Octan	99,20	125,4	26,2	–	–	1,39718	–
Cyclohexan/*n*-Heptan	80,8	98,4	17,6	6	1,42635	1,38764	0,0387
Benzol/*n*-Heptan	80,2	98,4	18,2	7	1,50122	1,38764	0,1136
Methylalkohol/Äthylalkohol	65	78	13	7	1,3289	1,36048	0,0316
Trichloräthylen/*n*-Heptan	86,9	98,4	11,5	9	1,4776	1,38764	0,0900
Methylcyclohexan/Toluol	100,9	110,6	9,7	13	1,4230	1,49647	0,0735
Benzol/Trichloräthylen	80,2	86,9	6,7	17	1,50122	1,4776	0,0236
Cyclohexan/Trichloräthylen	80,8	86,9	6,1	17	1,42635	1,4776	0,0513
Benzol/Äthylenchlorid	80,2	83,4	3,2	35	1,50122	1,44439	0,0568
n-Hexylalkohol/Cyclohexan	157	156,5	0,5	35	1,4191	1,42635	0,0073
Tetrachlorkohlenstoff/Benzol	76,8	80,2	3,4	35	1,4595	1,50122	0,0417
2-Methylbutanol/3-Methylbutanol*)	129,5	132,1	2,6	42	1,40873	1,40534	0,0034
n-Heptan/Methylcyclohexan*)	98,4	100,85	2,45	48	1,38764	1,4230	0,0354
Cyclohexan/Cyclohexen*)	80,8	82,2	2,0	47	1,4265	1,4465	0,0200
Benzol/Cyclohexan	80,2	80,8	0,6	(178)	1,50122	1,42635	0,0749

*) ideale Gemische

in einer Kolonne gereinigt. Nötigenfalls ist eine Reinigung auf chemischem Wege vorzuschalten. Die Wahl des Gemisches richtet sich nach der Trennwirkung der zu testenden Kolonne. Eine Anzahl Testgemische enthält **Tabelle 14, 1.**

In den Kolben wird ein Gemisch, das etwa 40 mol-% des Leichtersiedenden enthält, eingefüllt und angeheizt. Nachdem der Dampf bis in den Kolonnenkopf gestiegen ist, regelt man bei geschlossenem Magnetventil die Belastung der Kolonne durch Variation der Heizung ein und läßt dann die Apparatur noch etwa 60 min laufen. Die Belastung kann durch Auszählen der Tropfen am Kolonnenkopf abgeschätzt werden. Zur Entnahme einer Probe am Kopf der Kolonne wird das Magnetventil kurzzeitig geöffnet, so daß Destillat über den Kühler, den Dreiweghahn H und den Probenehmer R in das kleine Kölbchen gelangt. Die Zusammensetzung der entnommenen Probe wird im Refraktometer ermittelt.

Am Entnahmerohr der Blase wird ein 25-ml-Kolben mit einer Feder angebracht und nach Öffnen des Hahns der Blaseninhalt mit einem Saugballen angesaugt, so daß etwa 1—2 ml in den Kolben fließen. Nach Abkühlen wird der Kolben abgenommen und die Zusammensetzung dieser Probe refraktometrisch bestimmt.

Da die Bestimmung des Brechungsindexes durch Verluste an Leichtersiedendem verfälscht bzw. das Kolonnengleichgewicht noch nicht eingestellt sein kann, sind Probenahme und Gehaltsbestimmung so lange in gewissen Zeitabständen zu wiederholen, bis konstante Werte erzielt werden. Dann erst wird die Treppenlinie in das Gleichgewichtsdiagramm des Testgemisches eingezeichnet und werden die Böden abgezählt.

Diese Bestimmung ist mit den vier angegebenen Kolonnen durchzuführen. Bei den Füllkörperkolonnen ist eine beliebige, aber bei allen gleiche Belastung zu wählen, um zu vergleichbaren Werten zu kommen. Für die Drahtwendelkolonne ist der Versuch bei drei weiteren Belastungen[1]) auszuführen.

Für die Bodenkolonne ist das mittlere Verstärkungsverhältnis eines Bodens, für die Füllkörperkolonnen sind die HETP-Werte zu berechnen. In einem Diagramm wird die Belastung (Heizleistung) gegen die theoretische Bodenzahl abgetragen.

Weitere Literatur: (*30*), (*72*), (*77*), (*101*).

15. Ermittlung der theoretischen Bodenzahl einer Kolonne bei endlichen Rücklaufverhältnissen

Grundlagen. *Arbeitsweise einer Kolonne bei endlichen Rücklaufverhältnissen.* Die vorangehenden Überlegungen (vgl. Aufg. 14) setzen voraus,

[1]) Da bei höheren Durchsätzen der Rücklauf in der beschriebenen Versuchsanordnung nicht mehr aus der Tropfenzahl erhalten werden kann, wähle man als Maß die Heizleistung. — Geräte zur Messung des Rücklaufs sind im Handel erhältlich.

daß die Kolonne bei unendlichem Rücklaufverhältnis arbeitet, m. a. W., daß am Kolonnenkopf kein Destillat abgenommen wird. Für die Praxis ist es jedoch notwendig, die Anreicherung des Leichtersiedenden zu kennen, die eine Kolonne bei fortlaufender Abnahme von Destillat, also bei gegebenem endlichen Rücklaufverhältnis

$$V_R = \frac{\dot{R}}{\dot{E}}, \tag{1}$$

leistet.

Betrachten wir wiederum eine ideal arbeitende Bodenkolonne — 1 praktischer Boden = 1 theoretischer Boden — mit 3 Böden, diesmal bei gegebenem endlichen Rücklaufverhältnis $V_R < \infty$. In der Blase befinde sich ein binäres Gemisch der Zusammensetzung x_B, dessen Gleichgewichtskurve durch **Abbildung 15, 1** wiedergegeben wird. Der von einem Boden aufsteigende Dampf soll voraussetzungsgemäß mit der Flüssigkeit, die von ihm abfließt, im Gleichgewicht sein. Bei Kenntnis der Zusammensetzung der Flüssigkeit eines jeden Bodens läßt sich die mittels der idealen Kolonne mögliche Anreicherung nach McCabe und Thiele berechnen.

Bei Abnahme von Destillat ist die Zusammensetzung der Flüssigkeit, die von einem Boden abfließt, verschieden von der des Dampfes, der zu diesem Boden aufsteigt. Die Zusammensetzung des Dampfes y und der Flüssigkeit x für jeden Querschnitt der Kolonne ergibt sich aus der Materialbilanz der Kolonne. Nimmt man in erster Näherung an, daß die Verdampfungswärmen der beiden Komponenten gleich sind[1]), so wird sich trotz Austausch auf den einzelnen Böden weder der aufsteigende Dampfstrom $\dot{D}$ noch der herabfließende Flüssigkeitsstrom $\dot{R}$ ändern. Ist $\dot{E}$ der abgenommene Destillatstrom, so gilt für jeden Querschnitt der adiabatisch arbeitenden Kolonne

$$\dot{D} = \dot{R} + \dot{E} \tag{2}$$

und

$$y\,\dot{D} = x\,\dot{R} + x_E\,\dot{E}, \tag{3}$$

wenn x_E der Gehalt an Leichtersiedendem im Destillat ist. Aus Gl. (2) und (3) ergibt sich

$$y = \frac{\dot{R}}{\dot{E} + \dot{R}}\,x + \frac{\dot{E}}{\dot{E} + \dot{R}}\,x_E. \tag{4}$$

Dividiert man Zähler und Nenner der rechten Seite der Gl. (4) durch $\dot{E}$ und setzt Gl. (1) ein, so erhält man

$$y = \frac{V_R}{V_R + 1}\,x + \frac{1}{V_R + 1}\,x_E. \tag{5}$$

---

[1]) Diese Näherung gilt befriedigend für mischbare Flüssigkeiten, deren Siedepunkte nicht sehr verschieden sind. Sie bedeutet, daß die auf jedem idealen Boden infolge der Kondensation einer bestimmten Dampfmenge frei werdende Wärme zum Verdampfen der gleichen Flüssigkeitsmenge ausreicht.

Gl. (5) ist die Gleichung einer Geraden für gegebenes V_R und x_E und gibt die Dampfzusammensetzung als Funktion der Flüssigkeitszusammensetzung für jeden waagrechten Querschnitt der Kolonne. Die Gerade m (in **Abb. 15, 1**) wird Verstärkergerade genannt und schneidet im y, x-Diagramm die Ordinate in Punkt A bei

$$y = \frac{x_E}{V_R + 1} = a\,, \tag{6}$$

die 45°-Linie (Punkt B) bei

$$y = x_E \tag{7}$$

und hat den Anstieg

$$\operatorname{tg} \alpha = \frac{V_R}{V_R + 1}\,. \tag{8}$$

Für den Grenzfall $V_R \to \infty$ fällt die Verstärkergerade mit der 45°-Linie zusammen.

Die Konzentration des Leichtersiedenden im Destillat x_E läßt sich nach dem Gesagten am einfachsten graphisch ermitteln: Man nimmt einen Wert für x_E an, der größer ist als die gegebene Blasenkonzentration x_B und berechnet damit nach Gl. (6) und (8) Anstieg und Ordinatenabschnitt der Verstärkergeraden und trägt diese in das Gleichgewichtsdiagramm des Gemisches ein. Zeichnet man nun, ausgehend von der Blasenzusammensetzung x_B, die den drei gegebenen idealen Böden entsprechenden Stufen zwischen Gleichgewichtskurve und Verstärkergerade ein, so resultiert ein x_E, das mit dem vorher angenommenen zu vergleichen ist. Stimmen angenommener und graphisch ermittelter x_E-Wert wie in **Abbildung 15, 1** überein, so ist die Aufgabe gelöst. Anderenfalls ist x_E so zu ändern, daß die Aufgabe in drei Austauschschritten gelöst wird.

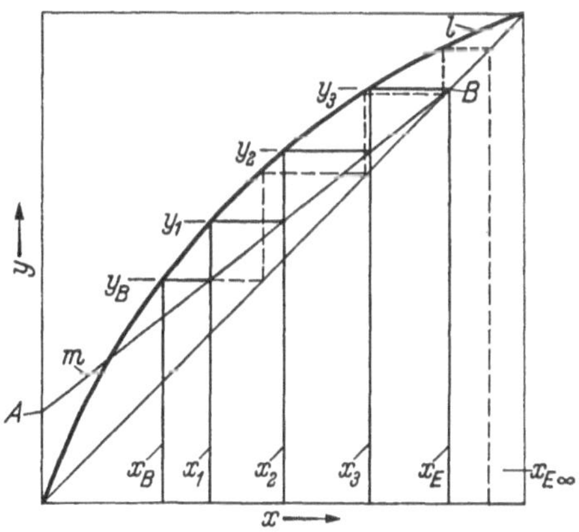

Abb. 15, 1. Bestimmung des Anreicherungsvermögens einer idealen Kolonne bei endlichem Rücklaufverhältnis. Werte für unendliches Rücklaufverhältnis zum Vergleich als gestrichelte Linie

Führt man die beschriebene Rektifikation unter sonst gleichen Bedingungen, aber bei *unendlichem* Rücklaufverhältnis durch, so ergibt sich nach **Abbildung 15, 1** (gestrichelte Linie) eine Destillatzusammensetzung von $x_{E,\infty}$. Es ist ersichtlich, daß $x_E < x_{E,\infty}$ ist, m.a.W. die Anreicherung, die mit einer idealen Kolonne erzielt werden kann, ist um so größer, je größer das Rücklaufverhältnis gewählt wird.

Berechnung der theoretischen Bodenzahl für diskontinuierlich arbeitende Kolonnen. In der Technik besteht normalerweise die Aufgabe, aus einem Flüssigkeitsgemisch bestimmter Zusammensetzung x_B ein Destillat bestimmter Zusammensetzung x_E zu gewinnen. Dabei tritt die Frage nach der Anzahl der theoretischen Böden auf, die nötig sind, um diese Anreicherung zu verifizieren. Es wurde im vorgehenden Abschnitt gezeigt, daß die theoretisch mögliche Anreicherung durch einen Boden der Kolonne vor allem von dem gewählten Rücklaufverhältnis abhängt. Es wird deshalb die für eine gewünschte Anreicherung benötigte Anzahl theoretischer Böden nicht nur von der zu trennenden Mischung,

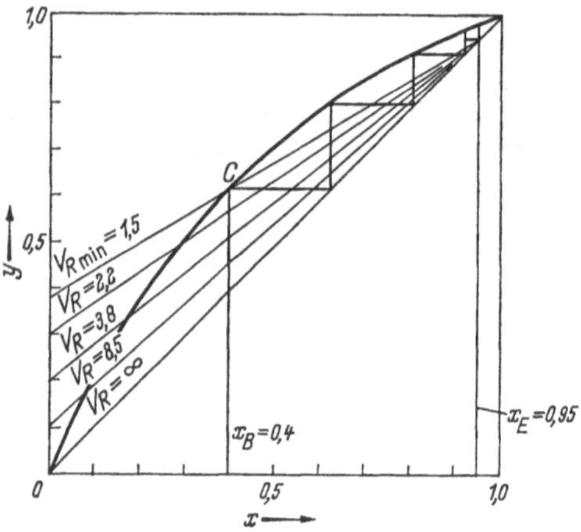

Abb. 15, 2. Gleichgewichtskurve: Benzol-Toluol mit eingezeichneten Verstärkergeraden

ihrer Zusammensetzung und der gewünschten Reinheit des Destillats abhängen, sondern auch vom Rücklaufverhältnis. Mit Hilfe des McCabe-Thiele-Diagramms läßt sich auch die Zahl der für eine bestimmte Anreicherung benötigten theoretischen Stufen in Abhängigkeit vom Rücklaufverhältnis ermitteln.

Man berechnet zunächst in der im vorigen Abschnitt beschriebenen Weise mit x_E die Verstärkergerade für verschiedene Rücklaufverhältnisse und trägt die Geraden in das Gleichgewichtsdiagramm ein. Ausgehend von der Kopfzusammensetzung, zeichnet man dann die Treppenkurven zwischen den einzelnen Verstärkergeraden und der Gleichgewichtskurve bis zur gegebenen Blasenkonzentration ein (in **Abb. 15, 2** ist nur die Treppenkurve für $V_R = \infty$ eingezeichnet).

Auszählen der senkrechten Striche der einzelnen Treppenkurven zwischen Blasen und Kopfzusammensetzung ergibt die zu den Rücklaufverhältnissen gehörigen Bodenzahlen.

Aus der Abbildung ergibt sich ferner, daß V_R keinen beliebig kleinen Wert annehmen kann. Wenn nämlich die Verstärkergerade so hoch liegt, daß sie die Blasenzusammensetzung x_B in einem Punkt schneidet, der nicht mehr zwischen 45°-Linie und Gleichgewichtskurve liegt, so läßt sich die Treppenlinie nicht mehr einzeichnen. Der Grenzfall ist gegeben, wenn der Schnittpunkt der Verstärkergeraden in x_B auf der Gleichgewichtskurve liegt (Punkt C, **Abb. 15, 2**). Für dieses Rücklaufverhältnis wird die erforderliche Bodenzahl unendlich. Man bezeichnet es deshalb als minimales Rücklaufverhältnis. Wo der Wert für $V_{R,\,\min}$ liegt, hängt von der Form der Gleichgewichtskurve, der Blasenzusammensetzung und der gewünschten Destillatzusammensetzung ab.

Abbildung 15, 3 zeigt die auf beschriebene Art ermittelte Abhängigkeit der für eine gewünschte Trennung benötigten theoretischen Bodenzahl

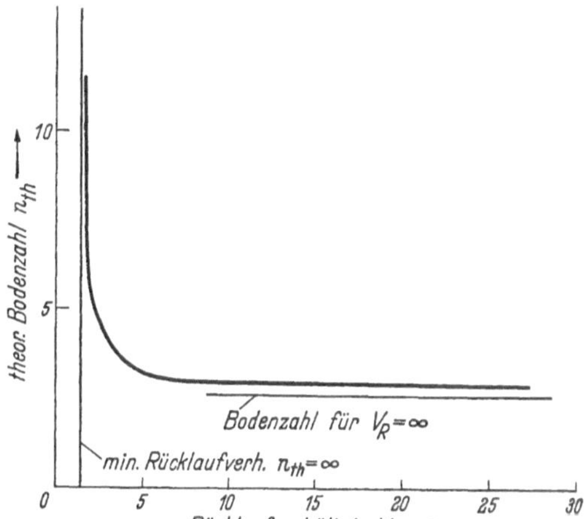

Abb. 15, 3. Abhängigkeit der theoretischen Bodenzahl vom gewählten Rücklaufverhältnis. Beispiel: Benzol-Toluol; $x_B = 0{,}4$, $x_E = 0{,}95$

vom Rücklaufverhältnis. Es ist ersichtlich, daß bei Rücklaufverhältnissen $V_R = \dot{R}/\dot{E} < 8$ die erforderliche Bodenzahl beträchtlich ansteigt.

Aus der **Abbildung 15, 3** ergibt sich weiter, daß man entweder mit großem Rücklaufverhältnis und kleiner theoretischer Bodenzahl arbeiten kann oder umgekehrt. Im technischen Betrieb vermeidet man Extremwerte von Bodenzahl und Rücklaufverhältnis, wählt aber hohe Bauhöhen der Kolonne, also hohe Bodenzahlen, um so den Destillatstrom möglichst groß, das Rücklaufverhältnis möglichst klein zu halten. Die Bauhöhe bedeutet einmalig höhere Anschaffungskosten, ein hoher Rücklaufstrom und damit wiederholtes Aufheizen dauernd hohe Energiekosten.

Berechnung der theoretischen Bodenzahl für kontinuierlich arbeitende Kolonnen. Während im Laboratorium meistens diskontinuierlich arbeitende Kolonnen Verwendung finden, werden Flüssigkeitsgemische in der Technik in kontinuierlichen Rektifikationsanlagen verarbeitet. Dabei wird das zu trennende Gemisch nicht auf einmal in die Blase, sondern laufend auf einen der Kolonnenböden, den Zulaufboden, aufgegeben. In der Blase wird das Sumpfprodukt, das gegenüber dem zulaufenden Gemisch mehr Schwerersiedendes enthält, abgenommen, während am Kopf der Kolonne ein Produkt, das reich an Leichtersiedendem ist, anfällt. Den über dem Zulaufboden befindlichen Teil der Kolonne bezeichnet man als Verstärkersäule, den darunter liegenden Teil als Abtriebssäule.

Die Anzahl der notwendigen theoretischen Böden von Abtriebs- und Verstärkersäule läßt sich analog der diskontinuierlich arbeitenden Kolonne graphisch nach McCabe und Thiele ermitteln.

Wir setzen voraus, daß das Zulaufprodukt siedend in die Kolonne eingespeist wird. x_A sei der Anteil der leichtersiedenden Komponente

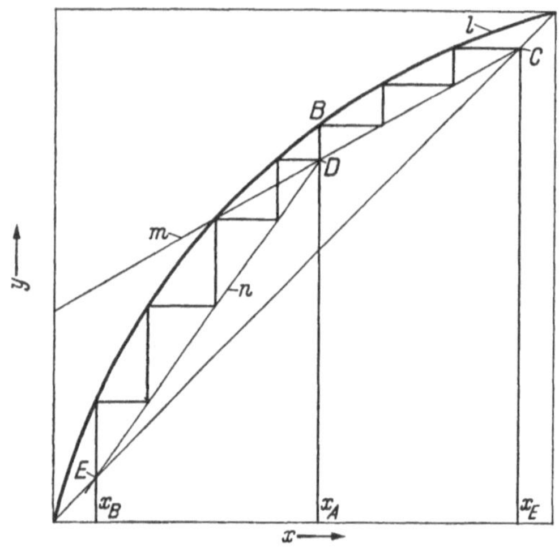

Abb. 15, 4. Bestimmung der theoretischen Bodenzahl von Abtriebs- und Verstärkersäule für eine kontinuierlich arbeitende Kolonne

im Zulaufgemisch, x_E bzw. x_B die gewünschte Konzentration des Leichtersiedenden im Destillat bzw. in der Blase, V_R sei das gewählte Rücklaufverhältnis und die in **Abbildung 15, 4** eingezeichnete Kurve l die Gleichgewichtskurve des zu trennenden Gemisches.

Man berechnet zunächst an Hand der Gl. (6) und (8) aus x_E und V_R Ordinatenabschnitt und Anstieg der Verstärkergeraden und zeichnet sie in das x, y-Diagramm ein (Gerade m). Die Senkrechte über x_A schneidet die Verstärkergerade im Punkt D und die Gleichgewichtskurve im Punkt B. Der Schnitt der Senkrechten über x_B mit der 45°-Linie gibt Punkt E. Die Verbindungslinie von D mit E ist die Abtriebsgerade

(Gerade n). Ausgehend von D, können in der in **Abbildung 15,4** gezeigten Weise die Treppenlinien zwischen der Gleichgewichtskurve und der Abtriebs- und Verstärkergeraden eingezeichnet werden. Die benötigten theoretischen Böden von Abtriebs- und Verstärkergeraden können ausgezählt werden (Ableitung vgl. (*56*)).

Experimentelle Bestimmung der theoretischen Bodenzahlen einer Kolonne bei endlichen Rücklaufverhältnissen. Die vorstehenden Ausführungen befassen sich mit der Berechnung der theoretischen Bodenzahl, die für die gewünschte Trennung eines gegebenen Gemisches bei endlichem Rücklaufverhältnis benötigt wird.

Bei realen Kolonnen ist wiederum zu beachten (vgl. Aufg. 14), daß das mittlere Austauschverhältnis s_m eines praktischen Bodens im allgemeinen kleiner als 1 ist, da die von einem praktischen Boden abfließende Flüssigkeit nicht mit dem von diesem Boden aufsteigenden Dampf im Gleichgewicht steht. Es ist, wie in Aufgabe 14 ausgeführt, für eine gegebene Kolonne von den Betriebsbedingungen abhängig. Je mehr Destillat abgenommen wird, desto geringer wird das mittlere Austauschverhältnis eines praktischen Bodens und damit die theoretische Bodenzahl der Kolonne. Den größten Wert für das Austauschverhältnis eines Bodens findet man, wenn die Kolonne bei unendlichem Rücklaufverhältnis arbeitet.

Entsprechend steigt bei einer gegebenen Füllkörperkolonne die einem theoretischen Boden entsprechende Füllkörperhöhe mit steigender Destillatabnahme an.

Experimentell läßt sich die theoretische Bodenzahl von Kolonnen und damit das mittlere Austauschverhältnis bzw. die einem theoretischen Boden entsprechende Füllkörperhöhe bei endlichem Rücklaufverhältnis mit einer beliebigen binären Mischung (Voraussetzung unendliche Mischbarkeit der Komponenten, kein Azeotrop im Meßbereich und bekannte Gleichgewichtskurve) bestimmen. Es wird ein Rektifikationsversuch bei endlichem Rücklaufverhältnis durchgeführt. Sodann wird die Zusammensetzung des Gemisches in der Blase und am Kolonnenkopf bestimmt. Man trägt zunächst die Verstärkungsgerade, die sich aus dem Rücklaufverhältnis berechnet, in das Gleichgewichtsdiagramm des Testgemisches ein und zeichnet dann die Senkrechten über der Blasen- und Destillatkonzentration ein. Schließlich zeichnet man, von der Destillatkonzentration ausgehend, die Treppenkurve zwischen Gleichgewichtskurve und Verstärkungsgerade ein. Die Zahl der theoretischen Böden der Kolonne bei dem gewählten Rücklaufverhältnis ergibt sich durch Auszählen der senkrechten Striche zwischen Destillat- und Blasenkonzentration.

Aufgabe. Es ist die theoretische Bodenzahl einer Siebbodenkolonne bei den Rücklaufverhältnissen $V_R \approx 5:1, 10:1, 20:1, 30:1$ und ∞ zu bestimmen.

Zubehör. Wie Aufgabe 14.

Apparaturbeschreibung[1]). Wie Aufgabe 14.

Ausführung der Messungen. Die Reinigung der Apparatur und der Substanzen und die Beschickung der Kolonne erfolgt wie in Aufgabe 14 beschrieben. Die Apparatur wird mittels der Heizung in Betrieb gesetzt, bei geschlossenem Magnetventil eine konstante Belastung eingeregelt und sodann das gewünschte Rücklaufverhältnis mittels eines elektronischen Steuergeräts eingestellt. Der Dreiweghahn *H* wird so gestellt, daß das Destillat in die Blase zurückläuft, um derart eine Verarmung des Blasengemisches an Leichtersiedendem zu vermeiden. Nach etwa 60 min zieht man eine Destillatprobe, indem man den Dreiweghahn *H* um 90° dreht, so daß nun Destillat über das Entnahmerohr *R* in das Kölbchen fließt. Anschließend zieht man eine Blasenprobe (vgl. Aufg. 14) und ermittelt die Zusammensetzung der Gemische. Diese Bestimmungen werden so lange wiederholt, bis konstante Werte erhalten werden.

Weitere Literatur: (*56*), (*62*), (*72*), (*77*).

16. Untersuchung von Kolonnenböden

Grundlagen. Für Stoffaustauschvorgänge benutzt man in der Verfahrenstechnik Kolonnen mit Einbauten, die den Stoffübergang verbessern, indem sie die Austauschoberfläche vergrößern oder die Austauschvorgänge intensivieren. In Füllkörperkolonnen strömen die beiden Phasen aneinander vorbei, während sie sich in Bodenkolonnen gegenseitig durchdringen.

Bei den Böden sind die am häufigsten verwendeten Konstruktionen der Glocken- und der Siebboden. Der Siebboden weist eine sehr einfache Konstruktion auf: er besteht aus einem Blech mit eingestanzten Löchern. Die Flüssigkeit wird nur durch den dynamischen Druck des Dampfes auf dem Boden gehalten. Unterschreitet die Dampfgeschwindigkeit einen bestimmten Mindestwert, regnet die Flüssigkeit vom Boden durch; dabei geht die Austauschwirkung verloren.

Glockenböden weisen einen gegenüber dem Siebboden erweiterten Arbeitsbereich auf; die Dampfbelastung kann in einem größeren Intervall variiert werden. Zudem zeichnen sie sich, besonders bei höheren Dampfgeschwindigkeiten, durch einen niedrigeren Druckverlust aus.

Für eine optimale Auslegung von Kolonnen müssen die Eigenschaften der verwendeten Böden möglichst genau bekannt sein. Besonders wichtig sind die jeweils noch zulässigen oberen und unteren Belastungsgrenzen für Dampf und Flüssigkeit. Innerhalb dieser Grenzen interessiert weiter die Abhängigkeit des Druckverlustes von der Belastung und den Eigenschaften von Dampf und Flüssigkeit.

Bei Bodenkolonnen gilt als untere Belastungsgrenze der Punkt oder Bereich, bei dem die Flüssigkeit merklich durchregnet oder bei dem alle

---

[1]) Für kontinuierlich betriebene Kolonnen, die auch im Laboratoriumsmaßstab käuflich sind, kann nach dem Gesagten eine entsprechende Aufgabe formuliert werden.

Glocken gerade ansprechen. An der oberen Belastungsgrenze wird entweder ein merklicher Teil der Flüssigkeit auf den nächsthöheren Boden mitgerissen, oder aber es staut sich die Flüssigkeit im Rücklaufschacht, so daß nichts mehr abläuft und der Boden überschwemmt wird.
Sowohl die Mitreißgrenze als auch die Flutungsgrenze sind abhängig vom Bodenabstand. Man wird deshalb die Böden am Prüfstand möglichst so einbauen wie in der späteren praktischen Ausführung. Beim Durchregnen und beim Mitreißen werden Anteile bis zu 5% noch als zulässig betrachtet und toleriert.
Der Druckverlust, den der Dampf beim Durchgang durch einen Boden erleidet, setzt sich aus mehreren Teildruckverlusten zusammen, die abhängen von der Dampf- und Flüssigkeitsbelastung, der Bodenkonstruktion und den Stoffeigenschaften der Medien. Für die obere und untere Belastungsgrenze und für den Druckverlust ist in der Literatur eine Vielzahl von Berechnungsgleichungen angegeben. Die vorgeschlagenen Beziehungen gelten jedoch meist nur für den jeweiligen Fall und sind nicht beliebig weit extrapolierbar und auf andere Anwendungsfälle übertragbar. Die Strömungs- und Stoffaustauschvorgänge in dem zweiphasigen Dampf-Flüssigkeitsgemisch auf dem Boden sind nämlich weitaus verwickelter und schwerer erfaßbar als z. B. eine Rohrströmung.
Um die gewünschten Größen möglichst genau zu erhalten, ist es daher in vielen Fällen unumgänglich, entsprechende Messungen durchzuführen, und zwar an Objekten von Betriebsgröße, um nicht zu weit extrapolieren zu müssen. Für diese Messungen benutzt man im allgemeinen nicht das eigentlich zu trennende Gemisch, sondern ersetzt die flüssige Phase durch Wasser und die dampfförmige durch Luft. Die so gewonnenen Daten müssen dann umgerechnet werden auf das jeweilige, zu trennende System.
Über die Energiegleichung kommt man zu der Beziehung

$$\Delta p \sim \frac{\varrho}{2}\, w^2 = \text{const} \tag{1}$$

und daraus erhält man die Gleichung

$$w_D = w_L \sqrt{\frac{\varrho_L}{\varrho_D}}\,, \tag{2}$$

die die Dampfgeschwindigkeit w_D als Funktion der gemessenen Luftgeschwindigkeit w_L liefert. ϱ_L und ϱ_D bedeuten die Dichten von Luft und Dampf.
Der Druckverlust Δp_{ges} besteht aus 2 Komponenten, dem trockenen Δp_{tr} und dem nassen Druckverlust Δp_n:

$$\Delta p_{\text{ges}} = \Delta p_{tr} + \Delta p_n \tag{3}$$

Der trockene Druckverlust wird beeinflußt von der Konstruktion des Bodens; er ist unabhängig von den Eigenschaften der zu destillierenden Stoffe, die wiederum nur den nassen Druckverlust beeinflussen.

Für Wasser gilt

$$\Delta p_{\text{ges}\,W} = \Delta p_{tr} + \Delta p_{n\,W} \tag{4}$$

bzw. nach Umformung

$$\Delta p_{n\,W} = \Delta p_{\text{ges}\,W} - \Delta p_{tr} \tag{5}$$

Wenn man die Einflüsse von Zähigkeit und Oberflächenspannung vernachlässigt, kommt man ebenfalls über die Energiegleichung zu

$$\Delta p_n = \varrho\, gh \tag{6}$$

bzw.

$$\frac{\Delta p_n}{\varrho} = \text{const} \tag{7}$$

und daraus zu der Beziehung

$$\frac{\Delta p_{n\,W}}{\varrho_W} = \frac{\Delta p_{n\,F}}{\varrho_F}, \tag{8}$$

die den Zusammenhang liefert zwischen dem gemessenen nassen Druckverlust von Wasser $\Delta p_{n\,W}$ und dem gesuchten $\Delta p_{n\,F}$ einer anderen Flüssigkeit, wobei ϱ_W und ϱ_F die Dichten von Wasser und der anderen Flüssigkeit, g die Erdbeschleunigung und h die Flüssigkeitshöhe auf dem Boden bedeuten. Der gesamte Druckverlust für einen von einer Flüssigkeit überströmten Boden errechnet sich dann unter Zusammenfassung der Gleichungen (4) bis (8) zu

$$\Delta p_{\text{ges}\,F} = \Delta p_{tr} + (\Delta p_{\text{ges}\,W} - \Delta p_{tr})\,\frac{\varrho_F}{\varrho_W} \tag{9}$$

Damit lassen sich die interessierenden Größen für beliebige Stoffe errechnen aus mit Wasser und Luft gemessenen Werten.

Zum Problem des Druckverlustes sei noch folgendes angemerkt:

Aus Wirtschaftlichkeitsgründen wird man bestrebt sein, den Druckverlust so niedrig wie möglich zu halten, ohne deswegen gleich an einen bestimmten Grenzwert gebunden zu sein. In vielen Fällen läßt sich jedoch eine Rektifikation ohne zusätzliche Maßnahmen überhaupt nicht durchführen, wenn der Druckverlust sämtlicher Böden der Kolonne einen bestimmten, maximal zulässigen Wert übersteigt. Das Beispiel einer Dimethylformamid-Wasser-Trennung möge dies verdeutlichen:

Damit das Kopfprodukt mit dem vorhandenen Kühlwasser noch kondensiert werden kann, darf seine Temperatur nicht unter 45°C liegen; das entspricht einem Kopfdruck von 10^4 N/m² (75 Torr). Wegen der Temperaturempfindlichkeit des Sumpfproduktes kann die Blasentemperatur 102—103°C nicht übersteigen, was einem Druck von $1{,}93 \cdot 10^4$ bis $2 \cdot 10^4$ N/m² (145—150 Torr) entspricht. Damit darf der Gesamtdruckverlust der Kolonne höchstens 0,93 · 10^4 N/m^2 (70 Torr) betragen. Für die Trennung dieses Gemisches sind 40 praktische Böden erforderlich; somit sollte der mittlere Druckverlust pro Boden einen Wert von 233 N/m^2 (1,75 Torr) nicht übersteigen.

Aufgabe. Es ist der Druckverlust eines Bodens in Abhängigkeit von der Luftgeschwindigkeit bei den Flüssigkeitsbelastungen 0, 2, 5 und 8 m^3/h (max. 40 m^3/h) zu ermitteln. Die Luftgeschwindigkeit wird bei Siebböden zwischen 0,9 und 3 m/s, bei Glockenböden zwischen 0,3 und 1,8 m/s (bezogen auf den freien Kolonnenquerschnitt) variiert.

Zubehör. Bodenprüfstand nach **Abbildung 16, 1**, verschiedene auswechselbare Böden, Werg.

Apparaturbeschreibung

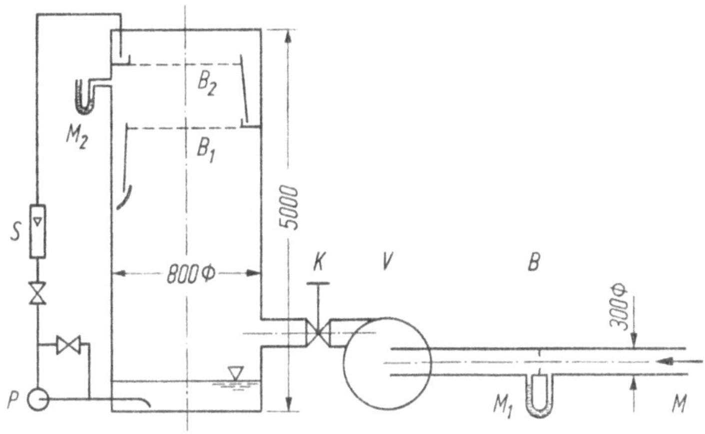

Abb. 16, 1. Schema der Versuchsanordnung [1])

Der Ventilator V saugt Luft aus der Umgebung an durch die Meßstrecke M. Der an der Meßblende B entstehende Druckunterschied wird mit dem Manometer M_1 gemessen; er ist ein Maß für den Luftdurchsatz. Die zugehörige Eichkurve liegt vor. Nach dem Ventilator passiert die Luft die regelbare Klappe K und tritt in die Kolonne ein. Durch den Boden B_1 wird die Strömung geglättet, dann strömt die Luft durch den Boden B_2. Der dort auftretende Druckverlust wird mit dem Manometer M_2 gemessen. Der als Strömungsgleichrichter fungierende Boden B_1 muß jeweils der gleiche sein wie der zu messende Boden B_2, damit dieser von einem den praktischen Bedingungen möglichst nahekommenden Luftstrom durchsetzt wird. Über einen Tröpfchenabscheider geht die Luft ins Freie. Das Wasser wird von der Pumpe P aus dem Sumpf der

[1]) Lieferfirma: Arbeitsgemeinschaft Dr. Stage, Schmidding, Heckmann, Köln.

Kolonne angesaugt und über ein Regulierventil in die Zulauftasse des zu prüfenden Bodens B_2 gepumpt. Die Mengenmessung geschieht mit einem Schwebekörperdurchflußmesser S; die zugehörige Eichkurve liegt ebenfalls vor. Schaugläser ermöglichen es, im Raum unter dem Prüfboden das Durchregnen des Wassers zu beobachten.

Ausführung der Messungen. Es wird zuerst der trockene Druckverlust des bereits eingebauten Bodens bei etwa 6 verschiedenen Luftgeschwindigkeiten ermittelt. Um zu verhindern, daß ein Teil der Luft durch den bei trockenen Versuchen ja nicht von Flüssigkeit verschlossenen Durchlaufschacht strömt, wird er mit Werg oder Ähnlichem luftdicht verschlossen. Anschließend wird das Werg wieder entfernt, der Wasserumlauf eingeschaltet und der Druckverlust für verschiedene Flüssigkeitsbelastungen bei den oben gewählten Luftgeschwindigkeiten gemessen. Die so gewonnenen Werte für den Druckverlust werden in mm-Papier über der Luftgeschwindigkeit aufgetragen.

Zusatzaufgabe. Eine der gefundenen Meßkurven soll umgerechnet werden für ein Äthanol-Wasser-Gemisch von einer mittleren Zusammensetzung von 50 Volumenprozent.

Weitere Literatur: (*10*), (*48*), (*56*), (*118*), (*122*), (*155*).

β) Flüssig-flüssig-Extraktion

17. Bestimmung der theoretischen Stufenzahl einer Scheibelkolonne

Grundlagen. *Die Verteilungskurve.* Unter Flüssig-flüssig-Extraktion[1]) versteht man die Abtrennung eines Stoffes aus seiner Lösung unter Zuhilfenahme eines zweiten Lösungsmittels, das in der Lösung nicht oder nur teilweise löslich ist. Bei diesem Vorgang bezeichnet man das Lösungsmittel, aus dem der gelöste Stoff extrahiert werden soll, als Abgeber oder Raffinat, das Lösungsmittel, das den betreffenden Stoff aufnimmt, als Aufnehmer bzw. Extraktionsmittel und den zu extrahierenden Stoff als Extrakt.

Voraussetzung für die Beurteilung einer Trennung durch Extraktion ist die Kenntnis des „Verteilungsgleichgewichtes", das die Verteilung des zu extrahierenden Stoffes zwischen den beiden Phasen wiedergibt.

Für hinreichend verdünnte Lösungen und gegenseitige Unlöslichkeit von aufnehmender und abgebender Phase gilt der NERNSTsche Verteilungssatz

$$\frac{c_S}{c_R} = N\,. \tag{1}$$

c_S = Konzentration des Extrakts im Aufnehmer
c_R = Konzentration des Extrakts im Abgeber

---

[1]) Obwohl durch Flüssig-flüssig-Extraktion Feststoffe und Flüssigkeiten von Flüssigkeiten getrennt werden, wird diese Aufgabe unter die Trennung von Flüssigkeiten eingeordnet, da die theoretischen Grundlagen denen der Rektifikation verwandt sind.

Die zugehörige Kurve, die Verteilungskurve, ist eine Gerade. Die Konstante läßt sich durch eine einzige Messung ermitteln. Meist wird aber bei höheren Extraktkonzentrationen die Konstante N konzentrationsabhängig.

Kann, wie beim System Petroläther — Benzoesäure — Wasser, vorausgesetzt werden, daß keine oder nur geringe gegenseitige Löslichkeit von Aufnehmer und Abgeber besteht, erhält man experimentell die Verteilungskurve wie folgt: Eine wäßrige Benzoesäurelösung wird mit Petroläther intensiv vermischt, die Phasen wieder getrennt und die Konzentration der Benzoesäure im Aufnehmer (c_S) und Abgeber (c_R) titrimetrisch bestimmt. Der gleiche Versuch wird mit verschieden konzentrierten wäßrigen Benzoesäurelösungen wiederholt. Die ermittelten c_S-Werte werden gegen die zugehörigen c_R-Werte abgetragen.

Ist die gegenseitige Löslichkeit von Aufnehmer und Abgeber nicht zu vernachlässigen, ist diese neben der Extraktkonzentration experimentell zu bestimmen. In diesem Falle ist es zweckmäßig, die Meßergebnisse im Dreieckskoordinatensystem darzustellen. Eine ausführliche Beschreibung dieses Systems und seine Anwendung auf Extraktionsprobleme findet sich in (*1*).

Bei technischen Extraktionsproblemen arbeitet man nicht mit der Konzentration, sondern mit der Beladung des Aufnehmers

$$y = \frac{E_S}{S} = \frac{\text{Menge des Extrakts im Aufnehmer in kg}}{\text{Menge des Aufnehmers in kg}}$$

und der Beladung des Abgebers

$$x = \frac{E_R}{R} = \frac{\text{Menge des Extrakts im Abgeber in kg}}{\text{Menge des Abgebers in kg}} .$$

Dadurch wird im x, y-Diagramm die „Betriebslinie" eine Gerade (s. w. u.).

Arbeitsweise einer ideal arbeitenden Extraktionsbatterie. Das einfachste Extraktionsverfahren besteht in einmaliger Durchmischung von Raffinat und Extraktionsmittel und anschließender Trennung der Phasen. Dabei geht bei eingestelltem Gleichgewicht eine nach Gl. (1) gegebene Stoffmenge vom Abgeber in den Aufnehmer über.

Eine weitgehendere Abtrennung der im Raffinat enthaltenen Komponente kann durch die sog. Gegenstromextraktion erreicht werden. Die entsprechenden Gegenstromapparaturen arbeiten kontinuierlich. Man unterscheidet zwischen Extraktionskolonnen und Extraktionsbatterien. **Abbildung 17, 1** zeigt schematisch eine Extraktionsbatterie. Der Abgeber läuft aus einem Vorratsgefäß R_1 zu, durchwandert die

Extraktionsbatterie und läuft in das Auffanggefäß R_2. Der Aufnehmer durchströmt die Anlage in entgegengesetzter Richtung, nämlich von S_1 nach S_2. Abgeber und Aufnehmer werden in der Batterie abwechselnd vermischt und getrennt.

Die Herabsetzung der Beladung des Abgebers, die mit einer n-stufigen (z. B. $n = 4$) Extraktionsbatterie erzielt werden kann, läßt sich ähnlich wie bei der Rektifikation nach dem Verfahren von McCabe und Thiele auf graphischem Wege ermitteln, wenn man annimmt, daß in jeder Stufe die Gleichgewichtseinstellung erreicht wird.

Wir stellen wie bei der Rektifikation zunächst die Stoffbilanz für den Extrakt E auf. Die Beladungen der Abgeberströme mit E seien x_A, x_1, x_2, x_3, x_E, die der Aufnehmerströme y_E, y_2, y_3, y_4, y_A.

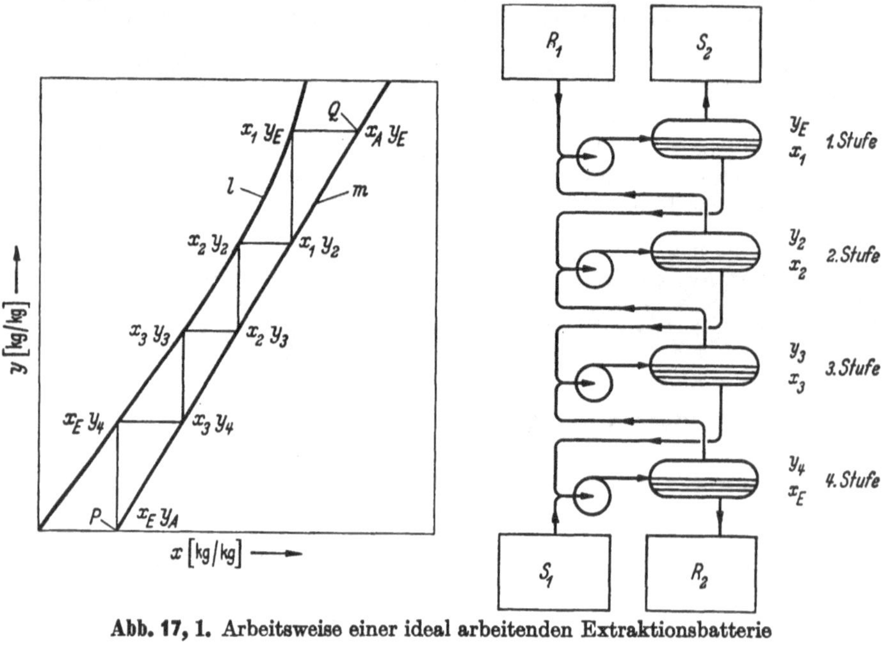

Abb. 17, 1. Arbeitsweise einer ideal arbeitenden Extraktionsbatterie

Der Abgeberstrom sei $\dot{R}$ und der Aufnehmerstrom $\dot{S}$. Die Stoffbilanz von E ist dann, da in jeder Austauschstufe Gewichtskonstanz besteht, für die

$$\begin{aligned}
&1.\ \text{Stufe:}\ \dot{R}\,x_A + \dot{S}\,y_2 = \dot{R}\,x_1 + \dot{S}\,y_E,\\
&2.\ \text{Stufe:}\ \dot{R}\,x_1 + \dot{S}\,y_3 = \dot{R}\,x_2 + \dot{S}\,y_2,\\
&3.\ \text{Stufe:}\ \dot{R}\,x_2 + \dot{S}\,y_4 = \dot{R}\,x_3 + \dot{S}\,y_3,\\
&4.\ \text{Stufe:}\ \dot{R}\,x_3 + \dot{S}\,y_A = \dot{R}\,x_E + \dot{S}\,y_4.
\end{aligned}$$

Daraus ergibt sich nach Umformen

$$\frac{y_E - y_2}{x_A - x_1} = \frac{y_2 - y_3}{x_1 - x_2} = \frac{y_3 - y_4}{x_2 - x_3} = \frac{y_4 - y_A}{x_3 - x_E} = \frac{\dot{R}}{\dot{S}}. \tag{2}$$

Aus dieser Gleichung folgt, daß die Punkte (x_n, y_{n+1}) auf einer Geraden liegen müssen, deren Anstieg $\operatorname{tg}\alpha = \dot{R}/\dot{S}$ ist. Man nennt diese Gerade „Betriebslinie“. Sie gibt für jeden Querschnitt der Kolonne die Beladung von Aufnehmer und Abgeber an.

Zur Ermittlung der Extraktionsausbeute seien nun die folgenden Größen gegeben:

Der Abgeberstrom $\dot{R}$, dessen Eintrittsbeladung x_A, der Aufnehmerstrom $\dot{S}$ und dessen Eintrittsbeladung $y_A = 0$. Die Verteilungskurve werde durch Kurve l in **Abbildung 17, 1** wiedergegeben, und die Anzahl der theoretischen Stufen sei vier. Gesucht wird die Beladung des Fertigraffinats x_E.

Von der Betriebslinie m ist der Anstieg bekannt, der $\operatorname{tg}\alpha = \dot{R}/\dot{S}$ beträgt. Ferner müssen die Punkte $Q\ (x_A, y_E)$ und $P(x_E, y_A)$ Punkte der Betriebslinie sein. Da weder y_E noch x_E — sie sind gesucht — bekannt sind, muß die Aufgabe durch Probieren gelöst werden: Man nimmt einen Wert für x_E an, der kleiner ist als x_A, zeichnet Punkt P und durch P die Betriebslinie in das Gleichgewichtsdiagramm ein. Der Schnittpunkt der Parallelen zur Ordinate im Abstand x_A mit der Betriebslinie gibt Q und damit die Beladung y_E, mit der der Aufnehmer die Batterie bzw. die 1. Stufe verläßt. Der Schnittpunkt der Parallelen zur Abszisse durch Q mit der Gleichgewichtskurve ist (x_1, y_E). Die Beladung des Abgebers, der von der 1. Stufe abfließt, ist folglich x_1. Nun geht man senkrecht nach unten und erhält (x_1, y_2) und damit die Beladung, mit der der Aufnehmer die 2. Stufe verläßt, nämlich y_2 usw. Der Abgeber verläßt die 4. Stufe und damit die Batterie mit der Beladung x_E, also mit der, die eingangs probeweise gewählt wurde. Ist dies nicht der Fall, so muß die Konstruktion mit einem anderen Wert für x_E wiederholt werden, bis probeweise angenommener und ermittelter x_E-Wert übereinstimmen. Eine ideal arbeitende vierstufige Extraktionsbatterie vermag also die Raffinatbeladung von x_A auf x_E herabzusetzen.

Extrahieraufwand und Mindestlösungsmittelverhältnis. Soll die Extraktion eines Stoffes technisch durchgeführt werden, so ist im allgemeinen die Abgeberbeladung zu Anfang und zu Ende der Extraktion (x_A und x_E) und der Abgeberstrom $\dot{R}$ gegeben. Nachdem diese drei Größen festliegen, sind — wie sich aus den vorstehenden Ausführungen ergibt — nur noch zwei variable Größen vorhanden, die es erlauben, die Extraktion auf dem einen oder anderen Wege durchzuführen, nämlich der Aufnehmerstrom $\dot{S}$ (bzw. das Lösungsmittelverhältnis $\dot{S}/\dot{R}$) und die theoretische Stufenzahl n_{th} der Kolonne. Diese beiden Größen bestimmen den Extrahieraufwand. Je kleiner das Verhältnis Aufnehmer- zu Abgeberstrom $\dot{S}/\dot{R}$ gewählt wird, desto größer muß die theoretische Stufenzahl n_{th} sein, um bei gegebenem x_A und $\dot{R}$ die gleiche Endbeladung des Raffinats x_E zu erreichen[1]).

---

[1]) Dieses Ergebnis folgt unmittelbar aus dem im vorigen Abschnitt gezeigten graphischen Verfahren von McCabe und Thiele.

Für unendliche Stufenzahl ist das Verhältnis Aufnehmer- zu Abgeberstrom, das man als Mindestlösungsmittelverhältnis $(\dot{S}/\dot{R})_{\min}$ bezeichnet, nach **Abbildung 17, 2** zu bestimmen. Es entspricht dem Mindestrücklaufverhältnis bei der Rektifikation.

Das mittlere Verstärkungsverhältnis einer praktischen Extraktionsstufe. Die im vorletzten Abschnitt durchgeführte Berechnung beruhte auf der Annahme, daß die Batterie ideal arbeitet, d. h. in jeder Stufe eine Gleichgewichtseinstellung erzielt wird. Diese Voraussetzung ist nicht

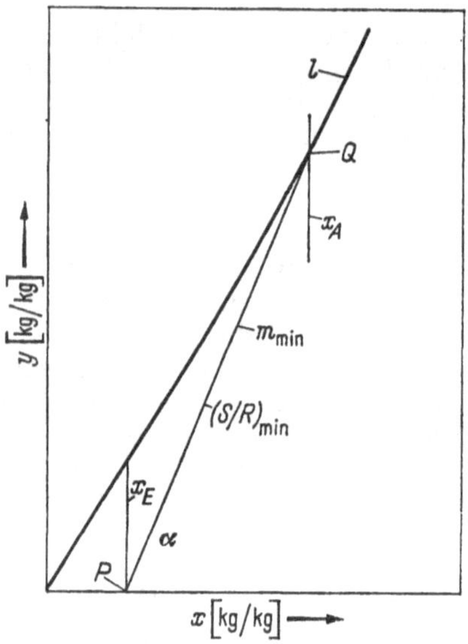

Abb. 17, 2. Bestimmung des min. Lösungsmittelverhältnisses. In das Diagramm der Verteilungskurve werden die Parallelen zur y-Achse im Abstand x_E und x_A eingetragen. Die Schnittpunkte mit der Verteilungskurve bzw. Abszisse sind die Punkte P und Q. Der Anstieg ihrer Verbindungslinie ist gleich R/S $(= \dot{R}/\dot{S})$.

immer erfüllt, da die Einstellung des Verteilungsgleichgewichts endliche Zeit benötigt. Die Dauer der Gleichgewichtseinstellung hängt dabei vor allem von der Geschwindigkeit des Stoffaustausches ab. Der Wärmeaustausch ist im Gegensatz zur Rektifikation bei der Extraktion gering, da die Lösungs- bzw. Mischungswärmen der zu extrahierenden Komponente im Aufnehmer und Abgeber wenig verschieden sind.

Bei realen Extraktionsbatterien oder Kolonnen wird deshalb das Trennvermögen der einzelnen Stufen geringer sein als das theoretisch mögliche. Aus diesem Grunde führt man wie bei der Rektifikation den Begriff des mittleren Austauschverhältnisses einer praktischen Stufe

$$s_m = \frac{\text{Anzahl der theoretischen Stufen eines Aggregats}}{\text{Anzahl der praktischen Stufen eines Aggregats}}$$

ein.

Werden Füllkörperkolonnen zur Extraktion verwendet, so gibt man (gleichfalls in Analogie zur Rektifikation) die Kolonnenhöhe, die einem theoretischen Boden entspricht, als HETP-Wert an.

Zur Beurteilung von Extraktionsaggregaten und für Berechnungen wird es — wie bei Rektifikationskolonnen — von Interesse sein, die theoretische Stufenzahl zu kennen, denen ein gegebenes Aggregat entspricht.

Sie kann nur experimentell mittels eines beliebigen Dreistoffsystems — Aufnehmer, Abgeber, Extrakt — bestimmt werden, dessen Verteilungskurve bekannt ist. Voraussetzung ist jedoch, daß Abgeber und Aufnehmer bei inniger Mischung keine stabilen Emulsionen bilden und ihre Dichtedifferenz hinreichend groß ist. Ferner muß bei der Wahl des Testsystems beachtet werden, daß die „Extrahierbarkeit" der gelösten Komponente der voraussichtlichen Stufenzahl der Kolonne entspricht, m. a. W., daß die Endbeladung des Raffinats weder zu groß noch zu klein wird. Im ersten Fall besteht Gefahr, daß Meßfehler bei Konzentrationsbestimmungen das Ergebnis beträchtlich verfälschen; ist der Abgeber praktisch frei von Extrakt, läßt sich die theoretische Stufenzahl überhaupt nicht mehr angeben.

Zur Ermittlung der theoretischen Stufenzahl wird ein Extraktionsversuch bei gewähltem konstantem $\dot{S}/\dot{R}$ durchgeführt. Man mißt Anfangs- und Endbeladung des Raffinats und zeichnet zunächst analog **Abbildung 17, 1** den dem Punkt P entsprechenden Punkt (Anfangsbeladung des Aufnehmers, Endbeladung des Abgebers) und durch diesen die Betriebslinie in das Gleichgewichtsdiagramm ein. Die Anfangsbeladung des Raffinats wird als Parallele zur Ordinate eingetragen. Man erhält den dem Punkt Q entsprechenden Punkt. Schließlich zeichnet man nach Art der **Abbildung 17,1** die Treppenkurve zwischen Gleichgewichtskurve und Betriebslinie ein und zählt die theoretischen Stufen ab.

Das Verstärkungsverhältnis einer praktischen Stufe bzw. der HETP-Wert hängen wie bei der Rektifikationskolonne von den verschiedensten Größen ab und sind keine Apparatekonstanten. Maßgebend sind neben der Konstruktion der Apparatur die Betriebsbedingungen und die Eigenschaften der beteiligten Stoffe. Neben der ermittelten theoretischen Stufenzahl eines Extraktionsapparates sind also unbedingt die Betriebsbedingungen anzugeben.

Im folgenden soll die theoretische Stufenzahl einer Scheibelkolonne bestimmt werden. Ähnlich der eingangs beschriebenen Extraktionsbatterie besteht sie aus miteinander abwechselnden Misch- und Ruhezonen (vgl. **Abb. 17, 3**). Das spez. leichtere Lösungsmittel wird unten, das schwerere oben in die Apparatur eingeführt. Auf Grund ihrer Dichtedifferenz laufen die beiden Lösungsmittel in der Kolonne im Gegenstrom. Die beiden Flüssigkeiten werden in den Rühr- und Ruhezonen abwechselnd vermischt und getrennt. Eine Misch- und Ruhezone entspricht einer Stufe der Extraktionsbatterie. Es besteht jedoch ein wesentlicher Unterschied zwischen beiden Apparaturen: Während in der Extraktionsbatterie der Stoffaustausch lediglich in den Mischzonen stattfindet, erfolgt er in der Scheibelkolonne auch in den Ruhezonen. Es ist folglich nicht ausgeschlossen, daß das mittlere Austauschverhältnis einer Stufe bei der Scheibelkolonne auch größer als eins sein kann.

Aufgabe. Es ist die theoretische Stufenzahl einer Scheibelkolonne mit dem System Wasser—Benzoesäure—Petroläther bei α) verschiedenen Rührerdrehzahlen, β) verschiedenen Flüssigkeitsströmen zu bestimmen.

Zubehör. Scheibelkolonne nach **Abbildung 17, 3**, Scheidetrichter, Bürette, Pipetten, Versuchssubstanzen: Petroläther, Benzoesäure, n/10 NaOH, Phenolphthalein.

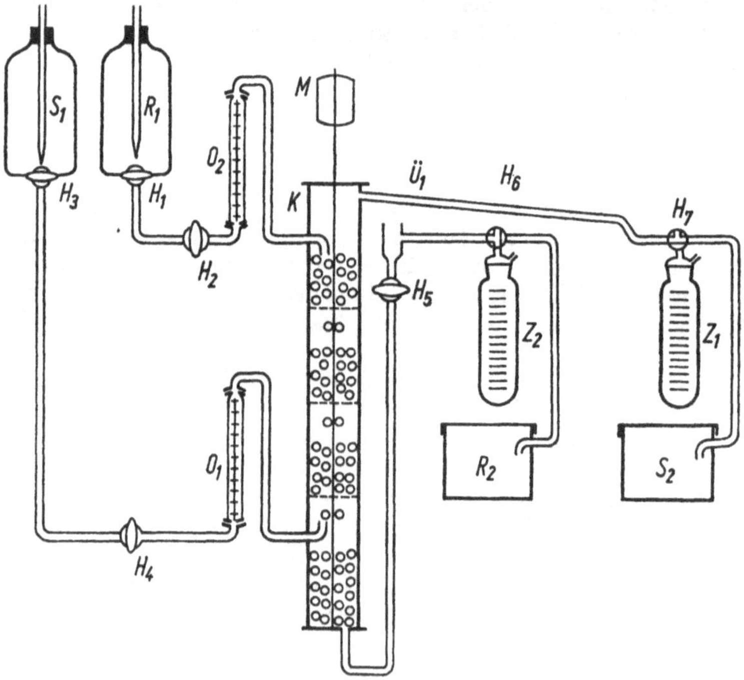

Abb. 17, 3. Schema der Versuchsanordnung

Apparaturbeschreibung. Die Scheibelkolonne K ($\varnothing$ 50; Länge 600 mm) wird durch **Abbildung 17, 3** wiedergegeben und besitzt 3 Misch- und 4 Ruhezonen. Die durch die gesamte Kolonne laufende Rührwelle wird durch den Motor M angetrieben. Die wäßrige Benzoesäurelösung (Abgeber) befindet sich im Vorratsgefäß R_1, der Petroläther (Aufnehmer) in S_1. Als Vorratsgefäße werden sog. Mariottesche Flaschen mit je 10 Litern

Inhalt verwendet. Der Abgeberstrom kann mittels der Hähne H_1 und H_2[1]) und dem geeichten Rotameter O_2 geregelt werden. Er durchläuft die Kolonne von oben nach unten und erreicht, nachdem er das Überlaufgefäß $Ü_1$ passiert hat, das Auffanggefäß R_2. Das Überlaufgefäß $Ü_1$ erlaubt eine Einstellung des Wasserspiegels in der Kolonne. Abgeberproben können mit Hilfe von Hahn H_6 und dem Meßzylinder Z_2 entnommen werden.
Der Aufnehmer wird über das geeichte Rotameter O_1 in den unteren Teil der Kolonne geleitet, durchläuft die Kolonne von unten nach oben und fließt schließlich in das Auffanggefäß S_2 bzw. in den Meßzylinder Z_1. Um Luftblasen in den Zulaufleitungen (aus Glas oder aus PVC-Schlauch) zu vermeiden bzw. zu vertreiben, sollte der Innendurchmesser dieser Leitungen von den Vorratsgefäßen bis zur Scheibelkolonne höchstens 6 mm betragen.

Ausführung der Messungen. Man ermittelt zunächst punktweise die Verteilungskurve der Benzoesäure zwischen Wasser und Petroläther und trägt die Werte in ein x, y-Diagramm ein.
10 l annähernd gesättigte und filtrierte wäßrige Benzoesäurelösung werden in das Vorratsgefäß R_1 und 10 l Petroläther in das Gefäß S_1 gefüllt. Die Zuflußhähne H_1 und H_3 werden geöffnet und die Zuflußgeschwindigkeiten mit Hilfe der Rotameter und der Ventile H_2 und H_4 eingeregelt. Man achte darauf, daß sich keine Luftblasen in den Zulaufleitungen befinden. Nun schaltet man den Rührmotor der Kolonne ein und stellt die gewünschte Drehzahl N ein. Schließlich wird noch H_5 geöffnet. Nachdem sich die Kolonne gefüllt hat, wird die Grenzschicht zwischen Petroläther und Wasser mit Hilfe des Überlaufgefäßes $Ü_1$ etwa 2—3 cm unter den Petrolätherabfluß gebracht und so lange nachgeregelt, bis sie konstant stehenbleibt. Sie darf während des Versuchs nicht wandern.
Abgeber und Aufnehmer, die die Kolonne verlassen, werden in die Auffanggefäße R_2 bzw. S_2 geleitet. Nach etwa 20 min — diese Zeit richtet sich vor allem nach den gewählten Durchflußgeschwindigkeiten — können die ersten Proben entnommen werden. Man leitet Aufnehmer und Abgeber mittels Hahn H_6 bzw. Hahn H_7 in die Meßzylinder Z_1 bzw. Z_2 ein.
Der Gehalt der wäßrigen Benzoesäurelösung wird titrimetrisch mit Phenolphthalein und n/10 NaOH bestimmt.

Die Abnahmen und Bestimmungen werden im Abstand von etwa 10 min so lange wiederholt, bis eine konstante Benzoesäurekonzentration im Fertigraffinat erhalten wird.

α) *Bestimmung der theoretischen Bodenzahl bei verschiedenen Rührerdrehzahlen.* Als Flüssigkeitsströme werden $\dot{R} = 1$ kg/h und $\dot{S} =$ 0,6 kg/h gewählt. Die theoretische Bodenzahl wird bei 3 Rührerdrehzahlen bestimmt.

[1]) H_2 und H_4 sind Quickfit Durchgangsventile *VL2*. (Das sind Ventile aus Glas und Teflon, deren Rohr i ⌀ 6 mm und deren Durchgang 2 mm beträgt.)

β) Bestimmung der theoretischen Bodenzahl bei verschiedenen Flüssigkeitsströmen. Die Bestimmung erfolgt bei einer Rührerdrehzahl von etwa 30 s^{-1}. Das Verhältnis $\dot{S}/\dot{R}$ ist bei allen Umsätzen konstant, z. B. = 1. Die theoretische Bodenzahl wird für 3 Abgeberströme bestimmt.
Weitere Literatur: (*37*), (*38*), (*73*), (*82*), (*100*).

e) Trennung von Gasen

18. Adsorption. Wirksamkeit verschiedener Adsorbentien für die Trennung von Dampf-Luft-Gemischen

Grundlagen. *Die Adsorptionsisotherme.* An festen Phasengrenzflächen werden Gase angereichert und zurückgehalten. Diese Erscheinung wird als Adsorption bezeichnet. Zwischen den an der Grenzfläche adsorbierten und den im Gasraum befindlichen Molekeln stellt sich bei gegebener Temperatur ein Gleichgewicht ein, das durch die Beziehung

$$n_a = f(c)_T \quad \text{oder} \quad n_a = h(p)_T \tag{1}$$

gekennzeichnet ist, wenn n_a die Anzahl der adsorbierten Mole, bezogen auf die Oberflächeneinheit, und c die Konzentration oder p der Partialdruck in der Gasphase bedeuten.
Da die Oberfläche eines Adsorptionsmittels im allgemeinen nicht bekannt und nur schwierig bestimmbar ist, rechnet man in der Technik mit der Beladung x, wobei

$$x = \frac{\text{adsorbierter Stoff in kg}}{\text{Adsorbens in kg}}\ 100\ \%\,,$$

d. h. man drückt die adsorbierte Menge in Gewichtsprozent, bezogen auf das freie Adsorptionsmittel, aus. In der Technik werden Adsorptionsisothermen meistens durch die empirische Gleichung von Ostwald

$$x = a\,p^{1/m} \tag{2}$$

bzw.

$$\lg x = \lg a + \frac{1}{m} \lg p$$

wiedergegeben.

Die Konstanten hängen von der Art des Adsorbens und des Sorbenden ab. (Über ihre physikalische Bedeutung vgl. (*11*)). Ein Nachteil dieser Gleichung ist, daß sie eine Sättigungsbeladung, wie sie bei hohen Partialdrücken auftreten kann, nicht wiedergibt.

Eine von Langmuir abgeleitete Beziehung zeigt diesen Nachteil nicht. Langmuir geht von der Vorstellung aus, daß die Oberfläche maximal von einer monomolekularen Schicht bedeckt werden kann. Daraus und aus dem Wechselspiel von Adsorption und Desorption ergibt sich die nach ihm benannte Beziehung

$$\sigma = \frac{b\,p}{1 + bp}\,, \tag{3}$$

worin σ den Bruchteil der Oberfläche bedeutet, der von adsorbierten Molekeln besetzt ist. Die Konstante b wird Adsorptionskoeffizient genannt.

Umfaßt das System mehrere Sorbenden, so ist der Bruchteil der vom Sorbenden i besetzten Oberfläche

$$\sigma_i = \frac{b_i\, p_i}{1 + \sum_i b_i\, p_i}, \tag{3a}$$

wenn sein Adsorptionskoeffizient b_i und sein Partialdruck p_i beträgt.

Während die LANGMUIR-Gleichung für Gase im allgemeinen nur oberhalb des kritischen Punktes oder bei kleinen Partialdrucken Gültigkeit besitzt, konnten BRUNAUER, EMMET und TELLER („BET") Beziehungen ableiten, die auch unterhalb des kritischen Punktes für einen großen Druckbereich gelten. Sie gingen von der Annahme aus, daß bei höheren Partialdrucken bzw. tiefen Temperaturen Mehrschichtenadsorption auftreten kann, und berücksichtigten ferner eine mögliche Kapillarkondensation.

Diese Gleichungen haben für Strukturuntersuchungen und genaue Oberflächenbestimmungen von Katalysatoren und Adsorptionsmitteln große Bedeutung. In der Adsorptionstechnik hingegen benutzt man zur Standardisierung großoberflächiger Stoffe meistens nicht die Oberflächengröße, wie man sie aus der LANGMUIR- oder BET-Beziehung erhält, sondern vergleicht einfach die Adsorptionsisothermen von Benzol oder des speziellen Sorbenden an den einzelnen Adsorbentien.

Temperaturabhängigkeit der Adsorption, Adsorptionswärme. Die Temperaturabhängigkeit der Adsorption kann durch die Beziehung

$$b = b_0\ e^{\lambda/RT} \tag{4}$$

wiedergegeben werden. λ ist die sog. Adsorptionswärme. Sie ist für ein gegebenes System keine Konstante, sondern von der Temperatur T und vor allem von der Beladung des Adsorbens abhängig. Man unterscheidet folglich zwischen differentieller und integraler Adsorptionswärme, wobei letztere einen Mittelwert über die differentiellen Adsorptionswärmen darstellt, wie man ihn beispielsweise durch kalorimetrische Messungen erhält.

Die integrale Adsorptionswärme liegt bei physikalischer Gas- und Dampfadsorption in der Größenordnung der Kondensationswärme ($\approx$ 20 kJ/mol), da lediglich VAN DER WAALSsche Kräfte der Oberfläche und der adsorbierten Molekeln für die Adsorption verantwortlich sind. Überschlagsweise beträgt die Adsorptionswärme eines Sorbenden etwa das 1,5- bis 2fache seiner Kondensationswärme. Chemisorption, die zu einer irreversiblen Bindung an der Oberfläche führen kann, ist dagegen mit Wärmetönungen, die in der Größenordnung chemischer Reaktionen liegen (80—200 kJ/mol), verbunden.

Trennung von Gasen durch Adsorption. Eine vollständige Trennung zweier Gase durch Adsorption ist prinzipiell ebensowenig möglich wie durch Extraktion oder Rektifikation, da auch die Adsorption über Gleichgewichte verläuft und jede der beiden Komponenten adsorbiert wird. Praktisch kommt man aber im Gegensatz zu den genannten anderen Möglichkeiten in allen Fällen mit normalem technischem Aufwand zu einer befriedigenden Trennung.

Die Trennung wird um so besser sein, je unterschiedlicher die Adsorbierbarkeit der beiden Gase an dem gewählten Adsorbens ist. Die Adsorbierbarkeit eines Gases an einem Adsorptionsmittel ist von den physikalischen und chemischen Eigenschaften sowohl des Gases als auch des Adsorptionsmittels abhängig. Überschlägig kann man sagen, daß aus Gasgemischen, die in Berührung mit einem Adsorbens stehen, das Gas am stärksten adsorbiert wird, das den höchsten Siedepunkt hat.

Die Adsorptionszone. Die vorstehenden Überlegungen befassen sich mit einigen Gesetzen der statischen Adsorption. In der Technik findet jedoch die dynamische Arbeitsweise Anwendung, d. h. das zu trennende Gasgemisch, beispielsweise mit Lösungsmitteldampf beladene Luft, wird kontinuierlich durch Türme oder Kessel gedrückt, die mit entsprechen-

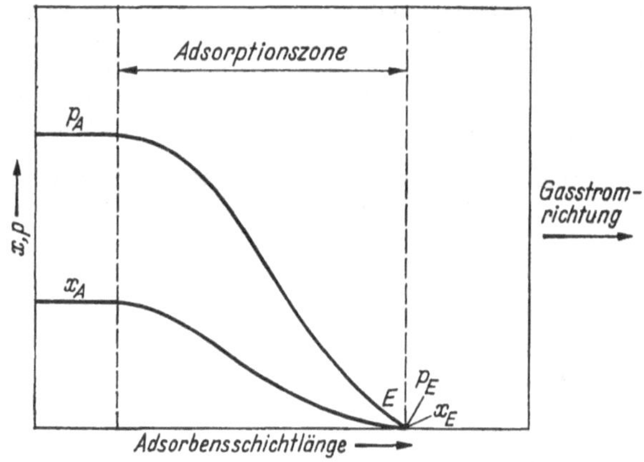

Abb. 18, 1. Abhängigkeit des Partialdruckes des Sorbenden im Gas (p) und der Beladung des Adsorbens (x) von der Adsorbensschichtlänge

dem Adsorptionsmittel gefüllt sind. Nach Durchströmen einer hinreichend langen Schicht ist das Lösungsmittel praktisch vollständig aus der Luft entfernt.

Innerhalb der Kolonne bildet sich nach einer gewissen Betriebszeit die sog. Adsorptionszone aus. Darunter versteht man die Adsorbensschichtlänge, innerhalb derer die Beladung des Trägergases, in diesem Falle Luft, von der Eintrittsbeladung p_A auf eine geringe Restbeladung (p_E praktisch Null) abfällt. Die Beladung des Adsorbens fällt längs dieser Schicht von der Sättigungsbeladung x_A (x_A = Gleichgewichtsbeladung, die dem Partialdruck p_A entspricht) auf die Beladung $x_E \to 0$ ab (**Abb. 18, 1**).

Das Auftreten einer Adsorptionszone endlicher Länge ist darauf zurückzuführen, daß sich zu jeder Zeit und an jedem Querschnitt des Adsorbens durch Stoffaustausch (Adsorption und Desorption) zwischen Gas und Oberfläche im Grenzfall nur das der momentanen Gaskonzentration entsprechende Gleichgewicht einstellen kann. Die Länge der Adsorptionszone ist infolgedessen durch die für das System maßgebende Adsorptionsisotherme und die Anfangsbeladung der strömenden Phase bestimmt.

Des weiteren ist zu berücksichtigen, daß jede Gleichgewichtseinstellung eine endliche Zeit benötigt, die sich aus der entsprechenden Adsorptions- und Desorptionsgeschwindigkeit ergibt. Je unvollständiger sich die momentanen Gleichgewichte einstellen, desto länger wird, wie unmittelbar einzusehen, die Adsorptionszone. (Analogie zum HETP-Wert einer Rektifikationskolonne, der um so größer wird, je unvollständiger sich Dampf und Flüssigkeit ins Gleichgewicht setzen können.)

Die Länge der Adsorptionszone wird infolgedessen vom Verhältnis

$$\alpha = \frac{\text{Adsorptionsgeschwindigkeit}}{\text{Strömungsgeschwindigkeit}}$$

abhängen (*11*).

Die Adsorptionsgeschwindigkeit hängt von den verschiedensten Größen, vor allem aber von der Oberflächendiffusion, ab. Die Oberflächen von Adsorbentien weisen bekanntlich Zerklüftungen und mehr oder minder feine Kapillaren auf. Um die aktiven Stellen der Oberfläche zu erreichen, müssen die Gasmolekeln durch bzw. in die Kapillaren diffundieren, wodurch eine Verzögerung der Gleichgewichtseinstellung und damit Verlängerung der Adsorptionszone verursacht werden kann. Da die Diffusion nicht nur von der Art der Oberfläche, sondern auch von der Molekelart, der Temperatur und dem Dampfpartialdruck abhängt, nehmen auch diese Größen Einfluß auf die Adsorptionsgeschwindigkeit und damit die Adsorptionszone.

Die Gleichgewichtseinstellung kann ferner durch bereits adsorbierte andersartige Molekeln, die erst verdrängt werden müssen, beispielsweise wenn Restbeladung oder Mischadsorption vorliegt, verzögert werden.

Bei fortlaufendem Betrieb des Adsorbers wandert die Adsorptionszone auf den Ausgang des Adsorbers zu. Schließlich erreicht Punkt *E* das Ende der Schicht, und Lösungsmitteldampf tritt fortan in der ausströmenden Luft in meßbaren Mengen auf. Den Zeitpunkt, zu dem der erste Lösungsmitteldampf nachweisbar wird, bezeichnet man als „Durchbruchspunkt“ des Adsorbers. Die Änderung der Beladung der austretenden Luft mit der Zeit wird als „Durchbruchskurve“ bezeichnet.

Die Beladung der austretenden Luft nimmt mit weiterem Betrieb immer mehr zu und erreicht schließlich die Eintrittsbeladung; der Adsorber ist gesättigt. Um im technischen Betrieb die Sättigungskapazität auszunutzen, wird das austretende Gas nach dem Durchbruchspunkt auf einen frischen wiederbelebten (s. w. u.) Adsorber geleitet.

Die Länge der Adsorptionszone ist wirtschaftlich gesehen bedeutungsvoll, da ihr Verhältnis zur Gesamtlänge des Adsorbers die Adsorptionskapazität („Durchbruchsbeladung") des Adsorbers bestimmt. Eine relativ lange Adsorptionszone ist nämlich gleichbedeutend mit einer im Vergleich zur Sättigungsbeladung kleinen Durchbruchsbeladung. Bei technischen Adsorptionsprozessen folgt der Adsorption die Desorption. Ist eine Adsorptionskolonne bis zum Durchbruch beladen, muß die Beladung desorbiert werden. Durch Desorption wird die „Wiederbelebung" der Adsorptionskolonne erreicht und der Sorbend in konzentrierter Form gewonnen. Je nach Wert des Sorbenden steht die Wiederbelebung der Adsorptionskolonne oder die Gewinnung des Sorbenden an erster Stelle.

Desorption kann durch alle Operationen, die das Gleichgewicht zwischen Adsorbens und Gasphase stören, erreicht werden. Erwähnt sei die (Partial-)Druckerniedrigung des Sorbenden im Gasraum, die beispielsweise bei der Desorption von Lösungsmitteldämpfen durch Spülen mit Hilfsgasen (Luft) oder durch Anlegen eines Vakuums (Abpumpen) erzielt werden kann, sowie eine Temperaturerhöhung, wodurch das Adsorptionsgleichgewicht stark zur Gasseite verschoben wird.

In der Technik wird man je nach Aufgabe entsprechende Maßnahmen kombinieren. Häufig verwendet man zur Gas- und Dampfdesorption als Hilfsgas Wasserdampf, der gegenüber anderen Hilfsgasen den Vorteil hat, leicht kondensierbar zu sein und dank seiner hohen Adsorbierbarkeit organische Sorbenden zu verdrängen, woraus sich eine gute Regenerierung des Adsorbens ergibt.

Oftmals kann durch Desorption das Sorbat nicht oder nur unter extremen Bedingungen nach entsprechend langer Desorptionszeit völlig vom Adsorbens entfernt werden. Man spricht dann von Restbeladung und versteht darunter die Beladung, die nach der Desorption auf dem Adsorbens zurückbleibt. Restbeladungen sind meist auf Chemisorption zurückzuführen.

Die Wirksamkeit verschiedener Adsorbentien für die Trennung eines Lösungsmittel-Luft-Gemisches kann durch einen Versuch, wie beispielsweise den im folgenden beschriebenen, einfach ermittelt werden. Man bestimmt für jedes in Frage kommende Adsorbens die Durchbruchsbeladung, Sättigungsbeladung und Restbeladung unter den gleichen Versuchsbedingungen (eventuell Betriebsbedingungen) und vergleicht die erhaltenen Werte. Ein Anhaltspunkt für die Länge der Adsorptionszone ergibt sich aus dem Verhältnis Sättigungsbeladung/Durchbruchsbeladung.

Die erhaltenen Werte lassen jedoch, wie sich aus den vorstehenden Ausführungen ergibt, nur eine unvollständige Bewertung der Adsorbentien zu und können nicht ohne weiteres auf andere Versuchsbedingungen extrapoliert werden. Zur besseren Charakterisierung eines Adsorbens muß deshalb einerseits die Adsorptionsisotherme, andererseits die Länge der Adsorptionszone als Funktion der möglichen Betriebsbedingungen ermittelt werden.

Aufgabe. Bestimmung der Durchbruchsbeladung, der Sättigungsbeladung und der Restbeladung für die Adsorption von Benzoldampf an Aktivkohle und Silikagel.

Zubehör. Apparatur nach **Abbildung 18, 2**; Standzylinder, Becherglas (1 l), Benzol, konz. Schwefelsäure, Silikagel, A-Kohle.

Apparaturbeschreibung. Als Adsorptionsgefäß dient das U-Rohr *R*, das mit zwei Hähnen verschlossen werden kann. Es befindet sich in einem Thermostaten *T*, der eine konstante Adsorptionstemperatur gewährleistet. Zur Trocknung der Luft dient die mit konz. Schwefelsäure gefüllte Frittenwaschflasche W_1, zur Beladung der Luft mit Benzoldampf die Waschflasche W_2, die Benzol enthält. Der Gasbrenner *G* erlaubt die Indizierung des Durchbruchs. Mit Hilfe des Strömungsmessers *St* kann die gewünschte Luftgeschwindigkeit eingestellt werden.

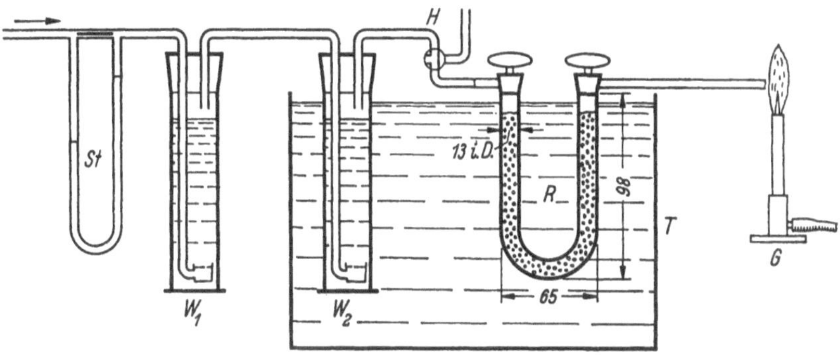

Abb. 18, 2. Schema der Adsorptionsapparatur

Ausführung der Messungen. Die Waschflasche W_1 wird mit Schwefelsäure, W_2 mit getrocknetem und destilliertem Benzol gefüllt. Die Temperatur des Thermostaten beträgt 17°C. Kohle der Korngröße etwa 2—5 mm, die mindestens 4 Std. bei 150°C getrocknet wurde, wird in einen Standzylinder (Innendurchmesser 13 mm) unter dauerndem Klopfen bis zu einer in 15 cm Höhe angebrachten Marke gefüllt. Die derart abgemessene Kohlenmenge wird in das gewogene Adsorptionsgefäß *R* überführt und auf 1 mg genau gewogen. Schließlich setzt man das Adsorptionsrohr in den Thermostaten, stellt die Verbindungen her und wartet den Temperaturausgleich ab.

Nun wird ein Luftstrom von 325 ml/min (entsprechend 245 ml/min cm², bezogen auf die Querschnittseinheit des Adsorptionsrohres) eingestellt. Das Gasgemisch wird zunächst über den Hahn *H* in den Abzug geleitet. Zum Versuchsbeginn werden die Hähne des Adsorptionsrohres geöffnet und Hahn *H* verstellt, so daß das Gemisch durch das Adsorptionsrohr strömt. Beim ersten Auftreten der Benzolflamme wird das Gasgemisch wieder nach außen in den Abzug geleitet und die Gewichtszunahme des Adsorptionsrohres bei verschlossenen Hähnen bestimmt. Anschließend wird das Gasgemisch so lange durch das Adsorptionsgefäß gedrückt, bis keine Gewichtszunahme mehr zu verzeichnen ist. Die Gewichtszunahme wird alle 15 min festgestellt.

Zur Desorption des Lösungsmittels wird das Adsorptionsgefäß in ein schwach siedendes Wasserbad gehängt (Adsorbensschichthöhe = Wasserhöhe) und unbeladene, mit Schwefelsäure getrocknete Luft ebenfalls mit 325 ml/min durchgeleitet. Die Gewichtsabnahme wird durch Wiegen verfolgt (jede $^1/_4$ Std.). Beträgt die Gewichtsabnahme weniger als 8 mg/15 min, wird die Desorption abgebrochen. Das auf dem Adsorbens verbliebene Lösungsmittel wird als Restbeladung angesehen.

Der beschriebene Versuch wird sinngemäß mit Silikagel (Trocknung 4 h bei 90° C) wiederholt, und die gesuchten Beladungen werden aus den Versuchsergebnissen berechnet.

Weitere Literatur: (*31*), (*39*), (*54*), (*70*), (*113*).

IV. Stoffvereinigung

19. Rühren.

Grundlagen. *Leistungsaufnahme des Rührers.* Der Widerstand eines relativ zu einer Flüssigkeit bewegten Körpers beträgt (vgl. Aufg. 4)

$$W = C_W \frac{\varrho_l}{2} F w^2. \tag{1}$$

W = Widerstand
F = größter Querschnitt des Körpers senkrecht zur Strömung
ϱ_l = Dichte der Flüssigkeit
w = Geschwindigkeit

Der Proportionalitätsfaktor C_W, der Widerstandsbeiwert, ist von der Form und Größe des Körpers und von der Art der Strömung abhängig; damit wird

$$C_W \sim f(Re) = f\left(\frac{d\,w}{\nu}\right). \tag{2}$$

ν = kinematische Zähigkeit der Flüssigkeit
d = charakteristischer Durchmesser

Die Leistung, die notwendig ist, den Körper durch die Flüssigkeit zu bewegen, beträgt

$$L = W w = C_W \frac{\varrho_l}{2} F w^3. \tag{3}$$

Sinngemäß lassen sich die vorstehenden Gleichungen auch auf Rührer übertragen:

Wir setzen definitionsgemäß für die Geschwindigkeit w des Körpers die Bahngeschwindigkeit w_r des äußersten Rührerpunktes

$$w_r = 2\, r_r\, \pi\, N \tag{4}$$

N = Drehzahl des Rührers
r_r = Abstand des äußersten Rührerpunktes von der Drehachse

als charakteristische Länge zur Berechnung der Re-Zahl $2 r_r = d_r$ und die Fläche des Rührers $F_r \sim d_r^2$. Für die Leistungsaufnahme des Rührers folgt daraus

$$L_r = \frac{\pi^3}{2} C_{W,r} N^3 d_r^5 \varrho_l \tag{5}$$

mit [1])

$$C_{W,r} \sim f(Re) = f\left(\frac{d_r^2 \pi N}{\nu}\right). \tag{6}$$

Aus experimentellen Untersuchungen von BÜCHE ergab sich bei Blattrührern für den Bereich laminarer Strömung

$$C_{W,r} = \frac{K_1}{Re} \quad \text{für } Re < 50\,, \tag{7a}$$

für den turbulenten Bereich mit starkem Zähigkeitseinfluß

$$C_{W,r} = \frac{K_2}{Re^{1/4}} \quad \text{für } 10^2 < Re < 2 \cdot 10^5 \tag{7b}$$

und für den turbulenten Bereich mit geringem Zähigkeitseinfluß

$$C_{W,r} = K_3 \text{ für } Re > 2 \cdot 10^5\,. \tag{7c}$$

Die K-Werte sind vor allem von den geometrischen Abmessungen des Rührgefäßes, von der Rührerform und -größe und von der Flüssigkeitshöhe im Rührergefäß abhängig; sie stellen für geometrisch ähnliche Rühranordnungen charakteristische Konstanten dar.

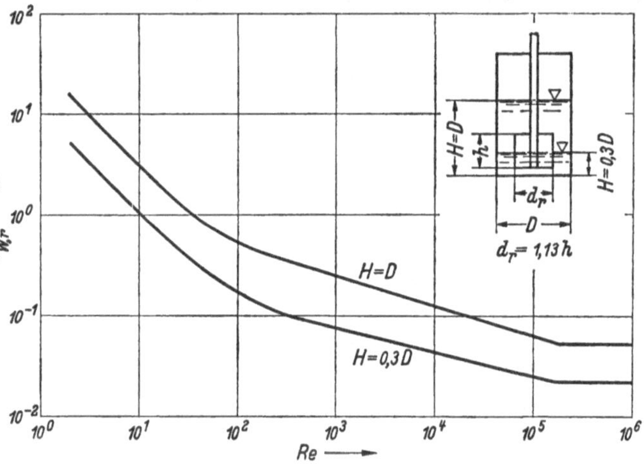

Abb. 19, 1. Widerstandsbeiwert eines Blattrührers als Funktion der Re-Zahl. Die Werte gelten für die rechts im Bild angegebene Rühranordnung

[1]) In der Rührtechnik wird meist anstelle von $C_{W,r}$ die NEWTONsche Kennzahl eingeführt;

$$Ne = \frac{L_r}{N^3 \cdot d_r^5 \cdot \varrho_l} \quad \text{Vgl. hierzu auch Aufgabe 40.}$$

Die Zahlenwerte der Konstanten lassen sich nur mittels eines Modellversuchs ermitteln. **Abbildung 19, 1** zeigt $C_{W,r}$ als Funktion von Re für die eingezeichnete Rühranordnung.

Lösezeiten von Feststoffteilchen. Die Lösegeschwindigkeit eines in einer Flüssigkeit schwebenden Feststoffteilchens läßt sich durch die Beziehung (vgl. Aufg. 1)

$$\dot{G} = F\beta\,(c_S - c) \tag{8}$$

c_S = Sättigungskonzentration an der Oberfläche des Teilchens
c = Konzentration der das Teilchen umgebenden Lösung
β = Stoffübergangszahl
F = Oberfläche des Teilchens

beschreiben.

Durch Integration der Gl. (8) ließe sich die Lösezeit eines Kornes prinzipiell ermitteln. Beim Lösevorgang ändert sich jedoch das Volumen und damit die Oberfläche des Teilchens und die Konzentration der umgebenden Lösung mit fortschreitender Auflösung. Ferner wird die Gestalt des Teilchens nicht gleich bleiben, da Kanten, Spitzen usw. entstehen oder verschwinden.

Hixon und Crowell haben deshalb unter Einführung einer mittleren Oberfläche und einer mittleren Konzentration eine Näherungsgleichung für die Lösezeit t abgeleitet:

$$t = \frac{\text{const.}}{\beta \Delta c_m}\,(1 - x^{1/3}), \tag{9}$$

worin const. $= 3\, d_K\, \varrho_s/\varkappa$

und

$$\Delta c_m = \frac{\Delta c_A - \Delta c_E}{\ln \dfrac{\Delta c_A}{\Delta c_E}}$$

bedeuten.

d_K = Korngröße der eingegebenen Teilchen
G = Gewicht der ungelösten Gutmenge
G_A = Anfangsgewicht des Gutes
x = Bruchteil der nach der Zeit t ungelösten Feststoffmenge $= G/G_A$
$\varkappa$ = Formfaktor
ϱ_s = Dichte des Feststoffes
Δc_m = mittleres logarithmisches Konzentrationsgefälle
Δc_A = Differenz zwischen der Konzentration an der Kornoberfläche und der Lösung zu Beginn des Lösevorgangs
Δc_E = Differenz zwischen der Konzentration an der Kornoberfläche und der Lösung am Ende des Lösevorgangs

Die Zeit für die vollkommene Auflösung aller Teilchen ist dann

$$t_E = \frac{\text{const.}}{\beta\, \Delta c_m}, \tag{9a}$$

da für diesen Grenzfall $x = 0$ wird.

Der Rührer hat, grob gesehen, die Aufgabe, die Lösegeschwindigkeit zu steigern, indem er

1. die Körner gleichmäßig über die Flüssigkeit verteilt,
2. Konzentrationsunterschiede innerhalb der Lösung ausgleicht,
3. die Dicke des Grenzfilms, der die Körner umgibt, verkleinert und derart die Stoffübergangszahl β vergrößert.

Es gibt eine gewisse Mindestdrehzahl des Rührers, die notwendig ist, um alle Körner in der Schwebe zu halten. Bei kleineren Drehzahlen werden Körner zu Boden sinken, womit eine Verkleinerung der Austauschfläche zwischen Flüssigkeit und Feststoff verbunden ist.
Wird hingegen die Drehzahl über die Mindestdrehzahl hinaus gesteigert, so zeigt sich, daß dadurch kaum noch eine wesentliche Beschleunigung der Lösegeschwindigkeit und damit Verkürzung der Lösezeit t_E erreicht werden kann.

Dieser Befund ist verständlich, wenn man bedenkt, daß durch eine Steigerung der Drehzahl nicht nur die Geschwindigkeit der Flüssigkeit, sondern auch die der Feststoffteilchen erhöht wird; infolgedessen wird die Relativgeschwindigkeit, die allein die Grenzfilmdicke und damit den Stoffübergang bestimmt, nur wenig zunehmen. Andererseits nimmt die für die Rührung erforderliche Leistung beispielsweise im turbulenten Gebiet mit der 3. Potenz der Rührerdrehzahl zu. Es ist infolgedessen beim Lösen von Feststoffen wenig sinnvoll, über eine gewisse Drehzahl hinauszugehen.

Arbeitsaufwand beim Lösen von Feststoffen. Multipliziert man die Rührerleistung mit der Lösezeit, so erhält man die Arbeit, die vom Rührer geleistet wird, um den Lösevorgang zu beschleunigen. Sie wird als „Arbeitsaufwand" bezeichnet:

$$A_E = L_r\, t_E = 2\,\pi\, N\, \mathfrak{M}\, t_E \tag{10}$$

$\mathfrak{M}$ = Drehmoment des Rührers

Für die Drehzahl $N = 0$ ist der benötigte Arbeitsaufwand $A_E = 0$, die Lösezeit jedoch sehr groß. Ein weiterer minimaler Arbeitsaufwand ist nach den vorstehenden Ausführungen bei der Drehzahl zu erwarten, bei der sich alle Körner gerade in der Schwebe befinden. Hier liegt das wirtschaftliche Optimum des Lösevorgangs; wir verzeichnen eine optimale geringe Lösezeit im Verhältnis zur investierten Arbeit. Dieser Optimalwert hängt für einen gegebenen Löseprozeß von der Rührerform, seinem geometrischen Aufbau, von Einbauten wie Strombrechern u. a. m. ab.

Für eine gegebene Löseaufgabe kann die optimale Drehzahl nur durch Modellversuch bestimmt werden. Auch läßt sich die Wirksamkeit verschiedener Rührerformen und Dimensionen nur durch Vergleich ermitteln.
Man geht am besten so vor, daß man Leistungsaufnahme und Arbeitsaufwand der in Frage kommenden Rührer in Abhängigkeit von der Lösezeit einer gegebenen Gutmenge bestimmt und jeweils die optimalen

Rührbedingungen vergleicht. Entsprechend kann auch die geeignetste Gefäßform und der Einfluß von Strombrechern untersucht werden.

Übergang von der Modell- zur Hauptausführung. Sind für einen gegebenen Prozeß die zweckmäßigste Rührerform, die wirtschaftlichste Drehzahl und die geeignetsten geometrischen Gefäß- und Rührerabmessungen (durch Modellversuch) gefunden, besteht auf Grund des BÜCHEschen Theorems die Möglichkeit, die Rührerleistung und die Rührerdrehzahl zu berechnen, die eine wirtschaftlich optimale Arbeitsweise der Hauptausführung gewährleisten.

Voraussetzung ist, daß völlige geometrische Ähnlichkeit zwischen Modell- und Hauptausführung besteht. Bei Löseprozessen kommt als Bedingung hinzu (*130*), daß in beiden Anordnungen gleiches Volumverhältnis Feststoff zu Flüssigkeit und gleiche Korngröße des Feststoffs vorzuliegen haben.

Das BÜCHEsche Theorem, das auf Grund zahlreicher experimenteller Untersuchungen empirisch aufgestellt wurde, lautet

$$\frac{L_{r,H}}{L_{r,M}} = \frac{V_H}{V_M} = \lambda^3 . \tag{11}$$

$L_{r,H}$ = Rührerleistung der Hauptausführung
$L_{r,M}$ = Rührerleistung der Modellausführung
V_H = Flüssigkeitsvolumen i. d. Hauptausführung
V_M = Flüssigkeitsvolumen i. d. Modellausführung
λ = linearer Vergrößerungsmaßstab Modell-Haupt-Ausführung

Mittels dieser empirischen Gleichung ergibt sich die Rührerdrehzahl aus Gl. (4), (5), (6) und (7) für den laminaren Bereich zu

$$N_H = N_M, \tag{12a}$$

für den turbulenten Bereich mit starkem Zähigkeitseinfluß zu

$$N_H = N_M \left(\frac{1}{\lambda}\right)^{6/11} \approx \frac{N_M}{\sqrt{\lambda}} \tag{12b}$$

und den turbulenten Bereich ohne wesentlichen Zähigkeitseinfluß zu

$$N_H = N_M \left(\frac{1}{\lambda}\right)^{2/3} . \tag{12c}$$

N_H = Rührerdrehzahl der Hauptausführung
N_M = Rührerdrehzahl der Modellausführung

a) Arbeitsaufwand beim Lösen von Feststoffen durch Rühren

Aufgabe. Für einen Lösevorgang ($Na_2S_2O_3$ in Wasser) sind in einem Modellgefäß für zwei verschiedene Rührer (Kreisel- und Blattrührer) bei jeweils 10 verschiedenen Drehzahlen N das Drehmoment $\mathfrak{M}$, die Leistung L_r und die Lösezeit t experimentell zu ermitteln. Die Versuche sind einmal mit und einmal ohne Strombrecher durchzuführen.

Die beiden Rührertypen sind in bezug auf ihre Wirtschaftlichkeit zu vergleichen.

Für den ohne Strombrecher gefundenen Wert, der optimalen Rührbedingungen entspricht, ist der Übergang zu einer Betriebsausführung zu berechnen ($V_M = 5$ l, $V_H = 700$ l).

Zubehör. Rührwerk nach **Abbildung 19, 2**, $Na_2S_2O_3$ (Korndurchmesser: 5—8 mm).

Apparaturbeschreibung. Das Rührwerk besteht aus einem stufenlos regelbaren Motor M, der über einen Keilriemen K die verschiedenen auswechselbaren Rührer R antreibt. Das Antriebsaggregat ist als Ganzes

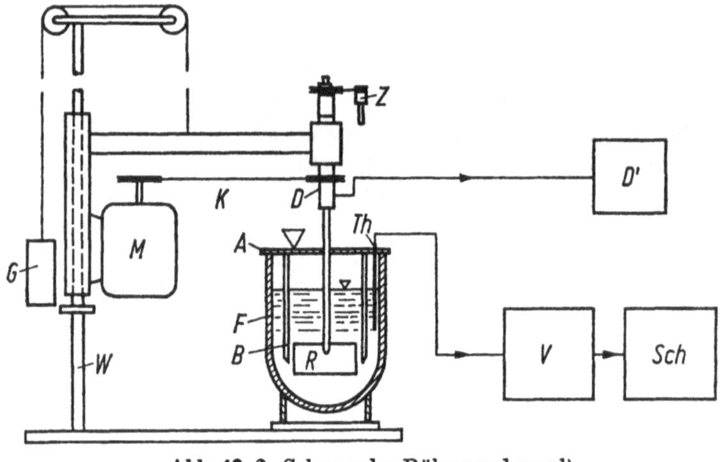

Abb. 19, 2. Schema der Rühranordnung[1])

an einem Stativ W so befestigt, daß mittels eines Gegenzugs G seine Höhe und somit die Eintauchtiefe des Rührers beliebig eingestellt werden kann. Als Rührgefäß dient ein 7-l-Dewar F, in den die Strombrecher B eingehängt werden können. Das Gefäß kann mit einem Deckel A, in dem sich ein Einfülloch befindet, abgedeckt werden.

[1]) Eine entsprechende Rühranordnung ist im Handel erhältlich. EKATO-Werk, Schopfheim/Baden.

Die Drehzahl N wird entweder elektrisch oder mechanisch an der Rührwelle abgenommen und mit dem Drehzahlmesser Z gemessen. Dehnungsmeßstreifen D, die an der Rührwolle angebracht sind, gestatten in Verbindung mit einem Verstärker D' das Drehmoment zu messen. Die Eichung des Geräts erfolgt nach der statischen Methode.

Die Temperatur im Rührgefäß wird mit Thermistoren Th gemessen; die Temperatur-Zeit-Kurve wird auf einem Schreiber Sch, dem ein Verstärker V vorgeschaltet ist, aufgezeichnet.

Ausführung der Messungen. In den Dewar werden 5 l Wasser gefüllt. Während des Rührens mit konstanter Drehzahl und Leistung werden 6 g Thiosulfat in den Dewar eingebracht. Nach dem Einschütten sind das

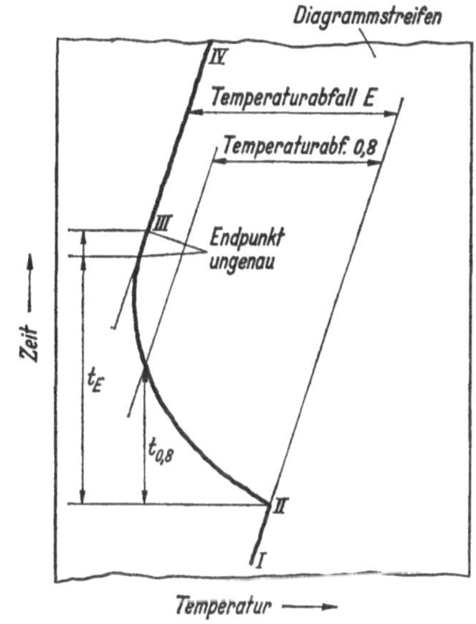

Abb. 19, 3. Temperaturverlauf im Lösungsmittel und in der Lösung I — II: Anstieg infolge Rührwirkung; II: Salzeinwurf; II—III: Temperaturabfall infolge negativer Lösungswärme; III: Lösung beendet; III—IV: wie I—II

Drehmoment und die Drehzahl abzulesen und während des Lösevorgangs zu verfolgen. Solange der Lösevorgang anhält, ergibt sich infolge der negativen Lösungswärme des Salzes eine fortschreitende Temperaturerniedrigung der Lösung. Diese Temperaturerniedrigung wird auf einem Linienschreiber registriert (**Abb. 19, 3**). Die vor und nach dem Lösevorgang aufgezeichneten Geraden sind parallel, ihre Neigung ist ein Maß für die durch den Rührer bewirkte Temperaturerhöhung der Flüssigkeit. Der Lösevorgang selbst wird durch eine e-Funktion dargestellt, aus der die Lösezeit wegen der ungenauen Fixierung des Endpunktes schlecht abzulesen ist. Man wählt deshalb für die Versuchsauswertung z. B. die Zeit $t_{0,8}$, in welcher der gesamte Temperaturabfall (bzw. die Auflösung) zu 80% erfolgt ist (s. **Abb. 19, 3**).

Auswertung der Messungen. Die durch den Versuch erhaltenen Meßwerte N, $\mathfrak{M}$, $t_{0,8}$ werden tabellarisch für die beiden Rührer, jeweils mit und ohne Strombrecher, eingetragen.

Rechnerisch werden für jeden Versuch noch folgende Größen ermittelt:

1. Die Leistung L_r.
2. Die *Re*-Zahl (Geschwindigkeit w_r nach Gl. (4)).
3. Der Widerstandsbeiwert $C_{W,r}$ aus Gl. (5); für ϱ_l wird ein $\varrho_{\text{Lösung}}$ eingesetzt, das durch die Annahme, daß die Eigenschaften der Flüssigkeiten additiv sind, einfach zu gewinnen ist:

   $$\varrho_{\text{Lösung}} = 0{,}01\,(\varrho_1 a_1 + \varrho_2 a_2 + \cdots\cdots \varrho_n a_n).$$

   Es bedeuten, $\varrho_1, \varrho_2, \varrho_n$ die Dichten, a_1, a_2, a_n die Prozentgehalte der Komponenten im Gemisch. Die Formel ist praktisch für technische Berechnungen hinreichend.
4. Die Stoffübergangszahl β nach Gl. (9), wobei $\varkappa = 5$ gesetzt wird. Für Δc_A ist die Sättigungskonzentration c_S von Thiosulfat in Wasser, für Δc_E die Konzentrationsdifferenz, die am Ende des Lösevorganges zur Sättigungskonzentration herrscht, anzusetzen; beide Werte werden prozentual gerechnet.
5. Der Arbeitsaufwand nach Gl. (10), wobei statt A_E der Arbeitsaufwand für 80%ige Auflösung ($A_{0,8}$) berechnet wird.

In Diagrammen werden aufgetragen:

1. β über N und *Re*.
2. L_r über $\dfrac{1}{t_{0,8}}$ und β.
3. $A_{0,8}$ über $\dfrac{1}{t_{0,8}}$ und β.
4. $C_{W,r}$ über *Re*: Diesem Diagramm sind die K-Werte für die einzelnen Strömungsbereiche zu entnehmen (Gl. (7a, b, c) gilt nur für Blattrührer).

Mittels der Diagramme läßt sich der wirtschaftlich optimale Betriebszustand bestimmen, bei dem die Salzkörner schweben und eine Vergrößerung der Umdrehungszahl relativ zum Zuwachs des Stoffübergangs nichts einbringt. Für diesen gefundenen Optimalwert ist nach Gl. (11) das $L_{r,H}$ der Hauptausführung und nach Festlegung des *Re*-Bereichs die Drehzahl N_H der Hauptausführung anzugeben (Gl. (12a, b, c)).

b) Arbeitsaufwand beim Suspendieren von Feststoffen

Aufgabe. Für eine spezielle Rühraufgabe — Suspendieren von Glaskugeln in Glycerin — sind zwei Propellerrührer unterschiedlicher Größe und ein „MIG"-Rührer (Mehrfach Impuls Gegenstrom) miteinander zu vergleichen.

Zubehör. Rührwerk nach **Abbildung 19, 2,** Glasgefäß mit Klöpperboden 23 l Inhalt, Glycerin, Glaskugeln ∅ 5 mm (bzw. Sand gleicher Korngröße), 2 Propellerrührer, MIG-Rührer.

Apparaturbeschreibung. Das Rührwerk mit Drehzahlmesser und Drehmomentmesser wurde in der vorstehenden Aufgabe beschrieben. Als Rührgefäß dient ein 23 l Glasgefäß mit Klöpperboden. Als Rührer werden 2 Propellerrührer Durchmesser 6 cm und 9 cm sowie ein MIG-Rührer mit 11,4 cm Durchmesser eingesetzt.

Ausführung der Messungen. In das Rührgefäß werden Glycerin bis zu einer Höhe von 27 cm und 85 g Glaskugeln (5 mm ∅) gefüllt. Die Stromstörer B werden befestigt und der zu prüfende Rührer R in etwa 4 cm Abstand vom Boden gebracht. Nun wird bei 10 verschiedenen Drehzahlen das Drehmoment gemessen. Es wird die Mindestdrehzahl des Rührers bestimmt, bei der alle Kugeln aufgewirbelt und gleichmäßig über die Flüssigkeit verteilt sind.

Auswertung der Messungen. Rechnerisch werden für jeden Versuch folgende Größen ermittelt:

1. Die Leistung L_r.
2. Die Re-Zahl (Geschwindigkeit w_r nach Gl. (4)).
3. $C_{W,r}$ aus Gl. (5). Als Dichte des Mediums soll die Dichte des Glycerins $\varrho_1 = 1{,}2617$ g/cm³ und als Viskosität $\eta = 1{,}499$ Pa·s eingesetzt werden.

Für die drei Rührer wird jeweils $C_{W,r}$ gegen die Re-Zahl abgetragen. Für die optimalen Drehzahlen der Rührer, d. h. die Drehzahl, bei der die Glaskugeln gleichmäßig über die Flüssigkeit verteilt sind, werden die zugehörigen Leistungsaufnahmen verglichen. Für den am besten geeigneten Rührer ist für die optimale Drehzahl nach Gl. (11) das $L_{r,H}$ der Hauptausführung und nach Festlegung des Re-Bereichs die Drehzahl N_H der Hauptausführung anzugeben (Gl. (12a, b, c)). Das Volumen der Modellausführung beträgt 23 l (Flüssigkeitsinhalt 14 l), das der Hauptausführung soll 200 l betragen.

Weitere Literatur: (*115*).

B. Chemische Reaktionstechnik

Einleitung

Der „Chemischen Reaktionstechnik" fällt die Aufgabe zu, die optimalen Bedingungen für die Durchführung einer chemischen Reaktion in technischem Maßstab unter gegebenen wirtschaftlichen Voraussetzungen zu ermitteln. Zu den Reaktionsbedingungen zählen Temperatur, Druck bzw. Konzentration der Reaktionsteilnehmer, Reaktionsdauer, Art des Reaktionssystems und des Katalysators, Art und Größe des Reaktionsapparates, die Reaktionsführung im diskontinuierlichen oder kontinuierlichen Betrieb und Werkstofffragen. Unter „gegebenen wirtschaftlichen Voraussetzungen" werden vorzugsweise Kosten der Ausgangs- und Hilfsstoffe und die Energie-, Apparate- und Lohnkosten verstanden.

Die Grundlage für die Ermittlung der optimalen technischen Bedingungen liefern die Thermodynamik, die Reaktionskinetik und die Gesetze des Stoff- und Wärmetransports.

Mittels der Thermodynamik können für viele Systeme (ideale) Gleichgewichtskonstanten und Wärmetönungen berechnet werden. Die benötigten Stoffkonstanten, wie Normalenthalpien, spez. Wärmen und Normalentropien, sind meistens Tabellen zu entnehmen. Da die Gleichgewichtskonstante unabhängig vom Wege der Gleichgewichtseinstellung ist, ist zu ihrer Berechnung die Kenntnis des Reaktionsablaufs nicht notwendig. Die chemische Thermodynamik vermag daher auch nichts über den Weg oder über die Geschwindigkeit, mit der der Gleichgewichtszustand erreicht wird, auszusagen. Damit beschäftigt sich die chemische Kinetik (Reaktionskinetik). Jede kinetische Untersuchung beginnt mit der formalkinetischen Analyse. Sie besteht darin, die Abhängigkeit der Reaktionsgeschwindigkeit jedes Reaktionsteilnehmers (Reaktanden) von den Konzentrationen bzw. Partialdrucken aller Reaktanden und der Temperatur zu ermitteln. Ziel der vollständigen oder totalen kinetischen Analyse ist es, mit Hilfe zusätzlicher Analysenmethoden Aufschluß über den „wahren Reaktionsablauf"[1]) zu erhalten, da die meisten chemischen Reaktionen keine einfachen Reaktionen sind, sondern über Zwischenstufen und labile Zwischenprodukte verlaufen.

---

[1]) Die Bezeichnung Reaktionsmechanismus wird vermieden, weil darunter häufig Ad-hoc-Hypothesen verstanden werden, die durch meist ungenügende kinetische Messungen mehr oder weniger wahrscheinlich gemacht — „bestätigt" — werden.

Bei solchen reaktionskinetischen Untersuchungen wird man die Einflüsse des Stoff- und Wärmetransports weitgehend auszuschließen suchen, was bei einfachen Laborversuchen meist leicht gelingt. Bei chemischen Umsetzungen in technischem Maßstab ist das im Normalfall nicht mehr möglich. Hier können die für die Reaktionsgeschwindigkeit maßgebenden Parameter, Konzentration und Temperatur im Reaktor, örtlich und zeitlich nicht mehr konstant gehalten werden. Dem Mikrogeschehen zwischen den reagierenden Molekeln überlagert sich ihre Diffusion und ein makroskopischer Stoff- und Wärmetransport, der durch die hydrodynamischen Gegebenheiten im Reaktor bestimmt wird.

Die Berücksichtigung dieser Verhältnisse, welche darauf hinausläuft, die Kenntnisse des Stoff- und Wärmetransports aus der Verfahrenstechnik (unit operations) mit dem Reaktionsgeschehen zu verbinden, wurde wohl erstmalig mit systematischer Zielsetzung von DAMKÖHLER im Jahre 1937 in Angriff genommen (*121*).

Unmittelbar nach dem Krieg erschien eine russische Monographie von D. A. FRANK-KAMENETSKI „Stoff- und Wärmeübertragung in der chemischen Kinetik", in der für den Ablauf von Reaktionen unter technischen Bedingungen der Begriff „makroskopische Kinetik" geprägt wird (*23*). Sie wird als tatsächliche Kinetik der bisherigen oder klassischen chemischen Kinetik, die idealisierte, praktisch nicht realisierbare Grenzgesetze beschreibt, gegenübergestellt. Zweifellos sieht diese Überbewertung physikalischer Vorgänge bei chemischen Umsetzungen nur die formalkinetischen Möglichkeiten der kinetischen Analyse.

Die wertvolle Begriffbildung „Makrokinetik" für das Zusammenwirken von chemischem Umsatz mit physikalischem Stoff- und Wärmetransport ist aber geblieben und von VAN KREVELEN (*136*) der chemischen Kinetik, die allein auf die Analyse des Umsatzes ausgerichtet ist und die als „Mikrokinetik" bezeichnet wird, gegenüber gestellt worden.

Im folgenden werden einige Beispiele aus der Mikrokinetik von homogenen und heterogenen Reaktionen durch formale bzw. totale kinetische Analyse gegeben. Die Auswahl erstreckt sich dabei auf charakteristische Reaktionstypen.

Als makrokinetische Beiträge werden Beispiele diffusionsbedingter Kinetik sowie die für kontinuierliche Reaktionsführung maßgeblichen Reaktorformen an Hand von drei Grundtypen (idealisierte Grenzfälle) diskutiert.

Grundbegriffe der Reaktionskinetik

Im folgenden soll eine Aufzählung der wichtigsten Begriffe und Gleichungen der chemischen Kinetik gegeben werden, die in den anschließenden Aufgaben immer wieder auftreten. Eine vollständige Darstellung findet sich in den Lehrbüchern der physikalischen Chemie bzw. in (*8*), (*17*), (*25*), (*45*), (*65*).

Reaktionen, die innerhalb einer homogenen Phase ablaufen, werden als homogene Reaktionen bezeichnet. Reaktionen, bei denen mehrere Phasen an der Reaktion teilhaben, nennt man heterogene Reaktionen[1]). Als

[1]) Im engeren Sinne versteht man unter heterogenen Reaktionen katalytische.

Reaktionsgeschwindigkeit wird die in der Zeiteinheit und Volumeneinheit gebildete bzw. verbrauchte Menge eines Reaktionsteilnehmers, dividiert durch die zugehörige stöchiometrische Verhältniszahl, definiert. Wir unterscheiden bei chemischen Reaktionen zwischen einfachen (Ur-, Elementar-, Teil-)Reaktionen und zusammengesetzten Reaktionen. Einfache Reaktionen sind Reaktionen, bei denen die Bildung der Endprodukte in der durch die stöchiometrische Umsatzgleichung beschriebenen Weise erfolgt. Je nachdem, ob ein, zwei oder, wie bei der Rekombination von Atomen, drei Reaktionspartner gleichzeitig in Reaktion treten, spricht man von mono-, bi- oder trimolekularen Reaktionen. Für mono- und bimolekulare Urreaktionen lauten die Zeitgesetze:

Reaktionsgleichung Zeitgesetz

$$A \longrightarrow E + \cdots \quad -\frac{d[A]}{dt} = +\frac{d[E]}{dt} = \mathrm{k}\,[A] \tag{1}$$

$$\mathrm{A} + A \longrightarrow E + \cdots \quad -\frac{d[A]}{2\,dt} = +\frac{d[E]}{dt} = \mathrm{k}\,[A]^2 \tag{2}$$

$$A + B \longrightarrow E + \cdots \quad -\frac{d[A]}{dt} = -\frac{d[B]}{dt} = +\frac{d[E]}{dt} = \mathrm{k}\,[A]\,[B]\,\cdot \tag{3}$$

Bei den in der Technik üblichen zusammengesetzten Reaktionen ist die Reaktionsgeschwindigkeit häufig, aber keinesfalls immer, wie das Beispiel der Enzymreaktion (Aufgabe 22) zeigt, eine Funktion bestimmter Potenzen der Konzentrationen der einzelnen Reaktionspartner, die die stöchiometrische Reaktionsgleichung oder „Bruttoreaktionsgleichung" enthält.

Für die stöchiometrische Gleichung

$$\nu_1 A_1 + \nu_2 A_2 + \cdots = \nu_0 A_0 + \nu_p A_p + \cdots \tag{4}$$

lautet dann das Bruttogeschwindigkeitsgesetz oder Bruttozeitgesetz bei gegebener Temperatur

$$\frac{d[A_i]}{\nu_i\,dt} = \mathrm{k}'\,[A_1]^{n_1}\,[A_2]^{n_2}\cdots[A_0]^{n_0}\,[A_p]^{n_p}\cdots \tag{5}$$

$$\text{bzw.} \quad \frac{d[A_i]}{\nu_i\,dt} = \mathrm{k}'\,\prod_i\,[A_i]^{n_i}\,, \tag{5a}$$

wobei die ν_i für die verschwindenden Reaktionspartner negativ zu zählen sind.

Bei Gasreaktionen können statt der Konzentrationen auch die Partialdrucke der Reaktionspartner gesetzt werden. Die Konstante k' wird als Geschwindigkeitskonstante bezeichnet. Die Exponenten n_i geben die Ordnung in bezug auf die Partner A_i an. Die Summe der Exponenten n_i ist die Gesamtordnung der Reaktion. Die Zahlenwerte der n_i sowie ihre Summen (Gesamtordnung) werden bei zusammengesetzten Reaktionen ganzzahlig und gebrochen gefunden. Eine gebrochene Ordnung weist auf eine zusammengesetzte Reaktion hin, eine ganzzahlige aber nicht auf eine einfache (s. auch S. 130).

Oftmals ist die Reaktionsgeschwindigkeit nicht nur von den Konzentrationen der Reaktionspartner, d. h. der Stoffe, die in der stöchiometrischen Gleichung stehen, abhängig, sondern auch von anderen Stoffen, wie Lösungsmitteln, Trägergasen, Katalysatoren. Sie können ebenfalls mit entsprechender Ordnung im Zeitgesetz erscheinen, auch wenn sie während der Reaktion nicht verbraucht werden. Die Konstante k′ und die Exponenten n_i des Bruttozeitgesetzes sind nur experimentell bestimmbar.

Ziel der kinetischen Analyse bei zusammengesetzten Reaktionen ist ihre Aufgliederung in einfache Teilreaktionen, d. h. die Aufstellung eines „Reaktionsschemas". Wenn die Bildung der Endprodukte über eine Folge von Elementarreaktionen verläuft, spricht man von Folgereaktionen.

Ferner können nebeneinander und unabhängig voneinander mehrere Elementarreaktionen oder Folgereaktionen ablaufen. Man nennt sie Parallelaktionen. Sie sind in der Regel bei technischen Umsetzungen unerwünscht. Durch geeignete Wahl der Reaktionsbedingungen oder von Katalysatoren läßt sich vielfach die Ausbeute des gewünschten Produkts erhöhen bzw. die störende Parallelreaktion unterdrücken.

Bei Folgereaktionen unterscheidet man zwischen offenen und geschlossenen Folgen. Kennzeichnend für die offene Folge ist ganz allgemein, daß aus den Ausgangsprodukten schrittweise über eine Reihe von Zwischenstoffen die Endprodukte gebildet werden, wobei die langsamste Reaktion geschwindigkeitsbestimmend ist.

Die einfachste offene Folge ist die Reaktion

$$A \xrightarrow{\mathrm{k}_1} B \xrightarrow{\mathrm{k}_2} C\,, \tag{6}$$

d. h. die Folge zweier monomolekularer vollständiger Elementarreaktionen.

Die beiden entsprechenden Geschwindigkeitsgleichungen lauten

$$\frac{d\,[A]}{dt} = -\,\mathrm{k}_1\,[A],$$

$$\frac{d\,[B]}{dt} = \mathrm{k}_1\,[A] - \mathrm{k}_2\,[B]\,.$$

Für die Bildung des Endprodukts C gilt ferner

$$\frac{d\,[C]}{dt} = \mathrm{k}_2\,[B]\,.$$

Durch Integration der Gleichungen unter Berücksichtigung der Anfangsbedingungen

$$(t = 0\colon [A] = [A]_0;\ [B]_0 = 0;\ [C]_0 = 0)$$

erhalten wir

$$[A] = [A]_0 e^{-k_1 t},$$

$$[B] = \frac{k_1 [A]_0}{k_1 - k_2} (e^{-k_2 t} - e^{-k_1 t}),$$

$$[C] = [A]_0 \left\{ 1 + \frac{1}{k_1 - k_2} (k_2 e^{-k_1 t} - k_1 e^{-k_2 t}) \right\}.$$

Für die Bildungsgeschwindigkeit des Endprodukts ergibt sich schließlich

$$\frac{d[C]}{dt} = \frac{k_1 k_2 [A]_0}{k_1 - k_2} (e^{-k_2 t} - e^{-k_1 t}).$$

Zu den offenen Folgen können auch die sog. unvollständigen Reaktionen gezählt werden, die zu einem feststellbaren Gleichgewicht führen, wie die Bildung von Jodwasserstoff aus den Elementen. Die Folgereaktion der Bildung ist in diesem Fall die Zerfallsreaktion.

In geschlossenen Folgen oder Kettenreaktionen geht der im ersten Reaktionsschritt, der „Startreaktion", gebildete instabile Zwischenstoff oder Kettenträger so lange gleichartige Folgereaktionen unter seiner Rückbildung ein, bis er in einer Abbruchreaktion vernichtet wird. Die gleichartigen Folgereaktionen, bei denen der Kettenträger immer wieder rückgebildet wird, bezeichnet man als Kette.

Das klassische Beispiel einer Kettenreaktion ist die von BODENSTEIN aufgeklärte Chlorknallgasreaktion, die Umsetzung $H_2 + Cl_2 = 2\,HCl$. Sie erfolgt nach

$$Cl_2 \xrightarrow[\text{Wärme}]{\text{Licht}} Cl + Cl \qquad \text{Startreaktion}$$

$$\left.\begin{array}{l} Cl + H_2 \longrightarrow HCl + H \\ H + Cl_2 \longrightarrow HCl + Cl \end{array}\right\} \text{Kette}$$

$$H + Cl + M \longrightarrow HCl + M \qquad \text{Abbruchreaktion}^{1)}.$$

Der primären Bildung von Chloratomen in der Startreaktion schließt sich die eigentliche Kettenreaktion, d. h. eine sehr große Zahl von Elementarreaktionen, an, die zum Endprodukt HCl führt. Der Kettenträger, der dabei rückgebildet wird, kann schließlich durch Rekombination mit einem weiteren Kettenträger desaktiviert werden (Abbruchreaktion). Geschieht das nicht, kommt es zur Explosion. Die Zahl der Elementarreaktionen, die ein Kettenträger bewirkt, wird „kinetische Kettenlänge" genannt. Die kinetische Behandlung von Kettenreaktionen wird bei der Polymerisation von Styrol gegeben.

---

1) M = Dreierstoßpartner. Normalerweise werden die Atome durch Spuren von Verunreinigungen, vorzugsweise O_2 (Aktinometer nach BUNSEN), verbraucht. Einzelheiten dieser komplexen Reaktion und ihrer Behandlung siehe bei (*17*).

Die Geschwindigkeiten bzw. Geschwindigkeitskonstanten chemischer Reaktionen ändern sich mit der Temperatur, und zwar nehmen sie im allgemeinen mit steigender Temperatur zu. Die Temperaturabhängigkeit kann in vielen Fällen durch eine empirische Beziehung, die ARRHENIUSsche Gleichung, beschrieben werden:

$$\mathrm{k} = A_{exp} \cdot e^{-E_{exp}/RT}. \tag{7}$$

E_{exp} wird als ARRHENIUSsche oder experimentelle Aktivierungsenergie und A_{exp} u. a. als experimenteller Häufigkeitsfaktor oder Häufigkeitszahl bezeichnet. Die Ausdeutung dieser Größen kann nach der klassischen Stoßtheorie oder nach EYRING über aktive Übergangszustände geschehen. Der Unterschied zwischen der experimentellen oder ARRHENIUSschen Aktivierungsenergie und der „wahren" Aktivierungsenergie wird nicht berücksichtigt, da er für reaktionstechnische Aufgaben unmaßgeblich ist.

Bei zusammengesetzten Reaktionen ist die Geschwindigkeitskonstante k' häufig das Produkt aus den Teilreaktionskonstanten. Die Aktivierungsenergie E' der Bruttoreaktion ist dann die algebraische Summe der Aktivierungsenergien der Teilreaktionen. Der Häufigkeitsfaktor A' ist entsprechend das Produkt aus den Häufigkeitsfaktoren der Teilreaktionen. Ist beispielsweise bei einer dreigliedrigen Folge

$$\mathrm{k}' = \mathrm{k}_1^{1/2} \cdot \mathrm{k}_3/\mathrm{k}_2,$$

so ist

$$E' = {}^1/_2\, E_1 + E_3 - E_2 \text{ und}$$

$$A' = A_1^{1/2} \cdot A_3/A_2.$$

Bei den vorstehenden Überlegungen wurde die Kenntnis der Teilreaktionen vorausgesetzt. Kinetische Untersuchungen haben aber u. a. den Zweck, den Reaktionsablauf, d. h. die ablaufenden Teilreaktionen, zu ermitteln. Man geht dazu so vor, daß man zunächst das Zeitgesetz experimentell bestimmt und sodann die Frage zu entscheiden sucht, ob die betreffende Reaktion einfach oder zusammengesetzt ist. Hinweise für das Vorliegen einer zusammengesetzten Reaktion können nach den vorstehenden Ausführungen beispielsweise folgende Beobachtungen geben (*20*):

1. Das Zeitgesetz entspricht nicht der stöchiometrischen Reaktionsgleichung (Bruttoreaktion). Umgekehrt kann ein der Bruttoreaktion entsprechendes Zeitgesetz erster oder zweiter Ordnung (Gesamtordnung) nicht als Beweis dafür angesehen werden, daß es sich um eine mono- oder bimolekulare Reaktion handelt, da auch komplizierte zusammengesetzte Reaktionen eine einfache Geschwindigkeitsgleichung aufweisen können.

2. Auf der linken Seite der Bruttoreaktionsgleichung stehen mehr als zwei Ausgangsmoleküle (trimolekulare Reaktionen kommen praktisch nicht vor).
3. Zwischenverbindungen sind auf chemischem oder physikalischem Wege nachweisbar.
4. Häufigkeitsfaktor und ARRHENIUSsche Aktivierungsenergie entsprechen nicht den Werten, die für einfache Reaktionen zu erwarten sind.
5. Auftreten von negativer und positiver Katalyse infolge geringer Zusätze.
6. Starker Einfluß der Gefäßwand und des Gesamtdrucks auf die Reaktionsgeschwindigkeit bei Gasreaktionen.
7. Die Quantenausbeute bei photochemischen Reaktionen ist $\varphi \neq 1$, wobei die gleiche Einschränkung wie unter 1 gilt, wenn $\varphi = 1$ gefunden wird.
8. Auftreten einer Induktionsperiode.

Kann man auf Grund vorstehender Hinweise schließen, daß es sich um eine zusammengesetzte Reaktion handelt, so wird man versuchen, dem empirisch ermittelten Zeitgesetz ein Reaktionsschema zuzuordnen. Sind die auftretenden Zwischenprodukte hinreichend stabil, so können sie mit physikalischen oder chemischen Methoden identifiziert und ihre Konzentrationen und deren zeitliche Änderung bestimmt werden.

Bei instabilen Zwischenprodukten sind diese Methoden meist nicht mehr anwendbar. Man versucht in solchen Fällen, Annahmen über den Reaktionsablauf zu machen und aus den Geschwindigkeitsgleichungen der angenommenen Teilreaktionen das Zeitgesetz der Bruttoreaktion, wie beschrieben, abzuleiten. Stimmen berechnetes und experimentell ermitteltes Zeitgesetz nicht überein, so kann das angegebene Reaktionsschema mit Sicherheit als falsch verworfen werden. Eine Identität der beiden Gleichungen ist dagegen kein eindeutiger Beweis für die Richtigkeit des angenommenen Reaktionsschemas, da oftmals mehrere Reaktionsschemata auf die gleiche Bruttoreaktionsgleichung führen können. Ferner kann mittels kinetischer Messungen auch keine Aussage über die Art der Zwischenprodukte — Atome, Radikale, Ionen — erhalten werden. Zur Stützung des angenommenen Schemas sind folglich weitere Analysen notwendig. Je zahlreicher das experimentelle Material, das mit den angenommenen Reaktionen in Einklang steht, desto wahrscheinlicher ist das postulierte Schema.

Weitere Literatur: (*3*), (*9*), (*15*), (*17*), (*20*), (*53*), (*64*), (*97*).

I. Mikrokinetik

a) Homogene Reaktionen

20. Polymerisation von Styrol (mit freien Radikalen aus Azobisisobuttersäurenitril)

Allgemeines. Verschiedene organische Stoffe haben die Eigenschaft, mit sich selbst zu reagieren. Das entstandene Doppelmolekül kann mit einem weiteren Grundmolekül reagieren und so fort. Dabei entstehen Makromoleküle, die oft viele tausend Grundmoleküle oder Monomereinheiten enthalten. Die Anzahl der in einem Makromolekül enthaltenen Monomereinheiten nennt man Polymerisationsgrad.

Auch in der Natur kommen solche Makromoleküle vor. Es sei nur an Cellulose und Kautschuk erinnert. Die Eigenschaften der Makromoleküle bzw. der Stoffe, die aus ihnen zusammengesetzt sind, hängen in erster Linie vom Monomeren, des weiteren von ihrer Länge und der Art der Verknüpfung der sie aufbauenden Monomerbausteine ab. Für die Synthese Hochpolymerer bestimmter Eigenschaften erscheint folglich die Kenntnis des Reaktionsverlaufes bedeutsam, der, wie beschrieben, mit Hilfe der kinetischen Analyse ermittelt werden kann.

Nach der gängigen Vorstellung ist eine Polymerisation durch drei Elementarreaktionen gekennzeichnet, nämlich Start, Wachstum und Abbruch. In der sogenannten Startreaktion wird ein Keim gebildet, der die Eigenschaft hat, sich an das bifunktionelle Monomermolekül anzulagern.

$$I \rightarrow 2R^{\cdot} \tag{1}$$

$$R^{\cdot} + M \rightarrow R - M^{\cdot} \tag{1a}$$

Dabei wird erneut eine reaktive Stelle erzeugt, an die weitere Monomermoleküle angelagert werden können (Wachstum):

$$R - M^{\cdot}_{n} + M \rightarrow RM^{\cdot}_{n+1} \tag{2}$$

Schließlich wird in der Abbruchsreaktion die reaktive Stelle vernichtet:

$$RM^{\cdot}_{1} + RM^{\cdot}_{p} \rightarrow RM_{1+p}R \tag{3}$$

Für die Wachstums-(Aufbau-)Reaktion ist die jeweils monofunktionelle Verknüpfung der bifunktionellen Monomermoleküle typisch. Grundsätzlich ist es unerheblich, ob der „Keim" ein Radikal ist (wie bei den technisch durchgeführten Polyreaktionen), oder ob er ionische Natur hat. Die Größe der entstehenden Makromoleküle ist gesetzmäßig durch Beziehungen zwischen Wachstumsreaktion sowie Start- und Abbruchreaktion gegeben, gleicherweise die Molekulargewichtsverteilung.

Die vielfach als anderer Reaktionstyp angesehene Polykondensation und Polyaddition ist im obigen Schema in Form der Wachstumsreaktion enthalten. Kondensationsfähige bifunktionelle Monomere bedürfen keiner Startreaktion, werden aber beim Wachstum jeweils monofunktionell miteinander verknüpft unter Bildung eines Moleküls, das in seiner Bifunktionalität jedem der beiden soeben miteinander verknüpften Monomermoleküle entspricht. Zum Beispiel:

$$\mathrm{HO{-}R{-}COOH + HO{-}R{-}COOH \xrightarrow{-H_2O} HO{-}R{-}COO{-}R{-}COOH}$$

Anders können die Verhältnisse liegen, wenn es sich um stereospezifische und substratspezifische Polyreaktionen handelt.
Die Stereospezifität und die Substratspezifität bei Polyreaktionen galt lange Jahrzehnte als eine Eigenheit fermentativer Prozesse. Von vereinzelten — zur damaligen Zeit unverstandenen — Phänomenen abgesehen, sind stereospezifische und substratspezifische Polyreaktionen erst seit der Anwendung der Ziegler-Katalysatoren (*153*) durch Natta und andere (*28*) bekanntgeworden. Zu dieser Parallele zwischen den scheinbar doch so verschiedenen Systemen Ferment und Substrat einerseits, metallorganischer Katalysator und Monomeres andererseits gesellte sich eine zweite: Bei beiden Systemen ist es unmöglich, eine quantitative Beschreibung der kinetischen Verhältnisse mit Hilfe der gängigen Reaktionsschemata herzustellen.
Man kommt aber zu einer Beschreibungsmöglichkeit solcher Polyreaktionen, wenn man die Möglichkeit einer bifunktionellen Verknüpfung in Betracht zieht:

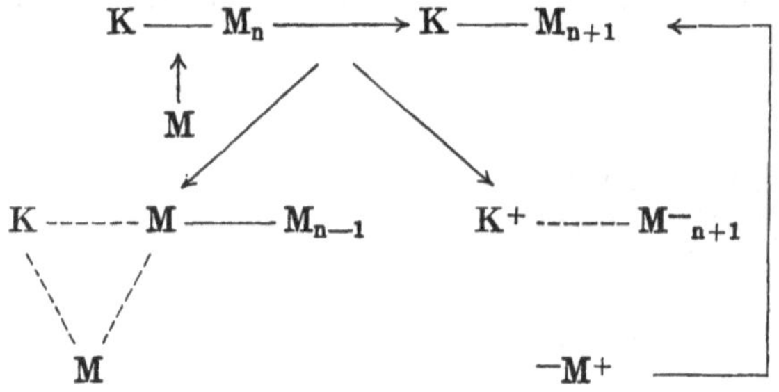

a) b)

Gleichgültig, ob wir den Ablauf als Mehrzentrenreaktion formulieren oder in Einzelschritte zerlegen, das Monomermolekül wird an einer „Bindung" insertiert. Während bei den anderen Polyreaktionen die reaktive Stelle stets auf das zuletzt angelagerte Monomere übertragen wird und die Reaktion am freien Molekülende erfolgt, ist beim Insertionstyp der Reaktionsort festliegend, ein freies Molekülende mit all seinen Möglichkeiten zu Nebenreaktionen tritt gar nicht auf (*143*), (*144*).
Symmetrieelemente des Katalysators bestimmen die Art der Anlagerung des Monomeren und ergeben für die Mehrzentrenreaktion einen stereoregulierten Ablauf als wahrscheinlich.

Die räumlichen Verhältnisse bei einer Mehrzentrenreaktion machen darüber hinaus auch eine Substratspezifität verständlich.

Weitere Literatur: (*139*), (*140*), (*145*).

Grundlagen. *Die Bruttogeschwindigkeit.* Die Polymerisation von Styrol kann durch Verbindungen, die unter dem Einfluß von Wärme- oder Lichtenergie in kurzlebige Radikale zerfallen, wie z. B. Azobisisobuttersäurenitril (AIBN) oder Dibenzoylperoxyd, angeregt werden. Man bezeichnet diese Stoffe als Initiatoren.

Wir betrachten eine Lösung von Styrol und AIBN in einem Lösungsmittel bei gegebener Temperatur. AIBN-Moleküle werden nach Aufnahme von Wärmeenergie in zwei Radikale zerfallen:

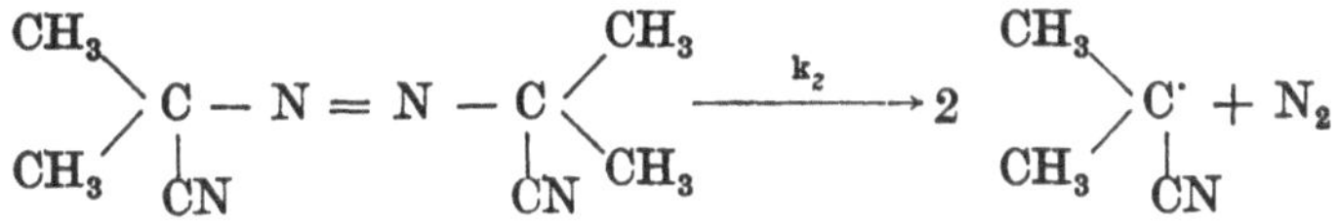

bzw.

$$I \xrightarrow{k_z} 2\,R^{\cdot}\,.$$

Die Zerfallsgeschwindigkeit v_z wird der Konzentration der gelösten AIBN-Moleküle $[I]$ proportional gefunden:

$$v_z = 2k_z\,[I]\,. \qquad (1)$$

Die entstehenden Radikale werden zum geringen Teil rekombinieren, größtenteils aber mit inaktiven Styrolmolekülen (Monomeren) reagieren. Die entstehenden Moleküle sind wiederum Radikale:

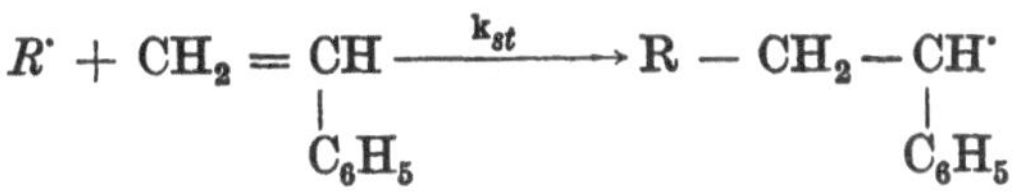

Start

bzw.

$$R^{\cdot} + M \xrightarrow{k_{st}} RM^{\cdot}.$$

Die Startgeschwindigkeit v_{st} ist von der Konzentration der Initiatorradikale und der der Styrolmoleküle abhängig:

$$v_{st} = k_{st}\,[M]\,[R^{\cdot}]\,. \qquad (2)$$

Die aus einem Initiatorrest und einem Styrolmolekül bestehenden Radikale werden weitere Monomere anlagern (Kettenwachstum):

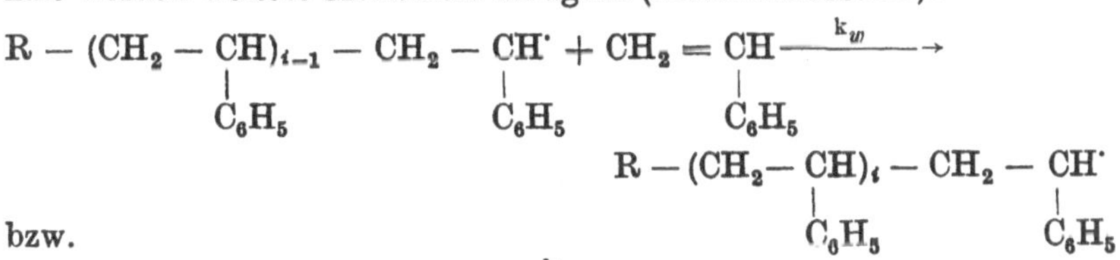

bzw.

$$RM_i^{\cdot} + M \xrightarrow{k_w} RM_{i+1}^{\cdot}\,.$$

Zur Vereinfachung weiterer Berechnungen kann angenommen werden, daß die Wachstumsgeschwindigkeitskonstante k_w unabhängig von der

Länge der wachsenden Ketten ist. Damit wird die Wachstumsgeschwindigkeit

$$v_w = k_w\,[RM^\cdot]\,[M]\,. \tag{3}$$

Der Kettenabbruch soll durch Kombination zweier wachsender Radikale erfolgen:

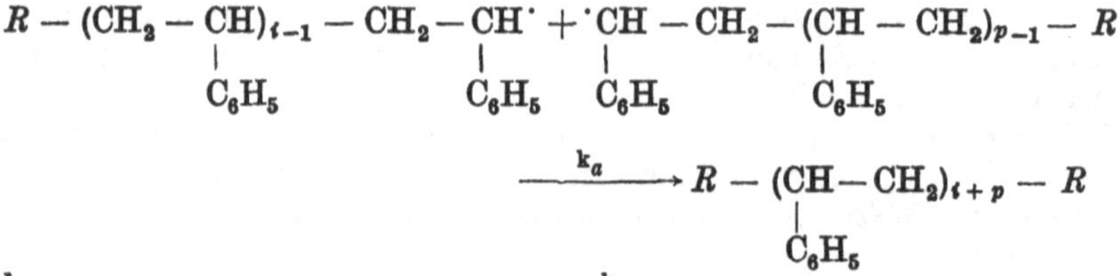

bzw. $$RM_i^\cdot + RM_p^\cdot \xrightarrow{k_a} RM_{i+p}\,R.$$

Die Abbruchgeschwindigkeit ist mit

$$v_a = k_a\,[RM^\cdot]^2 \tag{4}$$

gegeben, wenn vorausgesetzt wird, daß auch k_a unabhängig von den Kettenlängen der kombinierenden Radikale ist.

Zur Berechnung von $[RM^\cdot]$ überlegen wir uns, daß die entstehenden Radikale sehr reaktionsfähig sind. Ihre Konzentrationen werden infolgedessen gering sein und innerhalb kurzer Zeit einen quasistationären Wert erreichen, der durch ihre jeweilige Bildung in der Startreaktion und durch ihren Verbrauch in der Abbruchreaktion gegeben sein wird. Damit erhalten wir aus Gl. (2) und (4)

$$\frac{d\,[RM^\cdot]}{dt} = k_{st}\,[R^\cdot]\,[M] - k_a\,[RM^\cdot]^2 = 0\,. \tag{5}$$

Sei f der Bruchteil der Initiatorreste, der mit Monomeren reagiert und damit Ketten startet, so gilt weiter

$$2f\,k_z\,[I] = k_{st}\,[R^\cdot]\,[M]\,. \tag{6}$$

Aus Gl. (5) und (6) läßt sich die Konzentration der wachsenden Ketten berechnen, nämlich

$$[RM^\cdot] = \left(\frac{2\,f\,k_z}{k_a}\right)^{1/2}[I]^{1/2}. \tag{7}$$

Die Geschwindigkeit, mit der Monomeres verbraucht bzw. Polymeres gebildet wird, d. h. die Bruttoreaktionsgeschwindigkeit v, wird gleich der Wachstumsgeschwindigkeit sein, da das Monomere praktisch für das Wachstum der Polymeren verbraucht wird:

$$v = -\frac{d\,[M]}{dt} = v_w\,. \tag{8}$$

Durch Einsetzen von Gl. (7) und (3) in (8) erhält man

$$v = -\frac{d\,[M]}{dt} = k_w\left(\frac{2f\,k_z}{k_a}\right)^{1/2}[I]^{1/2}\,[M]\,. \tag{9}$$

Gl. (9) besagt, daß die in der Zeiteinheit gebildete Polymermenge bei Richtigkeit der Überlegungen proportional der Monomerkonzentration und der Wurzel aus der Initiatorkonzentration in der Polymerisationslösung sein sollte.

Neben der Start-, Wachstums- und Abbruchreaktion können „Kettenübertragungsreaktionen" ablaufen. Außer der Addition vermag der Kettenträger gegebenenfalls mit dem Monomeren oder auch anderen Reaktionskomponenten derart zu reagieren, daß der ursprüngliche Kettenträger vernichtet wird, gleichzeitig aber ein neuer Kettenträger gebildet wird (Substitution). Bei der Polymerisation von Styrol in Lösungsmitteln (z. B. Benzol) ist vor allem die folgende Übertragungsreaktion zu berücksichtigen:

$$\sim\!\!\sim CH_2{-}\underset{\displaystyle C_6H_5}{\underset{|}{CH^\cdot}} + C_6H_6 \xrightarrow{k_{ü}} \sim\!\!\sim CH_2 - \underset{\displaystyle C_6H_5}{\underset{|}{CH_2}} + C_6H_5^\cdot$$

bzw.

$$RM^\cdot + S \xrightarrow{k_{ü}} S^\cdot + RM\,.$$

Die entsprechende Geschwindigkeitsgleichung lautet

$$v_{ü} = k_{ü}\,[S]\,[RM^\cdot]\,. \tag{10}$$

$k_{ü}$ wird Kettenübertragungskonstante genannt. Kettenübertragungsreaktionen beeinflussen die Wachstums- und damit die Bruttoreaktionsgeschwindigkeit nicht, wenn die Reaktionsfähigkeit der entstehenden Fremdradikale gleich oder größer als die der aktiven Polymeren und $v_{ü} \ll v_w$ ist.

Der mittlere Polymerisationsgrad. Die Richtigkeit des angenommenen Reaktionsablaufs läßt sich prüfen, indem man die Gültigkeit der Beziehung (9), die nur experimentell bestimmbare Variable enthält, durch Versuche bestätigt. Bereits auf S. 130 wurde aber darauf hingewiesen, daß eine Übereinstimmung des experimentell ermittelten und des theoretisch abgeleiteten Zeitgesetzes kein sicherer Beweis für die Richtigkeit der angenommenen Teilreaktionen ist. Man wird infolgedessen bestrebt sein, weitere Beziehungen zwischen experimentell bestimmbaren Größen abzuleiten und zu überprüfen.

Wie erwähnt, bestehen die einzelnen Makromoleküle aus vielen Monomereinheiten. Allerdings ist der Polymerisationsgrad (Anzahl der Monomereinheiten, die in einem Makromolekül enthalten sind) der Makromoleküle, aus denen eine synthetisch hergestellte hochpolymere Substanz besteht, nicht der gleiche, „nicht einheitlich", sondern verschieden. Man spricht von einem polymolekularen Gemisch mit einem mittleren Polymerisationsgrad. Wir kennzeichnen den mittleren Polymerisationsgrad entweder durch das Zahlenmittel

$$\overline{P}_n = \frac{\sum\limits_i n_i P_i}{\sum\limits_i n_i} \tag{11a}$$

oder durch das Gewichtsmittel

$$\overline{P}_w = \frac{\sum_i n_i P_i^2}{\sum_i n_i P_i} \tag{11b}$$

oder durch das Viskositätsmittel

$$\overline{P}_\eta = \left[\frac{\sum_i n_i P_i^{1+\alpha}}{\sum_i n_i P_i}\right]^{1/\alpha}. \tag{11c}$$

n_i = Anzahl Polymermolekeln, die i Monomereinheiten enthalten

i = ganze Zahl $1 - \infty$

P_i = Polymerisationsgrad eines Polymermoleküls, das i Monomereinheiten enthält

α = Exponent der Beziehung zwischen STAUDINGER-Index und Polymerisationsgrad (vgl. Aufg. 21)

Bei Polymerisationsreaktionen, wie beispielsweise der beschriebenen Styrolpolymerisation, deren Reaktionsablauf durch Start-, Wachstums- und Abbruchreaktion gekennzeichnet ist, wird der Polymerisationsgrad $\overline{P}_n$ der entstehenden polymeren Substanzen proportional der Wachstumsgeschwindigkeit und umgekehrt proportional der Summe der Geschwindigkeiten aller Reaktionen sein, die das Wachstum der aktiven Polymeren beenden, d. h. der Summe der Abbruch- und Kettenübertragungsreaktionen,

$$\frac{1}{\overline{P}_n} = \frac{v_a + v_ü}{v_w}. \tag{12}$$

Für die Polymerisation von Styrol mit AIBN in Benzol sollten wieder die Gleichungen (1), (2), (3), (4), (7) und die Vereinfachungen des vorigen Abschnittes gültig sein. Wir nehmen ferner an, daß nur Benzol kettenübertragungswirksam und damit Gl. (10) zu berücksichtigen ist. Dann ergibt sich für den mittleren Polymerisationsgrad

$$\frac{[M]}{\overline{P}_n} = \frac{(2f\, k_z k_a)^{1/2}\, [I]^{1/2}}{k_w} + C_ü\, [S]. \tag{13}$$

$$C_ü = \frac{k_ü}{k_w} = \text{relative Kettenübertragungskonstante}$$

Die entsprechenden exakten Beziehungen zwischen $\overline{P}_w$ und $\overline{P}_\eta$ und den Reaktionsbedingungen sind komplizierte Ausdrücke und infolgedessen experimentell schwieriger zu überprüfen. Wir wählen Näherungen (vgl. (*43*)), die der Form der Gl. (13) entsprechen und für relativ kleine Kettenübertragungskonstanten hinreichende Gültigkeit besitzen:

$$\frac{[M]}{\bar{P}_w} = \frac{(2f\,k_z k_a)^{1/2}\,[I]^{1/2}}{k_w} + \frac{4\,C_{\ddot{u}}\,[S]}{9} \tag{14}$$

bzw.

$$\frac{[M]}{\bar{P}_\eta} = \frac{(2f\,k_z k_a)^{1/2}\,[I]^{1/2}}{k_w} + \frac{4\,C_{\ddot{u}}\,[S]}{3(2+\alpha)}\,. \tag{15}$$

Die Verteilungsfunktion. Die Zusammensetzung eines polymolekularen Stoffes kann durch Verteilungsfunktionen beschrieben werden (vgl. Aufg. 7).

Die relative Häufigkeitsverteilung (differentielle) gibt die Zahl der Molekeln gleichen Polymerisationsgrades n_p in % oder als Bruchteil der Gesamtzahl der im Gemisch enthaltenen Molekeln als Funktion des Polymerisationsgrades wieder, somit

$$n_p = h'(P)\,.$$

Entsprechend gibt die Massenverteilungsfunktion (differentielle) an, wieviel Gramm m_p der Molekeln vom Polymerisationsgrad P in einem Gramm der Substanz enthalten sind:

$$m_p = P\,h'(P)\,.$$

Häufigkeits- und Massenverteilungsfunktion werden jedoch vom Mechanismus der Reaktion bestimmt. Es besteht damit über die Analyse der Verteilungsfunktion eine dritte Möglichkeit, das angenommene Reaktionsschema zu überprüfen. Die entsprechenden Verfahren (Kolonnenfraktionierung nach Baker und Williams, Sedimentationsanalyse in der Ultrazentrifuge sowie Gelchromatographie) sind allerdings recht aufwendig, so daß man sich in der Regel mit der einfacheren Bestimmung der Molekulargewichtsmittelwerte begnügt.

Aufgabe. Die Umsatz-Zeit-Kurven der mit AIBN initiierten Styrolpolymerisation in Benzol sollen bei drei verschiedenen Initiatorkonzentrationen (I = 0,07; 0,03; 0,01 mol/l)[1]) und konstanter Monomerkonzentration (M = 4 mol/l) bzw. bei den drei Monomerkonzentrationen (M = 6; 3; 1 mol/l) und der Initiatorkonzentration (I = 0,03 mol/l) bestimmt werden. Ferner ist der Staudinger-Index von 4 Proben (vgl. nächste Aufgabe) zu ermitteln. Es ist zu prüfen, ob die Meßergebnisse mit dem angenommenen Reaktionsschema in Einklang stehen.

Zubehör. Apparatur nach **Abbildung 20, 1** mit Dreihalskolben *K*, Schliffstopfen *S*, *KPG*-Rührer *R*, Motor *M*, Waschflaschen $W_1 + W_2$; $^1/_{10}$° C-Thermometer, Vollpipetten, Styrol, Benzol, Azobisisobuttersäurenitril, Stickstoffbombe.

Apparaturbeschreibung. Aufbau und Arbeitsweise sind der Abbildung zu entnehmen. Die Apparatur gestattet, die Polymerisation unter Stickstoff

---

[1]) Diese Angaben brauchen nur annähernd eingehalten zu werden. Die letztlich im Reaktionsgemisch enthaltenen Mengen müssen natürlich genau bekannt sein.

durchzuführen[1]). Die Temperaturkonstanz des Thermostaten *T* sollte etwa $^1/_{10}$°C betragen.

Ausführung der Messungen. Styrol wird mit $CaCl_2$ getrocknet und durch Rektifikation unter reduziertem Druck (etwa 50 mbar) gereinigt. Die Reinigung von Benzol erfolgt ebenfalls durch Rektifikation. Der Initiator wird mindestens dreimal aus Methanol umkristallisiert — höchstens auf 30° C erwärmt — und im Vakuum bei Zimmertemperatur getrocknet.

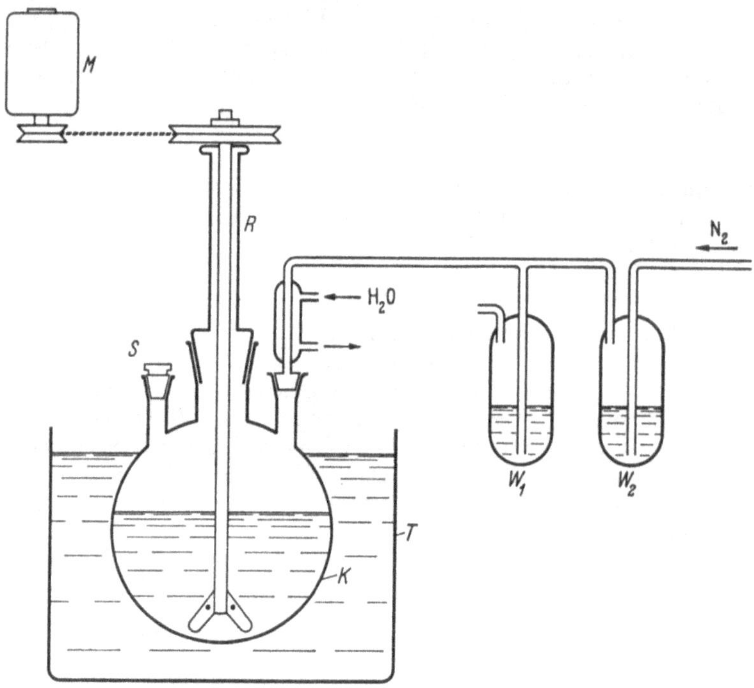

Abb. 20, 1. Schema der Versuchsanordnung

Das Reaktionsgefäß wird am besten mit rauchender Salpetersäure gesäubert, mit Wasser mehrfach gespült und getrocknet. Die Apparatur wird zusammengesetzt und der Thermostat auf 50° C aufgeheizt. Der Kolben wird mit Stickstoff gespült und sodann ein langsamer Stickstoffstrom eingestellt. Die gewünschten Mengen Styrol — frisch destilliert — und Benzol werden in das Reaktionsgefäß bei *S* einpipettiert, der Kolben wird verschlossen und der Rührer eingeschaltet. Ist nach etwa 5 min Tempe-

[1]) Sauerstoff hat starken Einfluß auf Radikalpolymerisationen, wobei Polyperoxyde gebildet werden. Genaue Untersuchungen müssen deshalb unter völligem Luftabschluß (Hochvakuum) durchgeführt werden.

raturausgleich eingetreten, so wird der abgewogene Initiator[1]) zugesetzt. Der Zeitpunkt der Initiatorzugabe gilt als Beginn der Polymerisation. Nach 2, 4 und 6 Stunden werden aus dem Gemisch Proben — zunächst 20, dann 10 ml — abpipettiert. Die abgenommenen Mengen läßt man sofort in einen gewogenen ERLENMEYER-Kolben mit Schliffstopfen, der einige mg Chinon enthält, einlaufen. Nach Abkühlen wird die einpipettierte Menge durch Wägen ermittelt. Die Lösung wird unter kräftigem Rühren in die 8fache Menge Methanol gegeben. Nach dem Absitzen wird der Niederschlag mit einer gewogenen 2G4-Fritte abfiltriert, mit Methanol gewaschen und schließlich bei 60°C 4 Stunden getrocknet (Gewichtskonstanz).

Der gleiche Versuch wird mit den beiden anderen Initiatorkonzentrationen bzw. Monomerkonzentrationen wiederholt. Der STAUDINGER-Index bzw. $\overline{P}_\eta$ von 4 Proben wird gemessen: Es werden die Proben, die nach 2 und 6 Stunden aus dem Ansatz mit der höchsten Initiatorkonzentration bzw. Monomerkonzentration, und die, die nach 6 Stunden den anderen Ansätzen entnommen sind, gewählt.

Auswertung der Messungen. Für die Berechnung der Monomerkonzentration soll angenommen werden, daß bei der Mischung von Lösungsmittel und Monomerem weder Kontraktion noch Zunahme des Volumens eintritt. Die Änderung der Dichte mit der Temperatur soll ebenfalls vernachlässigt werden.

In einem Diagramm werden für jeden Versuch die gebildeten Polymermengen U (Umsatz) gegen die Reaktionszeiten abgetragen. Aus den Anfangsneigungen der Umsatz-Zeit-Kurven läßt sich die Anfangsgeschwindigkeit der Bruttoreaktion erhalten, denn es gilt

$$[M_0]\,\frac{\Delta U_0}{\Delta t} = -\frac{\Delta[M_0]}{\Delta t} = v_0\,.$$

In einem zweiten Diagramm werden die ermittelten Anfangsgeschwindigkeiten gegen die zugehörigen Anfangskonzentrationen des Initiators bzw. des Monomeren doppelt logarithmisch abgetragen.

Lassen sich die Meßergebnisse durch die Beziehung (9) darstellen, erhält man eine Gerade, deren Anstieg ½ bzw. bei Variation der Monomerkonzentration gleich 1 ist.

Prinzipiell ließe sich Gl. (9) auch überprüfen, indem man nur einen Ansatz, diesen jedoch bis zu hohen Umsätzen polymerisiert, die erhaltene Umsatz-Zeit-Kurve graphisch differenziert und dann wie beschrieben fortfährt. In diesem Falle wird jedoch vorausgesetzt, daß die Initiatormenge, die während der Reaktion verbraucht wird, gering und damit $[I]$ = const. ist, was höchstens bei Bildung sehr langer Ketten annähernd der Fall sein wird. Weiterhin besteht Gefahr, daß das gebildete Polymere den Reaktionsablauf bei höheren Umsätzen beeinflußt.

---

[1]) Sämtliche Wägungen sind auf der Analysenwaage auszuführen.

Zur Überprüfung der Beziehung (15) wird $\frac{[M]}{\overline{P}_\eta}$ gegen $[I]^{1/2}$ bzw. gegen $[S]$ abgetragen. Aus dem Ordinatenabschnitt bzw. der Steigung der Geraden kann $C_{ü}$ berechnet werden.

Weitere Literatur: (*13*), (*36*), (*64*), (*108*), (*129*).

21. Ermittlung von Polymerisationsgraden aus Viskositätsmessungen

Grundlagen. *Die* STAUDINGER-KUHN*sche Molekulargewichtsbeziehung.* In der vorstehenden Polymerisationsaufgabe wurden Beziehungen zwischen den Reaktionsbedingungen und den mittleren Polymerisationsgraden $\overline{P}_n$, $\overline{P}_w$ und $\overline{P}_\eta$ gegeben und auf ihre Bedeutung für die kinetische Analyse hingewiesen.

Zur Bestimmung des mittleren Polymerisationsgrades stehen verschiedene Methoden zur Verfügung. Erwähnt seien Lichtstreuungsmessungen, die ein $\overline{P}_w$, Osmose und Endgruppenbestimmung, die ein $\overline{P}_n$ ergeben. Da diese Messungen nur mit großem apparativem Aufwand durchführbar sind, hat STAUDINGER eine indirekte Methode vorgeschlagen, bei der die Viskositäten der verdünnten Lösungen von Hochpolymeren gemessen werden.

Die verdünnte Lösung einer hochpolymeren Substanz besitzt eine andere Viskosität η_{Ls} als das reine Lösungsmittel mit der Viskosität η. Wir bezeichnen η_{Ls}/η als relative Viskosität, $\frac{\eta_{Ls}-\eta}{\eta}$ als relative Viskositätserhöhung. In unendlich verdünnten Lösungen, wo sich die einzelnen Molekeln gegenseitig nicht mehr beeinflussen, sollte die relative Viskositätserhöhung proportional der Konzentration c der gelösten Molekeln sein bzw. $\frac{\eta_{Ls}-\eta}{\eta\, c} = \text{const.}$ Dieser Ausdruck stellt für ein gegebenes Polymer-Lösungsmittel-System eine charakteristische Konstante dar.

In verdünnten Lösungen endlicher Konzentration ist der Ausdruck jedoch nicht mehr konzentrationsunabhängig, sondern eine lineare Funktion derselben. Man bildet deshalb den Grenzwert

$$[\eta] = \lim_{c \to 0} \frac{\eta_{Ls}-\eta}{\eta\, c}\,.$$

Man erhält $[\eta]$, den sog. STAUDINGER-Index, indem man die relative Viskositätserhöhung verschieden konzentrierter Lösungen einer hochpolymeren Substanz bestimmt, für jede Konzentration den Ausdruck

$\frac{\eta_L - \eta}{\eta c}$ bildet, diesen gegen c abträgt und den Grenzwert durch Extrapolation auf die Konzentration $c = 0$ ermittelt.

Zerlegt man ein polymolekulares Gemisch linearer Moleküle in eine möglichst große Zahl möglichst einheitlicher Fraktionen und bestimmt ihre STAUDINGER-Indizes durch Viskositätsmessungen und ihre Polymerisationsgrade durch Lichtstreuungsmessungen, so erhält man innerhalb bestimmter Grenzen eine Gerade, wenn $lg\,[\eta]$ gegen $lg\,P$ abgetragen wird.

Der Zusammenhang zwischen STAUDINGER-Index und dem Polymerisationsgrad lautet allgemein (W. KUHN)

$$[\eta] = KP^{\alpha}, \tag{1}$$

wobei in diesem Falle $\alpha = 0{,}72$ und $K = 0{,}348 \cdot 10^{-3}$ ist. Gültigkeitsbereich von $P_1 = 6 \cdot 10^2$ bis $P_2 = 2 \cdot 10^4$ (*43*).

Diese Viskositätsbeziehung stellt eine zunächst rein empirisch gefundene Gleichung dar. Der Exponent ist von Art und Herstellung des Polymeren und dem für die Viskositätsbestimmung verwendeten Lösungsmittel abhängig. Sind α und K für eine polymerhomologe Reihe bekannt, läßt sich der Polymerisationsgrad eines unbekannten einheitlichen Homologen dieser Reihe durch Ermittlung seines $[\eta]$-Wertes aus Gl. (1) erhalten.

Die bei Polymerisationsreaktionen anfallenden Substanzen sind jedoch nicht einheitlich, sondern stellen polymolekulare Gemische dar. Betrachten wir eine unendlich verdünnte Lösung aus derartigen Polymeren und nehmen an, daß sich die relative Viskositätserhöhung additiv aus den relativen Viskositätserhöhungen der einzelnen Fraktionen zusammensetzt, d. h.

$$\frac{\eta_{L_s} - \eta}{\eta} = \sum_i \left(\frac{\eta_{L_s} - \eta}{\eta}\right)_i, \tag{2}$$

so erhalten wir, wenn c_i die Konzentration der Moleküle mit dem Polymerisationsgrad P_i ist, mit Gl. (1) und (2)

$$\frac{\eta_{L_s} - \eta}{\eta} = K \sum_i (P_i^{\alpha} c_i)\,.$$

Da die Lösung unendlich verdünnt sein soll, gilt weiter

$$[\eta] = \frac{\eta_{L_s} - \eta}{\eta\, c} = K \frac{\sum_i P_i^{\alpha} c_i}{c}\,.$$

Berücksichtigen wir noch, daß

$$\frac{\sum_i P_i^{\alpha} c_i}{c} = \frac{\sum_i n_i P_i^{1+\alpha}}{\sum_i n_i P_i} = \bar{P}_{\eta}^{\,\alpha}$$

ist, so ergibt sich

$$[\eta] = K\,\overline{P}_\eta{}^{\alpha}\,. \tag{3}$$

Gl. (3) erlaubt bei Kenntnis des $[\eta]$-Wertes einer polymolekularen Styrolprobe die Berechnung von $\overline{P}_\eta$.

Die Viskosität verdünnter Lösungen. Grundlage der Viskositätsbestimmung von Flüssigkeiten bzw. verdünnten Lösungen ist das NEWTONsche Reibungsgesetz

$$\tau = \eta D,$$

wonach sich die Viskosität einer Flüssigkeit aus dem Verhältnis von Schubspannung τ und Geschwindigkeitsgefälle D senkrecht zur Strömungsrichtung (laminare Strömung vorausgesetzt) ergeben sollte. Während dieses Gesetz für manche Flüssigkeiten gilt, die deshalb NEWTONsche Flüssigkeiten genannt werden, zeigt sich bei anderen, daß η beispielsweise von der angelegten Schubspannung abhängt (strukturviskose Flüssigkeiten, vgl. Aufg. 3).

Die verschiedenen Methoden der Viskositätsbestimmung von Flüssigkeiten laufen letztlich entweder auf die Ermittlung der Schubspannung oder des Geschwindigkeitsgefälles bzw. einer diesen beiden proportionalen Größe hinaus. Über die einzelnen apparativen Ausführungen vgl. (*83*) und (*105*).

Im folgenden soll auf ein Kapillarviskosimeter vom UBBELOHDE-Typ eingegangen werden (vgl. **Abb. 21, 1**). Ein definiertes Flüssigkeitsvolumen V der zu untersuchenden Flüssigkeit wird mit konstantem Druck ΔP durch eine Kapillare mit dem Radius r und der Länge l gedrückt und die Durchflußzeit t gemessen. Die Viskosität ergibt sich aus der HAGEN-POISEUILLEschen Beziehung, die man durch zweifache Integration der NEWTONschen Beziehung erhält:

$$\eta = \frac{\pi r^4 \Delta P t}{8\, l\, V}\,.$$

Da r, l und V für ein gegebenes Viskosimeter konstant sind, ist

$$\eta = \text{const.}\ \Delta P t\,.$$

Die Konstante kann durch Eichen mit einer NEWTONschen Flüssigkeit mit bekannter Viskosität bestimmt werden. Diese Eichung ist jedoch nur dann erforderlich, wenn die absolute Viskosität bestimmt werden soll. Für die Ermittlung der relativen Viskosität genügt es, die Durchflußzeit des Lösungsmittels bei gleichem Fremddruck zu kennen, da

$$\eta_{\text{rel}} = \frac{\eta_{Ls}}{\eta} = \frac{\text{const.}\,\Delta P\, t_{Ls}}{\text{const.}\,\Delta P\ \ t} = \frac{t_{Ls}}{t} \tag{4}$$

ist.

Bei strukturviskosen Flüssigkeiten ist die gemessene Viskosität und damit auch die relative Viskosität von der Schubspannung bzw. dem treibenden Druck abhängig. Es ist infolgedessen notwendig, für die Berechnung des STAUDINGER-Indexes den Grenzwert der relativen Viskosität

$$\lim_{\Delta P \to 0} \eta_{\text{rel}}$$

zu bilden. Man bestimmt dazu die relativen Viskositäten bei verschiedenen treibenden Drucken, trägt in einem Diagramm die ermittelten Werte gegen die zugehörigen Drucke auf und extrapoliert die Kurve gegen $\Delta P = 0$.

Die HAGENBACH-*Korrektur.* Beim Ausströmen einer Flüssigkeit aus der einen Kugel des Viskosimeters durch eine Kapillare in die andere Kugel wird die potentielle Energie der Lage (in unserem speziellen Falle durch den Fremddruck) nur teilweise zu Reibungsenergie in der Kapillare verwendet, während der andere Teil sich in kinetische Energie der Flüssigkeit umsetzt, die dann in der zweiten Kugel durch Wirbelbildung in Wärme überführt wird. Diese kinetische Energie ruft eine scheinbare Viskositätserhöhung hervor, die sich jedoch durch die HAGENBACH-Korrektur rechnerisch erfassen läßt. Die Formel für die Berechnung stellt eine Korrektur der POISEUILLEschen Gleichung dar und lautet:

$$\eta = \frac{\pi r^4 \Delta P t}{8 l V} - \text{k} \frac{\varrho V}{8 \pi l t}.$$

ϱ = Dichte der Flüssigkeit

Die eigentliche Korrektur stellt nur der zweite Teil der obigen Gleichung dar. Der Koeffizient k beträgt nach ERK für normale Flüssigkeiten 1,12.

Zur praktischen Berechnung der HAGENBACH-Korrektur formt man das zweite Glied der Gleichung am besten um und berechnet die Korrektur in % der Viskosität. Für das Lösungsmittel erhält man

$$+\Delta\eta = \frac{\text{k}\, V \varrho\, 100}{8 \pi l t \eta} \, \%$$

und dann als Abweichung von der gemessenen Durchlaufzeit

$$H = \frac{\text{k}\, V \varrho}{8 \pi l \eta} = \frac{\varkappa \varrho}{\eta}.$$

Die Kapillargrößen kann man zu einem Formfaktor $\varkappa$ zusammenfassen; man erhält so die HAGENBACH-Korrektur H direkt in s. Dieser Wert gilt für ein Lösungsmittel und eine bestimmte Kapillare; er ist dagegen unabhängig vom jeweils vorgegebenen Fremddruck. — Die Größen ϱ und η sind meist mit genügender Genauigkeit in der Literatur angegeben.

Entsprechend erhält man für die HAGENBACH-Korrektur der Lösung

$$\text{H}_{Ls} = \frac{\varkappa \varrho_{Ls} (t - H)}{\eta\, t_{Ls}}.$$

ϱ_{Ls} = Dichte der Lösung

Führen wir die HAGENBACH-Korrekturen für Lösung und Lösungsmittel in Gl. (4) ein, so ergibt sich die Beziehung

$$\eta_{\mathrm{rel}} = \frac{t_{Ls} - H_{Ls}}{t - H} \, .$$

Aufgabe. Bestimmung des STAUDINGER-Indexes einer Hochpolymerprobe durch Viskositätsmessungen.

Zubehör. Apparatur nach **Abbildung 21, 1,** Glasfiltertiegel 2G4, Pipetten, 25-ml-Meßkolben, Silikagel, Benzol.

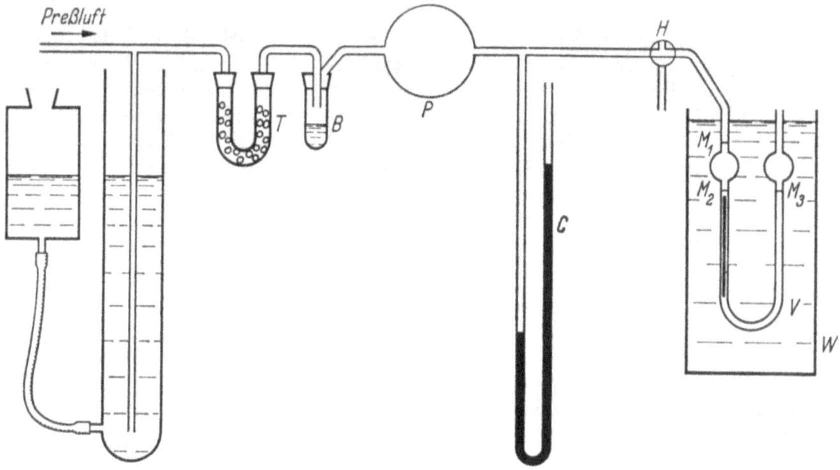

Abb. 21, 1. Schema der Versuchsanordnung

Apparaturbeschreibung. Die Apparatur wird durch **Abbildung 21, 1** wiedergegeben. Das eigentliche Viskosimeter V besteht aus einer Kapillare von etwa 0,4 mm Weite, ihre Länge beträgt etwa 10 cm. Die Kapillare soll so beschaffen sein, daß die Durchlaufzeit beim höchsten Fremddruck nicht unter 100 s liegt. Die beiden Kugeln sollen an beiden Schenkeln in gleicher Höhe stehen und das gleiche Volumen besitzen. Der Durchmesser der Kugeln soll etwa 2 cm betragen, der Abstand der Marken M vom Kugelrand ist 1 cm. Das Viskosimeter befindet sich in einem Thermostaten W mit durchsichtigen Wänden (Aquarium). Hierbei ist auf eine Temperaturkonstanz von mindestens 0,05° C zu achten. An das Viskosimeter ist eine Vorrichtung angeschlossen (Manostat), mit deren Hilfe verschiedene Fremddrucke erzeugt werden können. Ihre Arbeitsweise ist der **Abbildung 21, 1** zu entnehmen. Das Trockenröhrchen T ist mit Silikagel gefüllt; in dem Behälter B befindet sich Benzol, um die als Treibmittel verwendete Luft mit dem entsprechenden Lösungsmittel anzureichern. Das Wassermanometer C dient zur Messung des Fremddrucks. P ist ein Puffervolumen von 1 l Inhalt.

Ausführung der Messungen. Das Viskosimeter wird vor der Messung mit rauchender Salpetersäure gereinigt und anschließend mit Wasser gut gespült. Der Thermostat wird auf genau 25° C einreguliert. Vor der Messung muß jede Lösung bzw. jedes Lösungsmittel sorgfältig filtriert werden, und zwar bedient man sich einer Glasfritte G 4. Man drückt (!) die Lösung durch das Filter, da anderenfalls leicht Lösungsmittel verdampft und damit die Lösung konzentrierter wird.

Zur Messung wird das Viskosimeter mit dem reinen Lösungsmittel bis zu den Marken M_1 und M_3 gefüllt, über einen Gummischlauch mit der Überdruckapparatur verbunden und in den Thermostaten gebracht. Durch entsprechende Stellung des Dreiweghahnes H kann entweder Überdruck an das Viskosimeter gelegt werden oder auch entlüftet bzw. Flüssigkeit im Viskosimeter hochgesaugt werden.

Nach 10 min ist im Viskosimeter Temperaturausgleich eingetreten, und man kann mit der Messung beginnen, indem man den Dreiweghahn gegen die Überdruckanordnung einstellt, wodurch die Flüssigkeit durch die Kapillare gedrückt wird. Man stoppt die Zeit, die für das Durchlaufen des Flüssigkeitsmeniskus von der Marke M_1 bis zur Marke M_2 erforderlich ist. Die Durchflußzeit t wird als Mittelwert von 3 Einzelmessungen gewonnen, die ihrerseits nicht mehr als $\pm$ 0,3% verschieden sein sollen. Die Messungen werden bei vier verschiedenen Drucken durchgeführt, etwa bei 25, 35, 45 und 55 cm Wassersäule.

Genau in der gleichen Weise wie mit dem Lösungsmittel wird man auch mit der Lösung verfahren. Es werden von einer Probe drei verschiedene Konzentrationen gemessen.

Dazu werden 0,4—1,0 g getrocknetes Polymeres[1]) auf der Analysenwaage eingewogen, in Benzol gelöst und auf 25 ml aufgefüllt (Lösung 1). Zur Herstellung von Lösung 2 (bzw. 3) kann man 10 ml (bzw. 3 ml) Lösung abpipettieren und wiederum auf 25 ml auffüllen. Bei genauerem Arbeiten sollen jedoch auch die verdünnteren Lösungen durch Einwaage hergestellt werden.

Aus den Durchlaufzeiten von Lösung und Lösungsmittel werden, wie oben ausgeführt, der STAUDINGER-Index der Probe und mit Gl. (3) der mittlere Polymerisationsgrad $\overline{P}_\eta$ ermittelt.

Weitere Literatur: (*13*).

22. Enzymreaktionen

Allgemeines. Der Auf- und Abbau vieler in der Natur vorkommender Stoffe wird durch Enzyme bewirkt.

Enzyme als Biokatalysatoren unterscheiden sich von den üblichen Katalysatoren vor allem durch ihre sehr hohe Spezifität in bezug auf den

---

[1]) Die Lösungen sind so zu bemessen, daß die $\frac{\eta_{Ls} - \eta}{\eta\, c}$-$c$-Kurve eine Gerade wird. η_{Ls}/η soll jedoch nicht kleiner als 1,2 sein, da sonst die Meßgenauigkeit zu gering wird.

Ausgangsstoff, das sog. Substrat, und durch ihre gezielte Wirkung. Ein weiterer Unterschied zu den üblichen chemischen Katalysatoren ist die geringe Temperaturstabilität der Enzyme, die oft schon bei Zimmertemperatur meßbar denaturiert werden. Andere wichtige Einflüsse auf die Enzymstabilität sind der pH-Wert sowie Lösungsmittel- und Fremdstoffzusätze.

Grundlagen. Mit guter Annäherung läßt sich der Ablauf vieler Enzymreaktionen durch einen Modellmechanismus beschreiben, der durch 2 Schritte gekennzeichnet ist. Der erste ist die Bildung eines Komplexes zwischen Enzym und Substrat in einer Gleichgewichtsreaktion

$$E + S \underset{k_{-1}}{\overset{k_1}{\rightleftharpoons}} ES\,, \tag{1}$$

der zweite ist die geschwindigkeitsbestimmende Abreaktion des Komplexes in die Endprodukte unter Rückbildung des Enzyms

$$ES \xrightarrow{k_2} E + P\,. \tag{2}$$

Schon bei relativ niedrigen Substratkonzentrationen wird, da das Enzym stets in einer wesentlich kleineren Konzentration vorliegt, das Gleichgewicht weitgehend auf die rechte Seite verschoben sein, und weiterer Zusatz von Substrat wird daher die Reaktionsgeschwindigkeit nicht mehr erhöhen können.

Bei sehr kleinen Substratkonzentrationen hingegen wird die Hauptmenge des Enzyms in freier Form vorliegen, und nur ein kleiner Teil wird als ES-Komplex gebunden sein. Die Konzentration des Komplexes ist in diesem Bereich proportional der Substratkonzentration, so daß auch die Reaktionsgeschwindigkeit der Substratkonzentration proportional ist. Dieses Reaktionsschema, das zuerst von Brown aus kinetischen Untersuchungen der Rohrzuckerinversion mit Hefeinvertase entwickelt worden ist, ist vielen Enzymreaktionen zugrunde gelegt worden; es kann aber nur für einfache Systeme angewandt werden, bei denen nur ein Substrat reagiert.

Die Berechnung der Reaktionsgeschwindigkeit nach Michaelis-Menten.

Aus Reaktion (1) folgt als Gleichgewichtskonstante

$$K = \frac{[ES]}{[E]\,[S]}\,. \tag{3}$$

In dieser Gleichung ist $[E]$ die Konzentration des frei vorliegenden Enzyms, während die totale Enzymkonzentration die Summe der Konzentrationen des freien und des als Komplex gebundenen Enzyms ist:

$$[E_0] = [E] + [ES]\,. \tag{4}$$

Mit Gl. (3) ergibt sich für die im Komplex gebundene Enzymmenge

$$[ES] = \frac{K\,[E_0]\,[S]}{1 + K\,[S]}\,. \tag{5}$$

Da die geschwindigkeitsbestimmende Reaktion Gl. (2) ($k_2 \ll k_1\,[S]$, k_{-1}) ist, erhält man für die Bruttogeschwindigkeit der Reaktion

$$v = k_2\,[ES] = \frac{k_2 K\,[E_0]\,[S]}{1 + K\,[S]}\,. \tag{6}$$

Benützt man nicht die Gleichgewichtskonstante, sondern ihren Kehrwert $1/K = K_m$ (MICHAELIS-Konstante), so erhält man die übliche Form der MICHAELIS-MENTEN-Gleichung

$$v = \frac{k_2\,[E_0]\,[S]}{K_m + [S]}\,.\ ^{1)} \tag{7}$$

Diskussion der MICHAELIS-MENTEN-*Gleichung.* Es ist leicht einzusehen, daß die Gl. (6) mit den Beobachtungen von BROWN gut vereinbar ist. Für kleine Substratkonzentrationen erhält man für die Geschwindigkeit

$$v = k_2\,K\,[E_0]\,[S]\,, \tag{9}$$

also eine lineare Abhängigkeit von der Substratkonzentration. Für hohe Substratkonzentrationen wird nach derselben Gleichung

$$v = k_2\,[E_0] = v_{max} \tag{10}$$

die Reaktionsgeschwindigkeit unabhängig von der Substratkonzentration; sie gibt gleichzeitig die Maximalgeschwindigkeit v_{max} an, die bei gegebener Enzymkonzentration $[E_0]$ durch steigenden Substratzusatz erreicht werden kann. Für den Fall, daß $K_m = [S]$, ergibt sich, wie aus Gl. (7) leicht abgeleitet werden kann, $v = \frac{v_{max}}{2}$. Das bedeutet, daß K_m gleich der Substratkonzentration ist, bei der gerade die Hälfte der Maximalgeschwindigkeit erreicht ist.

Nur wenige Enzymreaktionen gehorchen über größere Bereiche der MICHAELIS-MENTEN-Gleichung. Meist erhält man den linearen Anstieg bei niedrigen Substratkonzentrationen, der auch bald zu kleineren Geschwindig-

---

1) Genaugenommen ist nicht die Gleichgewichtskonstante für die Bruttoreaktionsgeschwindigkeit in Gl. (6) einzusetzen, sondern es gilt

$$v = k_2\,[ES] = \frac{k_2\,k_1\,[S]\,[E_0]}{k_{-1} + k_2 + k_1\,[S]}\,. \tag{6a}$$

Durch die oben erwähnte Festsetzung $k_2 \ll k_1\,[S]$ und k_{-1} geht aber Gl. (6a) in Gl. (6) über (mit $K = k_1 / k_{-1}$).

keiten abbiegt, aber nicht konstant wird, sondern mit wachsender S-Konzentration wieder abfällt. Diesen Abfall schreibt man üblicherweise einer Hemmwirkung des Substrats selbst zu. Daher lassen sich auch v_{max} und K_m aus den experimentellen Ergebnissen nicht direkt bestimmen. Eine zufriedenstellende Extrapolation ist aber nach LINEWEAVER und BURK durch Umformung der Gl. (7) unter Berücksichtigung von Gl. (10) mit Hilfe der Beziehung

$$\frac{1}{v} = \frac{1}{v_{max} K[S]} + \frac{1}{v_{max}} \tag{11}$$

möglich. Trägt man nach Gl. (11) die experimentellen Werte in ein $1/v$ - $1/[S]$-Diagramm ein, so sollten diese durch eine Gerade verbunden werden können, aus deren Neigung und Ordinatenabschnitt die beiden Konstanten v_{max} und K_m erhalten werden können. Weichen die Meßpunkte von einer Geraden ab, so gelingt meist noch die Ermittlung der Tangente, die dem ungestörten Umsatz entspricht.

Um Enzyme hinsichtlich ihrer katalytischen Wirkung in einer bestimmten Reaktion zu charakterisieren, wird in der Praxis die spezifische Aktivität (*S. A.*) bestimmt. Ihre Einheit ist definiert durch die Reaktionsgeschwindigkeit, bei der 1/60 mol (Substrat) je kg (Enzymprotein) und sec (bzw. 1 μmol/mg · min) umgesetzt wird. Dazu sind als Standardbedingungen in der Regel die optimale Substratkonzentration und der optimale pH-Wert bei 25°C festgesetzt.

Liegt das Enzym in Lösung vor, so bestimmt man den Eiweißgehalt z. B. durch die Biuret-Reaktion oder aus dem Gesamtstickstoff nach KJELDAHL; auch eine spektralpotometrische Analyse bei 280 nm ist bei reinen Lösungen möglich.

a) *Esterhydrolyse von N-α-Benzoyl-L-argininäthylester*

Aufgabe. Es soll die Abhängigkeit der Geschwindigkeit der Esterhydrolyse von N-α-Benzoyl-L-argininäthylester (BAÄE) durch Trypsin vom pH-Wert untersucht werden. Sowohl Trypsin als auch das weiter unten genannte Chymotrypsin kommen im Pankreas vor. Beide Enzyme katalysieren nicht nur die Hydrolyse von Estern, sondern auch die von Peptidbindungen.

Zubehör. Automatische Titrationsanlage, zwei 100 ml Meßkolben, Pipetten; kristallisiertes Trypsin, N-α-Benzoyl-L-argininäthylester-HCl, 0,02 n Natronlauge, bidest. Wasser, 0,1 n HCl.

Apparaturbeschreibung. Die Apparatur wird schematisch durch **Abbildung 22, 1** wiedergegeben. Sie besteht aus einem Reaktionsgefäß *G* mit Rührer und Motor *R*, pH-Meßkette *K*, pH-Meter *M*, Impulsgeber *I*, automatischer Bürette *B* mit Natronlauge und Schreiber *S*. Die Geschwindigkeit der enzymatischen Esterspaltung wird über die Titration der gebildeten Säure gemessen. Dies wird automatisch von der Titrationsanlage besorgt. Geringe Abweichungen des pH-Wertes in der Reaktionslösung vom eingestellten Soll-pH-Wert werden über die pH-Meßkette erfaßt, über den Impulsgeber wird Natronlauge in kleinen Mengen zugegeben, bis der Soll-pH-Wert wieder erreicht ist. Die Menge (in ml) ist an der Bürette ablesbar und wird am Schreiber über der Zeit registriert.

Ausführung der Messungen.

1. Herstellung der Trypsinlösung: 5,0 mg zweimal krist. Trypsin werden in einem 100-ml-Meßkolben eingewogen, 1 ml 0,1 n HCl zum Stabilisieren hinzugegeben, mit bidest. Wasser aufgefüllt und in Eiswasser gelagert.
2. Herstellung der Substratlösung: 1,027 g N-α-Benzoyl-L-argininäthylester-HCl werden in dest. Wasser gelöst, auf 100 ml aufgefüllt und bei null Grad gelagert. Konzentration $= 3 \cdot 10^{-2}$ mol/l.

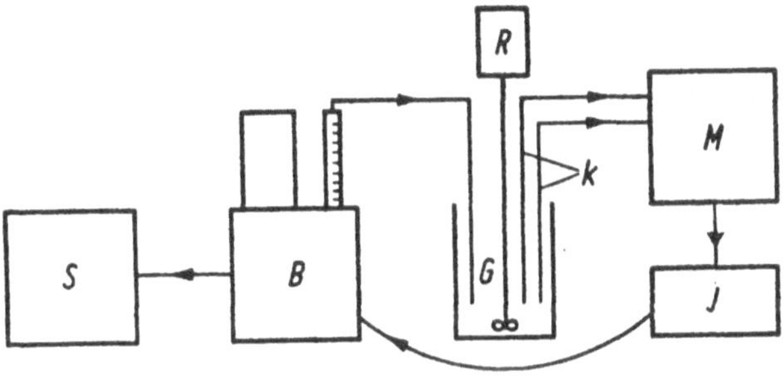

Abb.: 22, 1. Schema einer automatischen Titrationsanlage

3. Bestimmung der Verseifungsgeschwindigkeit bei verschiedenen pH-Werten. Um die Eigenverseifung des Esters zu bestimmen, werden 5 ml Lösung 2 (Esterlösung) mit 25 ml H_2O im Reaktionsgefäß verdünnt. (Bei niedrigen pH-Werten 1 Tropfen HCl zugeben). Nachdem der Rührer angeschaltet ist und die Lösung Zimmertemperatur erreicht hat, wird mittels des Titrators ein pH von 10 im Reaktionsgefäß eingestellt[1]). Man verfolgt die Reaktion etwa 10 min bei konstantem pH-Wert. Aus der Zugabegeschwindigkeit von 0,02n NaOH, die nach der Anlaufperiode auf dem Schreiber abgelesen werden kann, ergibt sich die Geschwindigkeit der Eigenverseifung des Esters.

Sodann werden 1 ml Lösung 1 (Enzymlösung) mit einer Enzymtestpipette zur Reaktionslösung gegeben. Die Reaktion wird wiederum bei

[1]) Einzelheiten sind der Bedienungsanleitung des Titrators zu entnehmen.

pH 10 während 10 Minuten verfolgt und die Verbrauchsgeschwindigkeit der 0,02 n NaOH am Schreiber abgelesen.

Sinngemäß werden die Versuche bei pH 9, 8, 7, 6 durchgeführt.

Auswertung der Messungen. Für jeden pH-Wert wird die Differenz der mit und ohne Enzymzusatz bestimmten Verseifungsgeschwindigkeiten gebildet. Die erhaltenen Reaktionsgeschwindigkeiten werden gegen die zugehörigen pH-Werte abgetragen und der optimale pH-Wert ermittelt. Die spezifische Aktivität berechnet man mittels der Maximalgeschwindigkeit aus der Gleichung:

$$S.A.\ (\mu\mathrm{mol/min \cdot mg}) = \frac{\text{Verbrauchsgeschw. NaOH}\left(\frac{\mathrm{ml}}{\mathrm{min}}\right) \times \text{Konzentration NaOH}\left(\frac{\mu\mathrm{mol}}{\mathrm{ml}}\right)}{\text{Enzymmenge (mg)}}$$

b) *Dehydrierung von Äthanol mit Alkoholdehydrogenase*

Vor der genauen Aufgabenstellung muß in bezug auf die Eigenschaften und Wirkungen der Alkoholdehydrogenase (ADH) noch folgendes ausgeführt werden:

Die Alkoholdehydrogenase katalysiert die Reaktion

$$C_2H_5OH + DPN^+ \rightarrow CH_3CHO + DPNH + H^+,$$

die sich durch Messung der DPNH-Absorption bei 366 nm verfolgen läßt[1]), da DPN in diesem Bereich nicht absorbiert. Die Reaktionsgeschwindigkeit verläuft nur bei sehr geringen Enzymkonzentrationen linear mit der Enzymmenge; bei höheren Konzentrationen erhält man Abweichungen zu kleineren Geschwindigkeiten hin. Die Umsatzbestimmungen dürfen nur innerhalb des proportionalen Bereiches durchgeführt werden. Ähnliches gilt für die Zeit-Umsatz-Kurve, die schon nach ganz geringen Umsätzen nicht mehr proportional verläuft. Die Reaktionsbedingungen müssen so eingehalten werden, daß die Proportionalitätsbereiche nicht überschritten werden.

Aufgabe. Es ist die Michaelis-Menten-Konstante der durch ADH katalysierten Dehydrierung von Alkohol zu bestimmen.

---

[1]) Das Absorptionsmaximum von DPNH liegt bei 340 nm.

Zubehör. Pipetten, Meßkolben, Photometer (Filter 366 nm), Küvetten (1 cm Schichtdicke und 3 ml Inhalt), Chemikalien (vgl. Ausführung der Messungen), Stoppuhr.

Ausführung der Messungen.

1. Lösungen und Reagenzien. Natriumpyrophosphatpuffer: 0,06 mol/l, pH = 8,5 (Einstellung mit verdünnter Salzsäure). Äthanol p. a. DPN: 0,01 mol/l. Die Lösung ist im Eisschrank aufzubewahren.

Kaliumphosphatpuffer (KH_2PO_4); 0,01 mol/l mit 0,1% Rinderserumalbumin (pH = 7,5 mit Kalilauge einstellen, Rinderserumalbumin zufügen).

2. Einstellung der Enzymlösung auf eine bestimmte Konzentration. Die käufliche ADH-Lösung (1 ml) wird zunächst mit 1 ml kaltem, mit Rinderserumalbumin stabilisiertem Kaliumphosphatpuffer verdünnt. Von dieser Lösung, die im Eisschrank aufzubewahren ist, werden 0,01 ml mit dem gleichen Puffer so lange verdünnt, bis bei dem im Folgenden beschriebenen ADH-Test 0,1 ml zu einer Extinktionszunahme von 0,03/min führt. Auch diese Enzymlösung muß im Eisschrank aufbewahrt werden.

Die Enzymkonzentration wird folgendermaßen getestet: In die Küvette werden 0,5 ml Natriumpyrophosphatpuffer, 0,1 ml DPN-Lösung, 2,1 ml destilliertes Wasser und 0,1 ml Enzymlösung einpipettiert; die Küvette wird in das Photometer eingesetzt[1]). Sodann werden 0,03 ml Äthanol zugegeben und die Lösung mittels eines kleinen Glasstabes gemischt. Der Zeitpunkt der Alkoholzugabe gilt als Reaktionsbeginn. Die Extinktionszunahme wird mit der Zeit verfolgt. Abgelesen wird zunächst nach 15 Sekunden, sodann alle 30 Sekunden. Die Blindprobe enthält die gleichen Substanzen bis auf den Alkohol.

In einem Diagramm wird die Extinktion I gegen die Zeit aufgetragen. Die Extinktion muß im Anfangsbereich der Kurve linear mit der Zeit zunehmen, widrigenfalls ist die Enzymlösung weiter zu verdünnen. Aus der Extinktionszunahme zu Beginn der Reaktion können die Enzymeinheiten in der Lösung (bzw. in 0,1 ml Enzymlösung) berechnet werden. Der molare Extinktionskoeffizient von DPNH bei 366 nm beträgt 3,3 μmol^{-1} cm^2. Die Zahl der im Testansatz vorhandenen Enzymeinheiten ergibt sich dann zu

$$EE = \frac{2{,}8 \cdot \Delta I}{3{,}3 \cdot \Delta t} = S.A. \cdot \text{Enzymmenge} \left[\frac{\mu\,\text{mol}}{\text{min}}\right].$$

3. Bestimmung der MICHAELIS-MENTEN-Konstante. Zur Ermittlung der Konstante K_m ist die Abhängigkeit der Anfangsgeschwindigkeit von der Substratkonzentration, also der Äthanolkonzentration, bei gegebener

[1]) Für genauere Messungen ist die Küvette zu thermostatisieren.

Enzymkonzentration von verschiedenen Proben zu bestimmen. Die Aufnahme der Zeit-Umsatz-Kurven erfolgt in der im vorigen Absatz beschriebenen Weise. Jeder Ansatz enthält 0,5 ml Pyrophosphatpuffer, 0,1 ml DPN-Lösung und 0,1 ml Enzym. Von einer 2-mol-Äthanollösung werden 0,028, 0,07, 0,14, 0,28, 0,56 und 1,5 ml zugesetzt[1]). Alle Ansätze werden durch Zugabe des Enzyms gestartet und dann die Zeit-Umsatz-Kurve, wie beschrieben, aufgenommen[2]). Aus der Anfangsneigung der Zeit-Umsatz-Kurven kann die Anfangsgeschwindigkeit bei verschiedenen Äthanolkonzentrationen ermittelt werden. In einem Diagramm wird nach Gleichung (11) der Reziprokwert der Anfangsgeschwindigkeit v gegen den Reziprokwert der Substratkonzentration $[S]$ abgetragen. Bei Richtigkeit der eingangs geführten Überlegungen sollten die Meßpunkte auf einer Geraden liegen. Mittels des Diagramms kann die MICHAELIS-MENTEN-Konstante ermittelt werden.

Weitere Literatur: (*47*), (*76*).

b) Heterogene Reaktionen

Heterogene Reaktionen sind Reaktionen, bei denen mehrere Phasen an der Reaktion teilhaben. Zu den heterogenen Reaktionen gehören auch die Umsetzungen, die an der Oberfläche fester Stoffe beschleunigt oder verzögert werden. Man spricht dann von positiver oder negativer heterogener Katalyse. Die positive Katalyse spielt bekanntlich bei technischen Prozessen eine große Rolle. Es sei nur an die Synthese oder Verbrennung von Ammoniak und die vielfachen Umsetzungen von Synthesegas (Wasserstoff/Kohlenoxid) erinnert.

In folgenden Beispielen werden einige grundlegende Phänomene, die bei heterogen katalysierten Reaktionen auftreten können, diskutiert; des weiteren soll gezeigt werden, inwieweit in diesen Fällen die Kinetik Aussagen über den Reaktionsablauf an der Kontaktoberfläche erlaubt.

23. Distickstoffmonoxidzerfall an Kupferoxid

Selbsthemmung der Reaktion durch entstehenden Sauerstoff

Grundlagen. Umsetzungen, die sich an festen Grenzflächen abspielen, wie beispielsweise der Zerfall von Distickstoffmonoxid an gesintertem Kupferoxid, kann man immer als eine Folge von Einzelprozessen auffassen. Wir unterscheiden:

1. Transport der Reaktionsteilnehmer an die Katalysatoroberfläche durch Konvektion und Diffusion.

---

[1]) Das Gesamtvolumen in der Küvette soll 2,80 ml betragen; es wird mit Wasser aufgefüllt.

[2]) Die Blindprobe enthält die gleichen Substanzen bis auf das Enzym.

2. Adsorption der Reaktionsteilnehmer an der Oberfläche.
3. Chemische Reaktionen an der Oberfläche.
4. Desorption der Reaktionsprodukte.
5. Transport der Reaktionsprodukte durch Diffusion und Konvektion von der Katalysatoroberfläche in den Gasraum.

Der langsamste dieser Reaktionsschritte ist für die Gesamtreaktion geschwindigkeitsbestimmend.

Durch geeignete Anordnungen lassen sich jedoch An- und Abtransport als geschwindigkeitsbestimmende Faktoren ausschließen. Die Untersuchung kann sich damit auf die Adsorption, die chemische Reaktion und die Desorption beschränken.

Der N_2O-Zerfall an festen Katalysatoren ist eine einfache monomolekulare Reaktion nach

$$2\,N_2O \longrightarrow O_2 + 2\,N_2\,. \tag{1}$$

Die Rückreaktion ist unter den Versuchsbedingungen zu vernachlässigen. Wir nehmen an, daß das N_2O zunächst am Katalysator adsorbiert wird, dann im adsorbierten Zustand zerfällt und schließlich nach Rekombination der O-Atome die Zerfallsprodukte Sauerstoff und Stickstoff desorbiert werden.

Es seien p_{N_2O}, p_{N_2} und p_{O_2} die Partialdrucke der Gase im Gasraum.

Nach Langmuir (vgl. Aufg. 18) ist der Bruchteil der Oberfläche, der vom N_2O eingenommen wird,

$$\sigma_{N_2O} = \frac{b_{N_2O}\,p_{N_2O}}{1 + b_{N_2O}\,p_{N_2O} + b_{O_2}\,p_{O_2} + b_{N_2}\,p_{N_2}}\,, \tag{2}$$

der Bruchteil, der von den entstehenden Gasen besetzt wird,

$$\sigma_{O_2} = \frac{b_{O_2}\,p_{O_2}}{1 + b_{N_2O}\,p_{N_2O} + b_{O_2}\,p_{O_2} + b_{N_2}\,p_{N_2}} \tag{2a}$$

und

$$\sigma_{N_2} = \frac{b_{N_2}\,p_{N_2}}{1 + b_{N_2O}\,p_{N_2O} + b_{O_2}\,p_{O_2} + b_{N_2}\,p_{N_2}}\,, \tag{2b}$$

wenn eine homogene Oberfläche und Adsorptionsgleichgewichte vorausgesetzt werden.

Hat die Zerfallsreaktion des N_2O an der Oberfläche die Geschwindigkeitskonstante k, so ist die Zerfallsgeschwindigkeit

$$-\frac{dp_{N_2O}}{dt} = \mathrm{k}\,\sigma_{N_2O}\,. \tag{3}$$

Setzen wir Gl. (2) in Gl. (3) ein, so erhalten wir für die Zerfallsgeschwindigkeit

$$-\frac{dp_{N_2O}}{dt} = k\frac{b_{N_2O}\,p_{N_2O}}{1 + b_{N_2O}\,p_{N_2O} + b_{O_2}\,p_{O_2} + b_{N_2}\,p_{N_2}}. \qquad (4)$$

Aus dieser Gleichung lassen sich verschiedene Sonderfälle ableiten, die bei heterogenen Zerfallsreaktionen tatsächlich beobachtet werden. Bei der Untersuchung des N_2O-Zerfalls zeigt sich, daß die Reaktion an Gold nach der Gleichung

$$-\frac{dp_{N_2O}}{dt} = k'\,p_{N_2O}, \qquad (5)$$

d. h. nach der 1. Ordnung, verläuft. Dieser Befund läßt sich mit Gl. (4) vereinbaren, wenn man annimmt, daß sämtliche Gase am Katalysator nur schwach adsorbiert werden. Dann wird nämlich

$$b_{N_2O}\,p_{N_2O} + b_{O_2}\,p_{O_2} + b_{N_2}\,p_{N_2} \ll 1$$

und Gl. (4) geht in Gl. (5) über ($k' = k\,b_{N_2O}$).

An Ag, Pt und einigen Metalloxiden, wie CuO, weist die Reaktion eine etwas kompliziertere Konzentrationsabhängigkeit auf:

$$-\frac{dp_{N_2O}}{dt} = k\frac{b_{N_2O}\,p_{N_2O}}{1 + b_{O_2}\,p_{O_2}}. \qquad (6)$$

Auch diese Gleichung stellt einen Sonderfall der Gl. (4) dar, wenn der entstehende Sauerstoff mittelstark, Stickstoff und Distickstoffmonoxid hingegen nur schwach adsorbiert werden und damit

$b_{N_2O}\,p_{N_2O} + b_{N_2}\,p_{N_2} \ll 1$ und $b_{O_2}\,p_{O_2}$ vergleichbar 1 werden.

Dies bedeutet, daß mit fortschreitender Reaktion und damit steigenden Sauerstoffmengen ein immer größerer Teil der Kontaktoberfläche vom Sauerstoff besetzt und somit die Zersetzungsgeschwindigkeit dauernd herabgesetzt wird.

Der N_2O-Zerfall wird also durch eines der entstehenden Produkte gehemmt. Man spricht deshalb auch von einer Selbsthemmung der Reaktion.

Die Gültigkeit der Gl. (6) ist nicht gleichbedeutend mit einer eindeutigen Bestätigung der über den Oberflächenvorgang gemachten Annahme. Zwar ist mit Gl. (6) die Vorstellung vereinbar, daß der Zerfall am Katalysator geschwindigkeitsbestimmend ist; andererseits widerspricht Gl. (6) auch nicht der Vorstellung, daß nur N_2O-Molekeln, die aus dem Gasraum auf den unbesetzten Teil der Oberfläche auftreffen, zerfallen, also die Sorption geschwindigkeitsbestimmend ist.

Die Zerfallsgeschwindigkeit ist unter dieser Voraussetzung

$$-\frac{dp_{N_2O}}{dt} = k'(1 - \sigma_{O_2})\,p_{N_2O}, \tag{7}$$

wenn

$$\sigma_{O_2} = \frac{b_{O_2}\,p_{O_2}}{1 + b_{O_2}\,p_{O_2}} \tag{8}$$

den besetzten Teil der Oberfläche darstellt,

$$\text{wobei } \sigma_{N_2} + \sigma_{N_2O} \ll 1.$$

Einsetzen von Gl. (8) in (7) ergibt

$$-\frac{dp_{N_2O}}{dt} = k'\left(1 - \frac{b_{O_2}\,p_{O_2}}{1 + b_{O_2}\,p_{O_2}}\right)p_{N_2O}.$$

Nach Umformen erhält man die Gleichung

$$-\frac{dp_{N_2O}}{dt} = k'\,\frac{p_{N_2O}}{1 + b_{O_2}\,p_{O_2}},$$

die formal mit Gl. (6) identisch ist ($k' = b_{N_2O} \cdot k$).

Die vorstehende Überlegung zeigt, daß die kinetische Analyse in diesem Falle keine Aussage über den eigentlichen Reaktionsmechanismus zuläßt. Lediglich über den Desorptionsschritt, also die Selbsthemmung durch ein entstehendes Reaktionsprodukt, kann Aufschluß erhalten werden.

Aufgabe. Es ist die Reaktionsgeschwindigkeits-Abhängigkeit für drei verschiedene N_2O-Anfangsdrucke ($a = 90$, 180 und 260 mbar) zu ermitteln.

Zubehör. Apparatur nach **Abbildung 23, 1**, Ölvakuumpumpe, 3 DEWAR-Gefäße, Millivoltmeter, Schiebewiderstand bzw. Regler, Versuchssubstanzen: N_2O-Bombe, $Cu(NO_3)_2$, NaOH.

Apparaturbeschreibung. Die Apparatur wird durch **Abbildung 23, 1** wiedergegeben. Sie arbeitet quasidynamisch (d. h. geschlossener Umlauf des Gases über den Katalysator), um Hemmungen durch Diffusion und Konvektion und damit An- und Abtransport als geschwindigkeitsbestimmende Faktoren auszuschließen. Die Apparatur entspricht einer ideal statischen, wenn die Umlaufgeschwindigkeit genügend schnell im Vergleich zur Reaktionsgeschwindigkeit ist.

Wesentliche Teile sind der Umlaufteil *A*, das Manometer *B*, der Gasvorratskolben *C*, der Gasreinigungsteil und die Ölvakuumpumpe. Der Umlaufteil *A* ist der eigentliche Reaktionsraum. Mit Hilfe des Schliffes *Q* und des Rohransatzes *R* läßt sich der Katalysator (1—3 gesinterte Kupferoxidpastillen, Herstellung vgl. [1])) in den vom Ofen *S* ge-

[1]) Darstellung des Katalysators: CuO wird durch Fällung von $Cu(NO_3)_2$ mit NaOH hergestellt, der Niederschlag bis zum Verschwinden der alkalischen Reaktion im Filtrat mit heißem Wasser gewaschen und etwa 2 h bei 110° C getrocknet. Aus

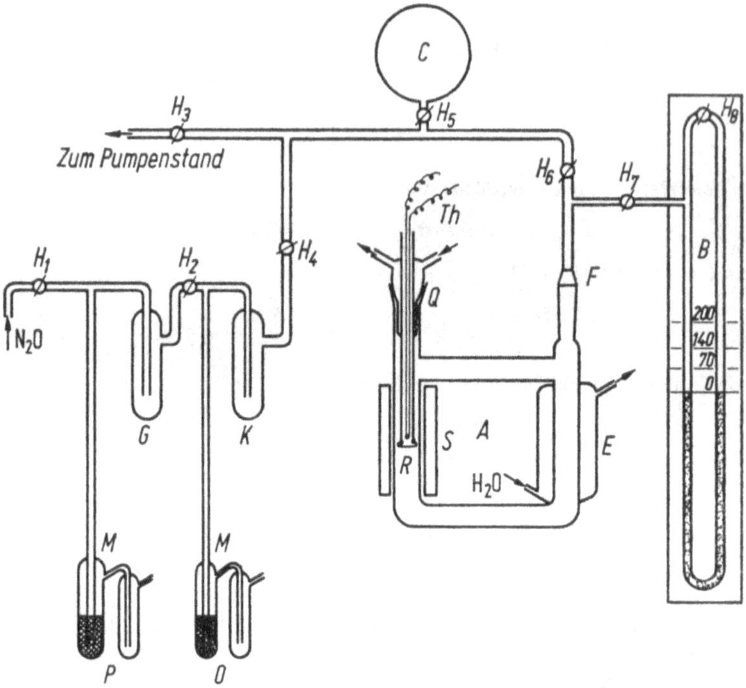

Abb. 23, 1. Schema der Versuchsanordnung

heizten Reaktionsraum bringen. Durch die Kühlung *E* und die Heizung entsteht ein Gasumlauf (Thermosyphon), der immer wieder das Gas zum Kontakt bringt. Mit Hilfe des Thermoelementes *Th* läßt sich die Katalysatortemperatur messen. Der Schliff *Q* ist gekühlt, um Undichtigkeiten der Apparatur durch Erwärmung des Schliffettes zu vermeiden.

Das Manometer B ist über den Schliff *F* und den Hahn H_7 an die Umlaufapparatur angeschlossen und dient zur Messung des jeweiligen in der Apparatur herrschenden Gasdruckes und damit auch zur Messung des Umsatzes.[2])

Der Gasreinigungsteil besteht aus zwei Fallen *G* und *K* und den Blubberventilen *O* und *P* (zur Vermeidung von Überdruck).

---

dem getrockneten Pulver werden Pastillen von 3 mm Durchmesser und 2 mm Höhe gepreßt. Anschließend werden sie in die Apparatur gebracht und bei 500° C 1 h im Vakuum (10^{-3} mbar) getempert. Der Katalysator kann mehrmals benutzt werden.

[2]) Das Manometer *B* kann durch das Druckmeßgerät MCT-MMCT (Varian MAT) oder ein entsprechendes Druckmeßgerät ersetzt werden, so daß die Möglichkeit besteht, die Kurven auf einen Schreiber aufzunehmen.

Ausführung der Messungen. Die gesamte Apparatur wird über den Hahn H_3 mit der Ölpumpe evakuiert (nur Hahn H_1 geschlossen). Die Blubberventile P und O schließen sich dabei selbst. Nun wird der Ofen S eingeschaltet und mittels eines Schiebewiderstandes oder Reglers auf etwa 440° C eingestellt. Die Arbeitstemperatur am Kontakt soll so gewählt werden, daß die Halbwertszeit des N_2O-Zerfalls bei 180 mbar Anfangsdruck nach etwa 15 min erreicht ist (400—440° C). Sie wird durch das Thermoelement Th mittels eines Millivoltmeters angezeigt. Die kalte Lötstelle befindet sich in einem DEWAR-Gefäß mit Eiswasser. Mit dem Ofen wird auch das Kühlwasser für den Kühler E und den Schliff Q eingeschaltet.

Bei geschlossenen Hähnen H_6 und H_3 wird N_2O aus der Bombe durch H_1 (H_2, H_4 und H_5 geöffnet) in die Apparatur gefüllt. Sind die Marken M an den Blubberventilen P und O erreicht, wird die Bombe und danach Hahn H_1 geschlossen. Das N_2O wird nun durch Ausfrieren in der mit flüssiger Luft gekühlten Falle G aus der Apparatur zurückgeholt. Durch Öffnen des Hahnes H_3 wird ein eventuell verbliebener Rest an N_2O über die Pumpe abgesaugt und gleichzeitig Falle G evakuiert. (Unbedingt eine mit flüssiger Luft gekühlte Falle vor die Pumpe schalten!) Man verschließe sodann Hahn H_4, kühle die Falle G mit Methanol-Trockeneis und die Falle K mit flüssiger Luft, so daß das N_2O in die Falle K kondensiert. Nach Schließen des Hahnes H_2 und abermaligem Evakuieren wird die Kühlfalle K mit dem Methanol-Trockeneis versehen, und das N_2O verdampft bei geöffneten Hähnen H_4 und H_5 und geschlossenem Hahn H_3 in den Vorratskolben C (Vol. 6 l). Man schließt nun Hahn H_5 und Hahn H_4. Der Überschuß geht über das Blubberventil O ins Freie. Den im Verbindungsrohr verbliebenen Rest N_2O über H_3 absaugen.

Hat sich die Temperatur konstant eingestellt, wird N_2O-Gas mit Hilfe der Hähne H_5 und H_6 aus dem Vorratskolben in den Umlaufteil gefüllt (H_7 offen, H_8 geschlossen). Beträgt der Druck etwa 260 mbar, werden die Hähne H_5 und H_6 verschlossen. Dieser Zeitpunkt gilt als Beginn der Messung. Der Druckanstieg am Manometer B wird alle 2 min abgelesen (Stoppuhr), bis etwa 90% des N_2O umgesetzt sind. Während der Messung muß am Manometerrohr leicht geklopft werden, damit das Quecksilber nicht hängenbleibt.

Im Anschluß an die Messung wird das Reaktionsgas abgepumpt, und die Messungen werden sinngemäß bei 180 und 90 mbar Druck wiederholt.

Auswertung der Messungen. Die für die Reaktionsgeschwindigkeit angegebene Gleichung (6)

$$\mathrm{v} = -\frac{dp_{N_2O}}{dt} = \frac{\mathrm{k}' p_{N_2O}}{1 + b_{O_2} p_{O_2}} = \frac{\mathrm{k}' p_{N_2O}}{1 + b_{O_2}(a - p_{N_2O})/2}$$

p_{N_2O} = N_2O-Druck
a = N_2O-Anfangsdruck
p_{O_2} = $(a - p_{N_2O})/2$ = O_2-Druck
k' = $\mathrm{k}\, b_{N_2O}$

läßt sich zwar leicht integrieren, doch ist die integrierte Form schlecht zur Auswertung der Messung geeignet.
Formt man jedoch obige Gleichung etwas um, so läßt sich ein einfaches Verfahren finden, welches empfindlicher ist als jede die integrierte Gleichung verwendende Auswertung

$$\frac{1}{v} = \frac{1 + b_{O_2}(a - p_{N_2O})/2}{k' p_{N_2O}} = \frac{1}{k'} (1 + 0{,}5\, b_{O_2} a) \frac{1}{p_{N_2O}} - \frac{b_{O_2}}{2k'}.$$

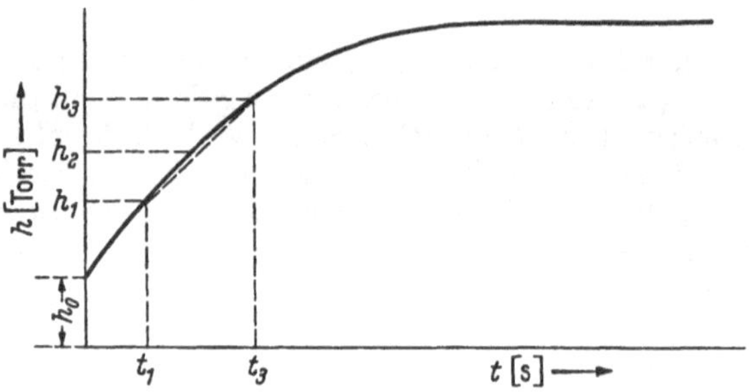

Abb. 23, 2. Graphische Bestimmung der Reaktionsgeschwindigkeit aus der Druck-Zeit-Kurve (graphische Differentiation)

Trägt man in einem Diagramm $1/v = -dt/dp_{N_2O}$ gegen $1/p_{N_2O}$ auf, so erhält man eine Gerade, die die Ordinate bei einem negativen $1/v = -b_{O_2}/2k'$-Wert schneidet. Die Neigung der Geraden $\operatorname{tg}\alpha = 1/k' + 0{,}5 b_{O_2}\, a/k'$ ist in linearer Form vom Anfangsdruck a abhängig. p_{N_2O}, der jeweilige N_2O-Druck, berechnet sich aus dem jeweils abgelesenen Gesamtdruck h zu

$$p_{N_2O} = 3\,a - 2\,h.$$

Da die Differenzwerte Δh zwischen zwei Ablesungen zu sehr schwanken, ist $1/v = dt/2\,d\,h$ aus der Umsatz-Zeit-Kurve durch ein graphisches Näherungsverfahren zu ermitteln:

1. Man trägt h gegen t auf (**Abb. 23**, 2). Es ergibt sich eine fast für alle Reaktionen, außer autokatalytischen, gültige Umsatzkurve.

2. Aus dieser Umsatzkurve ermittelt man durch graphische 1. Näherung (Sekantennäherung) zu bestimmten h-Werten die jeweiligen $\Delta t/\Delta h$-Werte und hält diese tabellarisch fest:

$$h_2 = \frac{h_3 + h_1}{2}\ ; \quad \left(\frac{\Delta t}{\Delta h}\right)_{h_2} = \frac{t_3 - t_1}{h_3 - h_1}.$$

3. Man berechnet $\frac{1}{p_{N_2O}} = \frac{1}{3a - 2h}$ und trägt 1/v gegen $1/p_{N_2O}$ auf, wobei eine Gerade zu erwarten ist, deren Neigung vom Anfangsdruck a abhängt.
Zur Kontrolle läßt sich die Abhängigkeit $\text{tg}\,\alpha = 1/\text{k}' + 0{,}5 b_{O_2} a/\text{k}'$ in einem weiteren Diagramm festhalten.

Weitere Literatur: *(20)*, *(40)*, *(53)*, *(65)*, *(91)*, *(95)*.

24. Ameisensäurezerfall an Silber-Zink-Legierungen
Einfluß der Elektronendichte auf die Aktivierungsenergie

Grundlagen. *Kinetik des Ameisensäurezerfalls.* Der Ameisensäurezerfall an vielen heterogenen Kontakten ist ebenso wie der beschriebene N_2O-Zerfall eine monomolekulare Reaktion

$$HCOOH \longrightarrow H_2 + CO_2 . \tag{1}$$

Angenommen, die Ameisensäure wird zunächst am Kontakt adsorbiert, zerfällt im adsorbierten Zustand und die Zerfallsprodukte H_2 und CO_2 werden anschließend desorbiert, so ergibt sich die Zersetzungsgeschwindigkeit zu

$$-\frac{dp_A}{dt} = \text{k}\,\frac{b_A\,p_A}{1 + b_{H_2} p_{H_2} + b_{CO_2} p_{CO_2} + b_A\,p_A} \tag{2}$$

(vgl. dazu S. 154), wenn p_A, p_{H_2}, p_{CO_2} die Partialdrucke und b_A, b_{H_2}, b_{CO_2} die Adsorptionskoeffizienten des Ameisensäuredampfes, des Wasserstoffs und des Kohlendioxids bedeuten.

Experimentelle Untersuchungen an verschiedenen Kontakten zeigten, daß die Zersetzungsgeschwindigkeit bereits bei relativ kleinen Drucken, besonders an Metallen, unabhängig vom Druck des Ameisensäuredampfes wird. Sie ist von O. Ordnung in bezug auf den Ameisensäuredruck:

$$-\frac{dp_A}{dt} = \text{k}' . \tag{3}$$

k' = Geschwindigkeitskonstante

Gl. (3) stellt einen Sonderfall der Gl. (2) dar. Man erhält Gl. (3) aus Gl. (2), wenn man annimmt, daß H_2 und CO_2 wenig und HCOOH hingegen stark adsorbiert werden und damit

$$b_{H_2} p_{H_2} + b_{CO_2} p_{CO_2} \ll 1 \ll b_A\,p_A$$

ist. Die experimentell bestimmte Geschwindigkeitskonstante k' kann in unserem Falle als Geschwindigkeitskonstante k der Oberflächenreaktion angesehen werden.

Aktivierungsenergie und Chemisorption. Die Wirkung eines Katalysators beruht in der Regel darauf, daß er einen neuen Reaktionsweg schafft, der durch eine kleinere Aktivierungsenergie E' gekennzeichnet ist als der vergleichbare homogene Weg (E_{hom} in **Abb. 24, 1** und **24, 2**). Entscheidend ist dabei die Rolle, die der sogenannten Chemisorption zukommt. Die auftretenden Sorptionswärmen liegen in der Größenordnung von Wärmetönungen chemischer Reaktionen. Diese Tatsache weist darauf hin, daß es sich nicht um einfache van der Waalssche Kräfte handelt,

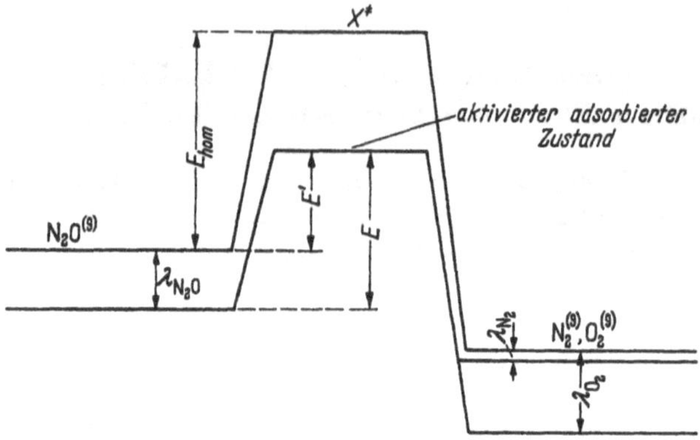

Abb. 24, 1. Energieschema des N_2O-Zerfalls

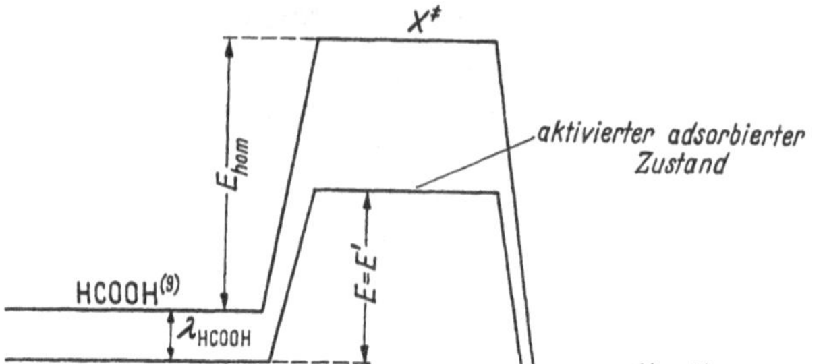

Abb. 24, 2. Energieschema des Ameisensäurezerfalls

sondern daß die Bindungsenergie zwischen Kontakt und Molekül der einer chemischen Bindung gleichkommt. Daher braucht auch nicht jede Molekel, die, aus dem Gasraum kommend, auf den Katalysator auftrifft, chemisorbiert zu werden, sondern der Sorptionsschritt kann im Gegensatz zur physikalischen Adsorption mit einer Aktivierungsenergie behaftet sein. Diese Aktivierungsenergien sind in **Abbildung 24, 1** und **24, 2** nicht eingezeichnet. Neben chemisorbierten Molekülen können selbstverständlich auch Moleküle mit van der Waalsschen Kräften an den Katalysator gebunden sein. Je nach Temperatur überwiegt in gewissen Fällen die eine oder andere Sorptionsart, was zu Abnormitäten des Reaktionsablaufs führen kann.

Die Größe der Chemisorptionswärme λ[1]), die aus der Temperaturabhängigkeit des Sorptionskoeffizienten erhalten werden kann — in 1. Näherung gilt nämlich nach Gl. (18.4)

$$b = b_0 \, e^{\lambda/RT} ,$$

gibt Aufschluß über die Art der Bindung von Molekülen an Kontakten. So sollte beispielsweise bei der Sorption von Wasserstoff und Sauerstoff an Metallkatalysatoren eine Aufspaltung der Moleküle in Atome auftreten.

In allen Fällen wird durch die Chemisorption eine Umgruppierung der Atome am Katalysator erfolgen, und die Wirkung des Katalysators bzw. der durch ihn geschaffene neue Reaktionsweg wird durch diese Gruppierung bestimmt sein. Je weitgehender sie dem Endzustand der Reaktion nahekommt, um so wirksamer wird der Katalysator und um so kleiner wird die Aktivierungsenergie E der Oberflächenreaktion sein, d. h. die Energiedifferenz zwischen dem chemisorbierten und dem aktivierten Reaktionskomplex.

Diese Aktivierungsenergie E wird man nach dem Gesagten bei heterogenen Reaktionen nicht unmittelbar aus der Temperaturabhängigkeit der Reaktionsgeschwindigkeit erhalten, sondern sie ergibt sich nach **Abbildung 24, 1** aus der Summe der experimentell bestimmten Aktivierungsenergie und der Chemisorptionswärme:

$$E = E' + \lambda .$$

Lediglich für Reaktionen, die nach der 0. Ordnung verlaufen, ist die experimentell bestimmte Aktivierungsenergie E' gleich der Aktivierungsenergie E der Oberflächenreaktion, da die experimentell bestimmte Geschwindigkeitskonstante k' gleich der Geschwindigkeitskonstante k der Oberflächenreaktion ist (**Abb. 24**, 2).

Aktivierungsenergie und Elektronendichte. Die Größe der Chemisorptionswärme und ihre Wechselbeziehung zur Aktivierungsenergie läßt vermuten, daß bei Reaktionen an festen Kontakten Elektronen ausgetauscht werden. Tatsächlich hängt beim Zerfall der Ameisensäure an Legierungen des Silbers und des Goldes mit Metallen der 1. bis 5. Gruppe des Periodensystems die Aktivierungsenergie der Gesamtreaktion innerhalb homogener Phasen eindeutig von der Elektronenkonzentration im Metallgitter ab. Dabei wird die Aktivierungsenergie um so größer gefunden, je größer die Elektronenkonzentration ist. Wählen wir das System Silber—Zink, so bedeutet das, daß die Aktivierungsenergie an reinem Silber am kleinsten ist und mit steigendem Zinkgehalt zunimmt.

---

[1]) Die Chemisorptionswärme ist wie die Adsorptionswärme von der bereits besetzten Oberfläche O und der Temperatur T abhängig.

Aus diesen Ergebnissen wurde die Vorstellung entwickelt, daß der geschwindigkeitsbestimmende Schritt der Zerfallsreaktion die „Aktivierung“ eines Wasserstoffs ist. Sie wird durch die Chemisorption der Molekel, die über eine der beiden H-Atome erfolgt, begünstigt. Die Chemisorption kommt durch den Übergang eines Valenzelektrons vom H-Atom zum Katalysator zustande, womit eine Lockerung der Bindung innerhalb der Molekel und damit eine Aktivierung des H verbunden ist.

Die Vorstellung des Elektronenübergangs steht auch mit Versuchen in Einklang, die eine merkliche Abnahme des Widerstandes eines Nickelfilmes zeigen, wenn dieser HCOOH-Dampf ausgesetzt wird. Die Elektronenaufnahme in das Metall wird davon abhängen, inwieweit das Metallgitter zusätzlich Elektronen aufzunehmen vermag. Je größer dessen Elektronenkonzentration ist, desto schwieriger wird der Übergang des Elektrons sein, desto größer wird daher auch die thermische Energie, d. h. die Aktivierungsenergie, sein müssen, damit ein Übergang stattfinden kann.

Aufgabe. Es ist die Aktivierungsenergie des Ameisensäurezerfalls an Silber-Zink-Legierungen verschiedener Zusammensetzung (0, 3, 7 und 10% Zn) zu bestimmen.

Zubehör. Apparatur nach **Abbildung 24, 3**, Millivoltmeter, DEWAR-Gefäß, elektronischer Temperaturregler, Ameisensäure und Silber-Zink-Legierungen.

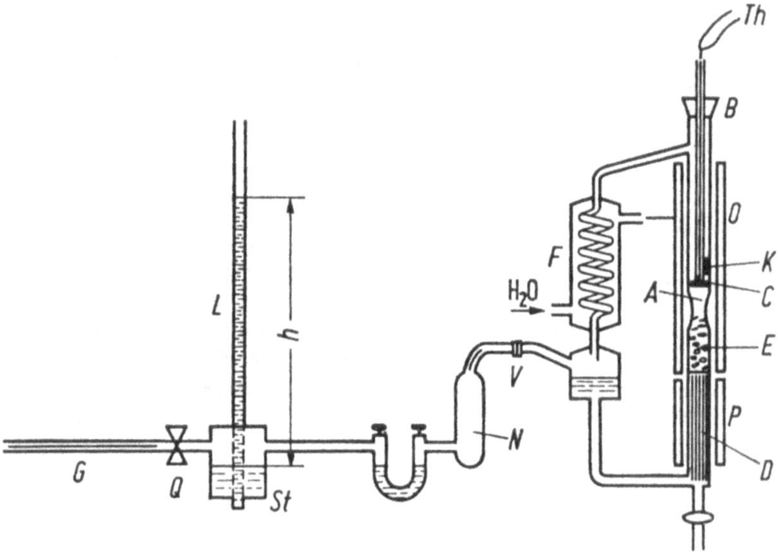

Abb. 24, 3. Schema der Versuchsanordnung

Apparaturbeschreibung. Die Apparatur, die durch **Abbildung 24, 3** wiedergegeben wird, arbeitet folgendermaßen: In dem Raum *A*, der vom Ofen *O* geheizt wird, befindet sich der Katalysator *K*, dessen Temperatur durch das Thermoelement *Th* gemessen wird. Die Regelung der Heizung des Ofens kann mittels eines elektronischen Temperaturreglers (z. B. Fa. M. K. JUCHHEIM, Fulda) erfolgen.

Der zweite Ofen *P* dient der Verdampfung der Ameisensäure; seine Temperatur muß etwas über dem Siedepunkt der Ameisensäure liegen.

Mit Hilfe des Schliffes *B* und der Glasplatte *C*, auf die der Katalysator zu liegen kommt, läßt sich der Katalysator bequem auswechseln. Die in den Kapillarrohren *D* verdampfende Ameisensäure wird in dem mit Raschigringen gefüllten Raum *E* vorgewärmt und streicht von unten her an dem Katalysator vorbei zum Kühler *F*, wo sie wieder kondensiert wird. Das am Kontakt entstehende CO_2 und H_2 wird mittels des Strömungsmessers *St* (Staudruck durch Kapillare *G*) gemessen. Die am Steigrohr *L* ablesbare Höhe *h* ist ein direktes Maß der Reaktionsgeschwindigkeit. Zur Vermeidung von Druckstößen ist ein Puffergefäß *N* mit Kapillare vor dem Strömungsmesser angebracht. Das *U*-Röhrchen wird mit getrocknetem Silicagel gefüllt und dient somit der Trocknung des entstehenden Gasgemisches. Die Ameisensäure wird über die Schraubverbindung *V* in die Apparatur eingefüllt. Zwischen Strömungsmesser *St* und Kapillare *G* befindet sich noch ein Nadelventil *Q*, mit dem der Meßbereich fein eingestellt werden kann. Das Manometer hat einen Bereich von 80 cm und ist mit destilliertem Wasser gefüllt.

Darstellung des Katalysators: Feingestückelter Silberdraht und Zinkpulver (beide p. a.) werden in einem kleinen Tiegel vermischt und mit einer Borax-Kochsalz-Mischung überschichtet. Die Metalle werden im Tiegelofen bis zum Schmelzen erhitzt. Die Legierung wird mit dem Hammer flachgeklopft und zur Aktivierung einige Stunden auf 300—400° C erhitzt. Entsprechend werden Legierungen mit 7 und 10 Gew.% Zinkgehalt hergestellt. Als Kontakt wird ein Blättchen mit 2 cm² Oberfläche und 0,5 mm Stärke verwendet. Die Katalysatoren können mehrmals benutzt werden.

Ausführung der Messungen. Zum Einbringen des Katalysators wird der Schliff *B* von der Apparatur abgehoben, der Katalysator auf die am Ende des Thermoelementrohres befindliche Glasplatte *C* gelegt und der Schliff wieder aufgesetzt. Das Kühlwasser wird eingeschaltet und Ameisensäure bei der Verbindung *V* eingefüllt. Schließlich schaltet man den Ofen an und reguliert ihn mit dem elektronischen Temperaturregler auf etwa 350° C konstant ein. Mit Hilfe des Nadelventils wird eine genügend hohe Steighöhe am Manometer eingestellt (etwa 80 cm Wassersäule).

Mit fallender und anschließend wieder steigender Temperatur wird in einem Temperaturbereich von etwa drei Millivolt alle 0,2 mV die Temperatur und die zugehörige Steighöhe abgelesen.

Um eine genügend gute Reproduzierbarkeit der Steighöhen beim Steigern und Verringern der Temperatur zu erreichen, ist der Temperaturbereich in etwa zwei Stunden zu durchlaufen.
Auf diese Art werden die Aktivierungsenergien an den vier beschriebenen Silber-Zink-Legierungen gemessen.
Auswertung der Messungen. Die Ameisensäuredehydrierung an Metallkatalysatoren verläuft nach 0. Ordnung, und es gilt:

$$-\frac{dp_A}{dt} = A \exp(-E/RT).$$

Daraus folgt:

$$\lg\left(\frac{-dp_A}{dt}\right) = \lg A - \frac{E}{RT} \lg e.$$

Die Steighöhe des Strömungsmessers ist proportional der Zersetzungsgeschwindigkeit dp_A/dt:

$$h = b\,(-dp_A/dt) \qquad b,\, a = \text{Konstante}$$

Dies ergibt:

$$\lg h - \lg b = \lg A - \frac{E}{RT} \lg e,$$

$$\lg h = a - \frac{E}{RT} \lg e\,.$$

Trägt man lg h gegen $1/T$ auf, so ergibt die Steigung der erhaltenen Geraden $\operatorname{tg} \alpha = -\frac{E}{R} \lg e$ und damit

$$E = -\frac{R}{\lg e} \operatorname{tg} \alpha$$

Weitere Literatur: (*40*), (*53*), (*65*), (*91*), (*95*).

25. Der Kompensationseffekt beim Distickstoffmonoxidzerfall und bei der Bildung von Vinylchlorid

Grundlagen. *N_2O-Zerfall.* Unter Halbleitern versteht man definitionsgemäß Kristalle, die beim absoluten Nullpunkt keine, mit steigender Temperatur eine zunächst stark zunehmende Elektronenleitfähigkeit neben einer eventuell bei höheren Temperaturen auch vorhandenen Ionenleitfähigkeit aufweisen. Die Elektronenleitfähigkeit ist auf quasifreie Elektronen oder Defektelektronen, die auf Grund von Fehlordnungen im Kristall vorhanden sind, zurückzuführen.

Nach Frenckel, Schottky und Wagner kann in einem heteropolaren Kristall ein Metallionenüberschuß vorhanden sein. Er ist auf Metallionen, die sich auf Zwischengitterplätzen befinden, oder auf Anionenleerstellen zurückzuführen. Aus Elektroneutralitätsgründen muß eine äquivalente Zahl von Elektronen im Gitter vorhanden sein. Diese Elektronen wandern beim Anlegen eines elektrischen Feldes, wenn gleichzeitig eine nur geringe thermische Energie oder Lichtenergie zugeführt wird. Kristalle, die einen Elektronenüberschuß aufweisen, werden *n*-Typ-Halbleiter genannt. Herrscht dagegen in einem Gitter Elektronenmangel — Defektelektronen —, der durch Anionen auf Zwischengitterplätzen oder Kationenleerstellen verursacht sein kann, so spricht man von *p*-Typ-Halbleitern.

Schließlich kennt man eine dritte Art von Halbleitern, wie beispielsweise Germanium- oder Kupferoxidkristalle, die reine Elektronenfehlordnung zeigen, d. h. die gleiche Anzahl von quasifreien Elektronen und Defektelektronen besitzen. Diese Fehlordnung kann durch thermische Aufspaltung von Valenzbindungen zustande kommen. Es sind sogenannte *i*-Typ-Halbleiter.

Ebenso wie an Metallen kommen Chemisorption und die damit verbundene Aktivierung von Molekülen an Halbleitern durch Elektronenübergänge entweder vom Molekül zum Katalysator oder vom Katalysator zum Molekül zustande. Der Elektronenübergang bewirkt einerseits die Bindung des Moleküls an den Katalysator, andererseits die Schwächung oder Aufspaltung von Bindungen innerhalb des Moleküls. Handelt es sich um ein Molekül, das leicht Elektronen aufnimmt, also um einen Elektronenakzeptor, so wird es bevorzugt an Halbleitern vom *n*-Typ, wie ZnO, chemisorbiert bzw. aktiviert werden. Beispielsweise nimmt der Sauerstoff ein Elektron vom Katalysator auf:

$$O_2^{(g)} + 2\ominus \rightleftharpoons 2\,O^-,$$

wobei es zur Aufspaltung der O—O-Bindung kommen und der Sauerstoff ionogen (O^-) gebunden werden kann. Umgekehrt wird eine Molekel wie CO, die ein Elektronendonator ist, bevorzugt an *p*-Typ-Halbleitern, wie NiO, das bewegliche Elektronenlücken besitzt, aktiviert werden.

Diese Elektronenübergänge können durch Leitfähigkeitsmessungen bestätigt werden.

Ebenso wie bei Metallkatalysatoren können die katalytischen Eigenschaften eines Halbleiters durch Dotierung, d. h. Zusätze, beeinflußt werden, die die Elektronenfehlordnungskonzentration und damit die Hemmung — gegebenenfalls sogar die Richtung — des Elektronenübergangs verändern.

Zum zweiten besteht grundsätzlich die Möglichkeit, die Fehlordnung durch Tempern bei Temperaturen, die weit oberhalb der Arbeitstemperatur des Kontakts liegen, entweder in geeigneter Gasatmosphäre oder im Vakuum zu verändern. So wird beispielsweise bei einem Nickeloxidkontakt (*p*-Typ) die Zahl der Ni-Ionenfehlstellen (Ni $\square''$) und der Defektelektronen ($\oplus$) durch Sauerstoff erhöht:

$$\frac{1}{2}\,O_2^{(g)} \rightleftharpoons NiO + Ni\,\square'' + 2\oplus\,.$$

In einem Zinkoxidkristall (*n*-Typ) werden Zinkionen auf Zwischengitterplätzen ($ZnO^{\cdot\cdot}$) herangezogen,

$$\frac{1}{2}\,O_{2(g)} + ZnO^{\cdot\cdot} + 2\,\ominus \rightleftarrows ZnO,$$

und damit die Überschußelektronen verringert.

Jede derartige Behandlung eines Kontaktes hat letztlich den Zweck, die scheinbare Aktivierungsenergie E' einer gewünschten Reaktion an diesem Kontakt herabzusetzen, um eine Vergrößerung der Reaktionsgeschwindigkeitskonstanten k′ zu erreichen (k′ ist nach den Überlegungen von S. 129 bzw. dort Gl. (7) durch die beiden voneinander unabhängigen Größen A' [Häufigkeitsfaktor] und E' bestimmt). Je weiter also die Aktivierungsenergie beispielsweise durch Tempern herabgesetzt werden könnte, desto schneller sollte die Reaktion unter sonst gleichen Bedingungen ablaufen. Es zeigt sich jedoch in vielen Fällen, z. B. beim N_2O-Zerfall am CuO, daß eine Herabsetzung von E' keine Gl. (7), S. 129, entsprechende Zunahme von k′ nach sich zieht oder, mit anderen Worten ausgedrückt, daß A' ebenfalls herabgesetzt wird (vgl. **Abb. 25, 1** und **25,** 2). A' und E' sind also oftmals keine unabhängigen Größen; ihre Abhängigkeit kann oft durch die empirische Beziehung

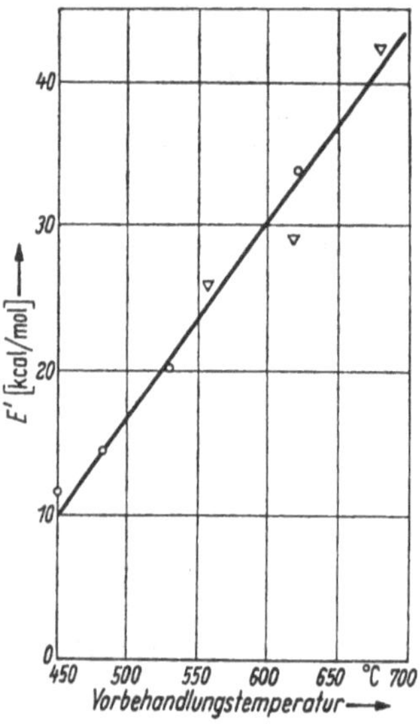

Abb. 25, 1. Abhängigkeit der Aktivierungsenergie E' von der Vorbehandlungstemperatur (*18*)

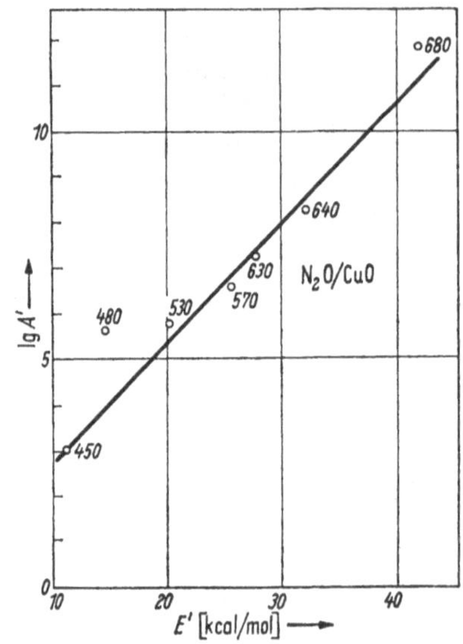

Abb. 25, 2. N_2O-Zerfall an Kupferoxid nach CREMER und MARSCHALL (*18*); lg A' als Funktion von E'

$$\ln A' = \frac{E'}{h} + a\,, \tag{1}$$

$$h = \text{Konstante}$$
$$a = \text{Konstante}$$

die CREMER-CONSTABLERsche Beziehung (*18*), dargestellt werden. Da eine Verkleinerung der Aktivierungsenergie sozusagen durch eine gleichzeitige Verkleinerung des Häufigkeitsfaktors „kompensiert" wird, spricht man von Kompensationseffekt.

Da h in Gl. (1) die Dimension einer Energie hat, kann man nach einem Vorschlag von CREMER und SCHWAB für $h = R\Theta$ setzen und erhält dann mit Gl. (1) und Gl. (7), S. 129,

$$\mathrm{k}' = a'\, e^{-\frac{E'}{RT}} \cdot e^{\frac{E'}{R\Theta}}\,. \tag{2}$$

Θ ist die Temperatur, bei der bei Gültigkeit der vorstehenden Gleichung die Geschwindigkeit an allen „verwandten" Kontakten gleich sein sollte. Sie wird als Inversionstemperatur bezeichnet.

Bildung von Vinylchlorid. Die Bildung von Vinylchlorid aus den Gasen Acetylen und Salzsäure an Metallchloriden folgt der Gleichung

$$HCl + C_2H_2 \longrightarrow CH_2 = CHCl\,. \tag{3}$$

Dementsprechend kann für die Reaktion das folgende Zeitgesetz erwartet werden:

$$\mathrm{v} = -\frac{d\,[HCl]}{dt} = -\frac{d\,[C_2H_2]}{dt} = \mathrm{k}'\,[HCl]^n\,[C_2H_2]^m, \tag{4}$$

worin v die Reaktionsgeschwindigkeit und [HCl] bzw. $[C_2H_2]$ die Konzentration von Salzsäure und Acetylen, k′ die Reaktionsgeschwindigkeitskonstante und n, m die Ordnungen bedeuten. In der Technik werden praktisch stöchiometrische Mengen der Reaktionspartner eingesetzt; damit vereinfacht sich Gl. (4) zu

$$\mathrm{v} = -\frac{d[A]}{dt} = \mathrm{k}'\,[A]^p \tag{4a}$$

mit $[A] = [HCl] = [C_2H_2]$ und $n + m = p$.

Die Reaktion wird durch Metallchloride, die auf Trägersubstanzen aufgebracht sind, katalysiert. Die Wirkung dieser Katalysatoren hängt in entscheidendem Maße von der Art des Metallchlorids, von der Art des Trägers und dem Aufbringen des Metallsalzes auf den Träger ab. Reine $HgCl_2$-Kristalle oder $HgCl_2$-Dampf zeigen beispielsweise keine katalytische Wirkung. Von den Trägersubstanzen wird in der Technik Kohle gewählt. Für quantitative Untersuchungen sind jedoch Tonscherben als Träger geeigneter, da bei Kohleträgern die Gefahr einer Reduktion der Metallchloride besteht.

Vergleicht man die katalytische Wirkung von Metallsalzen, so zeigt sich, daß die Stoßzahl (A') und die Aktivierungsenergie (E') der Bruttoreaktion von der Art des gewählten Metallsalzes abhängen. An $HgCl_2$-Kontakten läuft die Reaktion unter vergleichbaren Bedingungen etwa 10^3mal schneller als an einem $CuCl_2$-Kontakt ab, obwohl die Aktivierungsenergie der Reaktion am Sublimatkontakt etwa 16 kJ/mol größer ist. Ein derartiger Befund wurde bereits beim N_2O-Zerfall an CuO-Katalysatoren diskutiert und durch die Beziehung (1) beschrieben. Während beim N_2O-Zerfall die Reaktionsverzögerung, die durch eine höhere Aktivierungsenergie hervorgerufen wurde, durch einen größeren Stoßfaktor ausgeglichen wurde, geht die Vinylchloridbildung sogar über diesen Ausgleich hinaus, da ihre Geschwindigkeit bei steigender Aktivierungsenergie nicht nur nicht ab-, sondern sogar zunimmt.

Aufgabe. Es ist die Reaktionsgeschwindigkeit der Bildung von Vinylchlorid aus Salzsäure und Acetylen an zwei Metallsalzkontakten ($HgCl_2$ und $CuCl_2$ auf Tonscherben) zu bestimmen. Für den $HgCl_2$-Kontakt werden die Reaktionstemperaturen $\vartheta = 20$, 35 und 50° C, für den $CuCl_2$-Kontakt $\vartheta = 110$, 125 und 140° C gewählt. Aus der Temperaturabhängigkeit der Reaktionsgeschwindigkeiten wird die Aktivierungsenergie an beiden Kontakten ermittelt.

Zubehör. Apparatur nach **Abbildung 25, 3,** Ölvakuumpumpe (10^{-1} Torr), entsprechendes Manometer, Wasserstrahlpumpe, Kühlfalle, Dewar, Thermostat mit Glycerinfüllung, Kontaktthermometer, $^1/_{10}$° C-Thermometer, Acetylenerzeuger oder Bombe, Exsikkator, Versuchssubstanzen (außer den in **Abb. 25, 3** aufgeführten): Calciumcarbid, weißer Tonteller, flüssiger Stickstoff.

Apparaturbeschreibung. Die Apparatur, die durch **Abbildung 25, 3** wiedergegeben wird, besteht aus dem Reaktionsröhrchen R (Länge 550 mm i. ∅ 7 mm), das über zwei Kugelschliffe mit den beiden graduierten 400-ml-Büretten B_1 und B_2 verbunden ist. Das Röhrchen, dessen Volumen etwa 20 ml beträgt, ist mit einem Heizmantel versehen, der von einem Thermostaten mit Umlaufpumpe beschickt wird und für eine konstante Temperatur im Reaktionsraum (zwischen 20 und 140°) sorgt. Im Reaktionsröhrchen befinden sich die Katalysatorkörner zwischen zwei lockeren Glaswollpfropfen.

Die beiden Büretten erlauben, die Reaktionspartner einzumessen und den Reaktionsfortschritt aus der Volumabnahme zu verfolgen. HCl-Gas wird, wie der Abbildung zu entnehmen, hergestellt, gereinigt und getrocknet. Acetylen kann aus Ca_2C und H_2O in einem Gaserzeuger dargestellt werden. Zum Evakuieren der Apparatur dient eine Ölpumpe, zum Abpumpen von Reaktionsgasen eine Wasserstrahlpumpe.

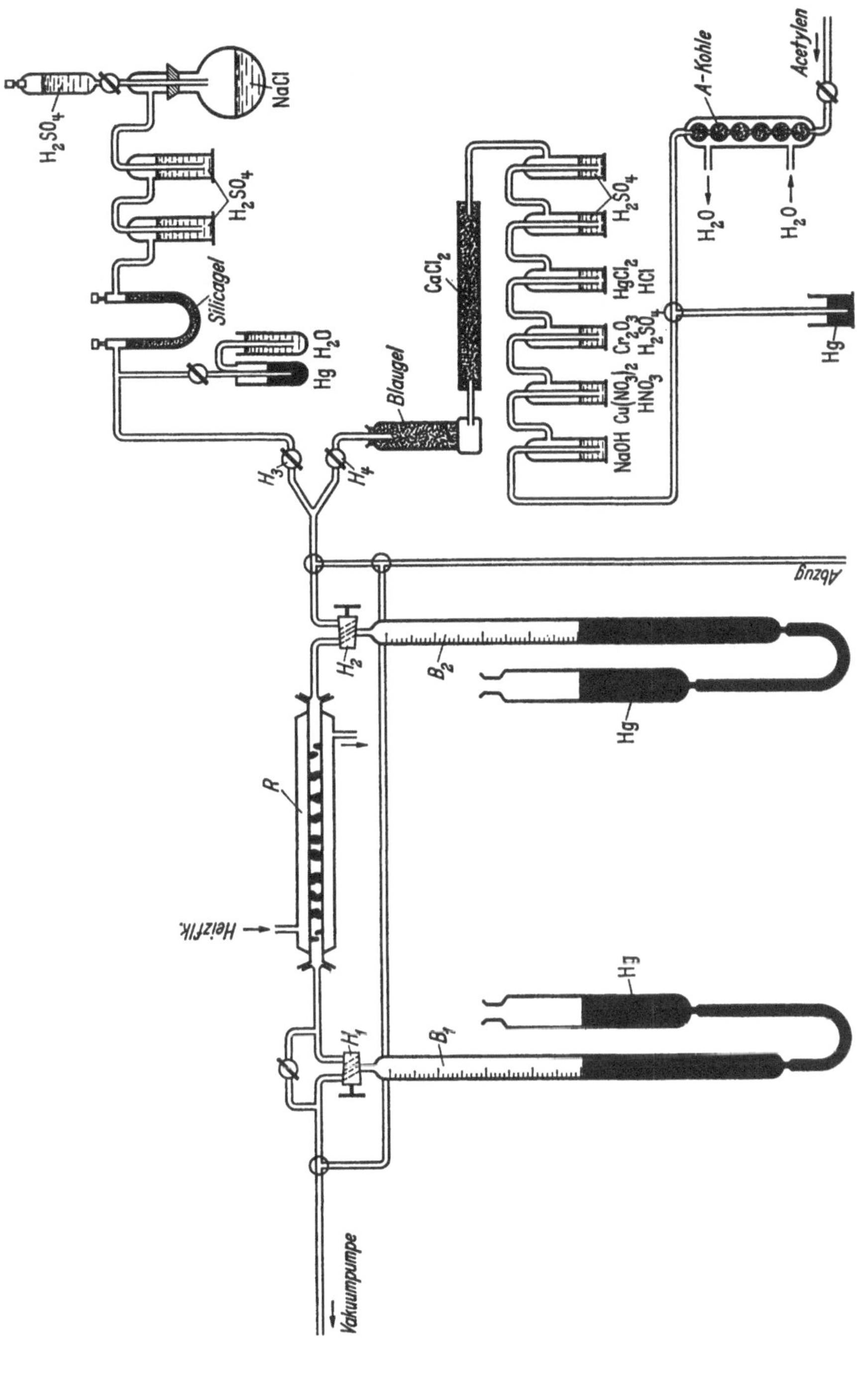

Abb. 25, 3. Schematische Skizze der Meßapparatur

Ausführung der Messungen. Darstellung des $HgCl_2$-Katalysators: Ein Tonteller wird in einer Reibschale zerkleinert und die Kornfraktion 0,5—0,6 mm herausgesiebt. Das Gut wird mit HCl (48 Std.) und Wasser (24 Std.) erschöpfend extrahiert. 100 g extrahiertes und getrocknetes Gut werden mit einer gesättigten Sublimatlösung getränkt und schonend bei erhöhter Temperatur getrocknet. Dieser Prozeß wird so lange wiederholt, bis eine Beladung von etwa 30,0 mmol $HgCl_2$/100 g Ton erreicht ist. Anschließend wird der Kontakt im Exsikkator über P_2O_5 getrocknet und aufbewahrt. Darstellung des $CuCl_2$-Katalysators wie $HgCl_2$-Kontakt; $CuCl_2$-Lösung mit etwas HCl versetzen. Die Anlagen zur Reinigung und Trocknung der Gase werden mit folgenden Reagenzien gefüllt: Für Acetylen: NaOH 10%; $Cu(NO_3)_2$ 10%, salpetersauer; Cr_2O_3, Schwefelsäure 50%; $HgCl_2$ 50%, salzsauer; H_2SO_4 verdünnt; H_2SO_4 konz.; für HCl-Gas: H_2SO_4 konz. Der HCl-Erzeuger wird mit NaCl (p. a.) und konzentrierter H_2SO_4, der Acetylenerzeuger mit Ca_2C und dest. Wasser beschickt. Genau 3,4 g Katalysator werden in das Reaktionsgefäß zwischen 2 Glaswollpfropfen gebracht. Nun füllt man mittels der Niveaugefäße die Büretten völlig mit Quecksilber und saugt bei geschlossenen Zweiweghähnen H_1 und H_2 den Katalysator 2 min mit der Ölpumpe ab und evakuiert gleichzeitig die Apparatur bis zu den Hähnen H_3 und H_4. Die rechte Bürette wird mit je 150 ccm Acetylen und Salzsäuregas gefüllt, ohne daß dabei Gas in den Reaktionsraum kommt. Die in den Waschflaschen befindliche Luft kann durch Spülen über die Abzugsleitung entfernt werden. Man bringt das Reaktionsrohr auf die Versuchstemperatur und öffnet die Bürette B_2 mittels Hahn H_2 gegen den Reaktionsraum und liest sofort das Volumen an der Bürette ab. Dieser Zeitpunkt gilt als Versuchsbeginn. Nach Öffnen von Hahn H_1 läßt man das Gas zwischen den Büretten durch Heben und Senken der Niveaugefäße langsam hin und her strömen. Jedesmal, wenn sich nach einigen Minuten das Gas wieder in der rechten Bürette befindet, werden die Volumabnahme ΔV_t und die Zeit t abgelesen. Eine genaue Einhaltung der Strömungsgeschwindigkeit des Gases ist nicht erforderlich, wenn die Reaktionsgeschwindigkeit im Vergleich zur Diffusion und Adsorption der Gase zum und am Kontakt klein ist. Die Halbwertzeit sollte allerdings nicht kleiner als 30 min sein, widrigenfalls ist eine kleinere Temperatur zu wählen. Ist dagegen die Reaktionsgeschwindigkeit zu langsam, wird eine höhere Reaktionstemperatur eingestellt.

Auswertung der Messungen. In einem Diagramm wird für jede Temperatur und beide Katalysatoren der Umsatz

$$U = 1 - \frac{[A]}{[A]_0}$$

über die Reaktionszeit abgetragen. Die Konzentration $[A]_t = [C_2H_2]_t = [HCl]_t$ nach dem Ablauf der Zeit t ergibt sich aus der Beziehung

$$\frac{[A]_t}{[A]_0} = 1 - \frac{\Delta V_t}{V_0},$$

worin $[A]_0 = [C_2H_2]_0 = [HCl]_0$ die Anfangskonzentration, ΔV_t die abgelesene Volumabnahme und V_0 das Anfangsvolumen bedeuten. Die Anfangskonzentration $[A]_0$ berechnet sich nach dem idealen Gasgesetz für die Versuchstemperatur T und den Barometerstand P zu

$$[A]_0 = \frac{P}{2RT}.$$

V_0 ergibt sich aus der Beziehung

$$V_0 = V_A \frac{T}{T'},$$

worin V_A das eingefüllte Gasvolumen und T' die Zimmertemperatur bedeuten.

Aus der Anfangsneigung der Zeit-Umsatz-Kurve kann die Anfangsgeschwindigkeit v_0 berechnet werden.

In einem Diagramm werden die Logarithmen der ermittelten Anfangsgeschwindigkeiten ($\ln v_0$) gegen die zugehörigen reziproken Temperaturen ($1/T$) abgetragen. Aus dem Anstieg der Geraden können die Aktivierungsenergien für die beiden Katalysatoren berechnet werden. Man vergleiche für eine Versuchstemperatur die Reaktionsgeschwindigkeiten und Aktivierungsenergien an beiden Katalysatoren.

Man prüfe die Gültigkeit des Zeitgesetzes (4a), indem man $\lg v$ gegen $\lg [A]$ abträgt, und bestimme gegebenenfalls die Geschwindigkeitskonstante k' und die Gesamtordnung p der Reaktion (nur für $HgCl_2$-Kontakt).

Weitere Literatur: (*20*), (*40*), (*65*), (*91*), (*95*).

II. Makrokinetik

Reaktorformen. Die Ermittlung optimaler Bedingungen für Konstruktion und Betrieb von Reaktoren setzt die Kenntnis der Beziehung zwischen Umsatz, Strömungsgeschwindigkeit, Reaktionsgeschwindigkeit, Reaktorvolumen und Temperatur voraus. Diese Beziehungen lassen sich mit relativ geringem mathematischem Aufwand für die folgenden vier „idealisierten" Fälle ableiten (Schema S. 172).

1. Der Reaktor ist ein gut gerührter Kessel. Die Ausgangsstoffe werden zu Beginn in das Reaktionsgefäß eingebracht, bis zum gewünschten Grade umgesetzt, und schließlich wird das mehr oder minder ausrea-

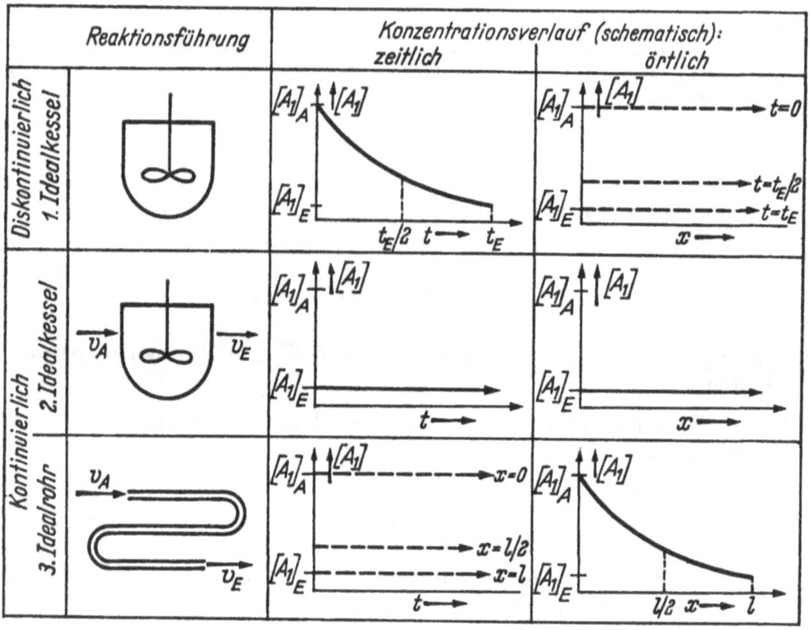

Schema 1. Örtlicher und zeitlicher Konzentrationsverlauf in den 3 Grundtypen von Reaktoren (*20*)

gierte Gemisch aus dem Kessel entfernt. Die Reaktionsmasse besteht lediglich aus einer Phase. Im Idealfall soll die Rührung derart wirksam sein, daß weder Konzentrations- noch Temperaturdifferenzen zu irgendeinem Zeitpunkt innerhalb der Reaktionsmasse auftreten. Dieser Grenzfall wird als „homogen, nichtstationär" arbeitender Reaktor bezeichnet. Diese Kennzeichnung bedeutet, daß die Zusammensetzung der Reaktionsmasse und damit die Reaktionsgeschwindigkeit zu einem gegebenen Zeitpunkt in jedem Volumelement des Kessels gleich ist, sich jedoch zeitlich (d. h. während der Reaktionszeit) ändert.

2. Der Reaktor stellt wiederum einen gut gerührten Kessel dar. Die Reaktionspartner werden aber kontinuierlich in den Reaktor eingeführt und gleichzeitig wird laufend Reaktionsmasse abgenommen, so daß ihr Volumen im Kessel konstant bleibt. Im Idealfall soll die Rührung derart sein, daß das laufend eintretende Ausgangsgemisch sofort mit dem gesamten Kesselinhalt gleichmäßig vermischt wird (vollständige Rückvermischung) und sogleich dessen Temperatur annimmt, so daß im Kessel weder Konzentrations- noch Temperaturdifferenzen auftreten. Die Reaktionsmasse besteht lediglich aus einer

Phase. Dieser Grenzfall wird als „homogen, stationär" arbeitender Reaktor oder Idealkessel bezeichnet. Die Kennzeichnung bedeutet, daß im stationären Fall die Zusammensetzung der Reaktionsmasse und damit die Reaktionsgeschwindigkeit in jedem Volumelement des Kessels zu jedem Zeitpunkt gleich ist und das ablaufende Gemisch, das bis zum gewünschten Grad ausreagiert hat, die gleiche Zusammensetzung und Temperatur besitzt wie die Reaktionsmasse.

3. Der Reaktor ist ein Rohr, dessen Durchmesser konstant und klein gegenüber seiner Länge ist. Das Ausgangsgemisch wird kontinuierlich am einen Ende eingeführt, und am anderen Ende wird die umgesetzte Reaktionsmasse aufgefangen. Die Reaktionsmasse besteht lediglich aus einer Phase. Im Idealfall soll in Strömungsrichtung keine Durchmischung (Rückvermischung) der Reaktionsmasse auftreten und die Zusammensetzung und Temperatur der Reaktionsmasse über jeden beliebigen Querschnitt des Rohres konstant sein. Dieser Grenzfall wird als „nichthomogen, stationär" arbeitender Reaktor bezeichnet. Die Kennzeichnung bedeutet, daß im stationären Fall die Zusammensetzung der Reaktionsmasse und damit die Reaktionsgeschwindigkeit sich längs des Rohres ändert, aber in einem gegebenen beliebigen Volumelement des Rohres zeitlich konstant ist.

4. Der Reaktor ist eine Kaskade, die ebenfalls kontinuierlich betrieben wird und aus Idealkesseln besteht. Die Kaskade stellt eine Übergangsform zwischen den beiden Grenzfällen der kontinuierlichen Reaktionsführung dar. Geht die Anzahl der Kessel gegen unendlich, entspricht die Kaskade reaktionstechnisch und formal dem Strömungsrohr.

Im folgenden soll die erwähnte Abhängigkeit des Umsatzes von den Reaktionsparametern für die drei Grenzfälle der Reaktionsführung und die Kaskade abgeleitet werden. Als Beispiel wird die Esterverseifung gewählt, die ohne Nebenreaktion abläuft und unter den gewählten Bedingungen raumbeständig ist. Die Verseifung wird isotherm durchgeführt.

a) Arten der Reaktionsführung

26. Der isotherm, homogen, nichtstationär arbeitende Reaktor

Diskontinuierliche Verseifung von Äthylacetat im Idealkessel

Grundlagen. Die Verseifung des Äthylacetats verläuft nach folgender Gleichung:

$$CH_3COOC_2H_5 + OH' \longrightarrow CH_3COO' + C_2H_5OH.$$

Die Rückreaktion kann unter den gegebenen Versuchsbedingungen vernachlässigt werden. Die Verseifung folgt dann dem einfachen Geschwindigkeitsgesetz:

$$-\frac{d[\mathrm{Az}]}{dt} = \mathrm{k}\,[\mathrm{Az}]\,[\mathrm{OH}'] . \tag{1}$$

[Az] = Konzentration des Esters
[OH′] = Konzentration der Hydroxylionen
k = Geschwindigkeitskonstante

Betragen die Anfangskonzentrationen des Esters und der Hydroxylionen zur Zeit $t = 0$, $[\mathrm{Az}]_A$ und $[\mathrm{OH}']_A$, so erhält man durch Integration über die Zeit die Esterkonzentration[1]) zur Zeit t

$$\frac{[\mathrm{Az}]_t}{[\mathrm{Az}]_A} = \frac{([\mathrm{OH}']_A - [\mathrm{Az}]_A)\exp \mathrm{k}\,([\mathrm{Az}]_A - [\mathrm{OH}']_A)\,t}{[\mathrm{OH}']_A - [\mathrm{Az}]_A \exp \mathrm{k}\,([\mathrm{Az}]_A - [\mathrm{OH}']_A)\,t} . \tag{2}$$

Wird der Esterumsatz mit

$$U = 1 - \frac{[\mathrm{Az}]}{[\mathrm{Az}]_A} \tag{3}$$

definiert, so ergibt sich der Esterumsatz zur Zeit t aus Gleichung (2) und (3) zu

$$U = 1 - \frac{([\mathrm{OH}']_A - [\mathrm{Az}]_A)\exp \mathrm{k}\,([\mathrm{Az}]_A - [\mathrm{OH}']_A)\,t}{[\mathrm{OH}']_A - [\mathrm{Az}]_A \exp \mathrm{k}\,([\mathrm{Az}]_A - [\mathrm{OH}']_A)\,t} . \tag{4}$$

Experimentell läßt sich die Geschwindigkeitskonstante k bestimmen, indem man ein Reaktionsgemisch (Ester-Natronlauge-Wasser) bekannter Ausgangszusammensetzung ($[\mathrm{Az}]_A$, $[\mathrm{OH}']_A$) umsetzt. Während der Reaktion sind zu verschiedenen Zeiten $t_1, t_2 \cdots t_i$ die Konzentrationen des Esters [Az] und der Hydroxylionen [OH′] zu bestimmen. Zusammengehörige [Az]-, [OH′]- und t-Werte in Gl. (2) eingesetzt, ergeben jeweils einen k-Wert. Falls die derart erhaltenen k-Werte keinen Gang aufweisen, wird aus allen das arithmetische Mittel gebildet.

Eine elegante Methode, die [Az]- und [OH′]-Werte experimentell zu bestimmen, besteht darin, die gebildeten Acetationen und die noch vorhandenen Hydroxylionen über die Leitfähigkeit zu messen (*22*). Nach dem Kohlrauschschen Gesetz ist die spezifische Leitfähigkeit einer verdünnten Lösung, in der OH′-, Az′- und Na˙-Ionen vorliegen,

$$\varkappa_L = u_{\mathrm{Na}^\cdot}\,[\mathrm{Na}^\cdot] + u_{\mathrm{OH}'}\,[\mathrm{OH}'] + u_{\mathrm{Az}'}\,[\mathrm{Az}'] , \tag{5}$$

worin $u_{\mathrm{Na}^\cdot}$, $u_{\mathrm{OH}'}$ und $u_{\mathrm{Az}'}$ die Ionenbeweglichkeiten bedeuten. Entsprechend gilt für die verdünnte Natronlauge allein bzw. in Gegenwart von unverseiftem Ester

$$\varkappa_A = u_{\mathrm{Na}^\cdot}\,[\mathrm{Na}^\cdot]_A + u_{\mathrm{OH}'}\,[\mathrm{OH}']_A \tag{6}$$

[1]) Diese Beziehung gilt nur für $[\mathrm{Az}]_A \neq [\mathrm{OH}']_A$.

und, da $[Na^\cdot]_A = [OH']_A$,

$$\varkappa_A = (u_{Na^\cdot} + u_{OH'})\,[OH']_A\,.^{1)} \tag{6a}$$

Darin ist

$$u_{Na^\cdot} + u_{OH'} = 0{,}198 + 3{,}7 \cdot 10^{-3} \cdot (\vartheta - 18^\circ\,C)\,.$$

Berücksichtigen wir, daß bei der Verseifung von Äthylacetat für die Bildung eines Az'-Ions ein OH'-Ion verbraucht wird, so gilt

$$[OH'] = [OH']_A - [Az']\,. \tag{7}$$

Da das $Na^\cdot$ nicht in die Reaktion eingreift, also weder gebildet noch verbraucht wird, gilt

$$[Na^\cdot]_A = [Na^\cdot]\,. \tag{8}$$

Aus Gl. (5) bis (8) erhält man für die Acetationenkonzentration der Lösung

$$[Az'] = \frac{\varkappa_A - \varkappa_L}{u_{OH'} - u_{Az'}} = \frac{\varkappa_A - \varkappa_L}{\Delta u}\,.^{1)} \tag{9}$$

Darin ist

$$\Delta u = 0{,}135 + 2{,}1 \cdot 10^{-3} \cdot (\vartheta - 18^\circ\,C)\,.$$

Aufgabe. Es sind die Geschwindigkeitskonstanten der Verseifung von Äthylacetat mit Natronlauge bei drei verschiedenen Temperaturen, 18°, 25° und 30° C, und die Aktivierungsenergie der Reaktion zu bestimmen.

Apparaturbeschreibung und Ausführung der Messungen S. 179ff.

27. Der isotherm, homogen, stationär arbeitende Reaktor

Kontinuierliche Verseifung von Äthylacetat im Idealkessel

Grundlagen. Die Esterverseifung soll zum zweiten in einem kontinuierlich betriebenen Idealkessel ausgeführt werden. Im Kessel befinde sich zu Beginn reines Wasser, dessen Volumen V beträgt. Nun werden Esterlösung (Ester in Wasser) und Natronlauge mit konstanten Geschwindigkeiten v_{Az} und $v_{OH'}$ eingeleitet und das teilweise umgesetzte Reaktionsgemisch mit der Geschwindigkeit v_E abgenommen. Sind die Lösungen hinreichend verdünnt, können Volumkontraktionen vernachlässigt werden, und es muß

$$v_{Az} + v_{OH'} = v_A \quad \text{und} \quad v_A = v_E \tag{1}$$

sein, damit das Flüssigkeitsvolumen V im Kessel konstant bleibt. Das Verhältnis

$$\tau = \frac{V}{v_E} \tag{2}$$

sei als mittlere Verweilzeit bezeichnet.

---

[1]) Um die Konzentration in kmol/m³ zu erhalten, ist die spez. Leitfähigkeit in $\Omega^{-1} \cdot cm^{-1}$ einzusetzen.

Zu Beginn des Versuchs wird sich die Molzahl der Estermolekeln bzw. der OH'-Ionen im Kessel ändern. Diese Änderung wird einerseits durch den Zufluß und Abfluß von Molekeln, andererseits durch die chemische Reaktion verursacht. Die zeitliche Änderung der Molzahl Ester n_{Az} im Kessel beträgt

$$\frac{dn_{Az}}{dt} = \frac{Vd\,[\mathrm{Az}]}{dt} = v_A\,[\mathrm{Az}]_A - v_E\,[\mathrm{Az}] - V\mathrm{k}\,[\mathrm{Az}]\,[\mathrm{OH'}]\,. \quad (3)$$

Es bedeuten [Az] und [OH'] die Konzentrationen des Esters und der Hydroxylionen im Abfluß und damit im Kessel und $[\mathrm{Az}]_A$ die Esterkonzentration im Zufluß, bezogen auf das gesamte zufließende Flüssigkeitsvolumen.

Die beiden ersten Summanden berücksichtigen die Änderung der Esterkonzentration durch Zu- und Ablauf, der dritte die durch die chemische Reaktion verursachte Abnahme, die mit Gl. (26. 1) berechnet wird. Unter Verwendung von Gl. (1) und (2) erhalten wir aus Gl. (3) für die zeitliche Änderung der Esterkonzentration

$$\frac{d\,[\mathrm{Az}]}{dt} = \frac{[\mathrm{Az}]_A}{\tau} - \frac{[\mathrm{Az}]}{\tau} - \mathrm{k}\,[\mathrm{Az}]\,[\mathrm{OH'}]\,. \quad (4)$$

Entsprechend gilt für die Hydroxylionenkonzentration

$$\frac{d[\mathrm{OH'}]}{dt} = \frac{[\mathrm{OH'}]_A}{\tau} - \frac{[\mathrm{OH'}]}{\tau} - \mathrm{k}\,[\mathrm{Az}]\,[\mathrm{OH'}]\,. \quad (4\mathrm{a})$$

Nach einer hinreichenden Anlaufzeit wird sich im Kessel eine konstante Esterkonzentration $[\mathrm{Az}]_\infty$ und Hydroxylionenkonzentration $[\mathrm{OH'}]_\infty$ ginstellen. Der Kessel arbeitet stationär. Für den stationären Zustand eilt

$$\frac{d\,[\mathrm{Az}]}{dt} = 0 \text{ und } \frac{d\,[\mathrm{OH'}]}{dt} = 0 \quad (5)$$

und weiter nach Gl. (4) und (5)

$$[\mathrm{Az}]_\infty = [\mathrm{Az}]_A - \mathrm{k}\tau\,[\mathrm{Az}]_\infty\,[\mathrm{OH'}]_\infty \quad (6)$$

bzw.

$$[\mathrm{OH'}]_\infty = [\mathrm{OH'}]_A - \mathrm{k}\tau\,[\mathrm{Az}]_\infty[\mathrm{OH'}]_\infty. \quad (6\mathrm{a})$$

Eliminieren wir $[\mathrm{OH'}]_\infty$, so ergibt sich die Esterkonzentration im Kessel bzw. Auslauf zu

$$\mathrm{k}\tau\,[\mathrm{Az}]_\infty^2 + [\mathrm{Az}]_\infty\left[1 - \mathrm{k}\tau([\mathrm{Az}]_A - [\mathrm{OH'}]_A)\right] - [\mathrm{Az}]_A = 0\,. \quad (7)$$

Für den Sonderfall, daß $[\mathrm{Az}]_A = [\mathrm{OH'}]_A$, vereinfacht sich die Gleichung zu

$$\mathrm{k}\tau\,[\mathrm{Az}]_\infty^2 + [\mathrm{Az}]_\infty - [\mathrm{Az}]_A = 0 \quad (7\mathrm{a})$$

bzw.

$$[\mathrm{Az}]_\infty = \frac{(1 + 4\,\mathrm{k}\tau\,[\mathrm{Az}]_A)^{1/2} - 1}{2\,\mathrm{k}\tau}.$$

Aus Gl. (7) und (26. 3) kann schließlich der Esterumsatz berechnet werden.

Gl. (7) erlaubt die Berechnung der Esterkonzentration im Abfluß und damit die Ermittlung des Umsatzes, wenn k, τ, $[\mathrm{Az}]_A$ und $[\mathrm{OH'}]_A$ gegeben sind. Falls die Geschwindigkeitskonstante nicht bekannt ist, kann sie beispielsweise durch einen diskontinuierlichen Versuch bestimmt werden.

Neben der Kenntnis des Umsatzes, der in einem stationär arbeitenden Kessel erzielt werden kann, interessiert die Anlaufzeit. Es ist die Zeit, innerhalb derer die Esterkonzentration vom Wert Null auf den stationären Wert ansteigt.

Für den Sonderfall, daß $[\mathrm{Az}]_A = [\mathrm{OH'}]_A$, erhält man, wie ohne Ableitung gesagt werden soll (vgl. (*20*)), unter Berücksichtigung der Anfangsbedingungen $[\mathrm{Az}] = 0$, $[\mathrm{OH'}] = 0$, $t = 0$ die Zeit, innerhalb derer die Esterkonzentration von Null auf [Az] ansteigt, zu

$$t = \frac{\tau\,[\mathrm{Az}]_\infty}{2\,[\mathrm{Az}]_A - [\mathrm{Az}]_\infty} \cdot \ln \frac{[\mathrm{Az}]_\infty (\mathrm{k}\tau\,[\mathrm{Az}]_\infty [\mathrm{Az}] + [\mathrm{Az}]_A)}{[\mathrm{Az}]_A\,([\mathrm{Az}]_\infty - [\mathrm{Az}])}. \quad (8)$$

Setzte man für $[\mathrm{Az}] = [\mathrm{Az}]_\infty$, würde $t = \infty$, d. h. der stationäre Zustand wird, genaugenommen, erst nach unendlich langer Anlaufzeit erreicht. Zur Abschätzung berechnet man $[\mathrm{Az}]_\infty$ nach Gl. (7a) und setzt für [Az] einen etwas kleineren Wert ein. Man erhält dann die Zeit, innerhalb derer sich die Esterkonzentration bis auf die gewählte Differenz dem stationären Zustand nähert.

Aufgabe.

1. Es ist der erzielbare Esterumsatz bei kontinuierlich geführter Verseifung im Idealkessel zu berechnen und experimentell zu bestimmen.
2. Es ist die „Anlaufzeit" des Kessels (90% vom stationären Wert) zu berechnen und mit dem gemessenen Wert zu vergleichen.
3. Man berechne ferner den Umsatz, der sich mit einer 3 Kessel umfassenden Kaskade und einem Strömungsrohr gleichen Inhalts unter den gewählten Versuchsbedingungen erreichen läßt.

Apparaturbeschreibung und Ausführung der Messungen S. 179ff.

28. Der isotherm, nichthomogen, stationär arbeitende Reaktor

Kontinuierliche Esterverseifung im Strömungsrohr

Grundlagen. Die Umsatzbeziehung für die Esterverseifung im Strömungsrohr läßt sich aus Gl. (26. 2) durch folgende Überlegung erhalten:

Betrachten wir ein Volumelement der Reaktionsmasse, das zur Zeit $t = 0$ in das Rohr eintritt. Die Esterkonzentration und Hydroxylionenkonzentration betrage $[Az]_A$ und $[OH']_A$. Das Rohr arbeite bereits stationär. Das Volumelement durchläuft das Rohr mit konstanter Geschwindigkeit $v_A = v_E$[1]), ohne daß Rückvermischung eintritt, und verläßt es nach der Zeit

$$t = \tau = \frac{V}{v_E}. \quad V = \text{Volumen des Rohres}$$

Beim Verlassen des Rohres wird infolgedessen die Esterkonzentration bzw. der Umsatz in dem betreffenden Volumelement genau so groß sein, wie wenn das Volumelement die Zeit $t = \tau$ in einem diskontinuierlich arbeitenden Rührkessel verblieben wäre. Es ist also in Gl. (26.2) bzw. (26.4) für $t = \tau$ zu setzen, um die Esterkonzentration $[Az]_E$ am Ende des Rohres zu

$$\frac{[Az]_E}{[Az]_A} = \frac{([OH']_A - [Az]_A) \exp k\,([Az]_A - [OH']_A)\,\tau}{[OH']_A - [Az]_A \exp k\,([Az]_A - [OH']_A)\,\tau} \tag{1}$$

und den Umsatz zu $U_E = 1 - [Az]_E/[Az]_A$ zu erhalten.

Aufgabe.

1. Es ist der erzielbare Esterumsatz bei kontinuierlich geführter Verseifung im Strömungsrohr zu berechnen und experimentell zu bestimmen.
2. Man berechne den Umsatz, der sich mit einem Kessel und einer 3 Kessel umfassenden Kaskade gleichen Volumens unter den gewählten Versuchsbedingungen erzielen läßt.

Apparaturbeschreibung und Ausführung der Messungen S. 179ff.

29. Kontinuierliche isotherme Verseifung von Äthylacetat in der Kaskade

Wie eingangs erwähnt, kann die Kaskade als eine Folge hintereinandergeschalteter Idealkessel angesehen werden. Setzen wir voraus, daß die Kaskade bereits stationär arbeitet, können wir — beginnend mit dem ersten Kessel — die Esterkonzentration aller Kessel nacheinander mit Hilfe der Gl. (27. 7) ausrechnen. Aus der Konzentration des letzten Kessels läßt sich der unter den gewählten Bedingungen erzielbare Umsatz erhalten.

Aufgabe.

1. Es ist der erzielbare Esterumsatz bei kontinuierlich geführter Verseifung in einer 3 Kessel umfassenden Kaskade zu berechnen und experimentell zu bestimmen.

---

[1]) Diese Bedingung setzt voraus, daß die Reaktion raumbeständig ist.

2. Man berechne ferner den Umsatz, der sich mit einem Kessel und einem Strömungsrohr gleichen Volumens unter den gewählten Bedingungen erzielen läßt.

Zubehör 26—29. Apparatur nach **Abbildung 29, 1**, Thermostat; Versuchssubstanzen: $CH_3COOC_2H_5$, NaOH (0,08 *n*).

Apparaturbeschreibung für Aufgabe 26—29. Die Apparatur wird durch **Abbildung 29, 1** wiedergegeben. Sie gestattet die diskontinuierlich und kontinuierlich geführte Reaktion im Kessel, die kontinuierlich geführte Reaktion in der Kaskade und im Strömungsrohr sowie die Aufnahme der Verweilzeitspektren. Konzentrationsbestimmungen erfolgen, wie eingangs erwähnt, durch Leitfähigkeitsmessungen. Die Apparatur besteht aus drei Hauptteilen: den Dosiereinrichtungen für Natronlauge und Esterlösung, den drei bezeichneten Reaktionsapparaten und den Einrichtungen zur Messung der elektrischen Leitfähigkeit.

Dosiereinrichtungen. Als Vorratsgefäße werden sog. MARIOTTEsche Flaschen, V_1, V_2, mit je 10 Litern Inhalt verwendet. Die Flüssigkeitsströme können mittels der Nadelventile H_3 und H_6 und der geeichten Rotameter O_1 und O_2 geregelt werden. Somit ist eine konstante, einstellbare Zulaufgeschwindigkeit der Reaktionspartner gewährleistet. Den Abschluß der Dosiereinrichtung bilden die Dreiweghähne H_4 und H_7, deren Ansätze mit Schliffen (NS 10,5) versehen sind und von denen aus entweder die einzelnen Reaktoren über Zulaufleitungen verbunden oder Proben zur Konzentrationsbestimmung abgenommen werden können. Die Schlauchverbindungen sind aus PVC. Um Luftblasen in den Zulaufleitungen (Glas oder PVC-Schlauch) zu vermeiden bzw. zu vertreiben, sollte der Innendurchmesser dieser Leitungen höchstens 6 mm betragen. H_3 und H_6 sind Quickfit Durchgangsventile VL2. Der Flüssigkeitsinhalt der Reaktoren beträgt im Betriebszustand 1200 ml.

Kessel. Der Kessel besteht aus einem Glasgefäß von 2 Liter Inhalt, der als Auslauf *A* einen Flüssigkeitsheber mit Hahn besitzt. Als Deckel dient eine Platte aus PVC, in der sich der KPG-Rührer, das Thermometer *Th*, die Schliffhülsen für die Zulaufleitungen, ein verschließbarer Einfüllstutzen (in **Abb. 29, 1** nicht eingezeichnet), ein Hahn H_1 zur Entlüftung und eine Leitfähigkeitszelle *L* (Tauchzelle) befinden. Deckel und Gefäß sind so abgedichtet, daß während des Betriebs das Flüssigkeitsvolumen durch das Luftpolster über der Flüssigkeit praktisch konstant gehalten wird. Die Ausführung des Auslaufs als Flüssigkeitsheber ist zweckmäßig, da bei der erforderlichen Rührgeschwindigkeit eine glatte Oberfläche nicht zu erreichen ist. Um die Temperaturabhängigkeit der Reaktionsgeschwindigkeitskonstante zu ermitteln (Aufg. 26), ist der Kessel zu thermostatieren. Soll auch die kontinuierlich geführte Reaktion bei einer von der Zimmertemperatur abweichenden Temperatur gefahren werden, sind Vorwärmer für den Zulauf erforderlich.

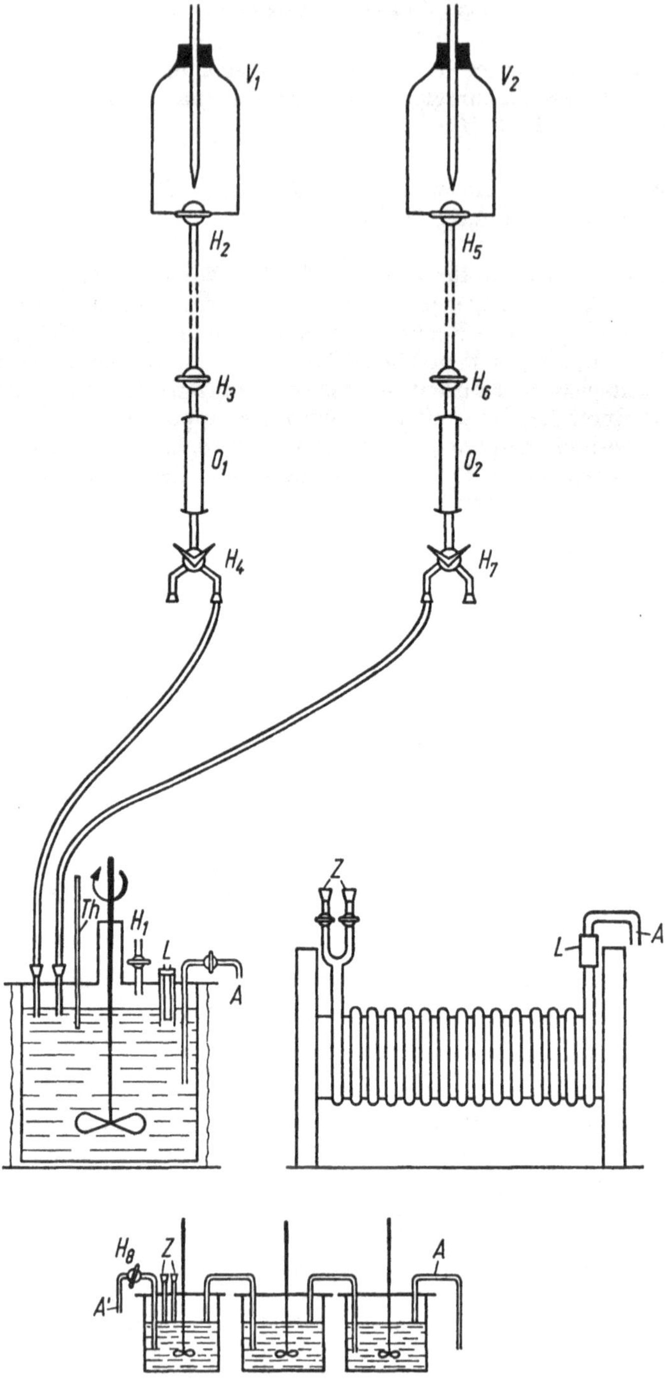

Abb. 29, 1. Schema der Versuchsanordnung

Rohr. Als Strömungsrohr wird ein Glasrohr von 8 mm lichter Weite gewählt, das als Glasschlange mit einem Durchmesser von etwa 50 cm angeordnet ist. Vor dem Auslauf A des Rohres befindet sich eine Leitfähigkeitsdurchflußzelle L. Die Zuleitungen Z sind mit zwei Hähnen versehen. *Kaskade.* Die Kaskade besteht aus 3 Reaktionsgefäßen, jedes hat etwa 700 ml Inhalt. Jeder einzelne Kessel ist wie der beschriebene Rührkessel mit dichtschließendem PVC-Deckel[1]), KPG-Rührer, $^1/_{10}$ °C-Thermometer ausgestattet. Die Rührer werden über eine entsprechende Transmission von einem Motor angetrieben. Die Kessel sind in der in **Abbildung 29, 1** gezeigten Weise über Heber miteinander verbunden. Die Anordnung erlaubt nicht nur, die in den einzelnen Kesseln befindliche Flüssigkeitsmenge (400 ml/Kessel) während des Versuchs konstant zu halten, sondern auch die leeren Kessel bei Versuchsbeginn mit der angegebenen Flüssigkeitsmenge zu füllen (vgl. Ausführung der Messungen). Der erste Kessel trägt die Schliffe für die beiden Zuleitungen (NS 10,5) Z und einen weiteren Zulauf A' mit Hahn H_8, der der Füllung der Kaskade zu Versuchsbeginn dient. Leitfähigkeitszellen (Tauchzellen) befinden sich im 1. und 3. Kessel. Die Kaskade ist zu thermostatieren, falls bei einer von der Zimmertemperatur abweichenden Temperatur gearbeitet werden soll.

Geräte zur Leitfähigkeitsmessung. Als Meßbrücke wird eine Leitfähigkeitsmeßbrücke Typ PW 9501/01 (PHILIPS) verwendet, der ein einpoliger Siebenstufenschalter vorgesetzt ist, um an verschiedenen Meßstellen möglichst schnell hintereinander messen zu können. Als Meßzellen dienen Tauch- (Typ PR 9510) bzw. Durchflußzellen (Typ PR 9511). Als Folgegerät kann an die Leitfähigkeitsmeßbrücke z. B. ein Servogor-Schreiber oder ein Kompensograph (Siemens) angeschlossen werden.

Ausführung der Messungen (26). 50 ml Natronlauge (0,08 n) werden in einem Becherglas genau auf die Hälfte verdünnt und in einem Thermostaten auf die Versuchstemperatur gebracht. Die spezifische Leitfähigkeit $\varkappa_A$ bzw. der spezifische Widerstand der Lösung wird bestimmt — Tauchelektrode verwenden — und daraus die OH′-Ionenkonzentration nach Gl. (26. 6a) berechnet.

Sodann werden im Rührkessel 600 ml NaOH schnell mit 600 ml einer frisch bereiteten, im Thermostaten auf die Versuchstemperatur gebrachten Esterlösung — 0,4 ml dest. Äthylacetat auf 100 ml Leitfähigkeitswasser — versetzt (Rühren). Der Zeitpunkt der Zugabe gilt als Versuchsbeginn. Man verfolgt die spezifische Leitfähigkeit $\varkappa_L$ der Lösung mit der Zeit (Stoppuhr), bis sich nach etwa einer Stunde eine konstante Endleitfähigkeit $\varkappa_E$ eingestellt hat, die nach einer weiteren halben Stunde überprüft wird.

---

[1]) Als Deckel für sämtliche 3 Kessel kann eine an den Rändern durch Winkeleisen verstärkte PVC-Platte verwendet werden, in die die Thermometer, Heber usw. eingekittet werden (UHU-plus). Voraussetzung ist, daß die Kessel gleiche Abmessungen besitzen, so daß die Flüssigkeit in allen 3 Gefäßen die gleiche Höhe hat.

Aus $\varkappa_E$ wird mittels Gl. (26. 9) die Endkonzentration $[Az']_E$ berechnet. Da die Esterlösung verdünnter als die NaOH-Lösung ist, kann man annehmen, daß aller Ester verseift ist, und kennt damit die Esterkonzentration zu Beginn des Versuches. Aus den gemessenen $\varkappa$-Werten können ebenfalls aus Gl. (26. 9) die jeweiligen Acetationenkonzentrationen und damit Acetatkonzentrationen erhalten werden. Die ermittelten Werte werden wie beschrieben in Gl. (26. 2) eingesetzt und aus den k-Werten (mindestens 10) der Mittelwert gebildet. Die Geschwindigkeitskonstante k kann einfacher durch Auswertung der experimentellen Ergebnisse am Analogrechner bestimmt werden.

Ausführung der Messungen (27). Ein Vorratsgefäß wird mit 10 Liter NaOH (0,08*n*), das zweite mit einer frisch bereiteten wäßrigen Esterlösung — 0,4 ml Äthylacetat auf 100 ml Leitfähigkeitswasser — gefüllt. In den Kessel werden 1200 ml Leitfähigkeitswasser eingewogen. Der Kessel wird mit dem Deckel verschraubt, die Zulaufleitungen werden bei geöffneten Hähnen H_2 und H_5 mittels der Nadelventile H_3 und H_6 vorsichtig mit Flüssigkeit gefüllt, die Hähne H_4 und H_7 umgestellt und jetzt in den Kessel eingesteckt und mit Federn befestigt. Als Versuchstemperatur wähle man 15° C bzw. Zimmertemperatur. Nach Einschalten des Rührers regelt man mittels der Nadelventile den Ester- und NaOH-Strom auf genau je 90 ml/min ein, wobei die Flüssigkeiten nach außen, also nicht in den Kessel fließen.

Nun werden die Hähne H_4 und H_7 umgestellt, so daß die Flüssigkeiten mit je 90 ml/min in den Kessel fließen. Dieser Zeitpunkt gilt als Versuchsbeginn. Die Leitfähigkeit wird laufend gemessen. Sobald sich eine konstante Leitfähigkeit eingestellt hat, werden die Flüssigkeitsströme abgeschaltet.

Aus dem erhaltenen Leitfähigkeitswert berechnet man, wie in Aufgabe 26 beschrieben, die Acetatkonzentration im Kessel bzw. Auslauf. Man wartet, bis der im Kessel befindliche Ester völlig verseift ist, und bestimmt die Leitfähigkeit der ausreagierten Lösung, woraus man die Esterkonzentration im Zulauf $[Az]_A$ berechnen kann. Die dafür benötigte Anfangskonzentration der Hydroxylionen $[OH']_A$ wird, wie in Aufgabe 26 beschrieben, mit einer dem Vorratsgefäß entnommenen Probe bestimmt. Die erhaltenen Meßwerte $[Az]_\infty$ und $[Az]_A$ werden in Gl. (26. 3) eingesetzt, und der Umsatz wird berechnet.

Man prüfe schließlich die im Kessel befindliche Flüssigkeitsmenge. Sie darf nicht mehr als 3% vom Anfangswert abweichen.

Ausführung der Messungen (28). Die Versuche werden sinngemäß wie in Aufgabe 27 geschildert ausgeführt. Man wähle die gleichen Versuchsbedingungen.

Ausführung der Messungen (29). Die Kaskade wird auf ihre Dichtigkeit geprüft und an die Zulaufleitungen angeschlossen. Man verbindet den Zulauf A' mit einer hochgestellten Stutzenflasche und läßt mittles Hahn

H_8 so lange Leitfähigkeitswasser im langsamen Strom in die zunächst leere Kaskade einlaufen, bis die Flüssigkeit die Kaskade durch A wieder verläßt. Nun wird H_8 verschlossen und sinngemäß wie in Aufgabe 27 beschrieben fortgefahren. Man wähle die gleichen Versuchsbedingungen.

Weitere Literatur: (*4*), (*14*), (*16*), (*19*), (*23*), (*69*), (*98*), (*125*), (*150*).

30. *Verweilzeitspektrum*

Bestimmung der Summenkurve eines Idealkessels, einer Idealkaskade und eines Idealrohres

Grundlagen. *Verweilzeitspektrum und Summenkurve.* Die beiden im vorstehenden diskutierten Grenzfälle der kontinuierlichen Reaktionsführung unterscheiden sich nicht nur durch ihre Konzentrationsverhältnisse, sondern auch durch ihre Verweilzeitspektren. Es wurde bereits das Verhältnis τ von Reaktorvolumen V zu Durchflußgeschwindigkeit v, das die Dimension einer Zeit besitzt, als mittlere Verweilzeit definiert.

Zur näheren Erläuterung der mittleren Verweilzeit betrachten wir zunächst ein Idealrohr, das von einem Wasserstrom konstanter Geschwindigkeit durchflossen wird. Wird zur Zeit $t = 0$ etwas Farbstoff in den Zufluß gebracht, so wird das derart markierte Volumelement das Rohr als Ganzes durchwandern und nach der Zeit $t_E = V/v$ verlassen. Die effektive Verweilzeit aller Farbstoffmolekeln ist gleich und entspricht der definierten mittleren Verweilzeit.

Führt man hingegen eine Anzahl von Farbstoffteilchen in den Zulauf eines Idealkessels zur Zeit $t = 0$ ein, werden die Molekeln unmittelbar nach ihrem Eintritt gleichmäßig über den Kesselinhalt verteilt. Der Auslauf enthält infolgedessen bereits vom Zeitpunkt der Zugabe ($t = 0$) an Farbstoffmolekeln. Die letzten Moleküle werden den Kessel zur Zeit $t = \infty$ verlassen. Die effektiven Verweilzeiten der Molekeln liegen also zwischen $t = 0$ und $t = \infty$ und sind somit teils kleiner, teils größer als die definierte mittlere Verweilzeit.

Die relative Häufigkeit aller Moleküle gleicher effektiver Verweilzeit, dargestellt als Funktion der Zeit, ist das sog. Verweilzeitspektrum. Die Kurve gibt für eine beliebige Zeit t an, welcher Bruchteil der eingebrachten Molekeln $-dM/M_0$ innerhalb der Zeit von t bis $t + dt$ den Reaktionsraum verläßt, dessen Verweilzeit also zwischen t und $t + dt$ liegt.

Die Integralkurve dieser Verweilzeitkurve wird als Summenkurve bezeichnet und gibt an, welcher Bruchteil M_s/M_0 der zur Zeit $t = 0$ eingebrachten Markierungssubstanz M_0 den Kessel zu einer beliebigen Zeit t wieder verlassen hat.

Ableitung der Summen- und Verweilzeitkurven. Zur Ableitung der Summen- und Verweilzeitkurven der idealen Reaktionsapparate, die mit $W(t)$ und $w(t)$ bezeichnet seien, betrachten wir zunächst den Rührkessel, dem — wie beschrieben — zur Zeit $t = 0$ eine kleine Farbstoffmenge M_0 zugesetzt werde. Bis zur Zeit t wird davon die Menge M_s ausfließen, während M im Kessel zurückbleibt. Es gilt

$$M_s = M_0 - M. \tag{1}$$

Beträgt das Flüssigkeitsvolumen im Kessel V und das während der Zeit dt abfließende (und gleichzeitig zufließende) Volumen dV, so ist die Änderung der Farbstoffmenge im Rührkessel zur Zeit t

$$dM = -\frac{M}{V}\,dV, \tag{2}$$

die Durchflußgeschwindigkeit

$$v = \frac{dV}{dt} \tag{3}$$

und die mittlere Verweilzeit

$$\tau = \frac{V}{v}. \tag{4}$$

Aus Gl. (2), (3) und (4) erhält man

$$dM = -\frac{1}{\tau}M\,dt. \tag{5}$$

Unter Beachtung der Randbedingungen $t = 0$, $M = M_0$ erhalten wir durch Integration der Gl. (5) über die Zeit

$$M = M_0 e^{-\frac{t}{\tau}}, \tag{6}$$

d. h. die Farbstoffmenge, die sich nach Ablauf der Zeit t noch im Kessel befindet.

Aus Gl. (6) und (1) ergibt sich der Bruchteil der Anfangsfarbstoffmenge M_0, der bis zur Zeit t das Gefäß wieder verlassen hat, und damit die Übergangsfunktion (Summenfunktion) zu

$$W(t) = \frac{M_s}{M_0} = 1 - e^{-\frac{t}{\tau}}. \tag{7}$$

Die Verweilzeitfunktion ist die 1. Ableitung der Übergangsfunktion nach der Zeit

$$w(t) = \frac{dM_s}{M_0 dt} = +\frac{1}{\tau}e^{-\frac{t}{\tau}}. \tag{8}$$

Die Summen- und Verweilzeitfunktion der Kaskade kann durch entsprechende Überlegungen erhalten werden. Die Summenfunktion für eine Kaskade mit n gleich großen Kesseln[1]) lautet

$$W(t) = \frac{M_s}{M_0} = 1 - \left[1 + \sum_{m=1}^{m=n-1} \frac{1}{m!} \left(\frac{t}{\tau}\right)^m\right] e^{-\frac{t}{\tau}} \tag{9}$$

und die Verweilzeitfunktion

$$w(t) = \frac{dM_s}{M_0 dt} = \frac{1}{\tau} e^{-\frac{t}{\tau}} \left(\frac{t}{\tau}\right)^{n-1} \Big/ (n-1)!\,. \tag{10}$$

Summen- und Verweilzeitkurven des Idealrohres lassen sich ohne Rechnung hinschreiben:

$$\begin{aligned} W(t) &= \frac{M_s}{M_0} = 0 \text{ für } t < \tau \\ W(t) &= \frac{M_s}{M_0} = 1 \text{ für } t > \tau \end{aligned} \tag{11}$$

$$\begin{aligned} w(t)\,dt &= \frac{dM_s}{M_0} = 1 \text{ für } t = \tau \\ w(t)\,dt &= \frac{dM_s}{M_0} = 0 \text{ für } t \neq \tau. \end{aligned} \tag{12}$$

Die Verweilzeitkurven ließen sich prinzipiell ermitteln, indem man, wie beschrieben, zu einem bestimmten Zeitpunkt dem Zulauf eine geringe Menge M_0 Farbstoff als Markierungssubstanz zusetzte und dann nach verschiedenen Zeiten t_i die jeweiligen, während eines kleinen Zeitintervalls dt austretenden Bruchteile $-dM/M_0$ bestimmte und gegen die zugehörigen Zeiten abtrüge. Die Markierungssubstanz darf selbstverständlich nicht durch chemische Reaktionen verbraucht werden.

Man beschreitet hingegen einen anderen, genaueren Weg, indem man die Markierungssubstanz nicht einmalig, sondern von einem gegebenen Zeitpunkt an ($t = 0$) laufend und mit konstanter Geschwindigkeit zugibt. Verfolgt man die Konzentration $[M]$ des Farbstoffs im Ablauf mit der Zeit t und trägt $[M]/[M]_A$ ($[M]_A$ = Konzentration im Zulauf) gegen t ab, so erhält man direkt die Summenkurve, da unter diesen Versuchsbedingungen

$$\frac{[M]}{[M]_A} = W(t) \tag{13}$$

ist (**Abb. 30, 1**; Ableitung vgl. (*20*)).

---

[1]) Die Gleichung gilt nicht für $n = 1$ und $n = \infty$.

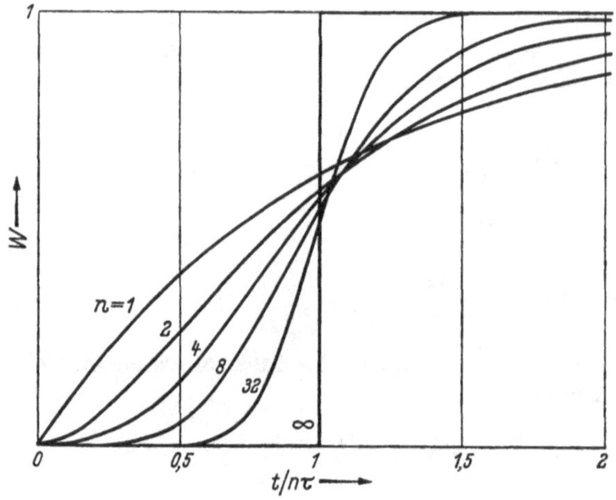

Abb. 30, 1. Summenkurve des Idealkessels ($n = 1$), des Idealrohres ($n = \infty$) und der Kaskade ($n \cdot \tau$ ist die mittlere Verweilzeit im gesamten Apparat) (*20*)

Ermittlung des Umsatzes aus dem Verweilzeitspektrum. Die Beziehung zwischen Umsatz und Reaktionsbedingungen und die Funktion des Verweilzeitspektrums in kontinuierlich und stationär arbeitenden Reaktoren wurde unter der Annahme definierter Rückvermischung abgeleitet. Im Idealrohr sollte keine, im Rührkessel vollständige Rückvermischung auftreten. Bei der Kaskade, die einen Übergang zwischen Rohr und Kessel darstellt, wurde vorausgesetzt, daß der Grad der Rückvermischung lediglich durch die Anzahl der Stufen bestimmt sei. In einem realen Strömungsrohr wird jedoch immer eine mehr oder minder große Rückvermischung auftreten, während im Kessel eine vollständige Rückvermischung meistens nicht erreicht werden kann. Die abgeleiteten Beziehungen können damit nur Näherungen darstellen. Einen Hinweis auf die Größe der Abweichung vom idealen Verhalten kann der Vergleich des berechneten und experimentell bestimmten Verweilzeitspektrums geben.

Während sich Umsatz und Verweilzeitspektrum in verschiedenen Apparaten noch durch Zugrundelegen der idealen Grenzfälle bzw. durch entsprechend genäherte Kaskaden hinreichend abschätzen lassen, ist die Rückvermischung in manchen Apparateformen so undefiniert, daß es nicht möglich ist, ohne zusätzliche experimentelle Bestimmungen oder Annahmen ein Ergebnis zu erhalten.

Hier hilft das Verweilzeitspektrum, das sich experimentell am einfachsten bestimmen läßt. Ferner hängt es im allgemeinen nicht von dem spez. chemischen Prozeß ab und kann infolgedessen besser vom Modell auf die Hauptausführung übertragen werden. Man hat deshalb versucht, aus dem empirisch ermittelten Verweilzeitspektrum und dem Konzentrationsverlauf, wie er durch einen diskontinuierlichen Laborversuch oder aus dem Zeitgesetz der Reaktion erhalten werden kann, die gesuchte Beziehung zwischen Umsatz und Reaktionsbedingungen zu ermitteln (*125*).

Grundlage der Methode ist die Gleichung

$$[A_i]_E = \int_0^\infty [A_i]_t \cdot w(t)dt = \int_0^1 [A_i]_t \, dW \,. \tag{14}$$

Es bedeuten $[A_i]_E$ die Konzentration der Bezugskomponente im Auslauf, $w(t)$ das Verweilzeitspektrum bzw. $W(t)$ das Integral (Summenkurve) und $[A_i]_t$ die Konzentration der Komponente, die nach Ablauf der Zeit t in einem diskontinuierlichen Versuchsansatz gemessen wird. Im Falle der Esterverseifung entspräche

$$[A_i]_E = \frac{[\mathrm{Az}]}{[\mathrm{Az}]_A} \,; [A_i]_t = \frac{[\mathrm{Az}]_t}{[\mathrm{Az}]_A} \,; \; W = \frac{[M]}{[M]_A} \,. \tag{15}$$

Die Auswertung des Integrals erfolgt am besten graphisch. Man trägt in einem Diagramm (**Abb. 30, 2**) W und $[A_i]_t$ beide über die Zeit ab; in einem weiteren Diagramm werden die jeweils gleichen Zeiten entsprechenden $[A_i]_t$- und W-Werte gegeneinander abgetragen. Schließlich wird die Fläche unter der Kurve, die gleich der Konzentration $[A_i]_E$ ist, beispielsweise durch Auszählen ermittelt. Aus $[A_i]_E$ kann der gesuchte Umsatz ermittelt werden.

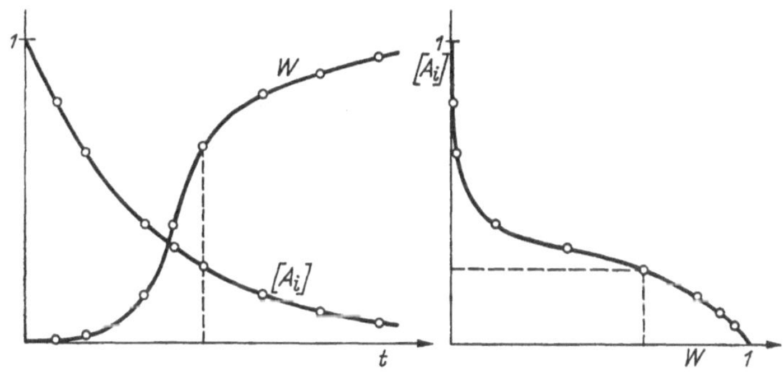

Abb. 30, 2. Diagramm zur Ermittlung des Umsatzes aus dem Verweilzeitspektrum nach Gleichung (14) (*20*)

Diese Methode, die den Umsatz auch in komplizierteren Apparateformen zu berechnen gestattet, würde nur in den folgenden Sonderfällen zu exakten Werten führen:

1. Der Reaktionsapparat ist ein Idealrohr; es tritt keine Rückvermischung auf.
2. Die Reaktion ist von 1. Ordnung.

3. Die Reaktion läuft in diskreten Teilchen der Reaktionsmasse ab (dispergierte Teilchen oder Tröpfchen), zwischen denen kein Stoffaustausch während der Reaktion stattfindet.

In allen anderen Fällen kann die Methode nur Näherungswerte liefern, die um so ungenauer werden, je mehr die Ordnung von eins verschieden oder je größer die auftretende Rückvermischung ist.
Die Methode versagt, wenn das Verweilzeitspektrum der Markierungssubstanz nicht dem Verweilzeitspektrum der Reaktionskomponenten entspricht. Das ist immer der Fall, wenn die Verweilzeit der Reaktionskomponenten durch die eigentliche Reaktion beeinflußt wird, wie es beispielsweise bei Reaktionen mit starker Volumänderung oder bei Kontaktreaktionen vorkommen kann.

Aufgabe. Es sind die Summenkurven eines Idealkessels, einer Kaskade und eines Strömungsrohres experimentell zu bestimmen und mit den berechneten Kurven zu vergleichen.

Zubehör wie Aufgaben 27—29 außer Äthylacetat.

Apparaturbeschreibung. Wie Aufgaben 27—29.

Ausführung der Messungen. *Kessel:* Ein Vorratsgefäß (V_1) wird mit 10 Liter NaOH (0,001 n), das zweite (V_2) mit Leitfähigkeitswasser gefüllt. In den Kessel werden 1200 ml Leitfähigkeitswasser[1]) eingewogen, der Kessel mit dem Deckel verschraubt und die Zuleitungen eingesteckt. Man läßt zunächst einen Wasserstrom von 62,5 ml/min in den Kessel einlaufen (Einzelheiten vgl. Aufg. 27) und verfolgt die Leitfähigkeit des Kesselinhaltes und die Geschwindigkeit der ausströmenden Flüssigkeit. Sobald sich konstante Werte eingestellt haben, schließt man Hahn H_5 und öffnet gleichzeitig H_2, so daß nun NaOH mit 62,5 ml/min (vordosieren) in den Kessel eintritt ($t = 0$). Man bestimmt laufend die Leitfähigkeit, bis sich eine konstante Endleitfähigkeit eingestellt hat. Dieser Leitfähigkeitswert sollte mit dem der im Vorratsgefäß befindlichen NaOH übereinstimmen. Der Kesselinhalt wird im Anschluß an den Versuch gleichfalls überprüft. Man berechne nach Gl. (26. 6a) für 10 Meßwerte die zugehörigen [NaOH]-Werte und trage in ein Diagramm das Verhältnis $[\mathrm{NaOH}]/[\mathrm{NaOH}]_A$ gegen die zugehörigen Zeiten t/τ ab. Nach Gl. (7) werden 10 Punkte der Summenkurve berechnet und in das gleiche Diagramm eingetragen. Man vergleiche die beiden Kurven. Die theoretische Summenkurve kann auch durch einen Analogrechner dargestellt werden.

Strömungsrohr, Kaskade: Die beschriebenen Messungen werden sinngemäß mit beiden Reaktionsapparaten ausgeführt. Die Messung der Leitfähigkeit ist nur am Ende des Rohres und am Ende der Kaskade erforderlich. Einzelheiten der Operationen vgl. auch Aufgabe 27.

---

[1]) Bessere Meßergebnisse erhält man, wenn NaOH vorgelegt und mit Wasser verdrängt wird.

Theoretische Aufgabe. Man berechne für jeden der drei Reaktionsapparate den erzielbaren Esterumsatz aus den experimentell ermittelten Summenkurven und der Konzentrationszeitkurve, die nach Aufgabe 26 erhalten wurde.

Weitere Literatur: (*14*), (*19*), (*98*).

b) Wärmehaushalt von Reaktoren

31. Berechnung stabiler Betriebszustände eines Idealkessels bei kontinuierlicher Reaktionsführung

Grundlagen. Jede chemische Reaktion ist mit einer Wärmetönung verbunden. Um eine Reaktion isotherm zu führen, wird es beispielsweise bei einer exothermen Reaktion notwendig sein, Wärme in dem Maße abzuführen, wie sie erzeugt wird. Während eine streng isotherme Reaktionsführung, wie sie in den Aufgaben 26—29 behandelt wurde, im Laboratoriumsmaßstab ohne Schwierigkeiten durch entsprechende konstruktive Maßnahmen zu erreichen ist, werden in der Praxis immer Temperaturdifferenzen innerhalb der Reaktionsmasse auftreten, die durch Wärmeab- und -zufuhr bedingt sind. Dennoch werden diese Temperaturdifferenzen vielfach nicht so groß sein, daß den Berechnungen nicht entsprechende Mittelwerte zugrunde gelegt werden können.

Bei adiabatischer Reaktionsführung verbleibt die gebildete Wärme in der Reaktionsmasse, die folglich ihre Temperatur mit steigendem Umsatz ändern wird. Eine streng adiabatische Reaktionsführung kann nur bei Satzbetrieb verwirklicht werden. Bei kontinuierlicher Reaktionsführung wird immer ein Wärmetransport durch die zu- und abfließenden Flüssigkeiten stattfinden. Dennoch spricht man in der Praxis von adiabatischer Arbeitsweise, wenn kein Austausch durch Wände, Kühl- oder Heizelemente erfolgt.

Die genaue Einhaltung einer gewünschten (optimalen) Temperatur oder eines Temperaturprofils erfordert bei exothermen Reaktionen eine sehr sorgfältige Abstimmung der aus dem reagierenden System abzuführenden Wärme auf die dort chemisch erzeugte. Für Berechnungen werden folglich neben dem Zeitgesetz der Reaktion und der Stoffbilanz auch die Temperaturabhängigkeit der Reaktionsgeschwindigkeit und die Wärmebilanz zu berücksichtigen sein.

Gelegentlich treten auch grundsätzliche Schwierigkeiten bei der Temperaturführung auf, da nicht alle berechneten Temperaturen bzw. Profile „stabil" sind. Diese Erscheinung wird an Hand der folgenden Beispiele näher erläutert werden.

Die Wärmebilanz für ein kleines Volumelement des Reaktors lautet

$$-\Delta V \,\mathrm{v}\, \Delta H_R = \Delta V \,\varrho\, c_p \frac{dT}{dt} + \Delta \dot{Q}_a + \Delta \dot{Q}_s, \tag{1}$$

worin $-\Delta H_R$ die Reaktionsenthalpie und v die Reaktionsgeschwindigkeit, ϱ die Dichte, c_p die spez. Wärme der Reaktionsmasse bedeuten. Die Summanden der Gleichung (1) stellen Energien pro Zeiteinheit dar. Die im betrachteten Volumelement chemisch erzeugte Wärmemenge ($\Delta \dot{Q}_R$) steht auf der linken Seite der Gleichung, der erste Summand der rechten Seite umfaßt den Enthalpiezuwachs des Systems, der zweite die durch die umgebenden Wände ausgetauschte Wärme und der dritte die vom Stoffstrom mitgeführte Wärme.

α) Adiabatische Reaktionsführung[1])

Wir wählen zunächst als Beispiel einen kontinuierlich betriebenen Rührkessel (Idealkessel), dessen Volumen V betrage. Seine Wände seien derart isoliert, daß weder Wärme an die Umgebung abgegeben noch von dort aufgenommen werden kann ($\dot{Q}_a = 0$). Wir setzen ferner voraus, daß die Reaktion volumkonstant sei ($v_A = v_E = v =$ Volumenstrom), daß die Dichten und spez. Wärmen der ein- und austretenden Flüssigkeit gleich sind ($\varrho_A = \varrho_E = \varrho$; $c_{p,A} = c_{p,E} = c_p$). Die Temperatur der eintretenden Flüssigkeit sei T_A, die der austretenden und die des Kesselinhaltes T. Ist die Reaktion exotherm, wird $T_A < T$ sein.

Die Wärmeleistung des Reaktors ergibt sich zu

$$\dot{Q}_R = -\,V \,\mathrm{v}\, \Delta H_R\,. \tag{2}$$

Beträgt die Konzentration der Bezugskomponente im Zulauf $[A]_A$, so ist die maximale Wärmeleistung — vollständiger Umsatz der Bezugskomponente — des Reaktors

$$\dot{Q}_{\max} = -\,\frac{\Delta H_R\,[A]_A v}{\nu_A}\,. \tag{3}$$

Aus Gl. (2) und (3) erhält man die sogenannte reduzierte Wärmeleistung, die gleich dem Umsatz der Bezugskomponente ist:

$$\frac{\dot{Q}_R}{\dot{Q}_{\max}} = U = \frac{\mathrm{v}\,\tau\,\nu_A}{[A]_A}\,. \tag{4}$$

Wir wollen nun annehmen, daß im Reaktor eine Reaktion erster Ordnung abläuft, deren Zeitgesetz

$$\mathrm{v} = \mathrm{k}'\,[A] \tag{5}$$

---

[1]) Eine streng adiabatische Reaktionsführung ist nur bei Satzbetrieb möglich, vgl. S. 189.

lautet. Nach den Überlegungen der Aufgabe 27 ergibt sich aus der Materialbilanz des Reaktors im stationären Zustand die Konzentration der Komponente A im Kessel und Auslauf zu

$$[A]_\infty = [A]_A - \mathrm{k}'\,\tau[A]_\infty\,. \tag{6}$$

Aus Gl. (4), (5) und (6) erhalten wir schließlich für die reduzierte Wärmeleistung

$$\frac{\dot{Q}_R}{\dot{Q}_{\max}} = 1 - \frac{1}{1 + \mathrm{k}'\tau}\,. \tag{7}$$

Da die Reaktionsgeschwindigkeitskonstante k′ temperaturabhängig ist, gilt mit Gl. (7), S. 129,

$$\frac{\dot{Q}_R}{\dot{Q}_{\max}} = 1 - \frac{1}{1 + A'\tau e^{-E'/RT}}\,. \tag{7a}$$

Gl. (7a) gibt die Temperaturabhängigkeit der reduzierten Wärmeleistung wieder.

Die vom Flüssigkeitsstrom aus dem Kessel abgeführte Wärmemenge beträgt unter den eingangs gegebenen Voraussetzungen

$$\dot{Q}_s = v\,\varrho\,c_p\,(T - T_A)\,. \tag{8}$$

Bezieht man $\dot{Q}_s$ auch auf den Höchstwert der Wärmeleistung, so ergibt sich

$$\frac{\dot{Q}_s}{\dot{Q}_{\max}} = -\frac{c_p\,\varrho\,(T - T_A)}{\Delta H_R[A]_A}\,. \tag{9}$$

Im stationären Zustand muß die gebildete Wärme gleich der abgeführten Wärme sein; man erhält durch Gleichsetzen von Gl. (7a) und (9)

$$1 - \frac{1}{1 + A'\,\tau e^{-E'/RT}} = -\frac{\varrho\,c_p(T - T_A)}{\Delta H_R\,[A]_A}\,. \tag{10}$$

In dieser Gleichung sind für eine gegebene Reaktion (ϱ, c_p, E', A', ΔH_R) und einen gegebenen Reaktor (V) die Größen v, T und T_A in gewissen Grenzen frei wählbar, da sie bis auf die Verknüpfung durch Gl. (10) voneinander unabhängig sind. Ferner kann die Zulaufkonzentration $[A]_A$ gewählt werden.

In **Abbildung 31, 1** ist die chemische Wärmeleistung des Reaktors als Funktion der Temperatur dargestellt. $\dot{Q}_R/\dot{Q}_{\max}$ steigt zunächst etwa exponentiell mit T an und nähert sich nach Durchlaufen eines Wendepunktes W asymptotisch einem Grenzwert, der dem vollständigen Umsatz ($\dot{Q}_R/\dot{Q}_{\max} = 1$) entspricht.

Die Beziehung (9) gibt im $\dot{Q}/\dot{Q}_{\max}$-T-Diagramm eine Gerade. In **Abbildung 31, 1** sind Wärmeabführungsgeraden für mehrere Zulauftemperaturen $T_{A,1} - T_{A,5}$ eingezeichnet. Ihr Anstieg ist von der Zulaufkonzentration $[A]_A$ abhängig:

$$\frac{d(\dot{Q}_s/\dot{Q}_{\max})}{dT} = -\frac{\varrho\, c_p}{\Delta H_R\, [A]_A}\,. \tag{11}$$

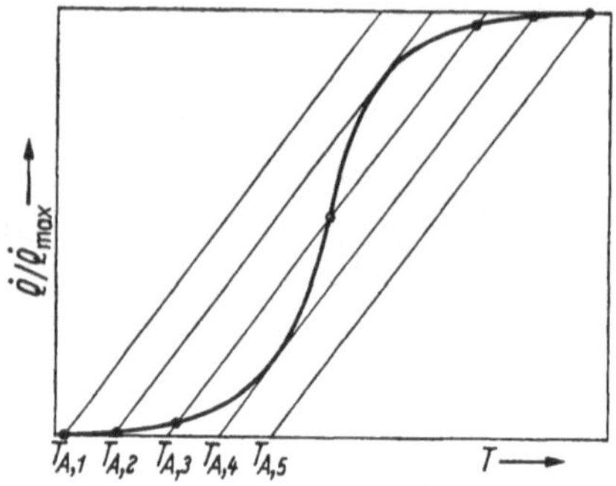

Abb. 31, 1. Stabile (●) und instabile (○) Betriebszustände eines Idealkessels bei kontinuierlicher und „adiabatischer" Reaktionsführung für verschiedene Zulauftemperaturen (T_A)

Es ist ersichtlich, daß für

$$\left.\frac{d\,(\dot{Q}_R/\dot{Q}_{\max})}{dT}\right|_W < \frac{d\,(\dot{Q}_s/\dot{Q}_{\max})}{dT} \tag{12}$$

maximal ein Schnittpunkt zwischen Wärmeerzeugungskurve und Wärmeabführungsgerade und damit eine Lösung der Gl. (10) existiert.

Ist dagegen

$$\left.\frac{d\,(\dot{Q}_R/\dot{Q}_{\max})}{dT}\right|_W > \frac{d\,(\dot{Q}_s/\dot{Q}_{\max})}{dT}\,, \tag{13}$$

können maximal drei Schnittpunkte, also drei Lösungen der Gl. (10), auftreten, und zwar im Bereich von $T_{A,2} - T_{A,4}$. Ist $T_A < T_{A,2}$ oder $T_A > T_{A,4}$, gibt es auch im Falle der Bedingung (13) nur einen Schnittpunkt.

Die Theorie (*151*) liefert zunächst für die Lage des Wendepunkts der Wärmeerzeugungskurve (**Abb. 31, 1**) die Temperatur

$$T_W \approx \frac{E'}{R\, \ln\,(A'\,\tau)}\,, \tag{14}$$

wenn 1. $E' \gg 2\,RT$, 2. der Wendepunkt praktisch hinreichend genau als der Punkt definiert wird, in dem der Umsatz 50% beträgt.

Der Anstieg der Wendetangente ist dann

$$\left.\frac{d\,(\dot{Q}_R/\dot{Q}_{\max})}{dT}\right|_W = \frac{E'}{4\,R\,T_W^2}\,. \tag{15}$$

Nicht alle Lösungen der Wärmebilanz Gl. (10) entsprechen „stabilen" Zuständen des Systems. Stabilität eines Zustandes bedeutet nämlich, daß sich die Reaktionstemperatur von einer hinreichend kleinen Über- bzw. Untertemperatur, die durch irgendeine geringe kurzzeitige Störung (z.B. höhere Zulauftemperatur oder geringere Zulaufkonzentration; vgl. auch Teil C) hervorgerufen wird, nach Verschwinden der Störung wieder auf die ursprüngliche stationäre Temperatur einstellt. In **Abbildung 31, 1** ist dieser Definition gemäß der mittlere Schnittpunkt der Geraden $T_{A,3}$ instabil. Wird die Reaktionstemperatur im Kessel geringfügig erhöht, ist die Wärmeerzeugung größer als die Wärmeabfuhr. Die Temperatur der Reaktionsmasse wird also weiter ansteigen, bis der obere stabile Betriebspunkt erreicht ist. Erniedrigt sich umgekehrt die Kesseltemperatur nur wenig, wird die Wärmeabführung größer als die Wärmeerzeugung und das System wird sich infolgedessen auf den unteren Betriebszustand einstellen.

In mathematischer Fassung lautet die allgemeine Stabilitätsbedingung

$$\frac{d\,(\dot{Q}_R/\dot{Q}_{\max})}{dT} \leqq \frac{d\,(\dot{Q}_s/\dot{Q}_{\max})}{dT} \tag{16}$$

bzw.

$$\frac{R\,[\ln A'\tau + \ln(1-U) - \ln U]^2}{E'\left(\dfrac{1}{1-U} + \dfrac{1}{U}\right)} \leqq \frac{\varrho\, c_p}{(-\Delta H_R)\,[A]_A}\,. \tag{16a}$$

β) Isotherme Reaktionsführung

Wir betrachten eine Reaktion erster Ordnung, die im Idealkessel kontinuierlich und isotherm geführt werde. Die in der Zeiteinheit chemisch erzeugte Wärme ist wieder durch Gl. (7) gegeben.

Bei isothermer Reaktionsführung ist die chemisch erzeugte Wärme einerseits durch die umgebenden Wände, andererseits durch den Stoffstrom aus dem System abzuführen. Nach Gl. (1.4) beträgt die Wärmemenge, die in der Zeiteinheit durch die Wand auf ein zweites Medium übergeht,

$$\dot{Q}_{ü} = F\,k\,(T - T_k)\,. \tag{17}$$

Es bedeuten k die Wärmedurchgangszahl, F die Wärmeaustauschfläche, T die mittlere Temperatur der Reaktionsmasse und T_k die Temperatur der Kühlflüssigkeit. Die reduzierte Wärme beträgt nach Gl. (3) und (17)

$$\frac{\dot{Q}_{ü}}{\dot{Q}_{\max}} = -\frac{F\,k\,(T - T_k)}{\Delta H_R\,[A]_A\,v}\,. \tag{18}$$

Dieser Ansatz setzt voraus, daß die Temperatur der Reaktionsmasse und des Kühlmittels an jedem Punkt gleich ist.

Dieses mag in einigen Fällen zutreffen; wird aber die Kühlflüssigkeit kontinuierlich durch Mantelräume oder Kühlschlangen geführt, wird sich ihre Temperatur von Punkt zu Punkt ändern. In diesem Fall sind für jedes Flächenelement die entsprechenden Temperaturdifferenzen $(T—T_k)$ bzw. geeignete Mittelwerte in Gl. (18) (vgl. Aufgabe 1) einzusetzen.

Die Wärmemenge, die durch den Stoffstrom abgeführt wird, kann unter den im vorigen Beispiel gewählten Bedingungen nach Gl. (9) berechnet werden. Für den stationären Zustand erhalten wir dann die Wärmebilanz

$$\begin{aligned} 1 - \frac{1}{1 + A'\,\tau\,e^{-E'/RT}} &= \frac{\varrho\,c_p}{(-\Delta H_R)\,[A]_A}\,(T - T_A) \\ &\quad + \frac{k\,F}{(-\Delta H_R)\,v\,[A]_A}\,(T - T_k)\,. \end{aligned} \tag{19}$$

Dazu tritt die Stabilitätsbedingung

$$\frac{d\,(\dot{Q}_R/\dot{Q}_{\max})}{dT} \gtreqless \frac{d\,[(\dot{Q}_{ü} + \dot{Q}_s)/\dot{Q}_{\max}]}{d\,T} \tag{20}$$

bzw.

$$\begin{aligned} \frac{R\,[\ln A'\,\tau + \ln(1 - U) - \ln U]^2}{E'\left(\dfrac{1}{1 - U} + \dfrac{1}{U}\right)} &\gtreqless \frac{\varrho\,c_p}{(-\Delta H_R)\,[A]_A} \\ &\quad + \frac{k\,F}{(-\Delta H_R)\,v\,[A]_A}\,. \end{aligned} \tag{20a}$$

Für eine Reaktion zweiter Ordnung erhält man durch entsprechende Überlegungen die Wärmebilanz

$$\begin{aligned} &1 - \frac{(1 + 4\,A'\,\tau\,[A]_A\,e^{-E'/RT})^{1/2} - 1}{2\,A'\,\tau\,[A]_A\,e^{-E'/RT}} \\ &= -\frac{\varrho\,c_p}{\Delta H_R\,[A]_A}\,(T - T_A) - \frac{k\,F}{\Delta H_R\,v\,[A]_A}\,(T - T_k)\,, \end{aligned} \tag{21}$$

wenn stöchiometrische Mengen der Reaktionspartner zugesetzt werden.

1. Aufgabe. Gegeben für eine Reaktion erster Ordnung, die kontinuierlich in einem Idealkessel geführt wird:

$k' = 10^{-2}\ \text{min}^{-1}$ bei 78 °C　　$\varrho = 800\ \text{kg/m}^3$

$E' = 126\ \text{kJ/mol}$　　$c_p = 4{,}2\ \text{kJ/kg °C}$

$(-\Delta H_R) = 420\ \text{kJ/mol}$

$V = 300\ \text{l}$

$\tau = 50\ \text{min}$

a) Welche Kesseltemperatur T ist nötig, um 85% Umsatz zu erreichen?

b) Welche Zulaufkonzentration $[A]_A$ kann maximal gewählt werden, damit bei einem Umsatz von 85% der Kessel noch stabil arbeitet?
Wie hoch ist die Zulauftemperatur T_A?

c) Wie groß ist die maximale Zulaufkonzentration $[A]_A$, wenn der Kessel bei jeder Temperatur T stabil arbeiten soll?

2. Aufgabe.

a) Gegeben für eine Reaktion erster Ordnung:
Daten der Aufgabe 1; dazu treten

$[A]_A = 562\ \text{mol/m}^3$　　$U = 85\%$

$k = 35\ \text{kJ/m}^2\ \text{min °C}$　　$T_k = 291\ \text{K}$

Eine Reaktion erster Ordnung, die kontinuierlich in einem Idealkessel geführt werden soll, darf nur bis 85% Umsatz gefahren werden, da sonst unerwünschte Folgereaktionen auftreten. Für den genannten Umsatz soll die Produktion q_E (Produktion, d. i. die Anzahl der Mole Reaktionsprodukt, die in der Zeiteinheit den Reaktor verlassen; $q_E = Uv\,[A]_A$) verdoppelt werden, dadurch, daß als Anfangskonzentration $2\,[A]_A$ genommen wird; dazu wird stabiler Ablauf der Reaktion gefordert. Wie groß muß die minimale Kühlfläche sein, und wie hoch ist die zugehörige Zulauftemperatur?

b) Für die gleichen Reaktionsbedingungen sind die minimale Kühlfläche und die zugehörige Zulauftemperatur für eine verdreifachte Produktion auf graphischem Wege zu bestimmen!

3. Aufgabe. Gegeben für eine Reaktion zweiter Ordnung:

$k' = 0{,}02\ \text{l min}^{-1}\ \text{mol}^{-1}$ bei 50° C　　$[A]_A = 0{,}6\ \text{mol/l}$

$E' = 84\ \text{kJ/mol}$　　$\varrho = 800\ \text{kg/m}^3$

$(-\Delta H_R) = 420\ \text{kJ/mol}$　　$c_p = 4{,}2\ \text{kJ/kg °C}$

$V = 300\ \text{l}$　　$k = 35\ \text{kJ/m}^2\ \text{min °C}$

$\tau = 50\ \text{min}$

Für einen kontinuierlich betriebenen Idealkessel soll ein Überblick über die Möglichkeit stabiler Betriebsführung für eine Reaktion zweiter Ordnung gegeben werden (die Reaktionspartner werden in stöchiometrischen Mengen eingesetzt). Zu diesem Zweck ist ein Diagramm der Wärmeerzeugungskurve anzufertigen. Es ist

1. die Lage des Wendepunktes und seiner Tangente (auf 5% Umsatz abzurunden) zu entnehmen,
2. das Instabilitätsgebiet abzugrenzen,
3. festzustellen, wie oberhalb eines hinreichenden Umsatzes von 60% gearbeitet werden kann.

Anleitung: Für die nötigen Berechnungen ist die Wärmeerzeugungsfunktion nach T aufzulösen und zu beachten, daß $\frac{dU}{dT} = \frac{1}{\frac{dT}{dU}}$ ist.

Weitere Literatur: (*14*), (*20*), (*30*), (*98*), (*151*).

c) Transportprozesse bei der heterogenen Katalyse

32. Methanolzerfall an Zinkoxid[1])

Grundlagen. Technische Katalysatoren sind häufig Formkörper wie Kugeln oder Zylinder, die von feinen und feinsten Kapillaren durchzogen sind und kleine Hohlräume aufweisen. Solche porösen Katalysatoren besitzen neben der äußeren Oberfläche eine innere Oberfläche, deren Größe vor allem durch die feinsten Kapillaren bestimmt wird und ein Vielfaches der äußeren Oberfläche ausmacht. Chemische Umsetzungen können sowohl an der äußeren als auch an der inneren Oberfläche beschleunigt werden.

Bei einer kontinuierlich geführten Gasreaktion in einem Strömungsrohr müssen beispielsweise die im Gasraum befindlichen Reaktionspartner die die Kontaktkörner umgebende Diffusionsgrenzschicht passieren, um zunächst die äußere Oberfläche der Körner zu erreichen. Der Transport an die innere Oberfläche wird anschließend in nicht übersehbarer Weise durch Knudsen- und Stefan-Diffusion erfolgen. Die Diffusionsgeschwindigkeit in das Kontaktinnere wird bei engen Kapillaren und großer Strömungsgeschwindigkeit sehr viel kleiner sein als die Diffusionsgeschwindigkeit durch die Grenzschicht.

Wir unterscheiden zwischen drei möglichen Grenzfällen (vgl. **Abb. 32, 1**):

1. Kinetischer Bereich: Die Reaktionsgeschwindigkeit (bzw. Sorptions- oder Desorptionsgeschwindigkeit) ist langsam im Vergleich zur Diffusionsgeschwindigkeit der Reaktionskomponenten durch Grenzschicht und Kapillaren des Katalysatorkornes. Innere und äußere Oberfläche werden gleichermaßen zur Umsetzung herangezogen, da kein Konzen-

[1]) Zur Reaktion $CO + H_2O \leftrightarrows CO_2 + H_2$ vgl. E. Bartholomé u. R. Krabetz, Diskussionstagung der deutschen Bunsengesellschaft für phys. Chemie, Ludwigshafen 1960.

trationsabfall der Reaktionspartner vom Gasraum zum Kontaktinneren hin auftritt.

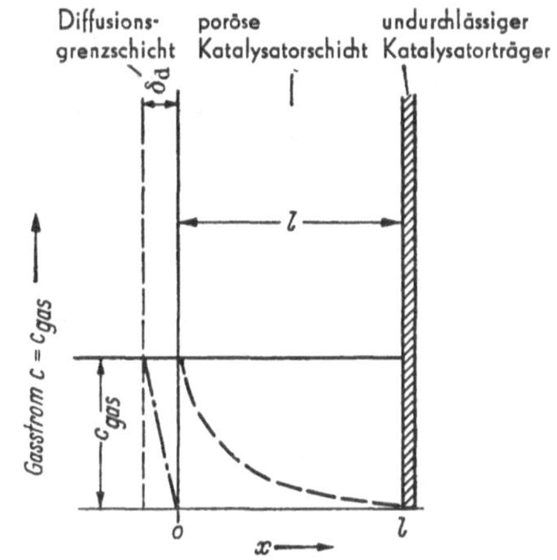

1. ———— Kurve für den kinetischen Bereich
2. — — — — Kurve für den Porendiffusionsbereich
3. —·—·—· Kurve für den Stoffübergangsbereich

Abb. 32, 1. Konzentrationsverlauf für eine Gasreaktion an einem festen porösen Katalysator (schematisch)

2. Diffusionsbereich: Die Reaktionsgeschwindigkeit ist groß gegenüber der Diffusionsgeschwindigkeit in das Kontaktinnere, aber klein, verglichen mit der Diffusionsgeschwindigkeit durch die Grenzschicht. In diesem Fall werden keine oder nur wenige Reaktionspartner Gelegenheit finden, in das Innere des Kontaktes zu gelangen. Die Konzentration der Reaktionspartner an der äußeren Oberfläche ist gleich der im Gasraum und nimmt zum Inneren des Kontaktes hin ab. Die Reaktion wird im wesentlichen an der Katalysatoroberfläche stattfinden.

3. Stoffübergangsbereich: Die Reaktionsgeschwindigkeit ist groß im Vergleich zur Diffusionsgeschwindigkeit der Reaktionspartner durch die Grenzschicht. Nur die äußere Oberfläche wird teilweise zur Umsetzung herangezogen, da ein Konzentrationsabfall vom Gasraum zur Oberfläche hin auftritt. Die Diffusionsgeschwindigkeit durch die Grenzschicht wird geschwindigkeitsbestimmend.

Da chemische Reaktionen mit der Bildung oder dem Verbrauch von Wärme verbunden sind, muß diese durch Konvektion und Leitung vom Reaktionsort zu- oder abgeführt werden. Für die folgenden Überlegungen soll vereinfachend angenommen werden, daß innerhalb des Systems keine Temperaturgradienten auftreten.

Zur weiteren Vereinfachung wählen wir einen Modellkatalysator, in dem der Stofftransport als eindimensional, d. h. nur in x-Richtung, aufgefaßt werden kann; senkrecht zur x-Achse, auch innerhalb der Kontaktkörner, soll kein Konzentrationsgradient vorhanden sein. Die betrachtete Reaktion ist raumbeständig und eine vollständig verlaufende Reaktion 1. Ordnung.

Die Zahl der Mole, die in der Zeiteinheit und an der Volumeneinheit Kontakt umgesetzt werden, beträgt, wenn die gesamte innere und äußere Oberfläche für die Reaktion genutzt wird, mit anderen Worten die Diffusion keinen Einfluß auf den Reaktionsablauf nimmt (Fall 1),

$$-\left(\frac{dn}{V dt}\right)_{\max} = \mathrm{k}' \, c_{gas} . \tag{1}$$

Hierin bedeuten k' die experimentell bestimmbare Geschwindigkeitskonstante, c_{gas} (kmol/m³) die Konzentration des Reaktionspartners im Gasraum und in den Poren des Kontaktes.

Nach den Ausführungen von S. 129 kann die Temperaturabhängigkeit der Geschwindigkeitskonstante durch die ARRHENIUSsche Gleichung

$$\mathrm{k}' = A' \, e^{-E'/RT} \tag{2}$$

wiedergegeben werden.

Nehmen Diffusionsgeschwindigkeit innerhalb des Kontaktes und Reaktionsgeschwindigkeit vergleichbare Werte an, wird innerhalb des Kontaktes in x-Richtung ein Konzentrationsabfall auftreten (Fall 2) und nur ein Teil der inneren Oberfläche für die Reaktion genutzt werden. Die Zahl der in der Zeiteinheit umgesetzten Mole beträgt

$$-\frac{dn}{V dt} = \mathrm{k}' \, \bar{c} , \tag{3}$$

wenn $\bar{c}$ die mittlere Konzentration des Reaktionspartners im Kontakt bedeutet. Da diese mittlere Konzentration nicht experimentell bestimmbar ist, führen wir für sie eine mittlere oder effektive Geschwindigkeitskonstante ein, indem wir

$$\bar{\mathrm{k}}' \, c_{gas} = \mathrm{k}' \bar{c}$$

setzen, und erhalten dann

$$-\frac{dn}{V dt} = \bar{\mathrm{k}}' \, c_{gas} . \tag{4}$$

Das Verhältnis von effektiver zu maximal erzielbarer Umsetzungsgeschwindigkeit ergibt sich aus Gl. (1), (3), (4) zu

$$\eta = \frac{dn/dt}{(dn/dt)_{\max}} = \frac{\bar{\mathrm{k}}'}{\mathrm{k}'}$$

bzw.

$$\eta = \frac{dn/dt}{(dn/dt)_{\max}} = \frac{\bar{c}}{c_{gas}}$$

und wird als Nutzungsgrad des Kontaktes bezeichnet.

Der Diffusionsstrom durch die Flächeneinheit des Kontaktes beträgt

$$\frac{dn_d}{F dt} = - D_{\text{eff}} \frac{dc}{dx},$$

worin D_{eff} der sog. effektive Diffusionskoeffizient ist. Betrachtet man die Katalysatorschicht zwischen x und $x + dx$, so muß im stationären Zustand die durch Diffusion zugeführte Menge des Reaktionspartners gleich der in diesem Katalysatorelement durch die Reaktion verbrauchten Menge sein:

$$\frac{d(dn_d/dt)}{F dx} = \frac{dn}{V dt}$$

und damit (5)

$$D_{\text{eff}} \frac{d^2 c}{dx^2} = \text{k}' c \, .$$

Mit den Randbedingungen $c = c_{gas}$ für $x = 0$ und $dc/dx = 0$ für $x = l$ erhalten wir durch Integration der Gl. (5) für den Konzentrationsverlauf innerhalb des Kontaktes

$$c(x) = c_{gas} \frac{\cosh l \sqrt{\text{k}'/D_{\text{eff}}}\,(1 - x/l)}{\cosh l \sqrt{\text{k}'/D_{\text{eff}}}} .$$

Die mittlere Konzentration ist

$$\bar{c} = \frac{\int_0^l c(x)\, dx}{l}$$

und der Nutzungsgrad beträgt

$$\eta = \frac{\bar{\text{k}}'}{\text{k}'} = \frac{\bar{c}}{c_{gas}} = \frac{\int_0^l c(x)\, dx}{l\, c_{gas}}$$

$$= \frac{1}{l \sqrt{\text{k}'/D_{\text{eff}}}} \tanh l \sqrt{\text{k}'/D_{\text{eff}}} .$$

Bei hinreichend kleinen Nutzungsgraden $\eta < 0,3$ geht $\operatorname{tangh} l \sqrt{\text{k}'/D_{\text{eff}}}$ gegen 1, und wir erhalten für

$$\bar{\text{k}}' = \frac{\text{k}'}{l} \cdot \sqrt{\frac{D_{\text{eff}}}{\text{k}'}} \, . \tag{6}$$

Aus Gl. (2) und (6) erhalten wir für die Temperaturabhängigkeit der Geschwindigkeitskonstante im Bereich der Porendiffusion

$$\bar{k}' = \frac{1}{l} \sqrt{D_{\text{eff}} \cdot k'} = \frac{1}{l} \sqrt{D_{\text{eff}} \cdot A'}\; e^{-E'/2RT}. \tag{7}$$

Bei Richtigkeit der geführten Überlegungen sollte die Aktivierungsenergie in diesem Bereich halb so groß sein wie im kinetischen Bereich[1]). Im Stoffübergangsbereich (Fall 3) wird die Diffusion durch die die Körner umgebende Grenzschicht geschwindigkeitsbestimmend. Da die Diffusionsgeschwindigkeit nicht oder in nur geringem Maße von der Temperatur abhängt, ist in diesem Bereich eine Aktivierungsenergie $E' \to 0$ zu erwarten. Einzelheiten vgl. folgende Aufgabe.

Aufgabe. Die Zerfallskonstante des Methanols an einem Zinkoxidkontakt ist bei 8 verschiedenen Temperaturen im Bereich von 250—450° C mit einem Anfangsdruck von 33 mbar Methanol zu bestimmen und aus den erhaltenen k'-Werten die Aktivierungsenergie des kinetischen und des Diffusionsbereiches zu berechnen.

Zubehör. Apparatur nach **Abbildung 32,** 2, DEWAR-Gefäße, Millivoltmeter, Regler. Versuchssubstanzen: ZnO, CH_3OH, fl. Luft.

Apparaturbeschreibung. Die Apparatur wird durch **Abbildung 32,** 2 wiedergegeben und wurde in ihren wesentlichen Teilen bereits in Aufgabe 23 (vgl. **Abb. 23,** 1) beschrieben. Zusätzlich ist ein Kolben L (1 l) mit den Hähnen H_1 und H_2 angebracht, der sich in einem Thermostaten befindet. Diese zusätzliche Anordnung erlaubt auch bei hohen Reaktionsgeschwindigkeiten den Anfangsdruck festzustellen. Die Anordnung des Katalysators ist der **Abbildung 32,** 2 zu entnehmen. Das Röhrchen hat einen inneren Durchmesser von 6 mm und eine Länge von 28 mm. Neben dem Röhrchen ist das Thermoelement angebracht.

Ausführung der Messungen. Herstellung des Katalysators: Zinkoxid DAB 6 Fa. Merck wird mit wenig dest. Wasser angeteigt, das Röhrchen randgleich gefüllt und anschließend im Trockenschrank bei 105° C getrocknet. Nach dem Trocknen zeigen sich feine Risse und Spalten.

Eichkurve für den Anfangsdruck: Die Apparatur wird bis 10^{-1} mbar evakuiert, der Ofen auf 250° C und der Thermostat auf 25° C eingestellt. Bei geschlossenem Hahn H_2 werden $b = 55$ mbar Luft in den Kolben L eingelassen. Man verschließt H_6, öffnet den Kolben gegen den Reaktionsraum, schließt nach etwa 1 s H_1 und liest den Druck im Reaktions-

[1]) Gl. (7) muß bei nicht raumbeständigen Reaktionen um einen Faktor erweitert werden, der die „hydrodynamische Strömung" berücksichtigt, die infolge der Volumvermehrung oder -verminderung auftritt. Dieser Faktor ist nicht von der Temperatur abhängig.

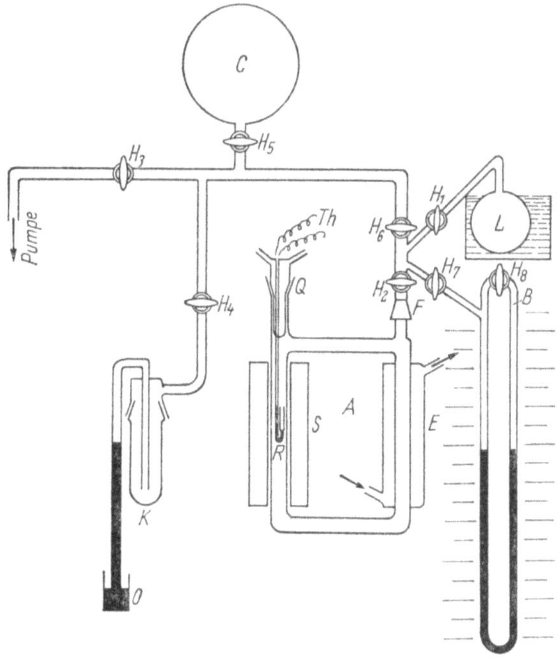

Abb. 32, 2.
Schema der Versuchsanordnung

raum ab, der nicht mehr als 10% vom angegebenen Wert abweichen sollte. Sinngemäß werden die Anfangsdrucke bei 10 weiteren Temperaturen bei gleichem *b*-Wert vermessen. Die erhaltenen Anfangsdrucke sollten nicht mehr als 5% differieren.

20 ml frisch dest. Methanol werden in die Falle *K* gefüllt und mit fl. Luft eingefroren. Nachdem die gesamte Apparatur evakuiert ist. läßt man Methanoldampf in den Vorratskolben *C* und füllt *b* mbar Gas in den Kolben *L*; schließlich stellt man den Druckausgleich zwischen Umlaufteil und Kolben *L* her. Dieser Zeitpunkt (Schließen von H_1) gilt als Versuchsbeginn. Man verfolgt die Druckzunahme mit der Zeit, bis etwa 70% des eingesetzten Methanols reagiert haben. Die gleichen Versuche werden bei weiteren Versuchstemperaturen wiederholt.

Auswertung der Messungen. Der Zerfall des Methanols an Zinkoxid folgt der Gleichung

$$CH_3OH \rightarrow CO + 2\,H_2\,.$$

Als Zeitgesetz des Zerfalls wird gefunden:

$$-\frac{dp_M}{dt} = \mathrm{k}'\,p_M\,.$$

Durch Integration der Gleichung erhält man mit den Randbedingungen $p_M = a$ bei $t = 0$ und $p_M = p_M$ für $t = t$

$$\ln \frac{p_M}{a} = k' t .$$

Da beim Zerfall für 1 mol CH_3OH 2 mol H_2 und 1 mol CO entstehen, berechnet sich der jeweilige Partialdruck des Methanols p_M aus dem Manometerstand h und dem Anfangsdruck a zu

$$p_M = \frac{3a - h}{2} .$$

In einem Diagramm wird ln p_M/a gegen die Reaktionszeit t abgetragen, wobei sich eine Gerade ergeben sollte, aus deren Anstieg die Geschwindigkeitskonstante k' berechnet werden kann. In einem weiteren Diagramm werden die natürlichen Logarithmen der erhaltenen k'-Werte gegen die zugehörigen reziproken absoluten Temperaturen (1/T) abgetragen und die eingangs angeführten Überlegungen geprüft.

Weitere Literatur: (*20*), (*23*), (*91*), (*98*), (*134*), (*135*), (*149*).

33. Oxidation von Kohlenwasserstoffen (Schadstoffen) in Wabenrohrkatalysatoren

Grundlagen. Wie in der vorhergehenden Aufgabe ausgeführt, sind technische Katalysatoren häufig kugel- oder zylinderartige Formkörper. Angesichts der besonderen Probleme, die bei der katalytischen Entgiftung von Industrie- und Kraftfahrzeugabgasen auftreten können (Staubgehalt, Erschütterungen, Druckverlust), wurden neuartige Katalysatorträgerformen entwickelt — sogenannte Wabenrohre oder Monolithe. Es handelt sich dabei um aus z. B. Aluminiumoxid oder keramischen Massen gesinterte Kanalbündel; die Kanalwände sind mit einem Katalysator belegt. Übliche Kanalquerschnitte sind rund, quadratisch, sechseckig oder wellpappenförmig (*133*).

In der Praxis interessiert der Umsatz solcher Wabenrohre in Abhängigkeit von verschiedenen Parametern wie der Gasströmungsgeschwindigkeit, der Konzentration, den geometrischen Verhältnissen und der Temperatur. Um die folgenden theoretischen Überlegungen zu diesem Problem zu erleichtern, sollen einige Vereinfachungen angenommen werden.

In **Aufgabe 32** wurden bereits die drei möglichen Grenzfälle bei der Katalyse erläutert: kinetischer Bereich, Diffusions- und Stoffübergangsbereich. Angesichts der Vielfalt von Schadstoffen und Katalysatoren sowie der oftmals unbekannten Reaktionskinetik soll zunächst der Stofftransport an die Kanalwand geschwindigkeitsbestimmender Reaktionsschritt sein (Stoffübergangsbereich). Die Wabenrohre seien gleichmäßig und laminar durchströmte Rohrbündel. **Abbildung 33, 1** zeigt die Verhältnisse in einem dieser Rohrreaktoren und die Bedeutung der benutzten Größen.

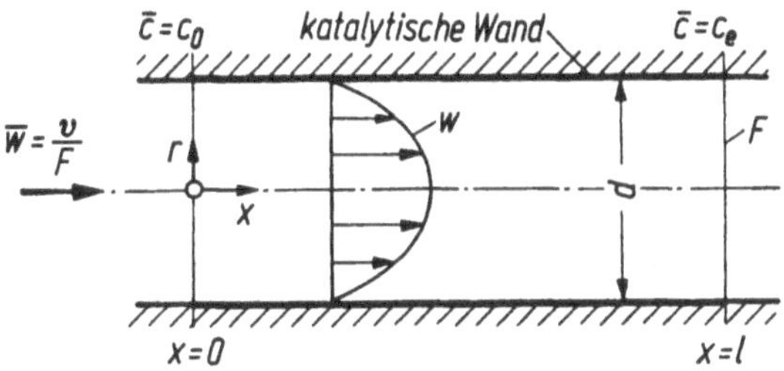

Abb. 33, 1. Rohrreaktor

Das Rohr hat die Länge $x = l$ und den Durchmesser d. Es wird stationär, laminar und isotherm von einem Gas mit der mittleren Geschwindigkeit $\bar{w} = v/F$ durchströmt. Die Strömung sei frei von fluiddynamischen Mischbewegungen, die Konzentration im Rohr gleiche sich allein aufgrund der molekularen, radialen Diffusion aus. Alle Stoffwerte sollen konstant, die Diffusionsströme klein und die Reaktion raumbeständig sein. Es sei nur eine Reaktionskomponente (der Schadstoff) umsatzbestimmend; auf diese beziehen sich die Konzentration c und der Diffusionskoeffizient D. Die andere Komponente (O_2) sei im Überschuß vorhanden.

Unter diesen Bedingungen sowie unter der Voraussetzung, daß die Wandkonzentration des zu oxidierenden Stoffes auf der gesamten aktiven Rohrlänge Null ist, hat Wagner (*128*) eine Abschätzung des Umsatzes im Rohrreaktor gegeben. Für die in einem Abschnitt dx je Zeiteinheit an die Rohrwand diffundierende Stoffmenge $d\dot{n}_d$ ergibt sich nach dem 1. Fickschen Gesetz:

$$d\dot{n}_d = D\pi d \left|\frac{\partial c}{\partial r}\right|_{r=\frac{d}{2}} dx \tag{1}$$

Für die weitere Rechnung wird eine Diffusionsgrenzschichtdicke δ_d eingeführt. Zusammen mit der mittleren Konzentration $\bar{c}$ an der Stelle x gilt dann für den Konzentrationsgradienten an der Wand (siehe auch **Abb. 32, 1**):

$$\left|\frac{\partial c}{\partial r}\right|_{r=\frac{d}{2}} = \frac{\bar{c}\,(x)}{\delta_d} \tag{2}$$

Am Rohranfang, d. h. zu Beginn der katalytisch aktiven Rohrstrecke ($x = 0$) ist δ_d noch sehr klein und eine Funktion von x. Mit zunehmendem

Abstand läuft δ_d auf einen Endwert, der im allgemeinen über die SHERWOOD-Zahl Sh definiert wird, ein:

$$Sh_\infty = \frac{d}{\delta_d} = 3{,}66 \tag{3}$$

Wir erhalten daraus $\delta_d = d/3{,}66$. Rechnet man mit dieser Grenzschichtdicke über der gesamten Rohrlänge, dann ergibt sich aus Gl. (1), (2), (3):

$$d\dot{n}_d = \pi \cdot 3{,}66 \cdot D \cdot \bar{c}\,(x) \cdot dx \tag{4}$$

Für den konvektiven Schadstoffdurchsatz pro Zeiteinheit, der durch den Querschnitt x strömt, gilt:

$$\dot{n} = \bar{c}\,(x) \cdot v = \bar{c}\,(x)\,\overline{w}\,\frac{\pi}{4}\,d^2 \tag{5}$$

Die in Gl. (4) berechnete Menge $d\dot{n}_d$ des je Zeiteinheit in dem Rohrabschnitt dx zur Wand diffundierenden und dort reagierenden Schadstoffanteils ist gleich der Abnahme ($-d\dot{n}$) des Durchsatzes $\dot{n}$ je Zeiteinheit im Element dx. Als Quotient von Gl. (4) und (5) erhält man:

$$\frac{d\dot{n}_d}{\dot{n}_d} = -\frac{d\dot{n}}{\dot{n}} = -\frac{d\bar{c}}{\bar{c}} = 4 \cdot 3{,}66\,\frac{D}{\overline{w}d^2}\,dx \tag{6}$$

Die Integration von Gl. (6) zwischen dem Rohranfang ($x = 0$, $\bar{c} = c_0$) und der Stelle x ($\bar{c} = \bar{c}(x)$) ergibt den gesuchten Konzentrationsverlauf (Kurve I in **Abb. 33**, 2):

$$\bar{c}(x) = c_0 \cdot e^{-14{,}64 \cdot z} \tag{7}$$

Die in dieser Gleichung eingeführte Einlaufkennzahl z wird durch Gl. (8) definiert.

$$z = \frac{xD}{\overline{w}d^2} \tag{8}$$

Gl. (7) wurde unter der Annahme erhalten, daß die Diffusionsgrenzschichtdicke δ_d über der gesamten Rohrlänge konstant ist. Im folgenden soll diese Vereinfachung fallengelassen werden. Eine Betrachtung der sowohl axial als auch radial in ein Volumenelement des Rohres ein- und austretenden Stoffströme führt zum 2. FICKschen Gesetz. In Zylinderkoordinaten geschrieben und für den zylindersymmetrischen Fall lautet es

$$D\left(\frac{\partial^2 c}{\partial r^2} + \frac{1}{r}\,\frac{\partial c}{\partial r}\right) = w\,\frac{\partial c}{\partial r} \tag{9}$$

Unter Annahme der anfangs getroffenen Vereinfachungen hat DAMKÖHLER die Lösung von Gl. (9) besprochen. Folgende Randbedingungen sollen gelten:

$$x = 0 \qquad c(r) = c_0 \tag{10}$$

$$r = \frac{d}{2} \qquad c\left(\frac{d}{2}\right) = 0 \tag{11}$$

Im Gegensatz zur vorherigen Abschätzung soll die Konzentration über den Eingangsquerschnitt bis zur Wand konstant sein (Gl. 10). Unmittelbar an der Wand ist jedoch die Konzentration überall gleich Null (Gl. 11). Unter diesen Bedingungen lautet die Lösung von Gl. (9) (Kurve II in **Abb. 33, 2**):

$$\bar{c} = c_0\,(0{,}82 \cdot e^{-14{,}63 \cdot z} + 0{,}098 \cdot e^{-88{,}72 \cdot z} + 0{,}0135 \cdot e^{-212{,}2 \cdot z} + \ldots) \tag{12}$$

Seifert und Schmidt (*12*) haben die Lösung auch im kinetischen Bereich, d. h. bei mittleren und kleineren Damköhler-Zahlen für verschiedene Reaktionsordnungen durchgeführt. Die Ergebnisse ihrer Rechnungen sowie Gl. (12) und die Abschätzung von Wagner (Gl. 7) zeigt die **Abbildung 33, 2.** Die Damköhler-Zahl ist

$$Da = \frac{\mathrm{k}\; d\; c^{\,n-1}}{2D}\;. \tag{13}$$

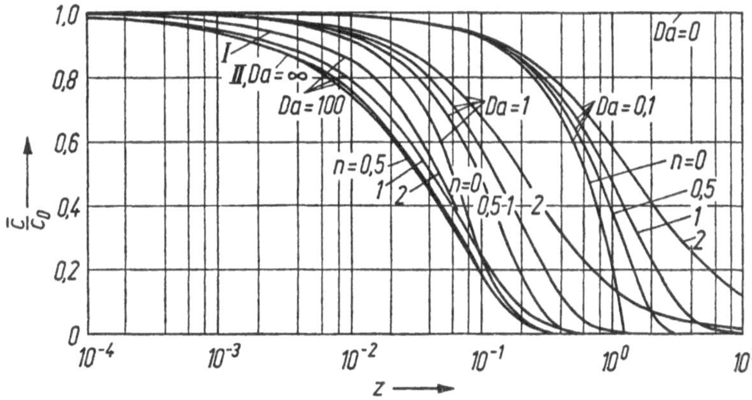

Abb. 33, 2. Dimensionslose mittlere Konzentration $\bar{c}/c_0$ als Funktion der Einlaufkennzahl z bei verschiedenen Werten der Damköhler-Zahl *Da* und der Reaktionsordnung n (*12*)

Abbildung 33, 2 ist zu entnehmen, daß der Unterschied zwischen den Kurven I und II mit wachsender Einlaufkennzahl immer geringer wird, ebenso der Einfluß der Reaktionsordnung n mit wachsender *Da*-Zahl.

Der Zusammenhang zwischen der Sherwood-Zahl (d. h. der Grenzschichtdicke δ_d), dem Verhältnis $\bar{c}/c_0$ und der Einlaufkennzahl ergibt sich aus Gl. (14)

$$Sh = \frac{1}{4z}\,\ln\frac{c_0}{\bar{c}} \tag{14}$$

Die zuvor bereits benutzte *Sh*-Zahl (Gl. 3) ist demnach mit den Gl. (12) und (14) berechenbar.

Aufgabe. An einem Wabenrohr mit runden Kanälen (Querschnitt siehe **Abb. 33,** 3) soll mit einem Modellschadstoff (Äthylen) im Stoffübergangsgebiet das Verhältnis $\bar{c}/c_0$ in Abhängigkeit von der Strömungsgeschwindigkeit gemessen werden. Die Meßergebnisse sollen in der Form $\bar{c}/c_0$ gegen log z aufgetragen und mit den theoretischen Kurven I und II verglichen werden.

Zubehör. Apparatur nach **Abbildung 33, 4,** Flammenionisationsdetektor, zwei Kompensationsschreiber. Versuchssubstanzen: Wabenrohr (0,2 Gew. % Platin auf α-Al_2O_3, Lieferfirma W. C. HERAEUS GmbH, Hanau), d = 2,4 mm, Zahl der Kanäle 169, freier Querschnitt ε = 0,47; 3 Stahlflaschen: C_2H_4, H_2, synth. Luft.

Apparaturbeschreibung. Über ein mit einer Phasenanschnittsteuerung elektronisch regelbares Gebläse G (Staubsauger 500 Watt) wird Luft angesaugt, in den Rotametern 1 (2,5—25 Nm^3/h) und/oder 2 (0,7—7 Nm^3/h) gemessen und in den elektrisch beheizten, aus V4A gefertigten Vorwärmer geleitet. Dessen wesentliche Abmessungen sind: Innenrohr ① 56⌀ · 1,5, Mittelrohr ② 114⌀ · 1,5, Außenrohr ③ 159⌀ · 2, Höhe h = 1000 (Maße in mm). Zur Beheizung dienen zehn Normrundheizkörper à 2 kW mit einem V2A-Mantel. Je zwei der U-förmig gebogenen Stäbe sind hintereinander geschaltet. Die Gesamtheizleistung von dadurch 5 kW ist in zwei Kreise geteilt: Stufe I (3 kW) wird über einen Temperaturregler (Pantatherm J2) an- und abgeschaltet, Stufe II (2 kW) ist von Hand zuschaltbar.

Der Kohlenwasserstoff wird einer Bombe entnommen, mit einem Feindruckminderer auf konstanten Druck geregelt und über Rotameter 1 oder 2 mit einem Nadelventil der Luft zudosiert. Nach Erwärmung im Vorheizer auf eine am Regler vorgewählte Temperatur tritt das Gasgemisch in das Wabenrohr ein. Das Wabenrohr kann in die Mitte des Vorheizerinnenrohres gesetzt werden. Wegen der besseren Zugänglichkeit befindet es sich jedoch außerhalb des Vorheizers, gegen Wärmeverlust wird es mit einem Steinwollemantel isoliert. Die Gaseintritts- und austrittstemperatur ϑ_0 und ϑ kann mit Thermoelementen über einen Meßstellenumschalter, die Konzentration vor und nach dem Wabenrohr mit einem Flammenionisationsdedektor (FID) gemessen werden.

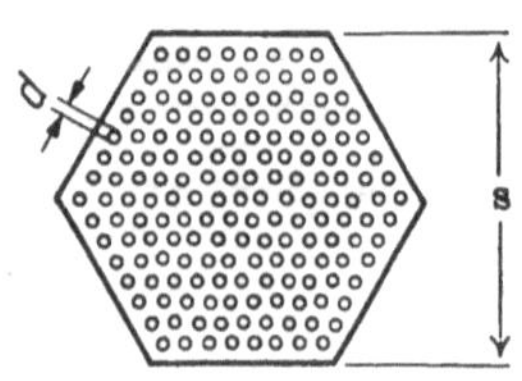

Abb. 33, 3. Querschnitt des Wabenrohres, Maßstab 1:2

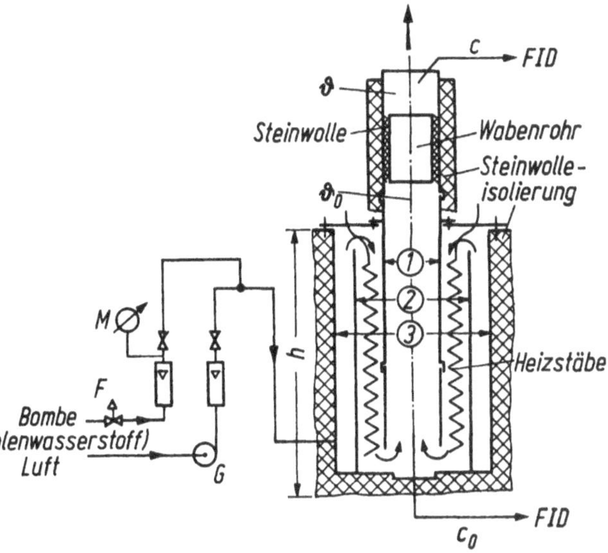

Abb. 33, 4. Schema der Apparatur

Ausführung der Messungen. Ein bereits mit Platin imprägniertes Wabenrohr, Länge 100 mm, wird in einen Stahlzylinder gesetzt und der freibleibende Zwischenraum mit Steinwolle zugestopft. Der Zylinder wird am Luftaustrittsstutzen des Vorwärmers angeschraubt und mit einem Isoliermantel gegen zu große Wärmeverluste umgeben. Der Hauptschalter, das Gebläse und Heizstufe I werden eingeschaltet, der Regler auf 250°C gestellt. Sobald diese Temperatur erreicht ist, wird der Druck im Äthylenrotameter mit dem Feindruckminderer (*F*) auf 0,2 atü (am Manometer *M*) eingestellt. Die Eingangskonzentration soll aus meßtechnischen Gründen etwa 1000 ppm (0,1 Vol %) betragen. Durch Umschalten eines Dreiweghahnes kann die Konzentration vor und nach dem Wabenrohr mit dem FID gemessen werden. Der Volumenstrom der Luft soll etwa in den Grenzen 5 bis 18 Nm^3/h variiert werden.

Auswertung der Messungen. Der Modellschadstoff Äthylen wird oxidiert nach der Gleichung

$$C_2H_4 + 3O_2 \rightarrow 2CO_2 + 2H_2O$$

Aufgrund der niedrigen Eingangskonzentration kann die Reaktion als annähernd isotherm angesehen werden. (Der vollständige Umsatz von 1000 ppm C_2H_4 in Luft entspricht einer adiabatischen Temperatursteigerung von 46 K). Für den höchsten Durchsatz ist zu prüfen, ob in den Wabenrohrkanälen laminare Strömung herrscht (Kriterium: $Re < 2300$). Man berechne für jeden Durchsatz die Einlaufkennzahl z, trage die gemessenen $\bar{c}/c_0$-Werte in ein Diagramm der Form von **Abbildung 33, 2** ein und vergleiche sie mit den Kurven I und II.

Weitere Literatur: (*133*), (*148*).

34. Testen von Katalysatoren

Methanoloxidation an Edelmetallkatalysatoren

Grundlagen. Edelmetallkatalysatoren finden in der Technik als Hydrierungs-, Oxidations- und Reformierungskatalysatoren Verwendung. Die aktive Phase, sie besteht aus einem oder mehreren Edelmetallen (Pt, Pd, Ru, Rh), ist auf einem oberflächenreichen und porösen Träger feinverteilt aufgebracht. Der Träger wirkt meist nur als Dispersionsmittel, er ermöglicht und stabilisiert die Feinverteilung, er kann aber auch an der Reaktion beteiligt sein (Doppelfunktioneller Katalysator für Mehrstufenreaktionen).

Vollkontakte (Platinnetze) besitzen eine höhere Temperaturstabilität als Trägerkatalysatoren und werden deshalb für Reaktionen, die bei höherer Temperatur ablaufen, eingesetzt (Ammoniakoxidation).
Ein aktiver Katalysator setzt die Reaktionstemperatur herab (DÖBEREINER'sches Feuerzeug). Er hilft Energie sparen. Für die Praxis sind folgende Kenngrößen zur Charakterisierung von Katalysatoren wichtig: 1) der Zündpunkt, das ist die Temperatur, bei der die Reaktion einsetzt und 2) die Arbeitstemperatur, das ist die Temperatur, bei der der maximale Umsatz erreicht wird.
Die Aktivität eines Katalysators kann durch geringe Giftmengen herabgesetzt werden, da nur ein Teil der Edelmetalloberfläche an der Reaktion beteiligt ist (TAYLOR'sche Theorie der aktiven Zentren). Man unterscheidet zwischen reversibler und irreversibler Vergiftung. Die Giftempfindlichkeit bestimmt die Standzeit des Kontaktes und ist damit eine wesentliche wirtschaftliche Größe.
Prinzipiell kann die Eignung von Katalysatoren für ein Verfahren durch Versuche mit dem gewünschten Reaktionssystem in geeigneten Apparaturen, Labor, Technikum ermittelt werden (vgl. Aufgabe 33). Kinetische Untersuchungen und Betrachtungen zum Wärme- und Stofftransport (Aufg. 23 und Aufg. 32) vervollständigen das Bild. Oftmals ist es aber gerade in der Praxis notwendig, Katalysatoren hinsichtlich ihrer Aktivität bzw. spez. Aktivität mittels möglichst einfacher Experimente zu beurteilen und zu vergleichen.
Zwei Beispiele seien erwähnt. 1) Bei der Herstellung von Katalysatoren in einem Betrieb sind die anfallenden Chargen auf ihre Qualität zu prüfen. 2) Der Einfluß der Herstellungsbedingungen, Edelmetallkonzentration und Verteilung, Art des Trägers müssen ermittelt werden.

Im folgenden sollen verschiedene Edelmetallkatalysatoren hinsichtlich ihrer Eignung für die Methanoloxidation (CO-Oxidation) mittels eines Strömungskalorimeters verglichen werden. Die Reaktionsbedingungen sind so zu wählen, daß man im kinetischen Bereich arbeitet, also die Einflüsse des Stoff- und Wärmeaustauschs auf die Reaktion zu vernachlässigen sind.
Die Oxidation von Methanol liefert je nach Katalysator und Reaktionsbedingungen verschiedene Reaktionsprodukte (Selektivität):

$$CH_3OH \rightarrow HCHO + H_2O \quad (1)$$
$$CH_3OH \rightarrow CO_2 + H_2O \quad (2)$$

So erhält man mit Übergangsmetalloxiden Formaldehyd (1) und mit Edelmetallkatalysatoren die vollständige Verbrennung (2). Die selektive Oxidation insbesondere von Olefinen (z. B. Äthylenoxid) ist für einige industrielle Prozesse wichtig, die vollständige Oxidation für die katalytische Nachverbrennung (Abgasbeseitigung).

Zubehör. Strömungskalorimeter (Firma HERAEUS bzw. (*134*)), Thermostat, Dewargefäß, Stahlflasche mit Luft, Waschflasche, Methanol *pA*, Katalysatoren (Firma HERAEUS) und Eis.

Aufgabe

a) Es ist die Abhängigkeit der Reaktionsgeschwindigkeit von der Temperatur zu untersuchen und die Aktivierungsenergie zu ermitteln.
b) Es ist die Aktivität verschiedener Edelmetall-Katalysatoren zu vergleichen: Der Einfluß des Edelmetalls, des Trägers und der Edelmetallkonzentration ist zu ermitteln.
c) Vergiftung und Regenerierung eines Kontaktes.

Apparaturbeschreibung. Die Meßanordnung (**Abb. 34, 1**) besteht aus drei Grundeinheiten, der Gasdosierung, dem Reaktor mit dem Meßfühler und dem Anzeigegerät mit Eichvorrichtung.
Das Reaktionsgas, beispielsweise Methanol in Luft, wird durch Überleiten von Luft über flüssiges Methanol hergestellt, das sich in einem Eisbad

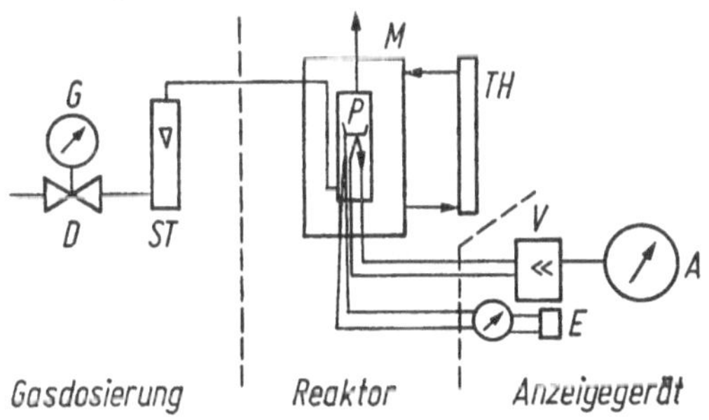

Abb. 34, 1. Aufbau des Strömungskalorimeters: A = Anzeigegerät, D = Durchflußregler, E = Eichgerät, G = Gasdruck, M = Meßzelle, P = Probehalter, St = Strömungsmesser, Th = Thermostat, V = Verstärker

befindet. Es besteht auch die Möglichkeit, Reaktionsgas, Wasserstoff/ Luft, CO/Luft, einer Gasflasche zu entnehmen. Die folgenden technischen Angaben gelten für Methanol-Luft-Gemische.

Ein Durchflußregler hält den Gasstrom konstant; die Strömungsgeschwindigkeit kann an einem Strömungsmesser abgelesen werden. Ein genaues Regeln des Gasstromes ist notwendig, da der Umsatz sehr stark von der Strömungsgeschwindigkeit abhängt (s. weiter unten). Die Meßzelle (**Abb. 34**, 2) — ein doppelwandiger Reaktor — dient zugleich als Wärmeaustauscher. Hier werden das Reaktionsgas und der Katalysator auf die gewünschte Versuchs-Temperatur gebracht, die über einen Thermostaten konstant gehalten wird. Das Reaktionsgas strömt dann über die Katalysator-Probe, deren Temperatur sich durch die freiwerdende Reaktionswärme erhöht. Die Zeit, in der sich der konstante Endwert der Katalysator-Temperatur einstellt, ist im wesentlichen von der Aktivität des Katalysators abhängig. Hochaktive Katalysatoren

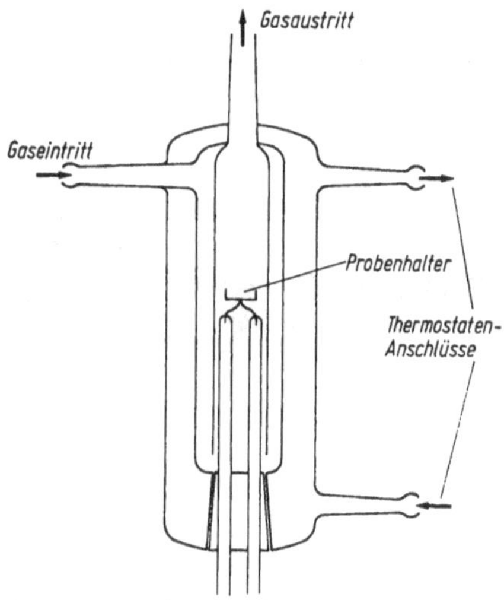

Abb. 34, 2. Reaktor mit Probehalter (ohne Eichvorrichtung)

erreichen den Endwert in wenigen Minuten, weniger aktive Katalysatoren innerhalb von 10—20 Minuten. Die Temperaturerhöhung Δt des Katalysators gegenüber dem Reaktionsgas wird mit einem Differential-Thermoelement (in **Abb. 34**, 2 nicht eingezeichnet) gemessen. Sie kann an einem mV-Anzeigegerät abgelesen oder auch über einen Kompensations-Schreiber registriert werden.

Zum Bestimmen der absoluten Reaktionswärme kann der Meßkopf mit einer Heizeinrichtung versehen sein, mit der der Temperaturanstieg in Watt geeicht werden kann. Mit dieser Eichvorrichtung kann dem Probenhalter eine vorgegebene Wärmemenge zugeführt werden. Die

Ergebnisse sind in dem Eichdiagramm (**Abb. 34, 3**) aufgeführt, aus dem zu ersehen ist, daß die abgegebene Wärmemenge der Temperaturerhöhung direkt proportional ist. Außerdem wurde mit dieser Eichvor-

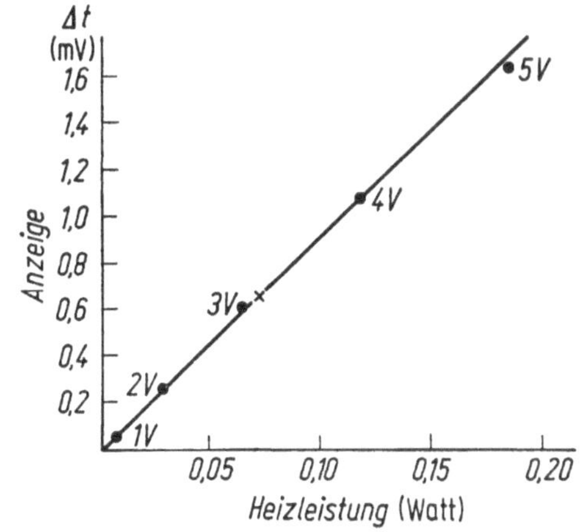

Abb. 34, 3. Δt in Abhängigkeit von der Heizleistung

richtung festgestellt, daß die Strömungsgeschwindigkeit im Bereich von 0 bis 60 ml/min bei konstanter Energiezufuhr die Anzeige nicht verändert. Das bedeutet, daß der Probenhalter durch den Gasstrom nicht kaltgeblasen wird. Der Wärmeübergang erfolgt im wesentlichen über die Reaktorwand. Deshalb muß auf gutes Zentrieren des Probenhalters geachtet werden, da sonst mit einer Einbuße an Empfindlichkeit und Genauigkeit zu rechnen ist.

Auch die Umgebungstemperatur beeinflußt die Empfindlichkeit des Gerätes nicht, da man bei 20°C bzw. 60°C Umgebungstemperatur die gleiche Eichgerade erhält. Aus der Eichgeraden läßt sich die Empfindlichkeit des Meßgerätes ablesen. Der empfindlichste Bereich bei Vollausschlag entspricht 0,1 W. Die Empfindlichkeit kann noch erhöht werden, wenn parallel zum Anzeigegerät ein 1-mV-Kompensationsschreiber angeschlossen wird; dann beträgt die Empfindlichkeit 10^{-2}W. Der größte Meßbereich liegt bei 1 W.

Der Vorteil dieses Gerätes besteht darin, daß die Katalysatoren unabhängig von der gewählten Reaktion getestet werden können, da nur die Temperaturerhöhung an der Probe gemessen wird und man so auf komplizierte Analysengeräte zum Bestimmen der Reaktionsgeschwindigkeit bzw. des Umsatzes verzichten kann. Will man außer der Aktivität noch etwas über die Selektivität des Katalysators erfahren, so kann man ein entsprechendes Analysengerät an das Strömungs-Kalorimeter anschließen.

Ausführung der Messungen

a) Der Thermostat wird auf 80°C eingeregelt und eine Strömungsgeschwindigkeit von 25 ml/min eingestellt. Etwa 15 mg des Pulver-Katalysators (5% *Pd/C*) wird in das Reaktionsgefäß eingebracht. Ein frischer Katalysator benötigt etwa 20 min, bis er aktiviert ist. Nach weiteren 10 min wird die Temperaturdifferenz (in mV) am Millivoltmeter abgelesen. Sodann wird in Abständen von 10°C die Thermostattemperatur bis auf 30°C herabgesetzt. Mit Hilfe des Kühlwassers sind die Temperaturänderungen schnell zu erreichen.

Die mV-Ausschläge werden jeweils nach 10 min abgelesen.

b) I. Bei einer Thermostattemperatur von 25°C und einer Strömungsgeschwindigkeit von 50 ml/min werden die mV-Ausschläge für folgende Katalysatoren gemessen:

20 mg 5% *Pt/C* (Pulver)
20 mg 5% *Pd/C* (Pulver)
20 mg 5% *Rh/C* (Pulver)

II. Bei einer Thermostattemperatur von 50°C und einer Strömungsgeschwindigkeit von 50 ml/min werden die mV-Ausschläge für folgende Katalysatoren gemessen:

20 mg 5% Pt/Al_2O_3 (Pulver)
20 mg 5% Pd/Al_2O_3 (Pulver)
50 mg 5% Rh/Al_2O_3 (Pulver)

III. Bei einer Thermostattemperatur von 50°C und einer Strömungsgeschwindigkeit von 50 ml/min werden die mV-Ausschläge für folgende Katalysatoren gemessen:

20 mg 0,05% Pt/Al_2O_3
20 mg 0,1 % Pt/Al_2O_3
20 mg 0,2 % Pt/Al_2O_3
20 mg 0,5 % Pt/Al_2O_3
20 mg 1,0 % Pt/Al_2O_3

c) Der Kontakt 5% *Pt/C* wird kurzzeitig einer ammoniakhaltigen Atmosphäre ausgesetzt und anschließend seine Aktivität erneut vermessen. Die Regenerierung des Kontaktes kann durch Erhitzen auf Temperaturen von etwa 200°C erfolgen.

Auswertung der Messungen

a) In einem Diagramm wird der Logarithmus des mV-Ausschlages gegen den Kehrwert der absoluten Temperatur (l/T) abgetragen und die

Aktivierungsenergie (E') aus dem Anstieg der Geraden nach der Gleichung $\operatorname{tg}\alpha = \frac{-E'}{2{,}303\,R}$ berechnet.

Man diskutiere das Ergebnis aufgrund der Ausführungen der Aufgabe 32.

b) Für alle Versuche wird der mV-Ausschlag pro Gramm Katalysator berechnet und in jeder Gruppe die Katalysatoren nach ihrer Aktivität geordnet.

Weitere Literatur: *(132)*, *(133)*, *(134)*, *(135)*.

III. Optimierung[1])

35. Optimierung eines zweistufigen Reaktors

Allgemeines. Optimieren eines Prozesses heißt, die Bedingungen für seinen Ablauf zu ermitteln, die einen Extremwert einer bestimmten Größe gewährleisten. Bevor man mit der Optimierung beginnt, muß man also diese Größe festlegen. Da die Herstellung von Chemikalien eine wirtschaftliche Aktivität darstellt, wird die Größe, die einen Extremwert haben soll, eng mit der Wirtschaftlichkeit einerAnlage verbunden sein. Es ist in der Regel der finanzielle Gewinn, der maximal sein sollte. Küchler (vgl. *111*)) drückt das kurz wie folgt aus: Eine Anlage sollte so entworfen oder eine bereits laufende so gefahren werden, daß der maximale Gewinn erzielt wird. Die Aufgabe ist sehr komplex. Wir wollen uns deshalb auf kinetische und thermodynamische Größen beschränken und nur einen Teil der Anlage, den chemischen Reaktor, betrachten. Unsere Optimierung soll also auf einer niederen Ebene erfolgen. (In der folgenden Aufgabe wird ein Beispiel für eine Kostenoptimierung gegeben werden). Die Größen, die zur Erzielung des reaktionstechnischen Optimums eines Reaktors richtig gewählt werden müssen, sind beispielsweise Umsatz, Konzentration der Reaktionspartner und die Temperatur.

Grundlagen. Die folgenden Ausführungen befassen sich mit der Optimierung eines isotherm arbeitenden Reaktors (**Abb. 35, 7**). Die einzelnen Stufen seien Rohrreaktoren. Die gegebene Reaktion laute

$$A + B \rightleftarrows C + \ldots,$$

es handele sich also um eine Gleichgewichtsreaktion, die an einem geeigneten Katalysator abläuft, wobei die Bildung von C exotherm ist. Bei-

[1]) Das Kapitel kann im Rahmen dieses Buches nur knapp gefaßt sein. Ausführliche Darstellungen finden sich in (*46*).

spiele sind die SO_2-Oxydation an Vanadinpentoxidkontakten und die Kohlenoxidkonvertierung an Eisenoxidkontakten:

$$SO_2 + 1/2\,O_2 \rightleftarrows SO_3$$

$$CO + H_2O \rightleftarrows CO_2 + H_2\,.$$

Die Temperaturabhängigkeit des Gleichgewichtes sei derart — wie es bei den beiden angeführten Beispielen der Fall ist —, daß sich das Gleichgewicht mit steigender Temperatur von rechts nach links, also zugunsten der Ausgangsprodukte, verschiebt. Die Reaktionsgeschwindigkeiten für Bildung und Umsatz der Komponenten A und B, also die Geschwindigkeit, mit der sich das Gleichgewicht einstellt, nimmt bei gegebenen Konzentrationen mit steigender Temperatur zu. Bei hinreichend hohen Temperaturen wird die Reaktionsgeschwindigkeit so hoch sein, daß sich das Gleichgewicht innerhalb des Reaktors einstellt. Die Ausbeute von C bzw. der Umsatz U' der Komponente A wird aber gering sein, da die Lage des Gleichgewichtes ungünstig ist. Bei geringen Reaktionstemperaturen wird die gebildete Menge C ebenfalls klein sein, weil die Reaktionsgeschwindigkeit klein ist. Es muß also eine Temperatur geben, bei der unter sonst gleichen Bedingungen die gebildete Menge C am größten bzw. der A-Gehalt des Endgases am kleinsten ist.

Im folgenden soll weiter gezeigt werden, daß bei gegebenen Reaktionsbedingungen, also Gaszusammensetzung, Katalysatormenge und Strömungsgeschwindigkeit, ein höherer Umsatz zu erzielen ist, wenn man den Kontakt auf zwei Öfen verteilt, die mit verschiedenen Temperaturen gefahren werden. Ferner soll abgeleitet werden, in welchem Verhältnis die gegebene Kontaktmenge auf die beiden Öfen verteilt werden muß, um den optimalen Umsatz zu erzielen.

Wir wollen zunächst voraussetzen, daß wir den Umsatz als Funktion der Katalysatorschichtlänge bei verschiedenen Temperaturen kennen. Diese Funktionen könnten prinzipiell aus der Kinetik der Reaktion unter Berücksichtigung des Stoff- und Wärmetransportes berechnet werden. Nach CALDERBANK gilt beispielsweise für die Bildungsgeschwindigkeit v_{SO_3} (kmol/kg s) an Vanadinpentoxidkontakten

$$v_{SO_3} = k_1\,[SO_2]^{1/2}\,[O_2]^1 - \frac{k_2\,[SO_3]^1\,[O_2]^{1/2}}{[SO_2]^{1/2}} \tag{1}$$

und für die Temperaturabhängigkeit der Geschwindigkeitskonstanten k

$$k_1 = A_1\,e^{-E_1/RT}, \tag{2a}$$

$$k_2 = A_2\,e^{-E_2/RT}. \tag{2b}$$

Wir betrachten ein Element des Rohres der Länge dl mit der Katalysatormenge dW. Ist $\dot{n}_{SO_2,0}$ der Massenstrom, d. h. die Zahl der kmol SO_2, die in der Zeiteinheit in das Rohr mit dem Querschnitt F eintreten, dann muß gelten

$$v_{SO_3}\,dW = v_{SO_3}\,F\varrho_s\,dl = \dot{n}_{SO_2,0}\,dU, \tag{3}$$

wobei U den Umsatz und ϱ_S die Masse des Katalysators in der Volumeneinheit bedeuten. Man erhält aus Gl. (3)

$$dl = \frac{\dot{n}_{SO_2,0}}{F\,\varrho_S}\,\frac{dU}{v_{SO_3}} \tag{4}$$

und durch Integration dieser Gleichung l als Funktion von U

$$\Big| l = \frac{\dot{n}_{SO_2,0}}{F\,\varrho_S}\int_0^U \frac{dU}{v_{SO_3}}. \tag{5}$$
$$_0$$

Diese Beziehung gilt für isotherme und adiabatische Arbeitsweise im Idealrohr.

Andererseits können experimentell bestimmte Umsatz-Schichtlänge-Kurven, die für einen gegebenen Reaktor bestimmt wurden, als Grundlage für unsere Betrachtungen gewählt werden (*137*). **Abbildung 35, 1** enthalte derartige gemessene Kurven.

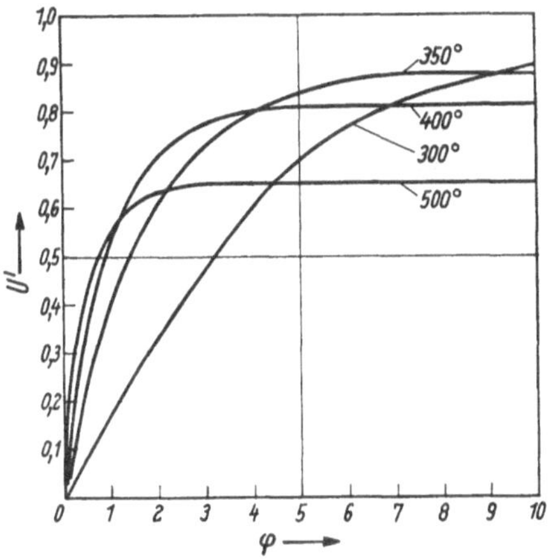

Abb. 35, 1. Abhängigkeit des Endumsatzes U' von der Katalysatorschichtlänge bei verschiedenen Temperaturen und dem Vorumsatz $U = 0$

Wir teilen zunächst die Gesamtschicht in zehn gleiche Teilschichten auf und tragen in einem Diagramm für verschiedene Schichtlängen, die mit $\varphi = 1, \varphi = 2 \ldots . \varphi = 10$ bezeichnet seien, den erzielbaren Umsatz gegen die zugehörige Reaktionstemperatur auf. Man erhält dann für jede Schichtlänge φ eine Umsatz-Temperatur-Kurve. Verschiedene Kurven sind in **Abbildung 35, 2** dargestellt. Jede Kurve weist ein Maximum auf, das dem optimalen Umsatz, der in einem einstufigen Reaktor bei der Schichtlänge φ und der zugehörigen Temperatur T erreicht werden kann, entspricht. In unserem Beispiel kann also in einem Ofen mit $\varphi = 1$ maximal ein Umsatz $U' = 0{,}601$ bei der Arbeitstemperatur $T =$

467° C erzielt werden. Die in **Abbildung 35, 2** mit ∞ bezeichnete Kurve sei die Gleichgewichtskurve.

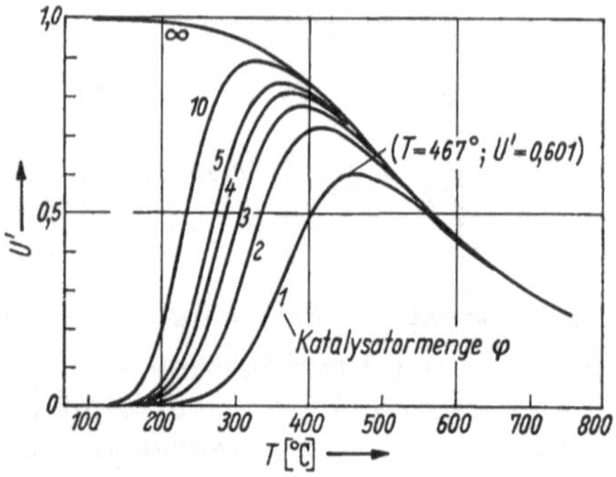

Abb. 35, 2. Abhängigkeit des Endumsatzes von der Reaktortemperatur für verschiedene Katalysatormengen beim Vorumsatz $U = 0$

Wir müssen nun den zweiten Ofen betrachten. Das einströmende Gas ist bereits teilweise im ersten Ofen umgesetzt; es tritt also bereits mit einem gewissen Vorumsatz ein. Zur Berechnung des erreichbaren Endumsatzes U' in einem Ofen bei einem gegebenen Vorumsatz $U \neq 0$ wird **Abbildung 35, 3** herangezogen. Sie enthält zunächst die Kurven der **Abbildung 35, 2.** Wir nehmen an, daß der Vorumsatz $U = 0{,}4$ betrage, und zeichnen die Parallele zur Abszisse im Abstand $U = 0{,}4$. Der Ofen enthalte zwei Schichten $\varphi = 2$. Arbeitet der Ofen bei $T = 290°$ C, so kann ein Endumsatz von $U' = 0{,}62$ erreicht werden; bei $T = 380°$ C wird $U' = 0{,}771$ und bei $T = 430°$C $U' = 0{,}75$ erzielt.

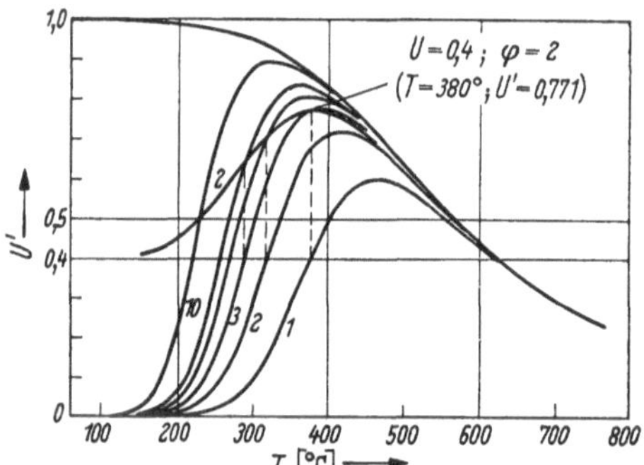

Abb. 35, 3. Zur Konstruktion des Endumsatzes U' in Abhängigkeit von T und φ bei Vorumsätzen $U \neq 0$

Verbindet man die bezeichneten Punkte, so erhält man die $U'(T)$-Kurve für einen Ofen mit $\varphi = 2$ und $U = 0{,}4$. Das Maximum des Endumsatzes liegt etwa bei $U' = 0{,}771$ und $T = 380°$ C. Durch entsprechende Überlegungen erhält man für weitere Vorumsätze $U \neq 0$ die maximal erzielbaren U'-Werte jeweils für $\varphi = 2$. In **Abbildung 35, 4** ist U' gegen den Vorumsatz U abgetragen. Man erhält die mit 2 bezeichnete Kurve. Die in **Abbildung 35, 4** enthaltenen Kurven $\varphi = 1$, $\varphi = 3 \ldots . \varphi = 10$ können ebenfalls, wie gezeigt, mittels der **Abbildung 35, 3** berechnet werden.

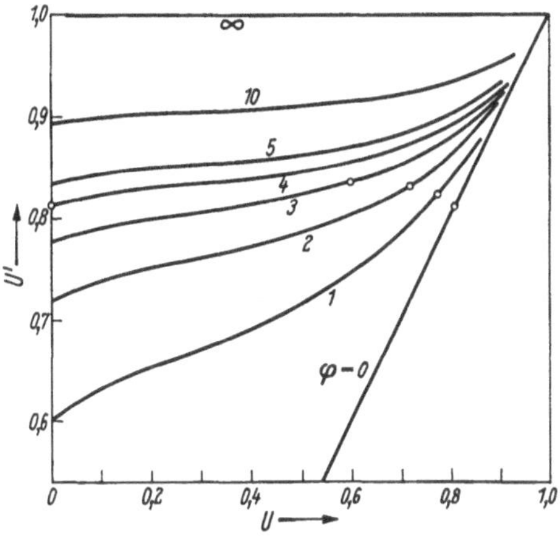

Abb. 35, 4. Der bei variablen U und φ maximal erreichbare Endumsatz U'

Die **Abbildung 35, 4** gibt zunächst unsere bisherigen Beispiele wieder. Ein Reaktor mit $\varphi = 1$, in den das Gas mit dem Vorumsatz $U = 0$ eintritt, erreicht einen Endumsatz $U' = 0{,}601$, der dem Maximum der Kurve $\varphi = 1$ in der **Abbildung 35, 2** entsprach. Bei einem Vorumsatz von $U = 0{,}4$ war mit einer Schicht von $\varphi = 2$ ein Endumsatz von maximal $U' = 0{,}771$ zu erzielen. Die Lagen der beiden Grenzkurven $\varphi = 0$ und $\varphi = \infty$ ergeben sich durch folgende Überlegung: Für $\varphi = 0$ gilt stets $U' = U$. Im Fall $\varphi = \infty$ kann nahezu $U' = 1$ erreicht werden.

Der in einem zweistufigen Reaktor erzielbare Umsatz läßt sich nun mittels der **Abbildung 35, 4** bestimmen. Wir nehmen an, daß sich in jedem Reaktor zwei Schichten befinden, d. h. $\varphi_1 = \varphi_2 = 2$ ist. Der Umsatz der Horde wird dann optimal sein, wenn jeder der beiden Reaktoren optimal arbeitet. Der **Abbildung 35, 4** entnehmen wir zunächst, daß mit $U_1 = 0$ und $\varphi_1 = 2$ ein $U'_1 = 0{,}719$ zu erzielen ist. Der Vorumsatz für den zweiten Reaktor beträgt also $U_2 = 0{,}719$. **Abbildung 35, 4** gibt für $U_2 = 0{,}719$ und $\varphi_2 = 2$ ein $U'_2 = 0{,}830$. Wir müssen nun noch die Katalysatorverteilung auf die beiden Öfen variieren. Wir wählen als Gesamtkatalysatormenge wieder $\varphi_1 + \varphi_2 = 4$. Füllen wir die Gesamtmenge in einen Ofen, erreichen wir maximal $U'_2 = 0{,}811$. Für $\varphi_1 = 1$ und $\varphi_2 = 3$ erhalten wir $U'_1 = 0{,}601$ und $U'_2 = 0{,}834$; für $\varphi_1 = 3$ und $\varphi_2 = 1$ ist $U'_1 = 0{,}776$ und $U'_2 = 0{,}822$.

In **Abbildung 35, 5** ist U'_2 gegen φ_1 abgetragen (Kurve 4). Die weiteren Kurven 2, 3, 5.... entsprechen den Katalysatorgesamtmengen $\varphi = 2$, 3, 5..... Es ist ersichtlich, daß der maximal erzielbare Endumsatz U'_2 von der Katalysatorverteilung auf die beiden Öfen abhängt. Die gestrichelte Linie verbindet die Maxima der Kurven. Die **Abbildung 35, 5** zeigt zunächst, daß für $\varphi = 4$ (Kurve 4) in den ersten Ofen etwa $\varphi_1 = 1$, in den zweiten Ofen etwa $\varphi = 3$ einzufüllen ist, um den optimalen Umsatz in der Horde zu erzielen. Dieses Ergebnis entspricht der eingangs gestellten Forderung, daß ein höherer Endumsatz zu erzielen ist, wenn man eine gegebene Katalysatormenge auf zwei Öfen verteilt und die Öfen bei verschiedener Temperatur fährt. Weiter muß der erste Ofen die geringere Katalysatormenge enthalten und mit der höheren Arbeitstemperatur gefahren werden als der zweite. φ_1 ist also kleiner als φ_2 und T_1 größer als T_2 zu wählen. Weiter zeigt die **Abbildung 35, 5**, daß mit steigenden Katalysatormengen φ_1/φ_2 größer wird. Beide Ergebnisse stehen in Einklang mit den in der Praxis gemachten Erfahrungen.

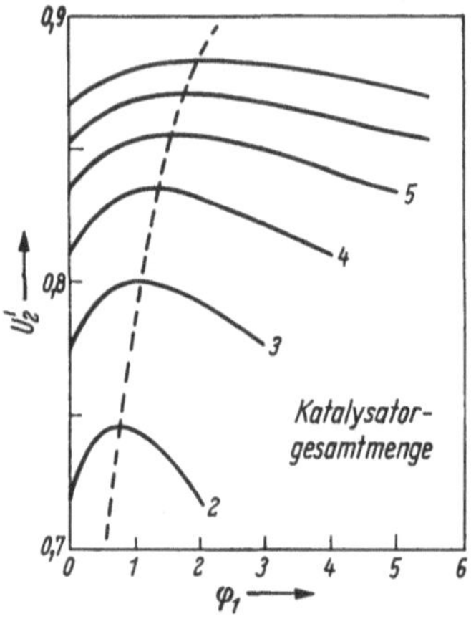

Abb. 35, 5.
Diagramm zur Ermittlung der optimalen Katalysatorverteilung für einen zweistufigen Reaktor

Da unser Stufenreaktor nichts weiter ist als eine Reihenschaltung von optimalen Einzelstufen, kann man zur Optimierung einer Horde mit fester Katalysatorverteilung einfach so vorgehen, daß man zunächst T_1 so wählt, daß U'_1 optimal wird. Dann hält man T_1 fest und wählt T_2 so, daß U'_2 optimal wird. Diese Tatsache wird bei der Optimierung der Eingangstemperaturen im praktischen Betrieb seit langem ausgenutzt.

Das bezeichnete Ergebnis läßt erwarten, daß der Umsatz, der mit einer gegebenen Katalysatormenge erzielt werden kann, mit der Aufteilung auf $n = 3$ Horden zunimmt.

Wir wollen zur Abschätzung den Fall $n = \infty$, d. h. das optimale Temperaturprofil eines Rohrreaktors, ermitteln. Wir betrachten ein beliebiges Element des Rohres der Länge dl. Wir bezeichnen mit T_{gl} die Gleichgewichtstemperatur, d. h. die Temperatur, bei der die vorhandene Zusammensetzung dem Gleichgewicht entspräche. Als T_{opt} wird die Temperatur bezeichnet, bei der für die Mischung die maximale Reaktionsgeschwindigkeit auftritt. Die Bedingung für T_{opt} ist

$$\frac{d\mathrm{v}_{SO_3}}{dT} = 0\,. \tag{6}$$

Unter Berücksichtigung von Gl. (1) und (2) erhalten wir mit Gl. (6)

$$\frac{d\mathrm{v}_{SO_3}}{dT} = [SO_2]^{1/2}[O_2]^1\frac{d\,\mathrm{k}_1}{dT} - \frac{[SO_3]^1[O_2]^{1/2}}{[SO_2]^{1/2}}\frac{d\,\mathrm{k}_2}{dT} = 0. \tag{7}$$

Bei der optimalen Temperatur gilt dann

$$\left(\frac{\mathrm{k}_1\ E_1}{\mathrm{k}_2\ E_2}\right)_{T = T_{opt}} = \frac{E_1\,A_1}{E_2\,A_2}e^{(E_2-E_1)/R\,T_{opt}} = \frac{[SO_3]}{[SO_2]\ [O_2]^{1/2}}, \tag{8}$$

und die Gleichgewichtskonstante, bei der sich das Gasgemisch im Gleichgewicht befindet, beträgt

$$(K_p)_{T = T_{gl}} = \frac{A_1}{A_2}e^{(E_2-E_1)/R\,T_{gl}} = \frac{[SO_3]}{[SO_2]\ [O_2]^{1/2}}\,. \tag{9}$$

Gleichsetzen von Gl. (8) und (9) ergibt

$$\frac{T_{opt}}{T_{gl}} = \frac{1}{1 + \dfrac{R\,T_{gl}}{E_2 - E_1}\ln\dfrac{E_2}{E_1}}\,. \tag{10}$$

Zur Ermittlung des optimalen Temperaturprofils geht man am besten numerisch vor. Man berechnet zunächst für verschiedene U-Werte aus der gegebenen Anfangszusammensetzung des Gasgemisches, Gl. (9), und der Stöchiometrie der Reaktion die zugehörigen Gleichgewichtstemperaturen T_{gl}. Gl. (10) erlaubt dann für die gewählten U-Werte die zugehörigen Optimaltemperaturen T_{opt} zu ermitteln. Aus Gl. (5) erhält man die entsprechenden Schichtlängen l. Aus den Wertepaaren U, T_{opt} und U, l kann schließlich (mit $W = \varrho s F l$) die in **Abbildung 35,6** dargestellte Kurve, nämlich der gesuchte optimale Temperaturverlauf des Rohrreaktors, erhalten werden.

Für $l = 0$ bzw $W = 0$ wird $T_{opt} = \infty$, wenn das Ausgangsgas kein SO_3 enthält. Diese Bedingung ließe sich in der Technik natürlich nicht einhalten. Man könnte aber bei der höchsten Temperatur beginnen, die der Kontakt, die Ausgangsstoffe und die Werkstoffe noch vertragen. Es ist in unserem Falle etwa 560° C.

Man brächte den Anfangsteil des Rohres auf die bezeichnete Temperatur, und erst von der Stelle ab, an der die Maximaltemperatur von der aus der Optimalbedingung errechneten Temperatur unterschritten wird, ließe man sie entsprechend der Optimalbedingung abfallen.

In der Praxis wird es aber kaum möglich sein, den errechneten Temperaturverlauf exakt einzustellen, da eine derartige Lösung z.B. bei der SO_2-Oxydation zu aufwendig wird. Man teilt deshalb den Reaktionsapparat in einzelne adiabatische Stufen mit Zwischenkühlung auf, die jede für sich, wie wir gesehen haben, optimiert werden müssen. Die Zahl der Stufen festzulegen ist nun vor allem eine wirtschaftliche Frage. Sie hängt in unserem Fall vor allem von den Kosten für eine Horde, von dem Preis für den Kontakt, seine Lebensdauer, den Kosten der Endprodukte, der Ausgangsprodukte und den Kosten für die Trennung der Endprodukte ab. Unserer Optimierung der reaktionstechnischen Größen ist also eine wirtschaftliche Überlegung anzuschließen. Im allgemeinen werden 5 Horden gewählt.

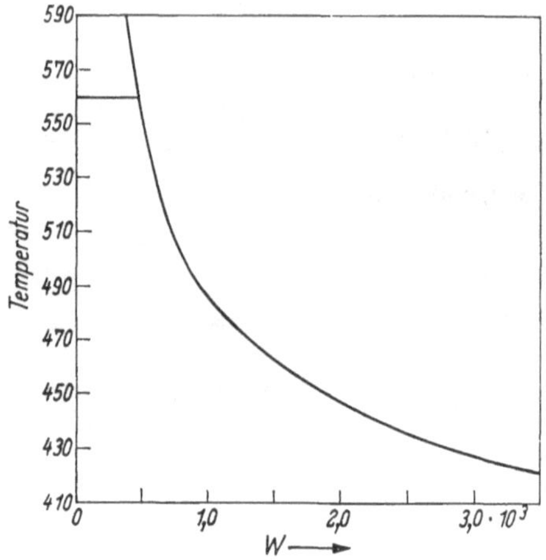

Abb. 35, 6. Optimaler Temperaturverlauf der SO_2-Oxydation.
Die Kurve gilt für ein Ausgangsgemisch mit 8% SO_2, einen Umsatz von 96% und eine Produktion von 50 Tato Schwefelsäure (CALDERBANK (*119*)).

Aufgabe. Es sind die Umsatz-Schichtlängen-Kurven für einen Reaktor zur CO-Konvertierung bei verschiedenen Temperaturen zu bestimmen.

Apparaturbeschreibung. Der Reaktor wird durch **Abbildung 35, 7** wiedergegeben. Er besteht im wesentlichen aus zwei Horden O_1 und O_2. Jede Horde wird mittels einer elektrischen Heizwicklung, eines Widerstandsthermometers, eines Zweipunktreglers und eines Regeltrafos auf eine definierte Temperatur gebracht. Die erste Horde O_1 ist mit Porzellankugeln gefüllt und dient der Verdampfung des Wassers und der Vorwärmung des Gasgemisches. Die andere Horde O_2 enthält den Kontakt. Sie besteht aus einem Stahlrohr *B* von etwa 5 cm Durchmesser, das mit den beiden Flanschen F_1 und F_2 versehen ist. *M* ist die Heizwicklung, die auf das Rohr gewickelt und mit der Isolierung *I* umgeben ist. Der Kontakt ruht auf den Siebplatten *G*, die am Rohr *R* befestigt sind. Die Höhe jeder Schicht beträgt 4 cm, der Abstand zwischen den Schichten 1 cm. Proben können zwischen den Schichten mittels der Stahlkapillaren *St*, die durch das Rohr *R* laufen, gezogen werden. In **Abbildung 35, 7** ist nur eine Kapillare eingezeichnet. Im Rohr *R*, etwa in der Mitte des Ofens, befindet sich ferner ein Thermoelement zur Messung der Ofentemperatur. Die Hähne H_1 bis H_4 dienen zum Öffnen und Schließen der Kapillaren *St*.

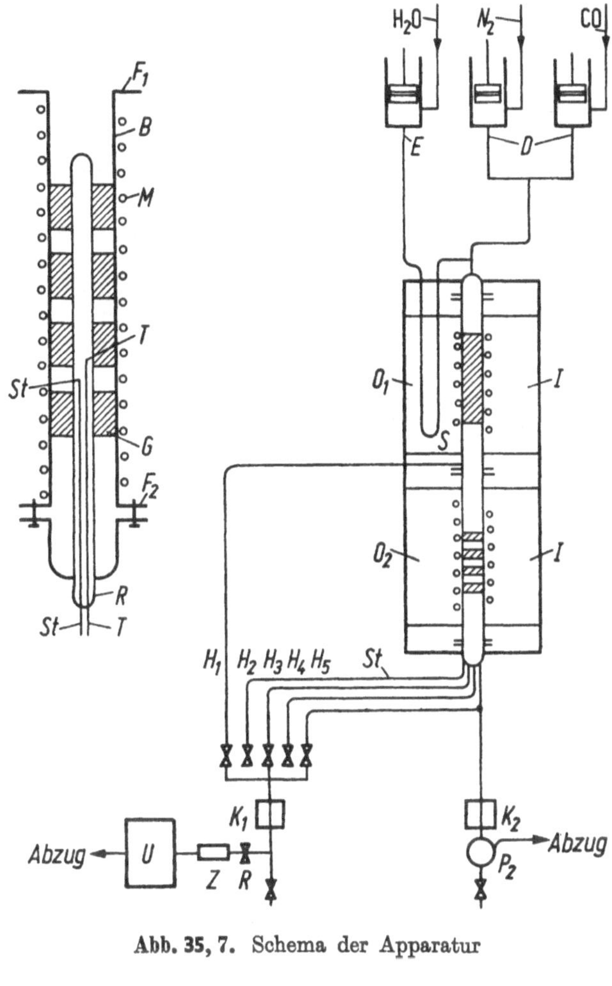

Abb. 35, 7. Schema der Apparatur

Ein Gasgemisch N_2/CO (5—7% CO) wird mittels der WÖSTHOFF-Dosierpumpe *D* hergestellt und durch die Apparatur gedrückt. Wasser wird von der Mikrodosierpumpe *E* aus einem Vorratsbehälter angesaugt und in den Mantel der ersten Horde O_1 gepumpt. Das Wasser verdampft in der Schleife *S* und tritt anschließend in den Gasstrom ein. Das Gas passiert die Apparatur und wird im Kühler K_2 auf Zimmertemperatur abgekühlt. Das kondensierte Wasser wird in der Kugel P_2 aufgefangen. K_1 hat eine entsprechende Funktion. Die Anfangszusammensetzung und die Endgaszusammensetzung werden mittels eines URAS oder eines UNORs analysiert. Die Meßwerte können auf einem Schreiber registriert werden.

Der Probengasstrom kann mittels des Nadelventils R und eines Rotameters hinter dem Analysengerät (nicht eingezeichnet) reguliert werden. Er soll maximal $^1/_3$ des Hauptgasstromes betragen. Der Filter Z dient der Reinigung und Trocknung des Gasstromes.

Ausführung der Messungen. Zunächst wird mittels der Dosierpumpe D der Gasstrom (ca. 1 l/min) eingestellt. Das Gas wird nur durch die Hauptleitung geleitet, d. h. H_1 bis H_5 sind verschlossen. Die Horden O_1 und O_2 werden auf 360°C einreguliert, und nach Erreichen der Arbeitstemperatur wird mit der Dosierpumpe ein Wasserstrom von 1 ml/min eingestellt. Während des Aufheizens der Horden wird das in den Reaktor eintretende Gas analysiert, indem H_1 geöffnet wird. Nach etwa 10 Minuten wird die Kohlenoxidkonzentration am URAS abgelesen und die Messung so lange wiederholt, bis sich ein konstanter Wert ergibt. Sobald die Horden eine konstante Temperatur erreicht haben, wird zunächst in der beschriebenen Weise das Endgas, das die letzte Horde verläßt (H_5), vermessen. Sodann wird mittels der Hähne H_2 bis H_4 die Gaszusammensetzung zwischen den Katalysatorschichten bestimmt. Der gleiche Versuch wird bei zwei weiterenArbeitstemperaturen wiederholt, und zwar bei 420°C und 480°C. In einem Diagramm werden die Umsatz-Schichtlänge-Kurven gezeichnet. Man zeichne das **Abbildung 35, 1** entsprechende Diagramm und schätze die optimale Arbeitstemperatur der Horde ab.

Weitere Literatur: (*6*), (*46*).

36. Optimierung einer Elektrolysezelle

Grundlagen. In einer Elektrolysezelle sollen die Kationen eines Elektrolyten reduziert werden. Derartige Aufgaben treten beispielsweise bei der Reinigung von Abwässern der galvanotechnischen Industrie auf.

Die im vorliegenden Beispiel verwendete Zelle ist als Kreislaufreaktor ausgebildet (**Abb. 36, 1**) und arbeitet kontinuierlich. Die Elektrolytlösung strömt mit der Geschwindigkeit v (Volumenstrom) ein und tritt, da es sich um sehr verdünnte Lösungen handelt, mit der gleichen Volumengeschwindigkeit wieder aus. Die Anfangskonzentration des Elektrolyten betrage $[E]_A$, die gewünschte Endkonzentration sei $[E]_E$. Die Kreislaufgeschwindigkeit im Reaktor sei w (Lineargeschwindigkeit) und so groß, daß keine Konzentrationsdifferenzen innerhalb des Reaktors auftreten, womit die Konzentration im Reaktor gleich der der abfließenden Flüssigkeit sein wird. Wir wollen zur Vereinfachung weiter annehmen, daß außer den erwähnten Größen auch die Größe des Reaktors festgelegt ist.

Prinzipiell bestehen zwei Möglichkeiten, die gegebene Menge Produkt in der Zeiteinheit zu reduzieren. Entweder man arbeitet mit großer Stromdichte und kleinen Elektroden oder umgekehrt mit kleiner Stromdichte und großen Elektroden. Man sollte zunächst geneigt sein, die erste Lösung der zweiten vorzuziehen, da hohe Stromdichte kleine Elektroden und damit niedrigen Anschaffungspreis bedeuten. Einmal werden aber die Stromkosten für die Abscheidung einer gegebenen Menge Produkt in der Zeiteinheit mit steigender Stromdichte höher sein, da sich der Elektrolyt beispielsweise stärker erwärmt, zum anderen kann man die Stromdichte in einem gegebenen System (gegebene Lineargeschwindigkeit) nur bis zu einem bestimmten Grenzwert (Grenzstromdichte i_g) durch Erhöhung der Spannung an den Elektroden steigern, weil der Stofftransport durch die Grenzschicht der Flüssigkeit an den Elektroden — turbulente Strömung vorausgesetzt — geschwindigkeitsbestimmend wird. Eine weitere Erhöhung der Stromdichte ist also nur mit einer Erhöhung der Strömungsgeschwindigkeit zu erreichen, womit größere Rührkosten verbunden sind. Umgekehrt bedeutet geringe Stromdichte hohe Anschaffungskosten für die Elektroden, dagegen geringe Stromkosten für Rührung und Elektrolyse und außerdem geringen Anschaffungspreis für die Rühreinrichtung.

Die optimale Lösung, die geringsten Kosten für die Reduktion der Menge M in der Zeit t, wird also zwischen den Grenzfällen liegen. Wir wollen im folgenden auf Grund einer Kostenbilanz die optimale Plattengröße und Lineargeschwindigkeit für das gegebene System festlegen.

Die zur Reduktion der Menge M in der Zeit t (beispielsweise 1 Jahr) notwendige Elektrizitätsmenge beträgt $Q = i\,F\,t$. Es bedeuten i = Stromdichte, F = Elektrodenfläche. Die Stromkosten K_{st} (DM) betragen dann

$$K_{st} = b\;U\;i\;F\;t\,, \tag{1}$$

wobei b (DM/Ws) den Strompreis und U die Spannung angibt.

Die Kosten für die Elektroden hängen in erster Linie von ihrer Größe ab und sind somit als sogenannte variable Investitionskosten anzusetzen. Sie seien als K_i bezeichnet. Variable Kosten sind ferner die Kosten für das Rührwerk und seinen Betrieb. Sie seien mit K_r bezeichnet.

Ferner sind gewisse konstante Kosten K_k zu berücksichtigen. Hierzu zählen beispielsweise der Anschaffungspreis des Reaktors, der Stromzuführung und der Meßinstrumente, die Kosten also, die unabhängig von der Plattengröße sind.

Die Gesamtkosten K (DM) ergeben sich aus der Summe der erwähnten Kosten zu

$$K = K_{st} + K_i + K_r + K_k\,. \tag{1a}$$

Um die optimale Elektrodenfläche bzw. Lineargeschwindigkeit zu ermitteln, sind die Gesamtkosten nach den erwähnten Variablen zu differenzieren und der erste Differentialquotient gleich Null zu setzen. Hierzu sind zunächst die drei ersten Größen der Gleichung (1a) als Funktion von F bzw. w auszudrücken. Die entsprechenden Funktionen können eine komplizierte Form haben. In erster Näherung wird man häufig mit linearen Ansätzen auskommen. Ferner müssen die Funktionen natürlich bekannt sein. Man kann sie entweder durch theoretische Überlegungen oder aber durch Messungen erhalten.

Wir setzen zunächst für

$$U = U_0 + R i\,, \tag{2}$$

$$K_i = a F t\,, \tag{3}$$

$$K_r = r L t\,. \tag{4}$$

U_0 ist eine Konstante; R ist der Widerstand der Zelle und a (DM/m²s) sind die sogenannten spezifischen Investitionskosten, beide bezogen auf die Einheit der Elektrodenfläche. Die Rührkosten sind proportional der aufzuwendenden Rührerleistung L angesetzt. r (DM/Ws) sind die Kosten pro Leistungs- und Zeiteinheit. Einsetzen der Gl. (1) bis (4) in Gl. (1a) ergibt

$$K = b i F t (U_0 + R i) + a F t + r L t + K_k\,. \tag{5}$$

In Gl. (5) sind nun die Größen i, F und L als Funktion der Lineargeschwindigkeit w auszudrücken.

Wir berechnen dazu zunächst die zur Reduktion erforderliche Elektrodenfläche. Die Stoffbilanz des Reaktors beträgt

$$v[E]_A - v[E]_E - V \frac{d\,[E]}{dt} = 0\,, \tag{6}$$

wenn der Reaktor stationär arbeitet. Die beiden ersten Summanden bedeuten die vom Stoffstrom in der Zeiteinheit zu- bzw. abgeführten Mole der zu reduzierenden Substanz, während der dritte Summand die in der Zeiteinheit im Reaktor reduzierten Mole bedeutet. Die Reduktionsgeschwindigkeit im Reaktor beträgt nach dem FARADAYschen Äquivalentgesetz

$$-\frac{d[E]}{dt} = \frac{F i_g}{z F_0 V}\,, \tag{7}$$

$$\text{mit } z \cdot F_0 = 1 \cdot 96{,}49 \cdot 10^6 \text{ As/kmol.}$$

Wenn turbulente Strömung im Rohr herrscht, gilt weiter

$$i_g = \mathrm{k}\, w^n\,. \tag{8}$$

Aus Gleichung (6), (7) und (8) erhält man die Beziehung

$$F = \mathrm{k}'\, w^{-n} \tag{9}$$

mit

$$\mathrm{k}' = \frac{([E]_A - [E]_E)\, v\, z\, F_0}{\mathrm{k}}\,.$$

Für gegebene $[E]_A$, $[E]_E$, v ist F also nur von der Lineargeschwindigkeit w abhängig.

Die Beziehung zwischen Rührerleistung und Lineargeschwindigkeit läßt sich aus folgenden Überlegungen erhalten: Der Druckverlust bei der Strömungsgeschwindigkeit w im Reaktor setzt sich unter Voraussetzung turbulenter Strömung aus folgenden Anteilen zusammen. Für die Strömung in den vier geraden Rohrabschnitten der Länge l mit dem Durchmesser d und der Dichte ϱ_l des Elektrolyten gilt

$$\Delta P_1 = C_{W,1} \frac{\varrho_l\, w^2}{2} \frac{l}{d} = C'_{W,1} \frac{\varrho_l\, w^2}{2} \tag{10}$$

mit $C_{W,1} \dfrac{l}{d} = C'_{W,1}$.

$C_{W,1}$ ist der Widerstandsbeiwert.

Für den Druckverlust in den vier Krümmern des Reaktors gilt

$$4\,\Delta P_2 = 4\, C_{W,2} \frac{\varrho_l\, w^2}{2}.$$

Der Gesamtdruckverlust im Reaktor beträgt dann

$$\Delta P = \Delta P_1 + 4\,\Delta P_2 = C_W \frac{\varrho_l\, w^2}{2} \tag{11}$$

mit $C'_{W,1} + 4\, C_{W,2} = C_W$.

Die Beziehung gilt mit hinreichender Genauigkeit für $Re > 10^4$. Die vom Rührer aufzunehmende Leistung L zur Aufrechterhaltung der Lineargeschwindigkeit w beträgt dann

$$L = \frac{\Delta P\, w\, \pi\, d^2}{4 \cdot 0{,}75}, \tag{12}$$

wobei als Wirkungsgrad 75% der vom Motor aufgenommenen Energie gesetzt wurde. Aus Gleichung (11) und (12) ergibt sich

$$L = r'\, w^m \tag{13}$$

mit $r' = \dfrac{\pi\, d^2\, C_W\, \varrho_l}{4 \cdot 0{,}75 \cdot 2}$.

Setzen wir Gleichung (9) und (13) in Gleichung (5) ein, so erhalten wir für die Gesamtkosten

$$\frac{K}{t} = a\,\mathrm{k}'\, w^{-n} + r\, r'\, w^m + \frac{K_k}{t}.$$

Das erste Glied stellt die Investitionskosten für die Platten, das zweite die Investitionskosten für den Rührer und seine Betriebskosten dar. K_k sind wieder die konstanten Kosten. Die Stromkosten für die Elektrolyse können gegenüber den Rührkosten vernachlässigt werden, wenn es sich um sehr verdünnte Lösungen handelt. Differenzieren wir die Kosten nach der Lineargeschwindigkeit w und setzen die erste Ableitung gleich Null, so erhalten wir die optimale Lineargeschwindigkeit

$$w_{opt} = \left[\frac{n\,a\,k'}{m\,r\,r'}\right]^{1/(n+m)} . \tag{14}$$

Um die optimale Geschwindigkeit ausrechnen zu können, müssen die spezifischen Elektrodenkosten a und die spezifischen Rührkosten r sowie die Konstanten k′ und r' bekannt sein. k′ und r' müssen in unserem Falle experimentell bestimmt werden.

Aufgabe. Es ist die optimale Lineargeschwindigkeit und Elektrodengröße für die Reduktion von Fe^{3+}-Ionen an einer Platinelektrode in einem gegebenen Kreislaufreaktor festzulegen.

Apparaturbeschreibung. Die Apparatur wird durch **Abbildung 36, 1** wiedergegeben und besteht zunächst aus dem Umlaufteil A, der mit einer

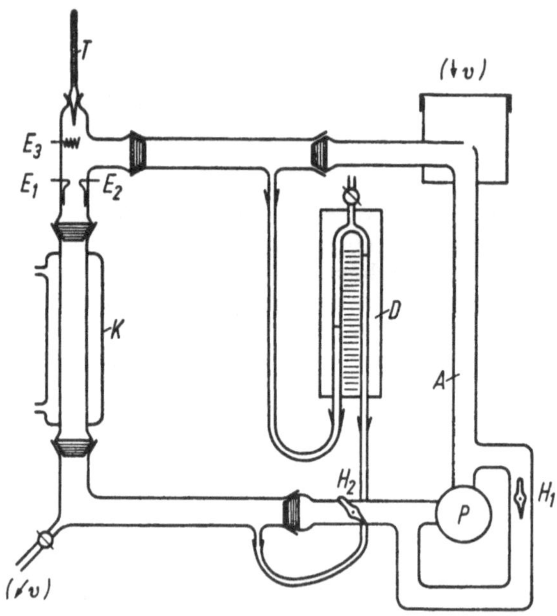

Abb. 36, 1. Schema der Versuchsapparatur

Umlaufpumpe P versehen ist. Die Pumpe erlaubt Strömungsgeschwindigkeiten (Lineargeschwindigkeiten) zwischen 0 und 1 m/s einzustellen. Mittels des Differenzdruckmessers D, der mit Elektrolytlösung gefüllt ist, kann der Druckverlust im Reaktor bestimmt werden. Ein geeichter Strömungsmesser (in Abb. **36,1** nicht eingezeichnet) dient der Messung der Umlaufgeschwindigkeit. Die beiden Platinelektroden E_1 und E_2 sind mit einem Potentiostaten verbunden. Ihre Größen betragen 2×10 cm² und 1×4 cm². E_3 ist eine Platindrahtwendel, die als Vergleichselektrode dient ($\varrho_{Platin} = 2{,}145\ 10^4\ \frac{\text{kg}}{\text{m}^3}$).

Der Kühler K, der mit einem Thermostaten verbunden ist, erlaubt die Temperierung der Reaktorflüssigkeit an den Elektroden. Die Temperatur kann am Thermometer T abgelesen werden. Die Zusammensetzung des Elektrolyten ist: $2 \cdot 10^{-2}$ mol/l $K_4\ [Fe(CN)_6] \cdot 3\ H_2O$; $6 \cdot 10^{-3}$ mol/l $K_3\ [Fe(CN)_6]$ und $2 \cdot 10^{-1}$ mol/l NaOH.

Der Reaktorinhalt beträgt etwa 3 l, der Rohrdurchmesser 3 cm, die Länge 80 und die Breite 55 cm. Ein Durchfluß des Elektrolyten erübrigt sich, da in dem Maße, wie Fe^{3+}-Ionen kathodisch reduziert werden, Fe^{2+}-Ionen an der Anode oxydiert werden. Der Elektrolyt wird also nicht verbraucht, sondern die Ionenkonzentration $[E]_E$ bleibt konstant; dennoch ist der Elektrolysestrom direkt proportional der in der Zeiteinheit reduzierten Fe^{3+}-Ionen (nach Gl. (7)).

Zur Messung der Stromspannungskurve, aus der der Grenzstrom ermittelt werden kann, dient ein Potentiostat nach WENKING.

Ausführung der Messungen. Zunächst wird mittels der Umlaufpumpe P und der Hähne H_1 und H_2 eine bestimmte Umlaufgeschwindigkeit eingestellt und am Manometer D der zugehörige Druckverlust abgelesen.

Nun werden mittels des Potentiostaten, beginnend bei $U = 0$, steigende Spannungen an die Elektroden E_1 und E_2 gelegt. Die kleinere Elektrode wird als Kathode geschaltet. Die dritte Elektrode E_3 dient als Vergleichselektrode. Zu jedem U wird die zugehörige Stromstärke I am Potentiostaten abgelesen und in einem Diagramm U gegen I abgetragen. Der Grenzstrom bei der gewählten Lineargeschwindigkeit kann der Stromspannungskurve entnommen werden; er entspricht dem I-Wert der Kurve, für den $\Delta U/\Delta I$ ein Minimum ist. Druckverlust und Stromspannungskurve werden für 12 verschiedene Lineargeschwindigkeiten (0 bis 1 m/s) aufgenommen.

Auswertung der Messungen. Die ΔP-, L- und i_g ($= I_g/F$)-Werte werden im doppelt logarithmischen Koordinatensystem jeweils gegen w abgetragen und dem Diagramm Konstanten und Exponenten der Gl. (10), (13) und (8) entnommen.

Für die Berechnung des Anschaffungspreises der Elektroden sollen ein Platinpreis von $18{,}5 \cdot 10^3$ DM/kg und eine Elektrodendicke von 0,5 mm angenommen werden. 20% des Anschaffungspreises sind als Verzinsung und Amortisation, also als Investitionskosten für die Elektrode, während eines Jahres anzusetzen.

Für die Kosten des Rührwerkes soll ein Anschaffungspreis von 800 DM/kW veranschlagt werden. 20% des Anschaffungspreises stellen ebenfalls als Verzinsung und Amortisation die Rührkosten für die Zeit eines Jahres dar. Hinzu kommen die Stromkosten für die Rührung mit 0,1 DM/kWh. Die angenommene Durchflußgeschwindigkeit des Elektrolyten betrage 10 ml/min, seine Anfangskonzentration von $2{,}6 \cdot 10^{-2}$ mol/l sei auf $0{,}6 \cdot 10^{-2}$ mol/l herabzusetzen. Das Reaktorvolumen soll mit 3 l angesetzt werden. Man berechne die optimale Lineargeschwindigkeit und Plattengröße. Beide Elektroden, Anode und Kathode sollen gleich groß gewählt werden. Die Anode soll ebenfalls aus Platin bestehen.

Weitere Literatur: (*5*), (*6*), (*46*), (*127*).

C. Meß- und Regelungstechnik

37. Regelung eines Lufterhitzers

Grundlagen. *Regelkreis.* Aufgabe einer Regelung[1]) ist, eine vorgegebene physikalische Größe auf einen gewünschten Wert zu bringen und dort zu halten. Man bezeichnet diese Größe als Regelgröße, den gewünschten Wert der Regelgröße als Sollwert. Um eine gegebene Regelaufgabe zu lösen, muß zunächst der tatsächliche Wert der Regelgröße, der Istwert, laufend gemessen werden. Tritt zwischen Sollwert und Istwert eine Differenz auf, so spricht man von „Sollwertabweichung“. Um die Sollwertabweichung zu kompensieren, ist in der Anlage eine entsprechende Verstellung vorzunehmen, wodurch Sollwert und Istwert wieder in Übereinstimmung gebracht werden. Die Größe, die zu diesem Zweck verstellt wird, nennt man „Stellgröße“. Es kann eine beliebige physikalische Größe sein, wie die Öffnung eines Ventils bzw. der Hub seiner Spindel. Voraussetzung ist nur, daß die Änderung der Stellgröße eine Änderung der Regelgröße bewirkt. Die Änderung der Stellgröße kann von Hand oder durch ein entsprechendes Gerät vorgenommen werden. Man spricht dann von Hand- oder selbsttätiger Regelung.

Ausgelöst wird ein Regelvorgang durch eine (oder mehrere) „Störgröße(n)“. Jede Änderung einer Störgröße bewirkt eine Änderung des Istwertes der Regelgröße und macht damit erst einen Regelvorgang notwendig. Würde sich die Störgröße nicht ändern, so würde ein einmal in den Sollzustand gebrachtes System in diesem Zustand „beharren“, ohne daß eine weitere Regelung notwendig wäre.

Diese Ausführungen seien am Beispiel des in **Abbildung 37, 1** dargestellten Lufterhitzers[2]) näher erläutert. Aufgabe dieser Anlage ist es, einen Luftstrom konstanter Temperatur zu erzeugen, der beispielsweise für eine Trockenkammer bestimmt ist. Regelgröße x ist also in diesem Falle die Temperatur. Die Warmluft wird durch Mischung kalter und heißer Luft in der Kammer (R) erhalten. Heiße Luft liefert ein Föhn (V_1), kalte ein Ventilator (V_2).

---

[1]) Im Normblatt DIN 19226 (Regelungstechnik und Steuerungstechnik) wird die Regelung definiert als ein Vorgang, bei dem der vorgegebene Wert einer Größe fortlaufend durch Eingriff auf Grund von Messungen dieser Größe hergestellt und aufrechterhalten wird.

[2]) Die in Klammern stehenden Buchstaben beziehen sich auf **Abbildung 37, 5.**

Der Regler mißt mittels des Fühlers (Thermoelement [*Th*]) die Temperatur und kann mit dem Ventilantrieb (Klappensteller [*St*]) das Stellglied (Drosselklappe [U_1]) verstellen und damit den Stellstrom (Heißluftstrom) verändern. Stellgröße y ist die Öffnung der Drosselklappe oder, was auf das gleiche hinausläuft, der Hub der Klappenstellerspindel (*Sp*) (**Abb. 37, 5**).

Die Kaltluft wird mit konstanter Geschwindigkeit zugeführt. Ihre Geschwindigkeit ist die Störgröße z[1]). Bei gegebener Kaltluftgeschwindigkeit wird bei richtiger Stellung der Drosselklappe (U_1) die aus der Mischkammer austretende Luft die gewünschte Temperatur aufweisen. Istwert und Sollwert der Regelgröße stimmen überein, und der Regler hat keine Veranlassung, die Stellgröße zu verändern. Das System befindet sich im Beharrungszustand.

Ändern wir die Kaltluftgeschwindigkeit, d. h. die Störgröße z, indem wir das Ventil (U_2) um einen kleinen Betrag Δz verstellen, so wird sich der Istwert der Regelgröße ändern. Diese Änderung des Istwertes wird vom Regler über den Fühler festgestellt und mit einer Verstellung des Stellgliedes und damit einer Änderung der Stellgröße beantwortet. Eine Änderung der Stellgröße bewirkt wiederum eine Änderung der Regelgröße. Diese veranlaßt wieder den Regler, die Stellgröße zu ändern usf. Wir haben es also bei dem Regelvorgang mit einem geschlossenen Wirkungskreis oder Regelkreis zu tun.

Man teilt den Regelkreis in zwei Hauptteile ein, die Regelstrecke und den Regler. Die Regelstrecke ist der Teil der zu regelnden Anlage, der vom Regler beeinflußt wird. Sie beginnt am Stellort, d. h. an der Stelle, an der das Stellglied in den Stellstrom eingreift. Das Ende der Regelstrecke ist der Meßort, d. h. die Stelle, an der mit dem Fühler die Regelgröße gemessen wird.

Der Regler beginnt am Meßort und endet am Stellort. Das Stellglied wird gewöhnlich zur Regelstrecke, sein Antrieb zum Regler gezählt; den Fühler rechnet man zur Regelstrecke, das Meßwerk zum Regler.

Eingangsgröße des Reglers (= Ausgangsgröße der Regelstrecke) ist die Regelgröße. Ausgangsgröße des Reglers (= Eingangsgröße der Regelstrecke) ist die Stellgröße.

Der Regler. Wir kennen zunächst die unstetig arbeitenden Regler, die Zweipunktregler genannt werden, wie beispielsweise Bimetallregler. Sie werden besonders zur Temperaturregelung herangezogen. Beispiele sind Thermostaten, Bügeleisen und Trockenschränke.

Neben den unstetig arbeitenden Reglern gibt es die stetig arbeitenden Regler.

---

[1]) Als Störgröße soll nur die Kaltluftgeschwindigkeit gelten. Weitere Störgrößen sind u. a. die Netzspannung und Raumtemperatur, denn eine Änderung dieser Größen würde auch einen Regelvorgang auslösen.

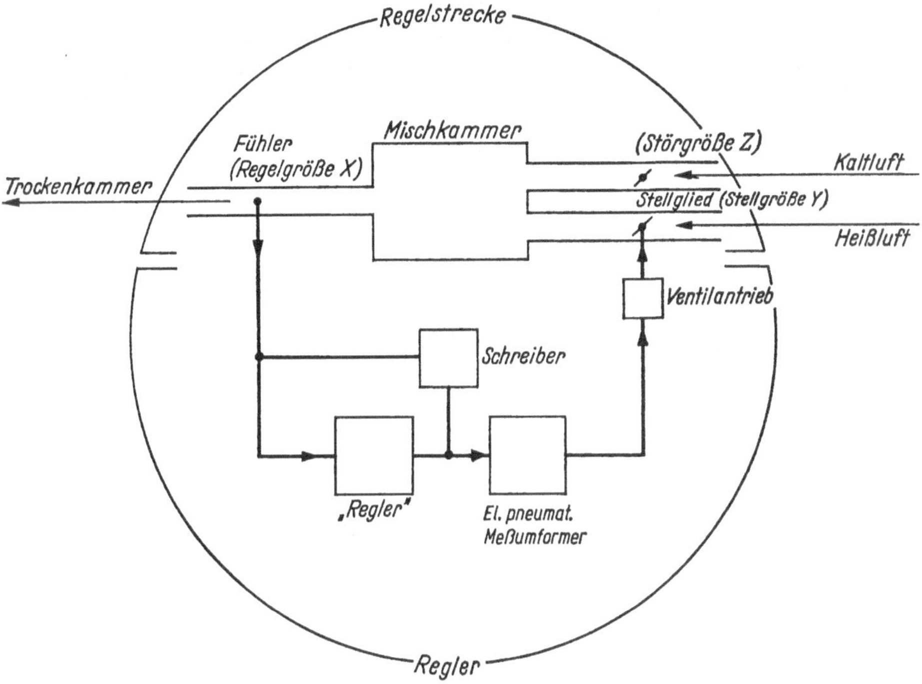

Abb. 37, 1. Regelkreis

Stetige Regler[1]) werden vom Standpunkt der Regeltechnik aus nach ihrem Zeitverhalten und nicht nach der Regelgröße (Temperatur, Druck usw.) eingeteilt. Man unterscheidet zwei Arten von stetigen Reglern, die proportional wirkenden Regler (P-Regler) und die integral wirkenden Regler (I-Regler). Ferner werden Kombinationen des P- und I-Verhaltens ausgeführt, die als PI-Regler bezeichnet werden. Schließlich kann dem Regler, wenn es sich um Regelungen schwierigerer Regelstrecken handelt, zur Verbesserung des dynamischen Verhaltens noch ein differentielles Verhalten (D-Verhalten) verliehen werden. Regler, welche proportionales, integrales und differentielles Verhalten in sich vereinigen, werden PID-Regler genannt. Je nach der gestellten Regelaufgabe wird man eine dieser Reglerarten einsetzen. Die Wahl richtet sich vor allem nach der geforderten Regelgenauigkeit und dem Zeitverhalten der Regelstrecke. Die am meisten verwendeten Regler sind die P- und PI-Regler.

[1]) Die folgende Darstellung ist notwendigerweise knapp gefaßt und auf die folgenden Versuche zugeschnitten. Weitere Grundlagen sind der zitierten Literatur (*42*), (*78*), (*89*) zu entnehmen.

Der P-Regler. Im vorliegenden Beispiel soll ein P-Regler, wie er in der chemischen Industrie häufig eingesetzt wird, näher beschrieben und verwendet werden. Ein P-Regler ist dadurch gekennzeichnet, daß er jedem Istwert der Regelgröße eine ganz bestimmte Stellung des Stellgliedes zuordnet, und zwar besteht eine lineare Abhängigkeit zwischen dem Istwert der Regelgröße x und der Stellgröße y. In **Abbildung 37,** 2 ist entsprechend die Stellgröße y gegen den Istwert der Regelgröße x abgetragen. Die erhaltene Gerade K wird als statische Kennlinie des Reglers und ihr Anstieg V_R als Verstärkungsfaktor bezeichnet. Der Kehrwert des Verstärkungsfaktors, X_P, wird Proportionalbereich genannt. Ferner ist die sog. Sollwertlinie S eingezeichnet. Lediglich im Schnittpunkt von K und S mit den Koordinaten $x = w$; $y = y_0$; $z = z_0$ stimmen Sollwert w und Istwert x der Regelgröße überein, m. a. W. ist die Sollwertabweichung $x—w = 0$. Für alle Betriebspunkte gilt, daß die Stellgliedverstellung proportional der Sollwertabweichung ist;

$$(y—y_0) = \underset{(+)}{\overset{(-)}{}} V_R \cdot (x—w).$$

Man spricht deshalb auch von einem Regler mit Stellungszuordnung.

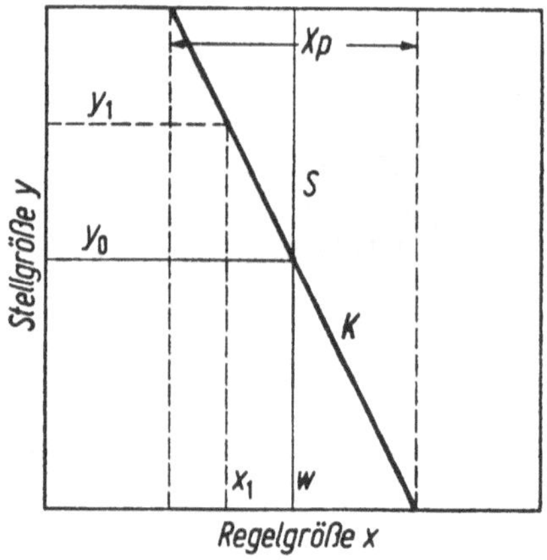

Abb. 37, 2. Statische Kennlinie eines P-Reglers

Um die Bedeutung der Stellungszuordnung und damit die Vor- und Nachteile des P-Reglers zu erläutern, wählen wir zunächst den Grenzfall $X_p = 0$; dann fallen Kennlinie K und Sollwertlinie S zusammen. Der Regler besitzt keine Stellungszuordnung mehr. Sobald der Istwert der Regelgröße infolge einer kleinen Störung den Sollwert nur wenig unterschreitet, also eine kleine Sollwertabweichung auftritt, wird der Regler das Stellglied völlig öffnen und so lange offenhalten, bis der Istwert den Sollwert übersteigt. Dann wird der Regler das Ventil sofort schließen und so lange geschlossen halten, bis der Sollwert wieder unterschritten wird. Der P-Regler ist zum Zweipunktregler „entartet". Diese extremen

Verstellungen des Stellgliedes, die dementsprechend auch für kleine P-Bereiche ($X_p \longrightarrow 0$) gegeben sind, können namentlich bei Regelstrecken mit „Verzugszeit" (s. w. u.) zu Überregelungen führen. Der Istwert wird den Sollwert — eventuell beträchtlich — abwechselnd über- und unterschreiten. Der Regelkreis „schwingt". Wählt man einen großen P-Bereich, so wird der Regler auf eine geringe Regelabweichung hin nur eine kleine, der Kennlinie entsprechende Verstellung vornehmen. Dann wird die Gefahr einer Überregelung weitaus geringer. Diesem Vorteil steht aber nun der Nachteil gegenüber, daß der Istwert der Regelgröße vom Sollwert abweichen kann, d. h. „lastabhängig" wird. Während einerseits der Regler um so weniger zu Schwingungen des Regelkreises Veranlassung gibt, je größer sein Proportionalbereich gewählt wird, ist andererseits mit einem größeren Proportionalbereich auch eine größere „Lastabhängigkeit" verbunden.

Um diese Erscheinung näher zu erläutern, greifen wir auf das Beispiel des Lufterhitzers zurück. Die Anlage befinde sich im normalen Betriebszustand ($x = w$; $y = y_0$; $z = z_0$), wobei sie einen bestimmten Warmluftstrom erzeugt. Nehmen wir an, daß ein erhöhter Warmluftbedarf auftritt, so kann dieser nur durch Vergrößerung der Kalt- und Heißluftgeschwindigkeit gedeckt werden. Der neue Betriebszustand (Beharrungszustand) wird also dadurch gekennzeichnet sein, daß $y_0 < y_1$ und $z_0 < z_1$ ist (**Abb. 37, 2**). Da Stellungszuordnung besteht, muß $w > x_1$ sein, d. h. Istwert und Sollwert der Regelgröße stimmen im neuen Beharrungszustand nicht mehr überein. Die Abweichung der Regelgröße von ihrem Sollwert wird bleibende Sollwertabweichung genannt. Sie wird um so größer sein, je größer der P-Bereich X_p und je größer die Abweichung vom normalen Betriebszustand ist.

Um das Zeitverhalten des Reglers zu beobachten, muß der Regler für sich allein betrachtet werden, also losgelöst von der Regelstrecke. Experimentell genügt es, die Verbindung zwischen Drossel und Klappensteller zu trennen. Wir nehmen an, die Anlage befindet sich im normalen Betriebszustand. Sie wird weiter im Sollzustand beharren, solange keine Störung von außen einwirkt. Ändern wir sprungförmig den Istwert der Regelgröße um Δx oder, was auf das gleiche hinausläuft, den Sollwert um einen kleinen Betrag Δw, wird der Regler eine entsprechende Verstellung des Stellgliedes vornehmen. Mißt man die Stellgröße während des Regelvorganges und trägt die ermittelten y-Werte gegen die Zeit ab, so erhält man eine Kurve, die als Übergangsfunktion bezeichnet wird und die das Zeitverhalten des Reglers wiedergibt. In **Abbildung 37, 3** ist die Übergangsfunktion des P-Reglers dargestellt. Es ist ersichtlich, daß der Regler innerhalb kürzester Zeit ($t \longrightarrow 0$) die Verstellung des Stellgliedes vornimmt.

Der I-Regler. Während beim P-Regler jeder Sollwertabweichung eine bestimmte Stellung des Stellgliedes zugeordnet ist, kennt der integral wirkende Regler keine Stellungszuordnung. Tritt infolge einer bleibenden Störung eine Sollwertabweichung auf, nimmt der I-Regler so lange eine Verstellung des Stellgliedes vor, bis die Regelgröße wieder ihren Sollwert erreicht. Kennzeichnend ist beim I-Regler, daß die Verstellgeschwindigkeit des Stellgliedes der Sollwertabweichung proportional ist.

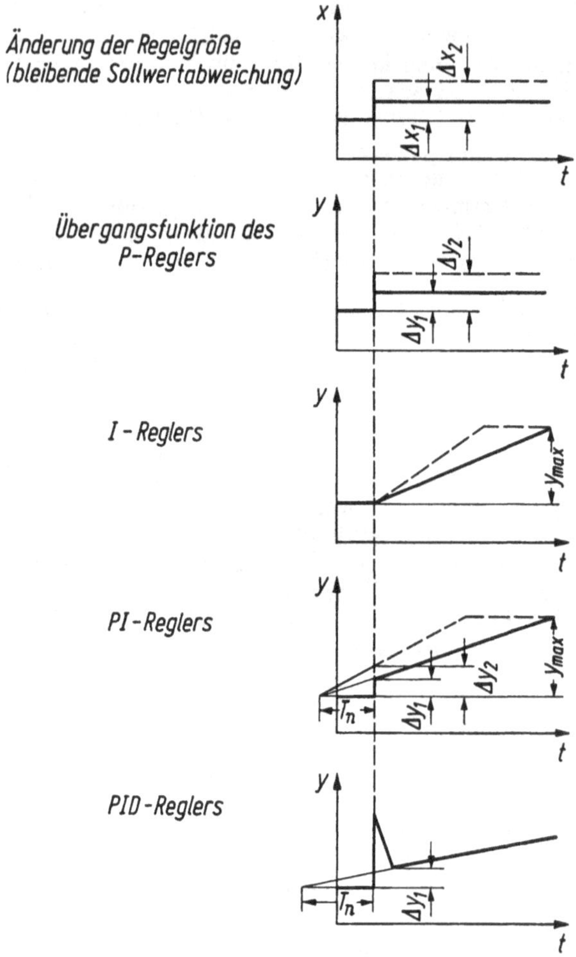

Abb. 37, 3. Zeitverhalten des Reglers

Wenn Ist- und Sollwert der Regelgröße übereinstimmen, ist die Verstellgeschwindigkeit gleich 0.

In **Abbildung 37, 3** ist das Zeitverhalten des I-Reglers für zwei verschiedene Sollwertabweichungen, Δx_1 und Δx_2 dargestellt. Die Verstellung Δy des Stellgliedes ergibt sich aus der Zeitdauer, während der die Sollwertabweichung Δx_1 besteht.

Eine charakteristische Größe des *I*-Reglers ist die Geschwindigkeit C_R, mit der er das Stellglied verstellt, wenn der Meßwert der Regelgröße um eine Einheit, in unserem Fall um 1° C, geändert wird.

Da *I*-Regler so lange eine Verstellung des Stellgliedes vornehmen, bis die Regelgröße wieder auf den Sollwert gebracht ist, ist ein Beharrungszustand auch bei dauernder Belastungsänderung nur möglich, wenn Soll- und Istwert der Regelgröße übereinstimmen. *I*-Regler zeigen also keine Lastabhängigkeit. Demgegenüber haben sie den Nachteil, daß sie Schwingungen des Regelkreises verursachen können, wenn Strecken mit Verzugszeit zu regeln sind.

Der PI-Regler. Der lastabhängige Fehler des *P*-Reglers kann in vielen Fällen in Kauf genommen werden, wenn ein möglichst kleiner *P*-Bereich und geeigneter Sollwert gewählt werden. Sind hingegen die Genauigkeitsansprüche höher, kann ein *PI*-Regler Verwendung finden. Der *PI*-Regler stellt sozusagen die Kombination eines *P*- mit einem *I*-Regler dar. Er beantwortet eine bleibende Sollwertabweichung zunächst wie ein *P*-Regler, d. h. er nimmt die der Sollwertabweichung Δx_1 bzw. Δx_2 entsprechende Stellgrößenänderung Δy_1 bzw. Δy_2 innerhalb kürzester Zeit vor (**Abb. 37, 3**). Sodann bringt er das Stellglied mit geringerer Geschwindigkeit in die Endlage. Durch diese anschließende Integralwirkung wird der lastabhängige Fehler des *P*-Reglers korrigiert. Damit weist der *PI*-Regler genausowenig wie der *I*-Regler eine bleibende Sollwertabweichung auf. Die Zeit T_n, die der Regler benötigt, um auf Grund seiner Integralwirkung die Stellgröße um ein weiteres Δy zu verändern, wird als Nachstellzeit bezeichnet. Die Nachstellzeit ist gewöhnlich einstellbar.

Der PID-Regler. Der *PID*-Regler mißt nicht nur die Änderung, sondern auch die Änderungsgeschwindigkeit der Regelgröße (D = differentielles Verhalten). Tritt eine Sollwertabweichung auf, so verstellt er das Stellglied sofort um einen großen Betrag. Anschließend führt er es in die dem *P*-Bereich entsprechende Stellung zurück, um dann als Integralregler weiterzuarbeiten. Je größer und schneller die Sollwertabweichung ist bzw. eintritt, desto größer ist die anfängliche Stellgliedverstellung. Tritt im Grenzfall eine sprungförmige Veränderung der Regelgröße auf, wird die größte Stellgliedverstellung vorgenommen (**Abb. 37, 3**). Charakteristisch für das *D*-Verhalten des Reglers ist die Vorhaltzeit T_v, die gewöhnlich einstellbar ist. Für eine eingehende Erklärung des *D*-Verhaltens und der Vorhaltzeit muß auf (*89*) verwiesen werden.

Die Regelstrecke. Regelstrecken werden wie Regler nach ihrem Zeitverhalten beurteilt. Um das Zeitverhalten der Regelstrecke zu beobachten, ist die Regelstrecke für sich allein, also losgelöst vom Regler, zu betrachten. Wir wählen wieder das Beispiel des Lufterhitzers. Experimentell gehen wir so vor, daß wir die Anlage auf „Handregelung" umstellen. Nun wird die Stellgröße am Handregler sprungförmig um einen kleinen Betrag Δy_1 geändert und der Istwert der Regelgröße x laufend gemessen. Trägt man x als Funktion der Zeit t auf, erhält man eine Kurve, die als Übergangsfunktion der Regelstrecke bezeichnet wird. Wir wollen 3 wichtige Arten von Regelstrecken erwähnen (**Abb. 37, 4**) und ihre Kenngrößen aufführen.

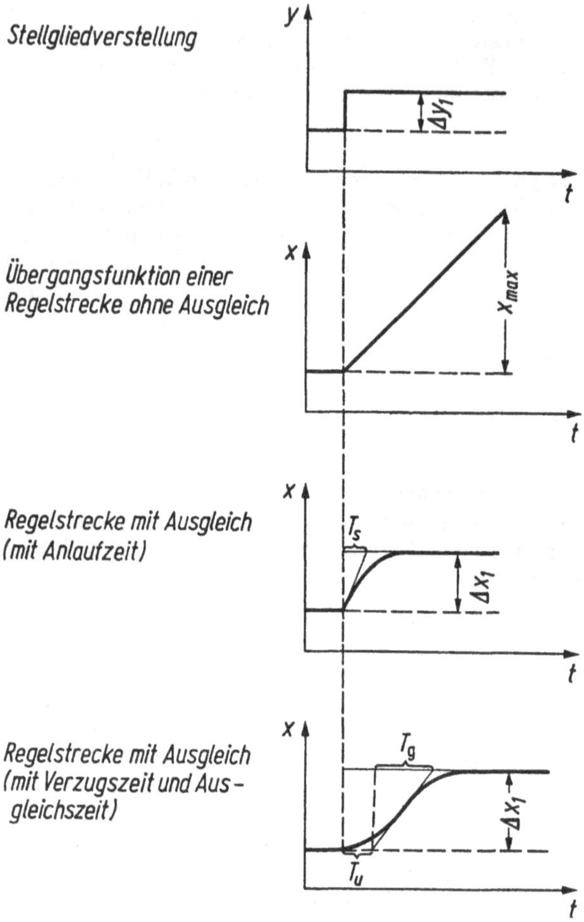

Abb. 37, 4. Zeitverhalten von Regelstrecken

1. Regelstrecke ohne Ausgleich:

Sie ist dadurch gekennzeichnet, daß sich der Istwert der Regelgröße mit gleichbleibender Geschwindigkeit ändert. Kenngröße ist die Änderungsgeschwindigkeit des Istwertes der Regelgröße, welche bei dem Stellbereich Y_h des Stellgliedes auftritt.

2. Regelstrecke mit Ausgleich (mit Anlaufzeit):

   Sie ist dadurch gekennzeichnet, daß sich innerhalb einer bestimmten Zeit ein neuer Gleichgewichtszustand einstellt. Kenngrößen sind die Zeitkonstante T_s und

   $$\text{der Verstärkungsfaktor } V_s = \frac{\text{Regelgrößenänderung}}{\text{Stellgrößenänderung}}.$$

   Ist die Zeitkonstante klein ($T_s \longrightarrow 0$), spricht man von einer verzögerungsarmen Regelstrecke, ist T_s groß, handelt es sich um eine Regelstrecke mit Anlaufzeit.

3. Regelstrecke mit Ausgleich (mit Verzugszeit und Ausgleichszeit): Sie ist dadurch gekennzeichnet, daß die Regelgröße erst nach Ablauf einer bestimmten Zeit in den neuen Gleichgewichtszustand übergeht. Kenngrößen sind die Verzugszeit T_u, die Ausgleichszeit T_g und der Verstärkungsfaktor V_s.

Das Zeitverhalten bzw. die Übergangsfunktion der Regelstrecke entscheidet über die Wahl des Reglertyps und die Einstellung seiner Kenngrößen.

Wahl und Anpassung des Reglers. Auf die Frage, welcher Regler für eine gegebene Regelstrecke am besten geeignet ist, kann hier nicht näher eingegangen werden (vgl. hierzu (*84*)). Erwähnt sei nur, daß Regelstrecken ohne Ausgleich *P*-Regler erfordern. Das Regelverhalten von Regelstrecken mit Ausgleich läßt sich nach (*84*) aus dem Verhältnis T_g/T_u abschätzen:

$T_g/T_u > 10$ gut regelbar, *P*-Regler.

$T_g/T_u \sim 6$ einigermaßen regelbar, *PI*-Regler.

$T_g/T_u < 3$ schlecht bzw. nicht regelbar, *PID*-Regler.

Die günstigste Einstellung des Reglers kann entweder aus der Übergangsfunktion der Regelstrecke ermittelt werden oder aus dem Schwingungsverhalten des geschlossenen Regelkreises erfolgen. Für Regelstrecken mit Ausgleich gilt folgendes:

Wenn es sich um einen *PID*-Regler handelt, wird er zunächst als *P*-Regler eingestellt, d. h. $T_v = 0$, $T_n = \infty$, und der größtmögliche *P*-Bereich gewählt. Sodann wird der *P*-Bereich so lange verkleinert, bis die Regelgröße eben beginnt, ungedämpfte Schwingungen auszuführen. Dieser Bereich wird als kritischer *P*-Bereich ($X_{p\,kr}$) bezeichnet. Die Periode der Schwingung ist die kritische Periode T_{kr}. Die günstigste Einstellung des Reglers ergibt sich aus $X_{p\,kr}$ und T_{kr} zu:

1. *P*-Regler: *P*-Bereich $X_p = 2\, X_{p\,kr}$.
2. *PI*-Regler: *P*-Bereich $X_p = 2{,}2\, X_{p\,kr}$, $T_n = 0{,}85\, T_{kr}$.
3. *PID*-Regler: *P*-Bereich $X_p = 1{,}7\, X_{p\,kr}$, $T_n = 0{,}5\, T_{kr}$, $T_v = 0{,}12\, T_{kr}$.

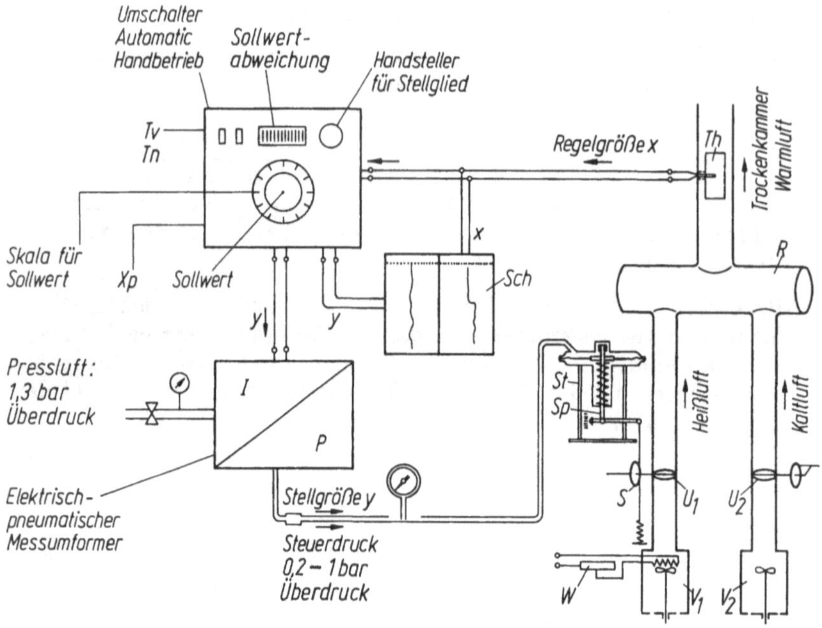

Abb. 37, 5. Regelung eines Lufterhitzers

Zur Ermittlung der günstigsten Bedingungen aus der Übergangsfunktion der Regelstrecke vgl. (*42*).

Apparaturbeschreibung.

Arbeitsweise des Reglers. Der verwendete Regler (Contric *ML*[1]), elektropneumatischer Meßumformer; Fa. Hartmann u. Braun, Frankfurt/M.) ist ein elektropneumatischer *P*- (bzw. *PI*-, *PID*-) Regler, der schematisch durch **Abbildung 37, 5** wiedergegeben wird. Das erste Glied des Reglers ist sein Meßwerk, das in Verbindung mit dem Thermoelement *Th* den Istwert der Regelgröße laufend verfolgt und auf dem Schreiber *Sch* registriert. Der „Regler" (im handelsüblichen Sinn) erzeugt einen Steuerstrom, der zwischen 0 und 20 mA liegt. Wenn Soll- und Istwert der Temperatur übereinstimmen, sollte er 10 mA betragen. Dieser Steuerstrom wird ebenfalls vom Schreiber registriert. Er kann, wie aus den folgenden Betrachtungen hervorgeht, als Stellgröße gelten. Eine Sollwertabweichung beantwortet der „Regler" durch eine Änderung des Steuerstroms; dabei ist die Sollwertabweichung streng proportional der Änderung

---

[1]) Einzelheiten über die Beschreibung und Bedienung sowie Zusatzteile sind der Gebrauchsanweisung zu entnehmen.

des Steuerstroms. Diese lineare Zuordnung zwischen Temperatur und Steuerstrom wird durch eine „starre elektrische Rückführung" erreicht. Der Proportionalbereich X_p kann verändert werden. Vorhaltzeit T_v und Nachstellzeit T_n können ebenfalls eingestellt werden. An der Frontplatte findet sich ferner ein Meßinstrument, an dem der Steuerstrom bzw. die Sollwertabweichung abgelesen werden können.

Das nächste Glied des Reglers ist ein elektropneumatischer Meßumformer. Er steuert mittels des Ausgangsstromes des Reglers den Luftdruck, der zur Betätigung des luftgetriebenen Klappenstellers *St* dient. Der Luftdruck beträgt je nach Steuerstrom (20 bis 0 mA) 0,2 bis 1 bar (Überdruck). Eine lineare Zuordnung zwischen Steuerstrom und Steuerdruck wird durch eine pneumatische „starre Rückführung" erreicht.

Ferner enthält der Meßumformer ein sog. Schnellsteuerrelais, das auch bei langen Steuerluftleitungen zwischen Meßumformer und Membranventil kurze Auffüllzeiten und damit kurze Stellzeiten ermöglicht.

Das letzte Glied des Reglers ist der Klappensteller *St*, der über einen Schnurzug und die Rolle *S* die Drosselklappe U_1 betätigt. Der Hub der Spindel (Gesamthub 22 mm) und damit auch der Drehwinkel α der Drosselklappe hängt vom Steuerluftdruck ab; beträgt der Druck 0,2 bar (Überdruck), ist die Drossel ganz geöffnet ($\alpha = 90°$), während ein Druck von 1 bar (Überdruck) die völlige Schließung bewirkt ($\alpha = 0°$).

Der Hub der Spindel und damit auch der Drehwinkel der Drosselklappe ist eine lineare Funktion des Steuerluftdruckes. Der Heißluftstrom ist allerdings nicht proportional dem Drehwinkel der Drosselklappe, da die Kennlinie dieses Stellgliedes keine Gerade ist. Wird an Stelle der Drossel wie in Aufg. 38 ein Linearventil gewählt, ist auch der Stellstrom eine lineare Funktion des Steuerluftdruckes. Die Kennlinie des Drosselventils (Klappensteller und Drossel) kann annähernd linear gemacht werden, wenn an Stelle der Rolle *S* eine Scheibe geeigneter Gestalt gewählt wird. Zusammenfassend kann gesagt werden, daß jede Sollwertabweichung eine dieser proportionale Verstellung der Drosselklappe und damit zwar definierte, aber nicht proportionale Änderung des Heißluftstromes nach sich zieht; bei Verwendung von Linearventilen ist auch die Änderung des Stellstromes proportional der Sollwertabweichung.

Aufgabe.

1. Bestimmung der Übergangsfunktion der Regelstrecke und ihrer Kenngrößen.
2. Anpassung des *P*-Reglers an die Regelstrecke. Ermittlung des günstigsten Proportionalbereiches.
3. Bestimmung der zugehörigen Reglerkennlinie und der Lastabhängigkeit.

4. Anpassung des *PI*- und *PID*-Reglers an die Regelstrecke.
5. Bestimmung der Übergangsfunktionen der angepaßten *P*-, *PI*- und *PID*-Regler.

Zubehör. Regler und Regelstrecke nach **Abbildung 37, 5**, Strömungssonde.

Ausführung der Messungen.

1. Die Anlage wird am „Regler“ auf „Handregelung“ umgeschaltet und in Betrieb gesetzt. Der Sollwert wird auf 35° C eingestellt und mit dem Handsteller die Heißluftdrossel zu 50% (= 11 mm Ventilhub) geöffnet. Bei abgeschaltetem Föhn wird die Kaltluftgeschwindigkeit auf 50% ihres Wertes gebracht. Man schaltet dann den Föhn wieder ein und variiert seine Heizung mittels des Vorwiderstandes *W* so lange, bis der Steuerstrom des Reglers 10 mA — am „Regler“ abzulesen — beträgt. Nun wird der Schreiber eingeschaltet und die Stellgröße sprungförmig um etwa 5 mm Hub verändert. Der Schreiber schreibt direkt die Übergangsfunktion der Regelstrecke. Man ermittle die Art der Regelstrecke und ihre Kenngrößen.

2. Der größte *P*-Bereich (X_p) des Reglers wird eingestellt und der Regler auf „selbsttätige Regelung“ umgestellt ($T_n = \infty$; $T_v = 0$). Ist die Drosselklappe zur Ruhe gekommen, befindet sich das System also im Beharrungszustand, wird der Schreiber eingeschaltet. Istwert und Sollwert der Regelgröße sollten übereinstimmen. Eine Nachstellung kann am Vorwiderstand der Föhnheizung erfolgen. Jetzt wird der *P*-Bereich so lange verkleinert, bis die Anlage beginnt, ungedämpfte Schwingungen auszuführen. Die Schwingungsdauer wird mit der Stoppuhr gemessen und der günstigste *P*-Bereich eingestellt.

3. Nachdem die Warmluftgeschwindigkeit an der Strömungssonde abgelesen ist, wird die Kaltluftgeschwindigkeit etwas verändert und die Einstellung des neuen Beharrungszustandes abgewartet. Die zugehörige Warmluftgeschwindigkeit wird an der Strömungssonde, die Regelgröße und Stellgröße am Schreiber abgelesen. Der gleiche Versuch wird bei verschiedenen Kaltluftgeschwindigkeiten, die größer und kleiner als die anfängliche sind, wiederholt. Trägt man in einem Diagramm die ermittelten x-Werte gegen die zugehörigen y-Werte ab, so erhält man die Reglerkennlinie; trägt man x gegen die Strömungsgeschwindigkeit der Warmluft ab, erhält man eine Kurve, die die Lastabhängigkeit des Reglers wiedergibt.

4. Sinngemäß wird das *PI*- und *PID*-Verhalten des Reglers der Regelstrecke angepaßt und jeweils die Lastabhängigkeit bei einer Abweichung vom normalen Betriebszustand überprüft.

5. Zur Ermittlung der Übergangsfunktion des *PID*-Reglers wird die Anlage zunächst in den normalen Betriebszustand gebracht und dann die Verbindung zwischen Klappensteller und Drossel vorsichtig gelöst. Wird die Regelgröße (Sollwert) sprungartig um 5° C erhöht, zeichnet der Schreiber direkt die Übergangsfunktion des Reglers. Der Versuch wird sinngemäß mit dem *PI*- und *P*-Regler wiederholt.

38. Regelung eines Wärmeaustauschers

Grundlagen. Bei Rektifikationsproblemen besteht die Aufgabe, eine Flüssigkeit auf eine bestimmte Temperatur zu bringen, um sie anschließend in eine kontinuierlich arbeitende Kolonne einzuspeisen. In **Abbildung 38, 1** ist eine derartige Regelstrecke dargestellt. Regelgröße ist in diesem Falle die Temperatur der den Kühler verlassenden Flüssigkeit, die mittels des Fühlers (Thermoelement) gemessen werden kann. Stellstrom ist das Kaltwasser, Stellgröße der Ventilhub, und als Störgröße wählen wir die Temperatur des Heißwassers, das in den Wärmeaustauscher eintritt. Als Regler dient der bereits in der vorstehenden Aufgabe ausführlich beschriebene elektropneumatische Regler.

Das Zeitverhalten dieser Regelstrecke wird vor allen Dingen davon abhängen, ob der Wärmeaustauscher im Gleich- oder Gegenstrom gefahren wird. Bei Gegenstrombetrieb zieht eine Änderung der Stellgröße fast unmittelbar eine Änderung der Regelgröße nach sich. Arbeitet der Austauscher hingegen im Gleichstrom, wird die Verzugszeit größer sein. Der Regelkreis wird infolgedessen leichter zum Schwingen neigen.

Aufgabe. Wie Aufg. 37, außer Punkt 5.

Zubehör. Regler nach **Abbildung 37, 5**, Regelstrecke nach **Abbildung 38, 1**, gut regulierbare Therme.

Apparaturbeschreibung und Ausführung der Messungen. Der Aufbau der Regelstrecke wird durch **Abbildung 38, 1** wiedergegeben. Heißwasser wird einer Therme, Kaltwasser der Leitung entnommen. Vor dem Stellglied befindet sich ein Druckminderer, der die Einstellung des Ventilvordruckes gestattet. Das Stellglied ist ein pneumatisches Ventil (lineare Charakteristik) mit 2 mm Sitzdurchmesser. Der Wärmeaustauscher wurde bereits in Aufg. 1 beschrieben. *T* sind Thermometer. Die Messungen werden sinngemäß wie in Aufg. 37 beschrieben bei Gleich- und Gegenstrom durchgeführt: Als Sollwert wird etwa 50° C gewählt, Heißwasser wird mit 1,5 l/min und 70° C in den Austauscher eingespeist. Der Ventilvordruck wird so eingestellt, daß der Kaltwasserdurchsatz etwa 1,5 l/min bei halber Öffnung des Ventils beträgt.

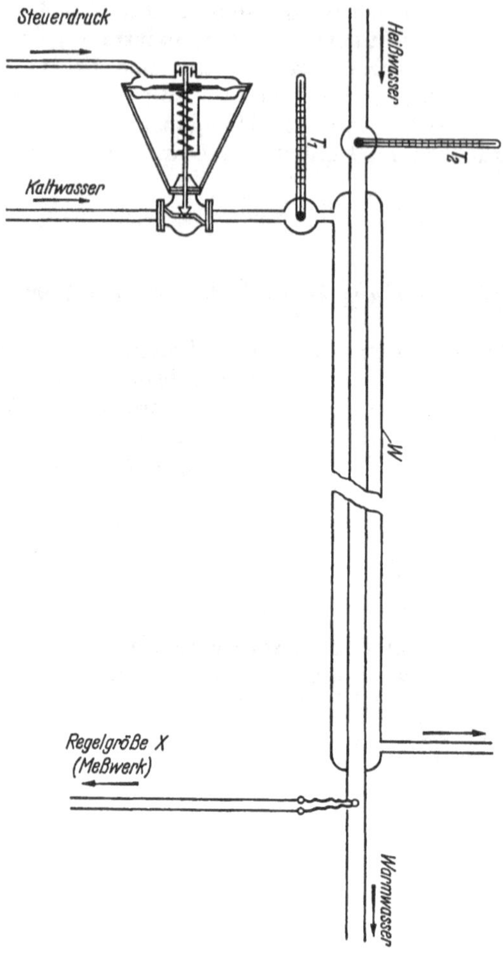

Abb. 38, 1. Regelstrecke: Wärmeaustauscher

39. Regelung eines Absorbers

Grundlagen und Apparaturbeschreibung. Mittels der in **Abbildung 39, 1** skizzierten Anlage soll Ammoniumhydrogencarbonat aus Kohlensäure und Ammoniumbicarbonat dargestellt werden. Verdünnte (n/50) Ammoniumbicarbonatlösung fließt aus einem Vorratsgefäß (10 l MARIOTTEsche Flasche) durch das Stellglied U in den Absorber W, der mit RASCHIG-Ringen gefüllt ist. Das Stellglied ist ein Linearventil (2 mm Sitzdurchmesser) mit pneumatischem Antrieb (Steuerdruck: 0,2—1 bar (Überdruck)). Am Boden der Kolonne wird ein CO_2-Luft-Gemisch mit konstanter Geschwindigkeit eingeleitet. Die Geschwindigkeit des Stellstroms kann am Roatmeter St_1, die der Gasströme an den Strömungsmessern St_2 und St_3 abgelesen werden. Die Nadelventile H_1, H_2 und H_3 dienen zu ihrer Regulierung. Die gebildete Ammoniumhydrogencarbonatlösung fließt aus dem Turm in den Behälter B, der neben einem Rührer R die Meßkette (Glaselektrode E_1, Bezugselektrode E_2), also den Fühler, enthält.

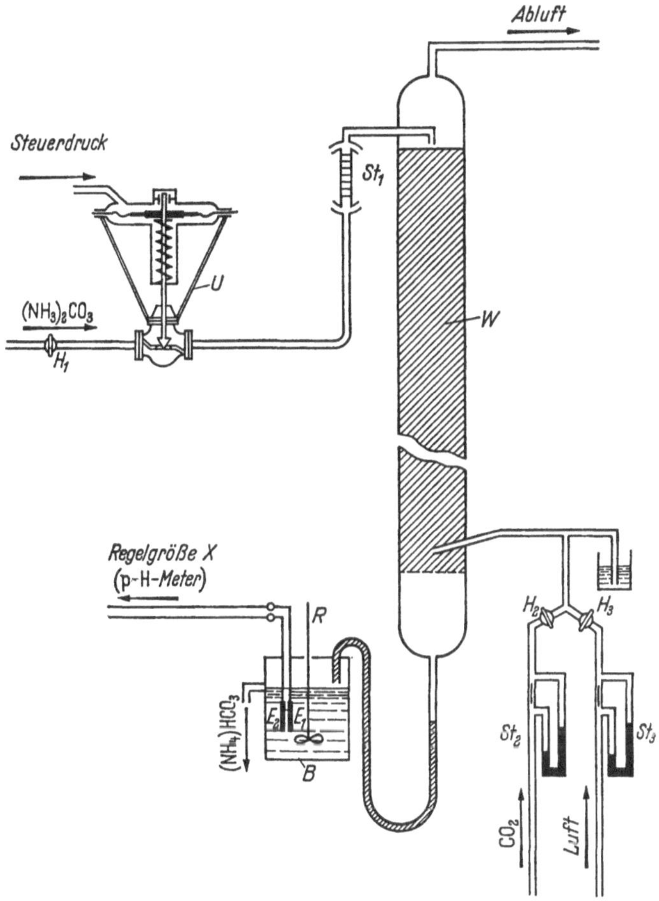

Abb. 39, 1. Regelstrecke für die pH-Wert-Regelung

Als Regler wird der in Aufg. 37 beschriebene elektropneumatische P- bzw. PI- oder PID-Regler verwendet, dessen Meßwerk durch ein pH-Meter ersetzt wird.

Regelgröße ist in diesem Fall der pH-Wert der abfließenden Flüssigkeit, während die Stellgröße wieder der Ventilhub bzw. die Flüssigkeitsgeschwindigkeit ist. Störgröße soll die Geschwindigkeit des Kohlensäurestroms sein.

Die beschriebene Regelstrecke wird vor allem durch ihre beachtliche Verzugszeit gekennzeichnet sein. Wird eine schnelle Änderung der Stellgröße vorgenommen, tritt zunächst keine Änderung der Regelgröße ein; sie wird erst nach etwa der Zeit beginnen, die ein Flüssigkeitselement benötigt, um den Turm zu durchwandern.

Aufgabe. Wie Aufg. 37, außer Punkt 5.

Zubehör. Regelstrecke nach **Abbildung 39, 1,** Regler wie Aufg. 37 mit pH-Meter, MARIOTTEsche Flasche, $(NH_4)_2CO_3$, CO_2.

Ausführung der Messungen. Die Messungen werden sinngemäß wie in Aufg. 37 beschrieben ausgeführt. Bei halbgeöffnetem Stellglied sollte der Stellstrom etwa 100 ml/min und der Gasstrom (50% CO_2) etwa 88 ml/min betragen.

Weitere Literatur: (*84*), (*154*).

D. Anhang

40. Darstellung einer vollständigen Funktion physikalischer oder chemischer Einflußgrößen als Funktion dimensionsloser Kenngrößen

Zusammengefaßt lauten die wichtigsten Folgerungen und Aussagen der Ähnlichkeitstheorie (vgl. S. 1ff.):

1. Die Voraussetzung für die Ähnlichkeit zweier physikalischer oder chemischer Vorgänge ist lediglich die Übereinstimmung der entsprechenden Kenngrößen. Es ist gleichgültig, wie sich die einzelnen Einflußgrößen beim Übergang von der Modell- auf die Hauptausführung ändern. So ist es beispielsweise auch möglich, bei beiden Ausführungen eine Einflußgröße konstant zu halten, wenn die anderen Einflußgrößen so geändert werden, daß die Kenngrößen sich nicht ändern.
2. Jede dimensionsrichtige Funktion physikalischer oder chemischer Einflußgrößen läßt sich als Beziehung zwischen einem vollständigen Satz dimensionsloser Produkte dieser Einflußgrößen darstellen (π-Theorem). Die Zahl der unabhängigen dimensionslosen Produkte ist im allgemeinen gleich der Zahl der Einflußgrößen vermindert um die Zahl der Grunddimensionen, die in den Dimensionen der Einflußgrößen enthalten sind.
3. Über die das Naturgesetz bestimmende „Form der Funktion" kann jedoch die Ähnlichkeitstheorie keine Aussagen machen. Sie ist durch Versuche zu ermitteln bzw. aus einem Prinzip oder vorangehenden Gesetzen abzuleiten.
4. Da für einen gegebenen Vorgang die Anzahl der dimensionslosen Kenngrößen im allgemeinen geringer als die Anzahl der Einflußgrößen ist, läßt sich die zwischen den Kenngrößen bestehende Beziehung experimentell einfacher ermitteln als der zwischen den ursprünglichen Einflußgrößen bestehende Zusammenhang.
5. Die Funktion dimensionsloser Produkte von mehreren physikalischen Größen ist unabhängig von dem gewählten Maßsystem.

a) Bezeichnet man allgemein die n dimensionsbehafteten physikalischen Einflußgrößen eines Vorgangs mit $v_1, v_2, v_3 \cdots v_n$, und die in den Dimensionsformeln dieser Größen auftretenden Grundeinheiten $g_1, g_2,$

$g_3 \cdots g_m$, so erscheinen die Dimensionsformeln gemäß der Definition der Einflußgrößen in der Form

$$[v_i] = g_1^{a_{1i}} \, g_2^{a_{2i}} \, g_3^{a_{3i}} \cdots g^{a_{mi}} = \prod_{k=1}^{m} g_k^{a_{ki}}, \tag{1}$$

wobei $i = 1, 2, 3, \cdots n$ ist. Die eckige Klammer soll andeuten, daß es sich um die Dimension von v_i handelt.

Nach dem Π-Theorem läßt sich die Funktion für den Vorgang

$$f(v_1, v_2, v_3 \cdots v_n) = 0, \tag{2}$$

wenn es sich um eine dimensionsrichtige Gleichung handelt, in der Form

$$\varphi(\Pi_1, \Pi_2, \Pi_3 \cdots \Pi_{n-m}) = 0 \tag{3}$$

darstellen.

$\Pi_1 \cdots \Pi_{n-m}$ sind in ihr $n - m$ unabhängige Produkte von der Form

$$\Pi = v_1^{x_1} \, v_2^{x_2} \, v_3^{x_3} \cdots v_n^{x_n} = \prod_{i=1}^{n} v_i^{x_i}, \tag{4}$$

die dimensionslos, also Kenngrößen sein sollen und die sich aus Potenzen der Einflußgrößen v mit den Exponenten x zusammensetzen. Für jedes der dimensionslosen Produkte sind nun die Exponenten aller Einflußgrößen zu berechnen. Weil die Unbekannten durchweg im Exponenten stehen, ist ohne weiteres ersichtlich, daß die Bearbeitung der Aufgabe auf Exponentialgleichungen führen wird. Nach dem bekannten Potenzgesetz werden Exponentensummen der x_i auftreten. Weil wir von diesen Summen den Wert wissen — er muß gemäß der Forderung der Dimensionslosigkeit gleich 0 sein —, werden in die zu erwartenden Exponentialgleichungen weder die Grundgrößen (bzw. ihre Logarithmen) noch insbesondere die Symbole der Einflußgrößen eingehen.

Wir können, ohne die Werte der x_i zu beeinträchtigen, Gl. (1) in Gl. (4) einsetzen und erhalten

$$\overline{\Pi} = \prod_{i=1}^{n} \prod_{k=1}^{m} g_k^{a_{ki} x_i} \tag{5}$$

als bedeutende Vereinfachung. Durch Einsetzen der aus den Exponentialgleichungen berechneten x_i in Gl. (4) erhalten wir die Π, die, wieder in Gl. (3) eingesetzt, die gesuchte Funktion $\varphi = 0$ liefern.

Weil im allgemeinen $n \neq m$ ist und (5) für die x_i immer m Gleichungen liefert, können $n - m$ Unbekannte x_i oder v willkürlich gewählt werden; wir nennen sie „Wahlgrößen" v.

Daraus wird zunächst ersichtlich, warum in der Gleichung (3) gerade $n - m$ dimensionslose Π auftreten. Die Dimension jeder der $n - m$ Wahlgrößen v nämlich kann und muß durch geeignete Kombination mit den übrigen „Bestimmungsgrößen" v aufgehoben werden, damit sämtliche Variable der $\varphi = 0$ dimensionslos, d. h. Kenngrößen werden.

In den Fällen $n - m = 1$ und $n = m$ erhalten wir eine dimensionslose Kenngröße und mit ihr die endgültige Funktion $f(v_1 \cdots v_s) = 0$ selbst bis auf eine Konstante, die experimentell bestimmt werden muß. (Von dem Fall $n < m$, der mit der vorliegenden Ähnlichkeitstheorie nicht ohne weiteres bearbeitet werden kann, soll abgesehen werden.) Welche Einflußgrößen v wir als Wahlgrößen nehmen, steht uns weitgehend frei. Überlegungen physikalischer und mathematischer Natur für die Auswahl werden am Schluß der folgenden Aufgabe in einer Diskussion der Lösung gegeben.

b) Eine Anwendungsmöglichkeit auf dem Gebiet der Verfahrenstechnik zeigt das folgende Beispiel des Wärmeübergangs:

Zu Beginn stellen wir die Einflußgrößen des Vorganges zusammen. Nach den Ausführungen der Aufgabe 1 ist zu erwarten, daß die Wärmeübergangszahl α von den in **Tabelle 40, 1** aufgeführten Größen abhängt.

Tab. 40, 1
Einflußgrößen des Wärmeübergangs

Einflußgröße	Symbol	Dimension
Rohrdurchmesser	d	L
Dichte der Flüssigkeit	ϱ	$L^{-3}\ M$
Zähigkeit der Flüssigkeit	η	$L^{-1}\ M\ T^{-1}$
Wärmeleitzahl	λ	$L\ M\ T^{-3}\ \Theta^{-1}$
Wärmeübergangszahl	α	$M\ T^{-3}\ \Theta^{-1}$
Strömungsgeschwindigkeit	w	$L\ T^{-1}$
spez. Wärme bez. auf die Masseneinheit	c_p	$L^2\ T^{-2}\ \Theta^{-1}$
Rohrlänge	l	L

Es ist also $\alpha = F\,(d, \varrho, \eta, \lambda, w, c_p, l)$
oder $f\,(d, \varrho, \eta, \lambda, \alpha, w, c_p, l) = 0$.

Wir wählen als Grunddimensionen die Länge L, die Masse M, die Zeit T und die Temperatur Θ; damit lautet die Dimensionsformel für die Wärmeleitzahl gemäß ihrer Definition

$$[\lambda] = L\,M\,T^{-3}\,\Theta^{-1}.$$

In der letzten Spalte der **Tabelle 40, 1** sind die Dimensionsformeln sämtlicher Einflußgrößen aufgeführt. Letztere sind, wie das Folgende zeigen wird, bereits zweckmäßig geordnet.

Nach dem Π-Theorem läßt sich die Funktion

$$f\,(d, \varrho, \eta, \lambda, \alpha, w, c_p, l) = 0 \tag{6}$$

in der Form

$$\varphi(\Pi_1, \Pi_2, \Pi_3, \ldots \Pi_{n-m}) = 0 \tag{7}$$

darstellen. Da in unserem Beispiel $n = 8$ dimensionsbehaftete Einflußgrößen v auftreten und $m = 4$ Grundgrößen (= Grunddimensionen) g, beträgt die Zahl der dimensionslosen Produkte $n - m = 8 - 4 = 4$. Wir erhalten

$$\varphi(\Pi_1, \Pi_2, \Pi_3, \Pi_4) = 0 . \tag{8}$$

Allgemein lauten diese Produkte entsprechend den berücksichtigten Einflußgrößen v

$$\Pi = d^{x_1} \varrho^{x_2} \eta^{x_3} \lambda^{x_4} \alpha^{x_5} w^{x_6} c_p^{x_7} l^{x_8} . \tag{9}$$

Die Gl. (5) für $\overline{\Pi}$ lautet dann für unser Beispiel ausgeschrieben:

$$\begin{aligned} \overline{\Pi} = {} & L^{1x_1} L^{-3x_2} L^{-1x_3} L^{1x_4} L^{0x_5} L^{1x_6} L^{2x_7} L^{1x_8} \\ & M^{0x_1} M^{1x_2} M^{1x_3} M^{1x_4} M^{1x_5} M^{0x_6} M^{0x_7} M^{0x_8} \\ & T^{0x_1} T^{0x_2} T^{-1x_3} T^{-3x_4} T^{-3x_5} T^{-1x_6} T^{-2x_7} T^{0x_8} \\ & \Theta^{0x_1} \Theta^{0x_2} \Theta^{0x_3} \Theta^{-1x_4} \Theta^{-1x_5} \Theta^{0x_6} \Theta^{-1x_7} \Theta^{0x_8} . \end{aligned} \tag{9a}$$

Das Dimensionsprodukt einer Einflußgröße v ist hierbei vertikal angeordnet, während horizontal jeweils gleiche Grundgrößen nebeneinander stehen. Fassen wir die Potenzen gleicher Basis zusammen, so nimmt das Produkt die Form an:

$$\begin{aligned} \overline{\Pi} = {} & L^{(1x_1-3x_2-1x_3+1x_4+0x_5+1x_6+2x_7+1x_8} \\ & M^{(0x_1+1x_2+1x_3+1x_4+1x_5+0x_6+0x_7+0x_8} \\ & T^{(0x_1+0x_2-1x_3-3x_4-3x_5-1x_6-2x_7+0x_8)} \\ & \Theta^{(0x_1+0x_2+0x_3-1x_4-1x_5+0x_6-1x_7+0x_8)} . \end{aligned} \tag{10}$$

Die Forderung, daß das Produkt dimensionslos sein soll, führt auf das lineare homogene Gleichungssystem der **Tabelle 40**, 2. Da wir für die $n = 8$ unbekannten Exponenten x_i nur $m = 4$ Bestimmungsgleichungen besitzen, können wir $n - m = 4$ Unbekannte bei der Auflösung des Gleichungssystems willkürlich wählen.

Wir wählen in unserem Fall als Bestimmungsgrößen für die Grundgröße Länge den Rohrdurchmesser d, für die Masse die Dichte ϱ, für die Zeit die dynamische Zähigkeit η und für die Temperatur die Wärmeleitzahl der Flüssigkeit λ. Diesen Bestimmungsgrößen stehen die Wahlgrößen α, w, c_p und l gegenüber (vgl. **Tab. 40, 2**).

Um eine gute Übersicht für die Ausrechnung zu erreichen, empfiehlt es sich, die Bestimmungsgrößen auf der linken Seite der Tabelle anzuordnen und durch einen senkrechten Strich von den Wahlgrößen zu trennen. Ferner sollten die Bestimmungsgleichungen durch Multiplikation mit entsprechend gewählten Faktoren und gegenseitige Addition bzw. Subtraktion so umgeformt werden, daß die Koeffizienten unterhalb der Diagonalen des durch die Grundgrößen und die Bestimmungsgrößen gebildeten Quadrates den Wert Null annehmen.

Zu möglichst einfachen Formen der 4 dimensionslosen Produkte gelangt man auf folgende Weise:

Tab. 40, 2

Bestimmungsgleichungen der Exponenten der Einflußgrößen

Bestimmungsgrößen $d \quad \varrho \quad \eta \quad \lambda$	Wahlgrößen $\alpha \quad w \quad c_p \quad l$
L: $1x_1 - 3x_2 - 1x_3 + 1x_4$	$+ 0x_5 + 1x_6 + 2x_7 + 1x_8 = 0$
M: $0x_1 + 1x_2 + 1x_3 + 1x_4$	$+ 1x_5 + 0x_6 + 0x_7 + 0x_8 = 0$
T: $0x_1 + 0x_2 - 1x_3 - 3x_4$	$- 3x_5 - 1x_6 - 2x_7 + 0x_8 = 0$
Θ: $0x_1 + 0x_2 + 0x_3 - 1x_4$	$- 1x_5 + 0x_6 - 1x_7 + 0x_8 = 0$

Tab. 40, 3

Die Exponentengruppen

	Exponenten der Bestimmungsgrößen				Exponenten der Wahlgrößen			
	x_1	x_2	x_3	x_4	x_5	x_6	x_7	x_8
α:	1	0	0	—1	1	0	0	0
w:	1	1	—1	0	0	1	0	0
c_p:	0	0	+1	—1	0	0	1	0
l:	—1	0	0	0	0	0	0	1

Man setzt zunächst $x_5 = 1$, $x_6 = x_7 = x_8 = 0$ in das Gleichungssystem der **Tabelle 40, 2** ein und berechnet die zugehörigen x_1- bis x_4-Werte. Dieses Verfahren wiederholt man noch dreimal, indem man einsetzt: $x_6 = 1$, $x_5 = x_7 = x_8 = 0$ und weiter $x_7 = 1$, endlich $x_8 = 1$, jeweils die übrigen wahlfreien $x_i = 0$. Dadurch erhält man die 4 Exponentengruppen der **Tabelle 40, 3**. Setzt man die $n - m$-Lösungen in Gl. (9) ein, so erhält man die folgenden $n - m$ dimensionslosen Produkte:

$$\frac{\alpha d}{\lambda}, \quad \frac{\varrho w d}{\eta}, \quad \frac{c_p \eta}{\lambda}, \quad \frac{l}{d}.$$

Die gesuchte Funktion lautet dann

$$\varphi\left(\frac{\alpha d}{\lambda}, \frac{\varrho w d}{\eta}, \frac{c_p \eta}{\lambda}, \frac{l}{d}\right) = 0\,. \tag{10a}$$

Eine *Diskussion* des vorliegenden Ergebnisses, der Gl. (10a), wird sich nützlich erweisen für die Lösung weiterer Aufgaben.

1. Die Funktion läßt sich schreiben (vgl. Aufg. 1)

$$\varphi\left(Nu, Re, Pr, \frac{l}{d}\right) = 0\,,$$

wobei die Abkürzungen bedeuten: *Nu* — NUSSELTsche, *Re* — REYNOLDSsche, *Pr* — PRANDTLsche Zahl. Die Kombinatorik zeigt, daß außer diesem vollständigen Satz von dimensionslosen Kenngrößen noch über 30 weitere Sätze und solche mit ihren reziproken Werten vorkommen können, die mathematisch durchweg gleichwertig sind.

Für das Auffinden dieses physikalisch sinnvollen Satzes von Kenngrößen muß daher die Auswahl der in den Bestimmungs- und Wahlgrößen auftretenden Einflußgrößen vom physikalisch-chemischen Standpunkt aus geschehen.

„Gesucht" oder wenigstens von „besonderem Interesse" (vgl. Aufg. 1) war in der obigen Aufgabe schon aus ihrer Fassung erkenntlich die Größe α. Von ihr wird man wünschen, sie möglichst in der ersten Potenz und nur einmal vorkommend zu finden. Daher wird sie zunächst als Wahlgröße genommen (vgl. **Tab. 40**, 2), wobei man im Verlaufe der Operation ihr einmal den Exponenten 1, des weiteren aber den Exponenten 0 beilegen kann (vgl. **Tab. 40**, 3 rechts). Es ließe sich nun das *Experiment* am leichtesten dahin abgeändert denken, die Strömungsgeschwindigkeit w so zu ändern, daß man ein vorgegebenes α erreicht. Dann wird man dieselben Wünsche für w haben wie vorher für α. Damit bietet sich w als 2. Wahlgröße rein physikalisch überlegt an.

Betrachtet man weiter die benannten Kenngrößen, die für dieses Problem in Betracht kommen können, so finden wir nur die PRANDTLsche Zahl, in der c_p vorkommt, und zwar wieder in der ersten Potenz. So wird man versuchen, c_p als 3. Wahlgröße einzuführen.

Unser Ziel ist also damit von Anfang an, nicht nur beliebige dimensionslose Produkte in die zu bearbeitende Funktion einzuführen, sondern nach Möglichkeit ganz bestimmte Kenngrößen, die infolge ihres Wertes mit Namen gekennzeichnet sind. Die Lösung dieser Aufgaben, eine Anwendung der Ähnlichkeitstheorie überhaupt, erfordert daher als erstes genügende, teilweise umfassende Kenntnis der dimensionslosen Kennzahlen. Eine Zusammenstellung der wichtigsten Kenngrößen findet sich (*30*).

2. Obwohl wir noch eine 4. Wahlgröße brauchen, müssen wir nunmehr auch die Bestimmungsgrößen ins Auge fassen. Für ihre Wahl besteht ein Verbot, dessen Berechtigung wir aus der Praxis sogleich erkennen können, für dessen Begründung aber an dieser Stelle auf die mathematische Literatur verwiesen wird.

   Das Verbot lautet: Es dürfen unter den Bestimmungsgrößen nicht zwei mit derselben Dimension vorkommen; denn aus zwei Einflußgrößen der gleichen Dimension bildet sich sozusagen von selbst eine dimensionslose Kenngröße.

   Wegen dieses Verbotes muß unsere 4. Wahlgröße entweder d oder l sein. Es wurde, um auf die bekannten Kennzahlen zu kommen, als 4. Wahlgröße l genommen, das damit wieder in der ersten Potenz und einmal vorkommen wird.

3. Endlich ist zu prüfen, ob der nunmehr übriggebliebene Satz Bestimmungsgrößen alle vorkommenden Grundgrößen enthält, derart, daß jeder Grundgröße eine Einflußgröße ausschließlich zugeordnet werden kann, die diese Grundgröße enthält. Wir wollen sagen, es muß für jede Grundgröße eine „charakteristische" Einflußgröße vorhanden sein.

   In unserem Falle wird die Zuordnung wie folgt aussehen:

   Für L wird zugeordnet d,
   für Θ wird zugeordnet λ,
   für M wird zugeordnet ϱ,
   für T wird zugeordnet η.

   Sollte die dritte Bedingung nicht erfüllt sein, müßten wir unsere Auswahl ändern, oder die gestellte Aufgabe ließe sich nicht durch die bekannten benannten Kennzahlen lösen.

   Als Exponenten der Wahlgrößen dürfen übrigens nicht nur 1 und 0 genommen werden, sondern natürlich auch jede andere für das Ergebnis geeignete Zahl.

   Dimensionslose Einflußgrößen, etwa Winkel oder Verhältnisse, gehen nie in dimensionslose Produkte ein, sondern müssen als selbständige „Kenngrößen" in die Funktion $\varphi = 0$ eingesetzt werden.

Bemerkungen zur Diskussion. In obiger Anleitung ist schließlich nur das „Verbot" unter 2 präzis. Aus der großen oben erwähnten Anzahl möglicher Lösungen vorliegender Aufgabe *die* physikalisch-chemisch sinnvollste bzw. einfachste oder — mathematisch präzis ausgedrückt — *den* vollständigen Satz einfachster, voneinander unabhängiger, möglichst benannter Kenngrößen herauszubekommen, scheint — im ungünstigen Falle — wenigstens 30 verschiedene Lösungen einer solchen Aufgabe nötig zu machen, namentlich, wenn etwa die Aufgabe nicht in einer Fassung wie oben auftritt. Dieses wäre ohne Zweifel eine Arbeit, die die gefundenen Vorteile der Dimensionstheorie schwer herabsetzen könnte.

Dieser *Vorwurf* gegen die Theorie soll noch beseitigt werden. Angenommen, wir hätten — was durchaus erlaubt und vollständig willkürlich ist — als Wahlgrößen α und, weil die gegebene Apparatur leicht die Änderung zuläßt, ϱ und η und schließlich l gesetzt, dann hätten wir, wie leicht nachzurechnen ist, den vollständigen Satz

$$\Pi_1' = \frac{d\,\varrho\,w\,c_p}{\lambda} = (Re)^1\,(Pr)^1; \quad \Pi_2' = \frac{\eta\,c_p}{\lambda} = Pr;$$

$$\Pi_3' = \frac{\alpha\,d}{\lambda} = Nu; \quad \Pi_4' = \frac{l}{d}$$

erhalten. Wir können — was hier ohne Beweis gesagt werden muß — aus diesem Beispiel die allgemeine Tatsache erkennen:

Alle in den verschiedenen Lösungsverfahren auftretenden Kenngrößen sind Potenzprodukte von einer Anzahl voneinander unabhängiger Kenngrößen. Die letztgenannten Π' sind nicht voneinander unabhängig, sondern es ist $\Pi_1' = Re\,\Pi_2'$.

Es gibt also nur einen vollständigen Satz unabhängiger Kenngrößen (benannte Kenngrößen sind z. B. voneinander unabhängig). Dieser Satz läßt sich aber, wie das Beispiel zeigt, aus jedem erhaltenen Satz anderer Kenngrößen „herauslösen". Dabei ist es nicht von Belang, in welchen Potenzen die unabhängigen Kenngrößen in die $\varphi = 0$ eingesetzt werden. Man kann sogar auftretende gebrochene Exponenten beseitigen. Denn die endgültige Form

$$f(v_1 \cdots v_i) = 0$$

kann ja doch nicht aus der Funktion $\varphi = 0$ hergeleitet werden.

Zweifellos ist bei Anwendung der Dimensionstheorie neben der experimentellen noch reichlich mathematische Arbeit zu leisten. Dieser Einwand ist aber nicht stichhaltig, wenn man bedenkt, daß experimentelle Arbeit auf mathematischem Wege gespart wird.

1. Aufgabe. Die Leistungsaufnahme eines Rührers L_r (kg m^2/s^3) ist von den folgenden Einflußgrößen abhängig: Zähigkeit η (kg/m s) und Dichte ϱ (kg/m^3) des gerührten Mediums, Erdbeschleunigung g (m/s^2), Drehzahl N (1/s) und Durchmesser des Rührers d_r (m). Man stelle einen vollständigen Satz von Kenngrößen für die Funktion auf und berücksichtige, daß man L_r und η von g unabhängig halten wird.

2. Aufgabe. Der Druckverlust Δp (kg/s^{2}m) in einer mit Luft durchströmten Schüttgutschicht ist von den folgenden Größen abhängig: Geschwindigkeit w (m/s), Dichte ϱ (kg/m^3) und Zähigkeit der Luft η (kg/m s), Schichthöhe h_h (m), äquivalenter Korndurchmesser d_k (m), Formfaktor $\varphi'(m)$ (dimensionslos) und ein Faktor, der das relative Zwischenkornvolumen berücksichtigt $\psi'(\varepsilon)$ (dimensionslos). Man zeige mit Hilfe der Ähnlichkeitstheorie, daß der vollständige Satz unabhängiger Kenngrößen die EULER- und REYNOLDS-Zahl enthält.

3. Aufgabe. Bei der Verdunstung von Wasser in einem turbulenten Trockenmittelstrom ist die Stoffübergangszahl β (m/s) eine Funktion der folgenden Größen: Geschwindigkeit w (m/s) und Zähigkeit der Luft ν (m^2/s), Diffusionskoeffizient des Wasserdampfes in Luft D (m^2/s), charakteristische Abmessung der Oberfläche d (m) und dem Ausdruck $\frac{P}{P - p_{D_m}}$ (dimensionslos). Man berechne den vollständigen Satz benannter unabhängiger Kenngrößen.

Weitere Literatur: (*14*), (*30*), (*71*), (*81*), (*107*), (*120*).

Literaturverzeichnis

Bücher

1. Alders, L.: Liquid-Liquid Extraction, 2. Aufl. Amsterdam: Elsevier/Excerpta medica/North-Holland 1959.
2. Alt, C.: Filtration. In (*103*) Bd. 2, 1972.
3. Amis, E. S.: Solvent Effects on Reaction Rates and Mechanisms. New York: Academic Press 1966.
4. Aris, R.: Introduction to the Analysis of Chemical Reactors. Prentice Hall, Hemel Hempstead 1965.
5. Bandermann, F.: Statistische Methoden beim Planen und Auswerten von Versuchen. In (*103*) Bd. 1, 1972.
6. Bandermann, F.: Optimierung chemischer Reaktionen. In (*103*) Bd. 1, 1972.
7. Batel, W.: Einführung in die Korngrößenmeßtechnik. Korngrößenanalyse, Kennzeichnung von Korngrößenverteilungen, Oberflächenbestimmung, Probenahme, Staubmeßtechnik, 3. Aufl. Berlin-Göttingen-Heidelberg: Springer 1971.
8. Benson, S. W.: The Foundations of Chemical Kinetics. New York: Mc Graw-Hill 1960.
9. Benson, S. W.: Thermochemical Kinetics. New York-London-Sidney: John Wiley and Sons Inc. 1968.
10. Billet, R.: Trennkolonnen für die Verfahrenstechnik. Mannheim: Bibliograph. Institut 1971.
11. Bratzler, K.: Gasreinigung und -trennung durch Adsorption. In (*102*) Bd. 1, 1951.
12. Brauer, H.: Grundlagen der Einphasen- und Mehrphasenströmungen. Aarau-Frankfurt/M.: Sauerländer 1971.
13. Breitenbach, J. W. u. O. F. Olaj: Kinetik d. Bildung hochmolekularer Stoffe. In R. Houwink u. A. J. Stavermann: Chemie u. Technologie d. Kunststoffe, 4. Aufl. Leipzig: Akadem. Verlagsgesellschaft Geest u. Portig 1963.
14. Brötz, W.: Grundriß der chemischen Reaktionstechnik, 1. Nachdruck d. 1. Aufl. Weinheim: Verlag Chemie 1970.
15. Calvert, J. G. u. J. N. Pitts jr.: Photochemistry. New York: John Wiley and Sons Inc. 1965.
16. Coulson, J. M. u. J. F. Richardson: Chemical Engineering, Bd. 1, 1970, Bd. 2, 1968. Oxford: Pergamon Press.

17. Cremer, E. u. M. Pahl: Kinetik der Gasreaktionen. Berlin: Walter de Gruyter & Co. 1961.

18. Cremer, E.: The Compensation Effect in Heterogeneous Catalysis. In (*24*) Bd. 7, 1955.

19. Denbigh, K.: Chemical Reactor Theory. London: Cambridge Univ. Press 1965.

20. Dialer, K., F. Horn u. L. Küchler: Chemische Reaktionstechnik. In (*111*) Bd. 1, 1958.

21. Dornieden, M.: Indirekte Heizung und Kühlung (Wärmeaustauscher). In (*103*) Bd. 2, 1972.

22. Eucken, A. u. R. Suhrmann: Physikalisch-chemische Praktikumsaufgaben, 7. Aufl. Leipzig: Akademische Verlagsgesellschaft Geest und Portig 1968.

23. Frank-Kamenetski, D. A.: Stoff- und Wärmeübertragung in der chemischen Kinetik. Berlin-Göttingen-Heidelberg: Springer 1959.

24. Frankenburg, W. G., V. I. Komarewsky u. E. K. Rideal (Herausgeber): Advances in Catalysis. New York: Academic Press.

25. Frost, A. A. u. R. G. Pearson: Kinetik und Mechanismen homogener chemischer Reaktionen. Weinheim: Verlag Chemie 1964.

26. Fuchslocher, E. A. u. H. Schulz: Die Pumpen, 12. Aufl. Berlin-Heidelberg-New York: Springer 1967.

27. Gaudin, A. M.: Flotation, 2. Aufl. New York: Mc Graw-Hill 1957.

28. Gaylord, N. G. u. H. F. Mark: Linear and Stereoregulated Addition Polymers. New York: Interscience Publishers Inc. 1959.

29. Glasstone, S., K. J. Laidler u. H. Eyring: The Theory of Rate Processes. New York: Mc Graw-Hill 1941.

30. Grassmann, P.: Physikalische Grundlagen der Verfahrenstechnik. 2. Aufl. Aarau-Frankfurt/M.: Sauerländer 1970.

31. Gregg, S. J. u. K. S. W. King: Adsorption, Surface Area and Porosity. London-New York: Academic Press 1967.

32. Gröber, H., S. Erk u. U. Grigull: Die Grundgesetze der Wärmeübertragung, 3. Aufl. Berlin-Göttingen-Heidelberg: Springer 1955, 3. Neudruck 1963.

33. Gundelach, W., C. Alt u. O. Busse: Dechema Erfahrungsaustausch, Sedimentieren. Nov. 1970.

34. Gundelach, W.: Sedimentation, Absetzapparate, Klärer, Eindicker und Flockungsklärbecken. In (*103*) Bd. 2, 1972.

35. Hála, E., S. Pick, V. Fried u. O. Vilim: Vapour-Liquid-Equilibrium, 2. Aufl. Oxford: Pergamon Press 1967.

36. Ham, G. E.: Vinyl Polymerisation. New York: Dekker 1967.

37. Hanson, C.: Recent Advances in Liquid-Liquid Extraction. Oxford: Pergamon Press 1971.

38. Hartland, S.: Counter-Current Extraction. Oxford: Pergamon Press 1970.

39. Hassler, J. W.: Activated Carbon. Chemical Publ. Comp. New York 1963.

40. Hauffe, K.: The Application of the Theory of Semiconductors to Problems of Heterogeneous Catalysis. In (*24*) Bd. 7, 1955.

41. Hausen, H.: Wärmeübertragung im Gegenstrom, Gleichstrom und Kreuzstrom. Berlin-Göttingen-Heidelberg: Springer-Bergmann 1950. 2. Aufl. in Vorber.

42. HENGSTENBERG, J., B. STURM u. O. WINKLER: Messen und Regeln in der chemischen Technik, 2. Aufl. Berlin-Göttingen-Heidelberg: Springer 1964.

43. HENRICI-OLIVÉ, G. u. S. OLIVÉ: Polymerisation, Katalyse-Kinetik-Mechanismen. Weinheim: Verlag Chemie 1969.

44. HERDAN, G.: Small Particle Statistics, 2. Aufl. London: Butterworth 1960.

45. HINE, J.: Reaktivität und Mechanismus in der organischen Chemie, 2. Aufl. Stuttgart: Thieme 1966.

46. HOFFMANN, U. u. H. HOFMANN: Einführung in die Optimierung. Weinheim: Verlag Chemie 1971.

47. HOFFMANN-OSTENHOF, O.: Enzymologie. Wien: Springer 1954.

48. HOPPE, K. u. M. MITTELSTRASS: Grundlagen der Dimensionierung von Kolonnenböden. Dresden: Th. Steinkopff 1967.

49. HORSLEY, L. H. u. W. S. TAMPLIN: Azeotropic Data. Washington: Amer. Chem. Soc. 1962.

50. JOST, W. u. K. HAUFFE: Diffusion. Methoden der Messung und Auswertung, 2. Aufl. Darmstadt: Steinkopff 1972.

51. KAISER, F.: Windsichter. In (*103*) Bd. 2, 1972.

52. KASSATKIN, A. G.: Chemische Verfahrenstechnik, 2. Aufl. Berlin: Verlag Technik, Bd. 1, 1961, Bd. 2, 1962.

53. KERBER, R. u. H. GLAMANN: Chemische Kinetik (Mikrokinetik). In (*103*) Bd. 1.

54. KIESSKALT, S.: Verfahrenstechnik. In (*111*) Bd. 1. 1958.

55. KIHLSTEDT, G.: Flotation. In (*103*) Bd. 2, 1972.

56. KIRSCHBAUM, E.: Destillier- und Rektifiziertechnik, 4. Aufl. Berlin-Göttingen-Heidelberg: Springer 1969.

57. KLASSEN, V. I. u. V. A. MOKROUSOV: An Introduction to the Theory of Flotation. London: Butterworth 1963.

58. KNEULE, F.: Das Trocknen, 2. Aufl. Aarau-Frankfurt/M.: Sauerländer 1968.

59. KÖLBEL, H. u. J. SCHULZE: Fertigungsvorbereitung in der chemischen Industrie. Wiesbaden: Betriebswirtschaftlicher Verlag Dr. Th. Gabler 1967.

60. KRAMERS, H. u. WESTERTERP: Elements of Chemical Reactor Design and Operation. Amsterdam: Netherlands Univ. Press 1963.

61. KRAUSSOLD, H.: Grundlagen der stofflichen Wärmeübertragung. In (*102*) Bd. 1, 1951.

62. KRELL, E.: Handbuch der Laboratoriums-Destillation, 2. Aufl. Berlin: Deutscher Verlag der Wissenschaften 1960.

63. KRISCHER, O.: Die wissenschaftlichen Grundlagen der Trocknungstechnik, 2. Aufl. Berlin: Springer 1963.

64. KÜCHLER, L.: Polymerisationskinetik. Berlin-Göttingen-Heidelberg: Springer 1951.

65. LAIDLER, K. J.: Chemical Kinetics, 2. Aufl. New York: Mc Graw-Hill 1965.

66. LAUER, O.: Feinheitsmessung an technischen Stäuben. Augsburg 1963.

67. LESCHONSKY, K.: Einführung in die Teilchengrößenanalyse. Kennzeichnung einer Trennung. In (*103*) Bd. 2, 1972.

68. LEVA, M.: Fluidization. New York: Mc Graw-Hill 1959.

69. LEVENSPIEL, O.: Chemical Reaction Engineering. New York: Wiley 1962.

70. Mantell, C. L.: Adsorption, 2. Aufl. New York-London: Mc Graw-Hill 1951.

71. Matz, W.: Die Anwendung des Ähnlichkeitsgrundsatzes in der Verfahrenstechnik. Berlin-Göttingen-Heidelberg: Springer 1954.

72. Mersmann, A.: Destillation. In (103) Bd. 2, 1972.

73. Müller, E.: Flüssig-Flüssig-Extraktion. In (103) Bd. 2, 1972.

74. Müller, E. u. H. Stage: Experimentelle Vermessung von Dampf-Flüssigkeitsgleichgewichten. Berlin-Göttingen-Heidelberg: Springer 1961.

75. Muschelknautz, E. u. H. Wojahn: Fördern. In (103) Bd. 3, 1973.

76. Netter, H.: Theoretische Biochemie. Berlin-Göttingen-Heidelberg: Springer 1959.

77. Norman, W. S.: Absorption, Destillation and Cooling Towers. Aberdeen: Longmans 1962.

78. Oppelt, W.: Kleines Handbuch technischer Regelvorgänge, 5. Aufl. Weinheim: Verlag Chemie 1972.

79. Orlíček, A. F., A. E. Hackl u. P. E. Kindermann: Filtration. Dechema-Erfahrungsaustausch 1964.

80. Othmer, D. F.: Fluidization. New York: Reinhold 1956.

81. Pawlowski, G.: Grundlagen der Ähnlichkeitstheorie und ihre Anwendung in der physikalisch-technischen Forschung. Berlin-Heidelberg-New York: Springer 1971.

82. Perry's Chemical Engineers Handbook, 4. Aufl. New York: Mc Graw-Hill 1963.

83. Philippoff, W.: Die Viskosität der Kolloide. Dresden-Leipzig: Steinkopff 1942.

84. Piwinger, F.: Regelungstechnik für Praktiker. Düsseldorf: VDI-Verlag 1970.

85. Prandtl, L.: Führer durch die Strömungslehre, 6. Aufl. Braunschweig: Vieweg 1965.

86. Reh, L.: Wirbelschichtreaktoren für nichtkatalytische Reaktionen. In (103) Bd. 3, 1973.

87. Rose, H. E. u. R. M. E. Sullivan: A Treatise on the Internal Mechanics of Ball, Tube and Rod Mills. London: Constable 1958.

88. Rumpf, H. u. K. Schönert: Zerkleinern. In (103) Bd. 2, 1972.

89. Samal, E.: Grundriß der praktischen Regelungstechnik, Bd. 1: 9. Aufl. 1971, Bd. 2, 1970. München: Oldenbourg.

90. Schack, A.: Der industrielle Wärmeübergang, 7. Aufl. Düsseldorf: Verlag Stahleisen 1969.

91. Schlosser, E. G.: Heterogene Katalyse. Weinheim: Verlag Chemie 1972.

92. Schmidt, E.: Einführung in die technische Thermodynamik und in die Grundlagen der chemischen Thermodynamik, 10. Aufl. Berlin-Göttingen-Heidelberg: Springer 1963.

93. Schubert, H.: Aufbereitung fester mineralischer Rohstoffe, Bd. 1. Leipzig: VEB Deutscher Verlag für Grundstoffindustrie 1968.

94. Schwab, G. M. (Herausgeber): Handbuch der Katalyse. Wien: Springer 1940—1957.

95. Schwab, G. M., H. Noller u. J. Block: Kinetik der heterogenen Katalyse. In (94) Bd. 5, 1957.

96. Škunca, I.: Strahlungsheizung. In (103) Bd. 2, 1972.

97. Szabó, Z. G.: Fortschritte in der Kinetik der homogenen Gasreak-

tionen. Darmstadt: Steinkopff 1961.

98. THOENES, D.: Grundlagen der chemischen Reaktionstechnik. In (*103*) Bd. 1, 1972.

99. TRAVINSKI, H.: Aufstromklassierer. In (*103*) Bd. 2, 1972.

100. TREYBAL, R. E.: Liquid-Extraction. New York-Toronto-London: Mc Graw-Hill 1963.

101. TREYBAL, R. E.: Mass Transfer Operations. New York: Mc Graw-Hill 1968.

102. ULLMANNS Enzyklopädie der technischen Chemie, 3. Aufl. (Herausg. W. FÖRST) München-Berlin: Urban und Schwarzenberg.

103. ULLMANNS Enzyklopädie der technischen Chemie, 4. Aufl. (Herausg. E. BARTHOLOMÉ, E. BIEKERT, H. HELLMANN u. H. LEY). Weinheim: Verlag Chemie.

104. ULLRICH, H.: Mechanische Verfahrenstechnik. Berlin-Heidelberg-New York: Springer 1967.

105. UMSTÄTTER, H.: Einführung in die Viskosimetrie und Rheometrie. Berlin-Göttingen-Heidelberg: Springer 1952.

106. VOGELPOHL, A. u. U. SCHLÜNDER: Trocknung fester Stoffe. In (*103*) Bd. 2, 1972.

107. VORTMEYER, D.: Dimensionslose Gruppen, Dimensionsanalyse, Ähnlichkeit und Modelle. In (*103*) Bd. 1, 1972.

108. WALLING, CH.: Free Radicals in Solution. New York: John Wiley 1957.

109. WEBER, F. J.: Arbeitsmaschinen, Bd. 1. Berlin: Verl. Technik 1971.

110. WESSEL, J.: Sieben. In (*103*) Bd. 2, 1972.

111. WINNACKER, K. u. L. KÜCHLER: (Herausgeber): Chemische Technologie, 2. Aufl. Bd. 1, München: Hanser 1958.

112. WINNACKER, K. u. L. KÜCHLER: Chemische Technologie, 3. Aufl. München: Hanser.

113. WIRTH, H.: Adsorption. In (*103*) Bd. 2, 1972.

114. ZABRODSKY, S. S.: Hydrodynamics and heat transfer in fluidized beds. London: M.I.T. Press Cambridge/Mass. 1966.

115. ZLOKARNIK, M.: Rührtechnik. In (*103*) Bd. 2, 1972.

Zeitschriften

116. ANDREASEN, A. H. M. u. E. JOOS: Staub 35, 11 (1954).

117. BRÄUER, H. W. u. F. FETTING: Chemie-Ing.-Techn. 38, 30 (1966).

118. Bubble Tray Design. Manual. Amer. Instit. of Chemical Engineers, New York 1958.

119. CALDERBANK, P. H.: Chem. Eng. Progr. 49, 590 (1953).

120. CATCHPOLE, J. P. u. G. FULFORD: Dimensionsless Groups, Ind. Engng. Chem. 58, 46 (1966).

121. DAMKÖHLER, G.: z. B. Z. Elektrochem. 42, 846 (1936); 43, 1 (1937).

122. DIERY, W.: Diss. T. U. München 1963.

123. GUTSCHE, H. u. G. JOHN: Chemie-Ing.-Techn. 38, 221 (1966).

124. HOEPFFNER, L. u. F. PATAT: Chemie-Ing.-Techn. 45, 961 (1973).

125. HOFMANN, H.: Dissertation Darmstadt 1954; vgl. a. Chemie-Ing.-Techn. 29, 665 (1957).

126. HUNSMANN, W.: Chemie-Ing.-Techn. 39, 1142 (1967).

127. IBL, N. u. E. ADAM: Chemie-Ing.-Techn. 37, 573 (1965).

128. KIRCHNER, K., H. KOCH u. H. KRAL: Chemie-Ing.-Techn. 45, 30 (1973); Dechema-Monographien 75, 145 (1974).

129. KIRCHNER, K.: Makromol. Chem. 96, 179 (1966); 128, 150 (1969).

130. KNEULE, F.: Chemie-Ing. Techn. 28, 221 (1956).

131. KÖLBEL, H., H. HAMMER u. H. LANGEMANN: Chemiker Zt. 92, 581. (1968).

132. KRAL, H.: Ber. Bunsenges. 75, 1114 (1971).

133. KRAL, H.: Dechema-Monographien 64, 81 (1970).

134. KRAL, H.: GIT 11, 699 (1967).

135. KRAL, H.: Chemiker Zt. Chem. App. 91, 41 (1967).

136. KREVELEN, VAN D. W.: Chem. Engng. Sci. 8, 5 (1958).

137. LANGBEIN, D.: Dechema-Monographien 50, 35 (1964).

138. LANGEMANN, H.: Chemie-Ing.-Techn. 27, 27 (1955) u. 34, 615 (1962).

139. MORTON, A. A. et al.: Ind. Eng. Chem. 44, 2876 (1952) (siehe dort frühere Arbeiten).

140. PATAT, F.: Mh. Chem. 88, 560 (1957).

141. PATAT, F.: Dechema-Monographien 29, 197 (1957).

142. PATAT, F. u. H. LANGEMANN: Chemie-Ing.-Techn. 34, 15 (1962).

143. PATAT, F. u. HJ. SINN: Ang. Chem. 70, 496 (1958).

144. SINN, HJ. u. F. PATAT: Ang. Chem. 75. 805 (1963).

145. SCHILDKNECHT, C. E., S. T. GROSS, H. R. DAVIDSON, J. M. LAMBERT u. A. O. ZOSS: Ind. Eng. Chem. 40, 2104 (1948).

146. SHEPHERD, C. B.: Ind. Engng. Chem. 30, 388 (1938).

147. STEPHAN, K.: Chemie-Ing.-Techn. 34, 207 (1962).

148. VORTMEYER, D. u. W. JAHNEL: Chemie-Ing.-Techn. 43, 461 (1971).

149. WICKE, E.: Academ. Nazionale dei Lincei, „Alta tecnologia chimica", Roma (1961).

150. WICKE, E.: Z. Electrochem. 65, 267 (1961).

151. WICKE, E.: Diskussionstagung der Deutsch. Bunsenges. f. phys. Chemie, Ludwigshafen 1960.

152. WICKE, E. u. F. FETTING: Dechema-Monographien 24, 146 (1955).

153. ZIEGLER, K., E. HOLZKAMP, H. BREIL u. H. MARTIN: Ang. Chem. 67, 541 (1955).

154. Druckschriften der Fa. Hartmann und Braun AG, Frankfurt/Main.

155. Druckschrift der Arbeitsgemeinschaft Dr. Stage, Schmidding, Heckmann, Köln.

Sachverzeichnis

FSC
www.fsc.org
MIX
Papier | Fördert gute Waldnutzung
FSC® C083411

Zeitfracht Medien GmbH
Ferdinand-Jühlke-Straße 7
99095 Erfurt, Deutschland
produktsicherheit@kolibri360.de